Verteilte Datenbanken und
Client/Server-Systeme

Springer-Verlag
Berlin Heidelberg GmbH

Peter Dadam

Verteilte Datenbanken
und Client/Server-Systeme

Grundlagen, Konzepte
und Realisierungsformen

Mit 151 Abbildungen

Springer

Prof. Dr. Peter Dadam
Universität Ulm, Fakultät für Informatik
Abteilung Datenbanken und Informationssysteme
Oberer Eselsberg, Gebäude O27/522
D-89069 Ulm

Die Deutsche Bibliothek – CIP-Einheitsaufnahme
Dadam Peter:
Verteilte Datenbanken und Client-, Server-Systeme:
Grundlagen, Konzepte und Realisierungsformen / Peter Dadam.
Berlin; Heidelberg; New York; Barcelona; Budapest; Hongkong;
London; Mailand; Paris; Santa Clara; Singapur; Tokio: Springer, 1996
ISBN 978-3-540-61399-2   ISBN 978-3-642-61472-9 (eBook)
DOI 10.1007/978-3-642-61472-9

Umschlaggestaltung: design & production GmbH, Heidelberg
Satz: Reproduktionsfertige Vorlage vom Autor
SPIN 10541723   45/3142 – 5 4 3 2 1 0 – Gedruckt auf säurefreiem Papier

Vorwort

Sinkende Preise für Rechner- und Kommunikationssysteme haben, in Verbindung mit dem Trend zu „offenen" Systemen, in den letzten Jahren das Interesse an verteilten Systemen, insbesondere an *verteilten Informationssystemen*, stark wachsen lassen. Die Ablösung monolithischer Zentralrechneranwendungen durch verteilte, dezentral organisierte Lösungen hat in vielen Unternehmen und Organisationen entweder bereits begonnen oder steht zumindest ganz weit oben auf der Planungsliste. *Client/Server, Downsizing* und *Rightsizing* sind die in diesem Kontext derzeit am häufigsten verwendeten Schlagworte.

Das Buch wendet sich im Sinne eines *Kurses* über *Realisierungsformen verteilter Informationssysteme und deren Grundlagen* an Studierende, Wissenschaftler und Praktiker. Es vermittelt Grundlagenwissen über die in den verschiedenen Teilbereichen auftretenden Problemstellungen und zeigt die technologischen Alternativen sowie ihre Möglichkeiten und Grenzen bzw. Chancen und Risiken auf. Für *Studenten* eignet sich das Buch zum Selbststudium. Anhand der eingestreuten Übungsaufgaben und Musterlösungen kann das Gelernte überprüft werden. Für *Wissenschaftler* liefert das Buch einen „roten Faden" durch dieses breite Gebiet, schafft eine Übersicht und erleichtert den Einstieg. Durch die Hinweise auf aktuelle, weiterführende Literatur können dann die interessierenden Themen selbst weiterverfolgt werden. Für *Praktiker* vermittelt das Buch ein umfassendes Verständnis der wesentlichen Zusammenhänge und gibt Hinweise über die potentiellen Fallstricke bei der Realisierung solcher Systeme. Das Buch kann somit dazu beitragen, gravierende Fehlentscheidungen zu vermeiden.

Das Buch ist bis auf wenige Teile, bei denen es sich aus Gründen der präzisen Formulierung nicht vermeiden ließ, informell und anschaulich gehalten, so daß es auch für Personen ohne Hochschulausbildung in Informatik oder Mathematik lesbar sein sollte.

Ein gewisser Schwerpunkt des Buches bzw. Kurses liegt auf der Vermittlung von Grundlagen- und Implementierungswissen über *Verteilte Datenbank-Management-Systeme* (vDBMSe). Zum einen dienen diese Kenntnisse dem besseren Verständnis für Aufbau und Arbeitsweise dieser Systeme, zum andern liefern sie die Grundlage für die Diskussion der zu lösenden Probleme, wenn die entsprechenden (Teil-)Aufgaben wie *Anfragebearbeitung, Integration heterogener Systeme, Synchronisation, Recovery, koordinierte Freigabe von Änderungen, Kommunikation* usw. keinem vDBMS übertragen werden können, sondern in eigener Regie gelöst werden müssen. Zwei weitere

Schwerpunkte sind *Replikationsverfahren*, also die Verwaltung redundant gespeicherter Daten, sowie die Konzepte und Basistechnologien für die Realisierung von *Client/Server-Systemen*.

Das vorliegende Buch entstand aus einem Kurs über „Datenbanken in Rechnernetzen", den ich für die FernUniversität in Hagen erstellt habe und der erstmals im Sommersemester 1996 zum Einsatz gekommen ist, sowie aus Vorlesungen, Übungen, Seminaren und Praktika aus diesem Themenbereich an der Universität Ulm. Für die Unterstützung dieses Projektes durch Prof. Dr. Gunter Schlageter sowie die Zustimmung der FernUniversität zur Veröffentlichung als Buch möchte ich mich hiermit bedanken.

Danken möchte ich auch meinen Mitarbeitern, und zwar insbesondere Herrn Dipl.-Math. Christian Heinlein, Herrn Dipl.-Inform. Erich Müller und Herrn Dipl.-Inform. Thomas Bauer für ihre gewissenhafte und kritische Durchsicht des Textes und der Übungsaufgaben. Wenn immer noch Fehler im Buch sein sollten, dann habe ich diese sicherlich beim Einarbeiten der Korrekturen versehentlich „eingebaut". Vielen Dank auch an Herrn cand.-inform. Werner Traber für seine Unterstützung bei den ersten Kapiteln, an Herrn Dipl.-Inform. Thomas Beuter für die kritische Durchsicht des Kapitels über Replikationsverfahren, an Herrn Dipl.-Inform. Thomas Kretzberg von der FernUniversität Hagen, für seine hilfreichen Hinweise zur didaktischen Gestaltung, und an all diejenigen, die dieses Buch seitens des Springer-Verlages betreut haben, allen voran an Herrn Dr. Hans Wössner.

Über konstruktive Kritik und Verbesserungsvorschläge zu Aufbau und Inhalt des Buches würde ich mich freuen. Bitte schreiben Sie mir an die auf der Impressumseite angegebene Adresse oder schicken Sie eine E-Mail an

dadam@informatik.uni-ulm.de

Aktuelle Informationen zum Buch sowie zur Verfügung stehende Begleit- und Hintergrundinformation (Quellcodes von Algorithmen, Berichte etc.) finden sich im **WWW** unter

http://www.informatik.uni-ulm.de/abt/dbis/vdb-buch.html

Ulm, im August 1996   Peter Dadam

Inhaltsverzeichnis

1. Einführung, Problemstellung und Überblick

1.1 Einführung

In den Anfängen der betrieblichen Datenverarbeitung waren alle Anwendungen mangels Alternativen dateibasiert. Zunächst waren es sequentielle Dateien auf Magnetbändern (davor Lochkarten und Lochstreifen), später dann Direktzugriffsdateien auf Magnetplatten. Mit der Weiterentwicklung der Anwendungen trat häufig das Problem auf, daß die Datensätze in den Dateien um einige Felder erweitert oder daß zusätzliche Hilfsstrukturen zur Beschleunigung des Zugriffs erforderlich wurden. Um bestehende Anwendungen nicht zu gefährden, wurden dann häufig nicht die von diesen Programmen verwendeten Originaldateien verändert, sondern die benötigten erweiterten Dateien wurden aus den Originaldateien („Master") durch Umkopieren plus Hinzufügen („Hinzumischen") der neu hinzukommenden Information als „abgeleitete" bzw. „abhängige" Dateien realisiert. Hierdurch entstand im Laufe der Zeit ein komplexes Geflecht an Abhängigkeiten zwischen Dateien, welche die Anwendungsentwicklung im Hinblick auf die Konsistenthaltung dieser Dateien immer mehr erschwerte (siehe Abb. 1-1).

Konsistenzprobleme mit Dateien

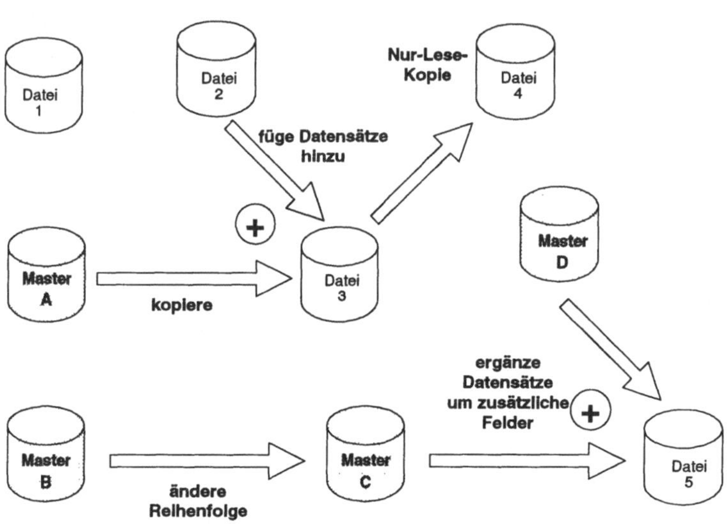

Abb. 1-1: Abhängigkeitsbeziehungen zwischen Dateien

60er / 70er Jahre

erster Einsatz von
Datenbank-
systemen

Mit dem Aufkommen der ersten Datenbank-Management-Systeme (DBMSe) in den 60er und 70er Jahren fingen daher eine ganze Reihe von Unternehmen an, neue Anwendungen und entsprechend modifizierte bestehende Anwendungen unter Verwendung dieser DBMSe (der 1. Generation) zu realisieren. Gründe hierfür waren zu diesem Zeitpunkt vor allem die Reduzierung der Komplexität für die Anwendungsprogrammierung (und damit die Erhöhung der Produktivität der Programmierer sowie Reduktion der Fehlerquote), der erhöhte Grad an Datenunabhängigkeit der Anwendungsprogramme sowie die systemseitig realisierten Recovery-Funktionen.

Einführung
zentraler
Rechenzentren

In dieser Zeit war die Hardware noch eine teure und knappe Ressource, außerdem gab es nur wenig ausgebildetes Personal, das diese Systeme bedienen bzw. Anwendungen dafür entwickeln konnte. Die Unternehmen waren daher gezwungen, diese teuren Hardware-Ressourcen möglichst effizient zu nutzen. Dies führte schließlich zur Einführung von *Zentralrechnern* bzw. *zentralen Rechenzentren* und, als Folge davon, zu gravierenden Änderungen in den betrieblichen Abläufen. Die vormals häufig eher dezentral organisierten Unternehmensstrukturen und Arbeitsabläufe wurden zentralisiert und „EDV-gerecht" umgestaltet. Informationsflüsse, die vorher direkt zwischen Abteilungen stattfanden, gingen von nun an über das zentrale Rechenzentrum (siehe Abb. 1-2).

erzwungene
Verteilung von
Daten

Die Zahl der auf dem Zentralrechner zu bewältigenden Anwendungen sowie deren Bedarf an Speicherplatz und Adreßraumgröße stießen in vielen Fällen an die Leistungsgrenzen der seinerzeit verfügbaren (und bezahlbaren) Systeme. Das hatte dann oftmals zur Folge, daß an sich logisch zusammengehörende Datenbestände auf verschiedene physische Datenbanken verteilt werden mußten, was natürlich auch wieder Probleme der Konsistenthaltung dieser Daten mit sich brachte. Die „Lösung" des Problems bestand in solchen Fällen in der Regel darin, daß von seiten des Rechenzentrums die Ablauf-

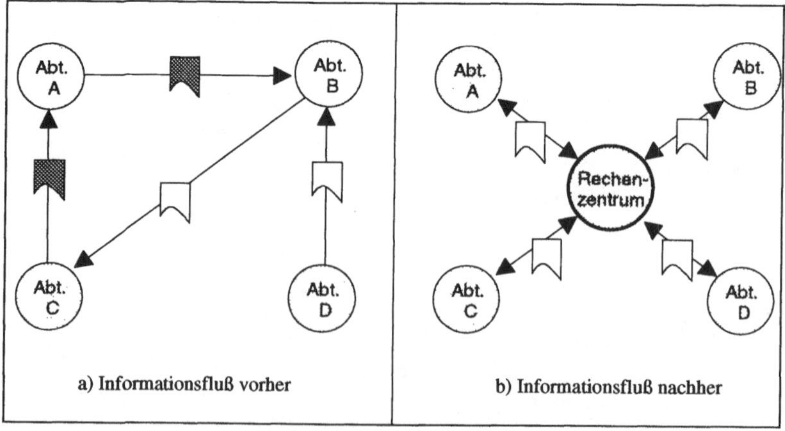

a) Informationsfluß vorher   b) Informationsfluß nachher

Abb. 1-2: Zentralisierung von Abläufen

reihenfolge der Programme (Jobs) genau vorgeplant wurde. D. h. die Konsistenz der Daten wurde durch die Ablaufreihenfolge der Änderungsprogramme gewährleistet. Unterstützt wurden die Rechenzentren hierbei einerseits durch die immer mächtiger werdenden Job-Control-Sprachen der „Produktions"-Betriebssysteme, wie z. B. IBM/MVS, Siemens/BS2000, sowie durch spezielle Job-Verwaltungsprogramme zur Ablaufautomatisierung.

Die 80er und 90er Jahre waren (und sind) geprägt durch große Fortschritte in der Haupt- und Plattenspeicher-Technologie, sowie bei der Entwicklung leistungsfähiger Prozessoren. Damit einher ging ein starker Preisverfall im Hardwarebereich. In dem Maße, wie Rechenleistung und Speicherplatz immer preiswerter wurden, fand auch ein Übergang von der reinen *Stapelverarbeitung* (*batch processing*) zu interaktiven, bildschirmorientierten Anwendungen statt. Anstelle des Ausfüllens von Datenerfassungsformularen, deren Umsetzung in maschinenlesbare Eingabedaten und deren Verarbeitung durch das vorgesehene Programm zur vorgeplanten Zeit im Rechenzentrum, fand nun der Zugriff auf die Daten und deren Veränderung unmittelbar über Bildschirm-Endgeräte statt, und zwar in der Reihenfolge, wie es die Bearbeitungsvorgänge in den Anwendungsabteilungen benötigten. Eine solche Arbeitsweise setzt natürlich einen sofortigen, transaktionsorientierten Update („on-line update") zwingend voraus, da beim nächsten Zugriff auf die Daten der aktuelle Stand verfügbar sein muß. Da diese interaktive Arbeitsweise mit dateibasierten Anwendungen nur mit relativ großem Aufwand realisiert werden kann, führte diese Umstellung zu einem starken Schub hinsichtlich der Ablösung von dateibasierten durch datenbankbasierte Anwendungen.

Leider ließen sich jedoch die schon existierenden (Datenbank-)Anwendungen, welche aus den oben genannten oder anderen Gründen (z. B. Zusammenschluß vormals unabhängiger Firmen) auf getrennten Systemen realisiert wurden, nicht so einfach (wieder) zusammenführen, da dies erhebliche Eingriffe in die bestehenden Anwendungsprogramme erforderlich gemacht hätte. Diese und andere Probleme aus diesem Umfeld führten deshalb schon Mitte der siebziger Jahre zu großen Anstrengungen im Forschungs- und Entwicklungsbereich. Ziel dieser Anstrengungen war die Entwicklung von Realisierungskonzepten für *verteilte Datenbank-Management-Systeme* (vDBMSe), also von DBMSen, deren Daten auf verschiedenen Rechnern gespeichert sind, die sich jedoch dem Anwender bzw. dem Anwendungsprogramm gegenüber wie ein (zentrales) Datenbanksystem verhalten.

Die meisten Forschungsgruppen befaßten sich in diesem Zusammenhang mit Fragen der Anfragebearbeitung, Synchronisation und Recovery für *homogene verteilte DBMSe,* bei denen die beteiligten Teilsysteme bezüglich Datenmodell und Datenbankschema im wesentlichen jeweils homogen sind, wie z. B. die beiden bekanntesten Systeme ihrer Zeit *Distributed Ingres* /Sto76/ und R* /Will81/ sowie die beiden deutschen Projekte POREL /NeWa82/ und VDN /Munz80/. Es gab jedoch auch schon zu dieser Zeit eine Reihe von Forschungs- und Entwicklungsprojekten, die sich mit der Problematik *heterogener verteilter Datenbanksysteme*, d. h. mit Systemen, bei denen die Schemata oder sogar die beteiligten Datenmodelle unterschiedlich sind, befaßten, wie z. B. Polypheme /Adib80/ und Multibase /LaRo82/. Gerade diese Problematik ist in letzter Zeit wieder in den Mittelpunkt vieler aktueller Forschungsarbeiten gerückt. Wir werden hierauf später in diesem Kapitel sowie im weiteren Verlauf noch näher eingehen.

Diese Entwicklung und deren Vorgeschichte zeigen uns, daß der heute erkennbare Trend zur verteilten Verarbeitung bedeutend mehr als nur ein Modethema ist, das bald wieder von der Tagesordnung verschwinden wird. Man muß sich hierbei nur (nochmals) vor Augen halten, daß vor Einführung von Zentralrechnern und zentralen Rechenzentren und der damit einhergehenden Zentralisierung der Arbeitsabläufe, die Informationsverarbeitung direkt „vor Ort" der Normalfall war. In gewisser Weise ist der heutige Trend zur verteilten Verarbeitung daher auch ein Stück Rückkehr zur ursprünglichen Organisationsform.

Trend zur Dezentralisierung

Der insbesondere in Großunternehmen sich heute abzeichnende *Trend zur Dezentralisierung*, also zur Bildung von (mehr oder weniger unabhängigen) Teileinheiten mit eigener Gewinn- und Kostenverantwortung, wird auch vor der heute meist noch zentral organisierten Datenverwaltung auf Dauer nicht halt machen. Es wird ein starker Druck von diesen Organisationseinheiten ausgehen, das Datenmanagement und die damit anfallenden Kosten in eigener Regie durchzuführen bzw. zu steuern. Dies wird mittel- und langfristig dazu führen, daß existierende zentrale Informationssysteme (IS) durch verteilte Informationssysteme (die verschiedenen Realisierungsformen werden wir später noch kennenlernen) abgelöst werden. Die Behandlung der hierbei auftretenden Problemstellungen sowie der zur Verfügung stehenden technologischen Lösungskonzepte ist u. a. Gegenstand dieses Kurses.

Trend zur Integration

Kooperation autonomer ISe

Es gibt jedoch auch einen Trend, der genau in die umgekehrte Richtung zielt, nämlich auf die *Integration* bzw. *Kooperation autonomer Informationssysteme*. Um Kosten zu sparen, reduzieren heutzutage viele Firmen ihre Fertigungstiefe. Sie verzichten dabei teilweise auf die Eigenproduktion von Vorerzeugnissen und kaufen statt dessen diese Vorerzeugnisse bei Firmen, die hierauf spezialisiert sind und deshalb diese Produkte preiswerter anbieten können. Hierbei arbeiten Abnehmer und Lieferant dann oftmals sehr eng zusammen. In vielen Fällen wird der Lieferant schon in die Entwicklungsphase eines Produktes mit einbezogen, so daß er sehr früh auf mögliche Fertigungsprobleme (und damit erhöhte Kosten) aufmerksam machen und ggf. Alternativvorschläge unterbreiten kann. Da die hierfür benötigten Daten heutzutage in der Regel bereits in technischen Informationssystemen (engineering databases) vorliegen, besteht ein wechselseitiges Interesse daran, diese Daten dem Partner auch elektronisch verfügbar zu machen. Ein ähnlicher Sachverhalt ergibt sich bei der sogenannten „Just-in-Time"-Fertigung, bei der das Unternehmen weitgehend auf Zwischenlager verzichtet und der Lieferant deshalb sehr pünktlich (eben „just in time") anliefern muß. Um dies möglichst reibungslos zu gestalten, bietet es sich an, daß der Abnehmer bei seinem Lieferanten die Lieferung auf elektronischem Wege abruft bzw. veranlaßt. Ein transaktionsorientierter Buchungsvorgang, wie man es von zentralen Datenbanksystemen her gewohnt ist, würde sich natürlich auch hier anbieten.

Zusammenfassend kann man festhalten, daß die verschiedenen Problemstellungen, wie z. B. Zentralisierung versus Integration, homogene versus heterogene Teilsysteme sowie unterschiedliche Grade hinsichtlich der Enge des Zusammenschlusses bzw. der Kooperation zu einer großen Vielfalt an möglichen Realisierungsformen verteilter Informationssysteme führen. Hieraus ergeben sich einerseits unterschiedliche Problemstellungen im Detail, andererseits aber auch gemeinsame grundsätzliche Aufgabenstellungen und Probleme. Auf diese Gemeinsamkeiten und Unterschiede wollen wir im folgenden im Sinne eines Überblicks etwas näher eingehen.

1.2 Allgemeine Problemstellungen

Wir wollen im folgenden kurz auf die unterschiedlichen Problemstellungen eingehen, die sich beim Übergang von einer zentralen Datenhaltung zu einer dezentralen Datenhaltung sowie bei einer Zusammenführung vormals unabhängig voneinander realisierter Datenbanken ergeben.

1.2.1 Problemstellung bei Dezentralisierung

Bei der *Dezentralisierung* ist die Ausgangssituation ein zentrales Datenbanksystem, auf dessen vorgegebenen Programmschnittstellen die existierenden Anwendungsprogramme aufsetzen. Im Falle eines relationalen Datenbanksystems wäre dies zum Beispiel die eingebettete SQL-Schnittstelle (embedded SQL) sowie die von den Anwendungen verwendeten Relationen, also das Schema der Datenbank. Änderungen an diesen Schnittstellen würden Änderungen im Quellcode dieser Anwendungsprogramme nach sich ziehen. Dies ist im Regelfall nur dann tolerabel, wenn es sich nur um einige wenige Anwendungen handelt. Bei „gewachsenen" Anwendungen hingegen kommen leicht mehrere hunderttausend Zeilen Quellcode zusammen, deren Umstellung erheblichen Zeit- und Kostenaufwand bedeuten würde. So rechnen z. B. Großunternehmen für die Ablösung der ersten Datenbankgeneration (hierarchisches Datenmodell, Netzwerkdatenmodell) durch relationale Datenbanksysteme durchaus mit einer Zeitdauer in der Größenordnung von fünf bis zehn Jahren.

Soll also ein bislang zentral organisiertes Informationssystem dezentralisiert werden, so wird in der Regel oft die Vorgabe lauten, daß für die existierenden, betroffenen Anwendungen die Dezentralisierung, also die Verteilung der Daten auf mehrere Rechner, nicht sichtbar werden darf. Man sagt in diesem Zusammenhang auch, daß für diese Anwendungen das *„Single-System-Image"* erhalten bleiben muß. Man strebt hier letztlich eine *Ortsunabhängigkeit der Anwendungsprogramme* an. Natürlich muß trotz Verteilung der Daten auf mehrere Rechner die Konsistenz dieser Daten weiterhin gewährleistet bleiben.

Weitere Ziele bei der Dezentralisierung werden häufig eine Verbesserung des Gesamtdurchsatzes (performance) sowie eine Steigerung der Verfügbarkeit (reliability) sein. – Wir werden uns später, bei der Diskussion der Schema-Architektur verteilter Datenbanksysteme damit befassen, wie diese Ortsunabhängigkeit von Anwendungsprogrammen erreicht werden kann. Im Rahmen der Anfragebearbeitung werden wir uns mit dem Performanz-Aspekt und im Zusammenhang mit der Synchronisation sowie der Konsistenthaltung von Kopien mit dem Verfügbarkeitsaspekt näher befassen.

1.2.2 Problemstellung bei Integration

Problemstellung
bei Integration

Bei der *Integration* liegt die Ausgangssituation vor, daß bereits einige mehr oder weniger autonome Informationssysteme existieren, die zusammengeführt werden sollen. Die bei der Integration zu lösenden Probleme hängen stark davon ab, in welchem Grade die zu integrierenden Systeme voneinander abweichen. In Frage kommen z. B.:

- gleiches Datenmodell, aber von verschiedenen DBMS-Herstellern (d. h. verschiedene SQL-Dialekte)

- gleiches Datenmodell, aber Daten anders strukturiert und/oder Datentypen mit unterschiedlicher Semantik

- verschiedene Datenmodelle (hierarchisch, netzwerkorientiert, relational, dateibasiert)

Auch hier stellt sich wieder das Problem, daß in einem mehr oder weniger großen Umfang bereits Anwendungsprogramme existieren, die auch nach der Integration noch weiterhin ablauffähig bleiben müssen.

„Single-System-
Image"

Ein wesentliches Ziel der Integration ist daher typischerweise, daß für neue Anwendungen der Eindruck eines zentralen Datenbanksystems entstehen soll, so daß diese ein „Single-System-Image" vorfinden, das die Heterogenitäten der beteiligten Teilsysteme verdeckt. Konkret bedeutet dies, daß ein möglichst hoher Grad an *Orts- und Datenmodellunabhängigkeit* für die neuen Anwendungsprogramme angestrebt wird. Die bestehenden Anwendungsprogramme sollen jedoch möglichst ohne Änderung weiterhin ablauffähig bleiben. Die bisherigen Schnittstellen der lokalen Systeme müssen daher weiterhin (und aus Sicht der Anwendungen unverändert) zur Verfügung stehen.

Ablauffähigkeit
für existierende
Anwendungen

Ein anderes wichtiges Anliegen bei einer Integration ist in der Regel die Verbesserung der Konsistenz der Daten, durch Verringerung bzw. besserer Kontrolle redundant gespeicherter oder auf andere Weise voneinander abhängiger Daten. Die Vorgabe wird hier allerdings sein, daß die vorher vorhandene lokale Performanz durch die Integration nicht wesentlich verschlechtert wird (idealerweise überhaupt nicht) und daß auch die Verfügbarkeit der lokalen Systeme durch die Integration nicht wesentlich beeinträchtigt wird. Wir werden später bei der Behandlung von Kopien in Kapitel 9 sehen, daß dies keineswegs selbstverständlich ist.

1.3 Formen und Problemstellungen von verteilten Informationssystemen

Im folgenden wollen wir überblicksartig (kurz) auf Aspekte der räumlichen Verteilung, auf verschiedene Realisierungsarten sowie auf die verschiedenen Grade hinsichtlich der Enge der Integration bzw. der Aufgabe der lokalen Autonomie der beteiligten Teilsysteme bei verteilten Informationssystemen eingehen.

1.3.1 Räumliche Aspekte

Verteilte Informationssysteme gibt es einmal in der Form, daß die beteiligten Rechner (Knoten) physisch weit voneinander entfernt stehen (wie etwa in Abb. 1-3 illustriert). In diesen Fällen muß die Kommunikation deshalb über (i.a. relativ langsame) Weitverkehrsnetze (WAN, *wide area networks*) abgewickelt werden. Man spricht in diesem Zusammenhang dann auch von *geographisch verteilten Informationssystemen*. Diese Form findet man z. B. bei Unternehmen, die über mehrere Standorte verteilt sind, insbesondere natürlich bei multinationalen Konzernen. Weitverkehrsnetze sind relativ störanfällig hinsichtlich Signalverfälschung, Verbindungsabbruch oder Nichtzustandekommen einer Verbindung. Deshalb ist bei den geographisch verteilten In-

wide area network (WAN)

geographisch verteilte ISe

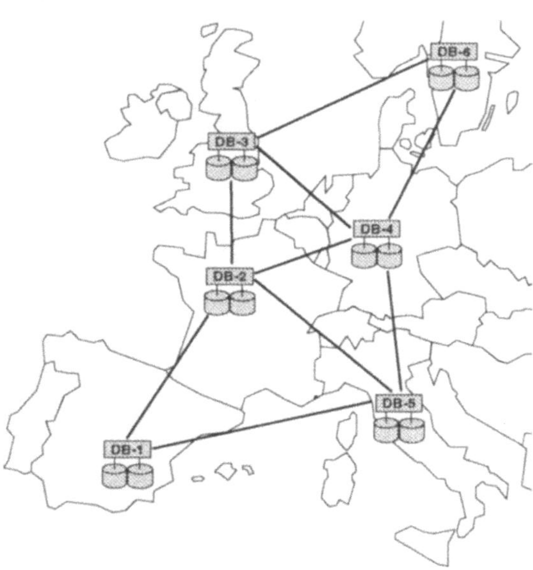

Abb. 1-3: Geographisch verteiltes Informationssystem

hoher Grad an lokaler Autonomie

formationssystemen die ständige Verfügbarkeit der Kommunikationsverbindung zwischen den Teilsystemen nicht immer gesichert. Bei der Auswahl der geeigneten Realisierungsform sind hinsichtlich Performanz und Kosten in der Regel deshalb die Anzahl und der Umfang der auszutauschenden Nachrichten die entscheidenden Faktoren. Man wird bei solchen Systemen typischerweise auch einen relativ hohen Grad an Unabhängigkeit (*lokaler Autonomie*) der beteiligten Teilsysteme anstreben, um eine möglichst hohe Verfügbarkeit der lokalen Systeme zu gewährleisten.

lokal verteilte ISe

local area network (LAN)

Eine andere Realisierungsform sind die *lokal verteilten Informationssysteme*. Diese sind in der Regel durch ein schnelles lokales Netz (LAN, *local area network*) verbunden, etwa innerhalb eines Gebäudes oder auf einem Firmengelände (zur Veranschaulichung siehe Abb. 1-4). Bei einem lokal verteilten Informationssystem ergibt sich meist – bei vernünftig ausgelegtem Netz (siehe Abschnitt 2.3) – ein sehr hoher Grad an Verfügbarkeit des Netzes. Bei der Realisierung solcher Informationssysteme stehen daher typischerweise andere Entscheidungsfaktoren im Vordergrund.

Ziele: Verbesserung der Ausfallsicherheit und des Durchsatzes

Man wählt diese Variante – anstelle einer zentralen Lösung – häufig um die *Ausfallsicherheit* des Gesamtsystems zu steigern. Man wird die Daten in diesem Fall in einem gewissen Umfang redundant speichern, um beim Ausfall einzelner datenhaltender Knoten immer noch arbeitsfähig zu sein. Ein anderer bzw. weiterer Grund für die Realisierung dieser Variante könnte eine angestrebte *Durchsatzverbesserung* durch die Möglichkeit zur Parallelisierung von Anfragen bzw. Bearbeitungsvorgängen sein (wie das genau geht, werden wir später bei der Behandlung der Anfragebearbeitung in Kapitel 6 noch kennenlernen).

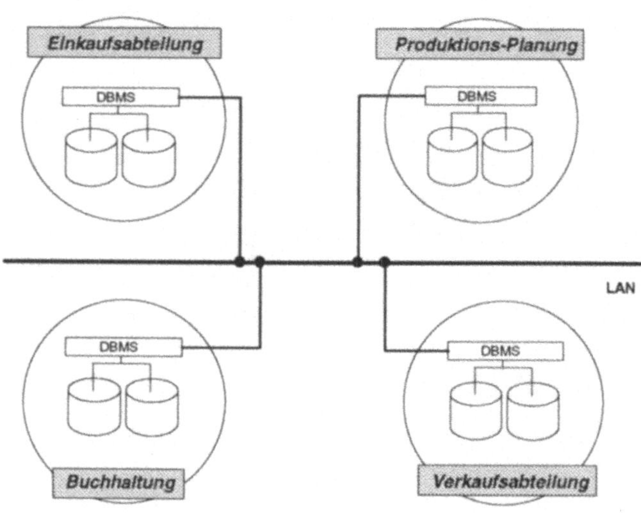

Abb. 1-4: Lokal verteiltes Informationssystem

1.3.2 Konventionell versus mittels verteiltem DBMS realisierte verteilte Informationssysteme

Verteilte Informationssysteme können auf viele Arten realisiert werden. Wir wollen im folgenden kurz die beiden Extreme betrachten, wobei in der Realität natürlich alle möglichen Varianten und Zwischenformen auftreten.

Konventionell realisierte verteilte Informationssysteme sind dadurch charakterisiert, daß die Verteilung in den Anwendungen selbst realisiert wird. D. h. auf den beteiligten Knoten sind Anwendungsprogramme implementiert, die mit anderen Anwendungsprogrammen kommunizieren, z. B. um einen Teiledatensatz von einem Knoten zu einem anderen Knoten zu übertragen (siehe Abb. 1-5a). Hierzu müssen natürlich die Operationen, welche die „Partner-Anwendungen" verstehen sollen, beim Entwurf dieser Programme von vornherein festgelegt werden. Ebenfalls festgelegt werden müssen die Beschreibungsformate für die Anweisungen und deren Parameter sowie für die Rückübertragung der Antworten, also z. B. die Struktur der Ergebnis-Datensätze und die Codierung der darin auftretenden alphanumerischen und binärwertigen Felder. Die Behandlung von Fehlerfällen liegt bei dieser Realisierungsform in der Regel vollständig in der Verantwortung des Anwendungsprogrammierers.

konventionell realisierte verteilte ISe

Bei der Realisierung eines verteilten Informationssystems mittels eines *verteilten Datenbank-Management-Systems* (vDBMSs) wird die Verteilung der Daten vollständig durch das vDBMS realisiert (siehe Abb. 1-5b). In diesem Fall ist die Verteilung der Daten für das Anwendungsprogramm nicht sichtbar. Wie im zentralen Fall „kommunizieren" die Anwendungsprogramme über gemeinsame Datenbankobjekte. Einige Anwendungsprogramme verändern die Datenbankobjekte (z. B. Einfügen in die Auftragserfassungsrelation) und andere verarbeiten die Informationen dann mittels Zugriff auf diese Datenbankobjekte weiter.

mittels vDBMS realisiertes verteiltes IS

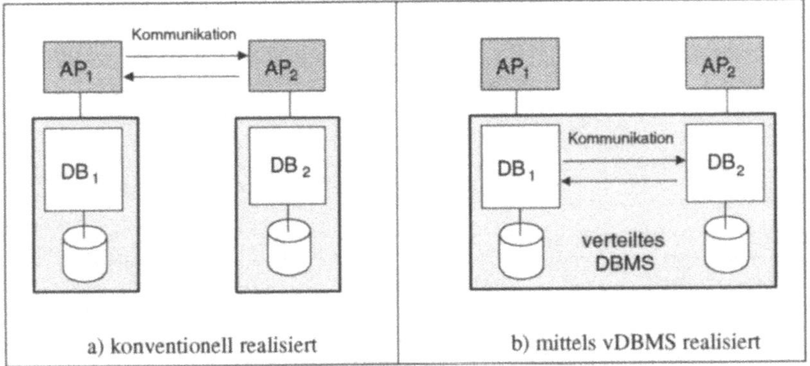

Abb. 1-5: Realisierungsformen verteilter Informationssysteme

1.3.3 Realisierungsformen verteilter DBMSe

Im folgenden wollen wir überblicksartig auf die verschiedenen Realisierungsformen verteilter DBMSe und ihre charakteristischen Merkmale eingehen. Gemeinsam ist allen Ansätzen, daß die Daten physisch auf mehrere Knoten verteilt sind und daß eine lokale Bearbeitung von Anfragen bzw. Teilanfragen durch die lokalen DBMS-Komponenten vorgenommen wird.

globales Transakionskonzept

Verteilungstransparenz

Unterschiede ergeben sich zum einen hinsichtlich der Unterstützung eines *globalen Transaktionskonzeptes* und zum anderen, bis zu welchem Grad das System der Anwendung gegenüber wie *ein* (zentrales) Datenbanksystem auftritt. Der erste Aspekts berührt die Frage, in welchem Umfang das von zentralen Datenbanken her bekannte Transaktionskonzept auf den verteilten Fall übertragen wird und beim zweiten Aspekt geht es darum, in welchem Umfang *Verteilungstransparenz* realisiert wird.

1.3.3.1 Homogene, eng integrierte verteilte DBMSe

globales Schema

In diesem Fall tritt das verteilte DBMS wie *ein* (geschlossenes) DBMS auf. Dies bedeutet für die Anwendungsentwicklung, daß es nur *ein* (globales) Schema gibt, in das die lokalen Schemata vollständig integriert wurden. Ein solches System bietet nach außen ein Transaktionskonzept an, wie man es vom lokalen Fall her gewohnt ist. Änderungen werden entweder vollständig oder gar nicht in die Datenbank eingebracht, und zwar ganz gleich, wieviele Knoten ggf. an der Durchführung einer verteilt auszuführenden Update-Operation beteiligt sind.

Das globale Schema stellt im wesentlichen eine einfache Vereinigung (union) der lokalen Schemata dar. In der Regel werden solche Systeme von vornherein („top down") als verteiltes System entworfen, so daß auch keine Hete-

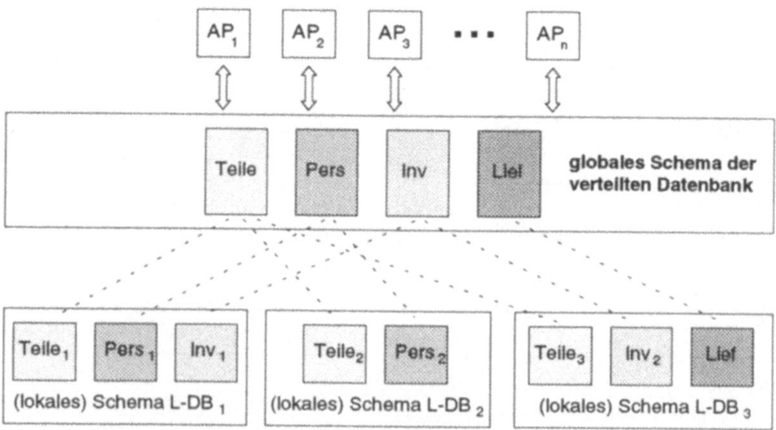

Abb. 1-6: Schema-Integration bei homogenen, eng integrierten vDBMSen

rogenitäten bei den lokalen Schemata auftreten und somit keine Schematransformationen erforderlich sind. Wir werden hierauf in Kapitel 5, unter „homogene, prä-integrierte DBSe", noch ausführlich eingehen.

Typisch für diese Form verteilter DBMSe ist auch, daß die lokalen DBMSe nicht mehr autonom agieren, sondern ausschließlich über das vDBMS gesteuert werden. Alle Anwendungsprogramme greifen dabei ausschließlich auf das globale Schema zu (siehe Abb. 1-6). Diese Realisierungsform verteilter DBMSe ist heute technologisch am besten fundiert und verfügt bereits über eine recht solide Theoriebasis, wie wir z. B. in Kapitel 4 (Speicherung globaler Relationen) sowie in Kapitel 6 (Anfragebearbeitung) noch sehen werden. Einige Systeme dieser Kategorie sind inzwischen auch schon kommerziell verfügbar, sind in ihrer Funktionalität teilweise jedoch immer noch hinter den Anforderungen und Wünschen zurück. Wir werden im weiteren Verlauf noch herausarbeiten, was ein vollwertiges vDBMS (idealerweise) eigentlich leisten sollte.

keine lokale
Autonomie

Im Sinne einer Kurzcharakterisierung läßt sich diese Realisierungsform zusammenfassend wie folgt kennzeichnen:

Charakteristische Eigenschaften (J/N = teilweise erfüllt)	J	J/N	N
Daten physisch auf mehrere Knoten verteilt	×		
logische Sicht als *eine* Datenbank	×		
Verteilungstransparenz für Benutzer / Anwendungsprogramm	×		
gemischter DB-Zugang (global/lokal)			×
Zerlegung globaler Anfragen durch vDBMS	×		
lokale Ausführung von Teilanfragen	×		
globales Transaktionskonzept	×		
lokale Autonomie beibehalten			×

Tabelle 1-1: Merkmale homogener, eng integrierter vDBMSe

Die Hauptanwendungsgebiete für verteilte DBMSe dieses Typs sind

- *Hochleistungs-DBMSe (Mehrrechner-DBMSe; siehe Abschnitt 1.3.3.2)* Hier wird die Möglichkeit zur Parallelverarbeitung ausgenutzt.

Hochleistungs-
DBMSe

- *Fehlertolerante DBMSe* Hier wird Redundanz in den Hardwarekomponenten (Prozessoren, Controller, Kommunikationswege) in Verbindung mit redundanter Speicherung ausgenutzt.

Fehlertolerante
DBMSe

- *Dezentralisierung* von bislang zentralen Datenbankanwendungen („downsizing")

Dezentralisierung
(„downsizing")

Eine interessante Variante dieser Realisierungsform sind die sogenannten *Mehrrechner-Datenbanksysteme*. Wir werden auf diese in diesem Kurs nicht speziell eingehen, wollen die wesentlichsten Varianten im folgenden Exkurs jedoch zumindest einmal kurz anreißen.

1.3.3.2 Exkurs: Mehrrechner-Datenbanksysteme

Mehrrechner-DBMSe sind spezielle Realisierungsformen von homogenen, sehr eng integrierten vDBMSen, die auf mehr oder weniger eng gekoppelten Rechnersystemen oder Prozessoren implementiert werden, welche wiederum über sehr schnelle Kommunikationswege miteinander verbunden sind. Ziel ist hier meist die Erreichung eines hohen Durchsatzes durch Parallelausführung von Anfragen, manchmal steht auch die Ausfallsicherheit im Vordergrund oder spielt zumindest ebenfalls eine wichtige Rolle. Wie Anfragen parallelisiert werden können, werden wir später im Rahmen der Anfragebearbeitung (Kapitel 6) noch kennenlernen. Hier wollen wir nur auf die Architekturkonzepte dieser Systeme kurz eingehen.

Die wichtigsten Architekturvarianten sind:

- Gemeinsamer Hauptspeicher + gemeinsame Platten
  (shared memory + shared disks = „*shared everything*")

- Nur gemeinsame Platten („*shared disks*")

- Nichts gemeinsam („*shared nothing*")

Shared-
Everything-
Architektur

Die *Shared-Everything-Architektur* (siehe Abb. 1-7) hat die meiste Ähnlichkeit mit einem zentralen DBMS. Wie ein solches verfügt dieses Mehrrechner-DBMS über *einen* DB-Systempuffer und über *eine* Sperrtabelle (oder etwas Vergleichbares, falls andere Synchronisationsverfahren eingesetzt werden). Im Falle von Sperrkonflikten können dieselben Mechanismen zur Deadlockerkennung und -auflösung wie in zentralen DBMSen eingesetzt werden.

Ein gewisses Problem stellen hier die lokalen CPU-Cache-Speicher dar. Der CPU-Cache-Speicher ist ein sehr schneller (und deshalb teurer) Zwischenspeicher, der eingesetzt wird, damit der schnelle Prozessor (CPU) nicht so oft auf den (im Verhältnis) langsamen Hauptspeicher warten muß. Bei einem Hauptspeicherzugriff der CPU wird zunächst geprüft, ob die Inhalte der gewünschten Hauptspeicheradressen nicht bereits im lokalen CPU-Cache vorhanden sind. Greift nun zunächst CPU 1 und später CPU 2 auf denselben Hauptspeicherbereich (z. B. die Sperrtabelle) zu, so wird nacheinander jeweils eine Kopie dieses Hauptspeicherbereichs in die lokalen Caches eingelagert. Ein erneuter Zugriff von CPU 1 auf denselben Hauptspeicherbereich könnte, sofern die Daten dort noch vorhanden sind, nun unter Umständen mittels der nicht mehr aktuellen Kopie direkt aus dem Cache „bedient" werden. Hierdurch würde CPU 1 die durch CPU 2 vorgenommenen Veränderungen im Hauptspeicher (z. B. eine Änderung in der Sperrtabelle) nicht bemerken und hierdurch möglicherweise ein Konsistenzverletzung begehen.

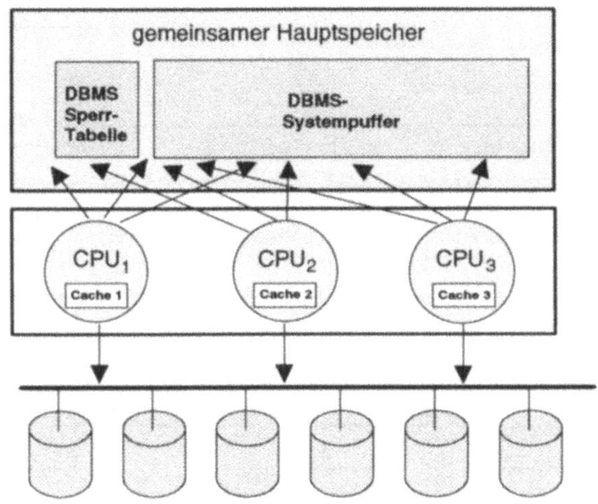

Abb. 1-7: „Shared-Everything"-Architektur

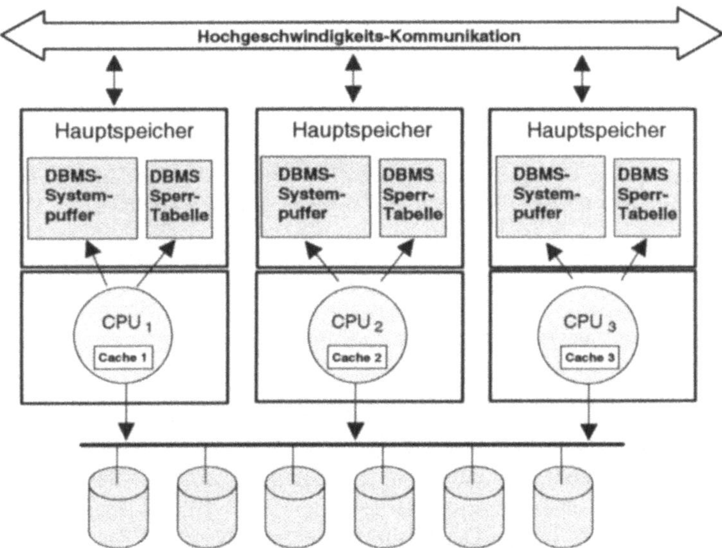

Abb. 1-8: „Shared-Disks"-Architektur

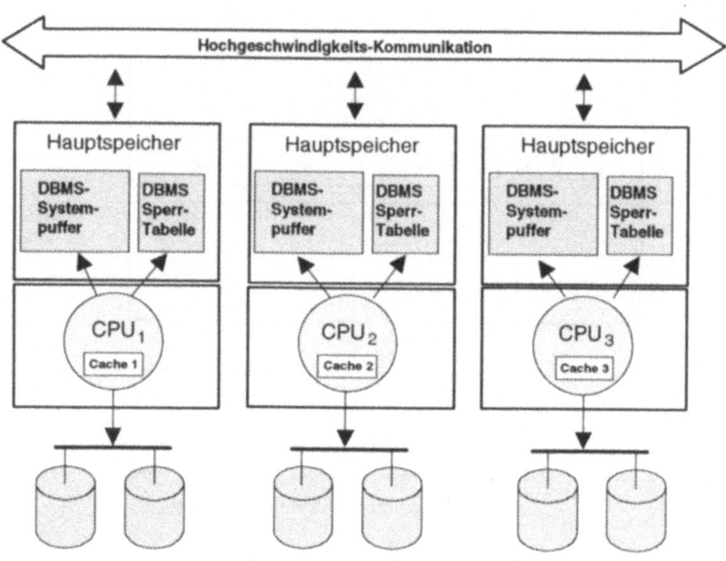

Abb. 1-9: „Shared-Nothing"-Architektur

Cache-
Kohärenzproblem

Um dies zu vermeiden, müssen die Cache-Inhalte in solchen Architekturen ebenfalls konsistent gehalten werden. Man bezeichnet dies auch als das *„Cache-Kohärenzproblem"* /Rahm93/. (Das Cache-Kohärenzproblem hat eine gewisse Verwandtschaft zu dem Problem in verteilten Datenbanken, redundant gespeicherte Daten konsistent zu halten. Wir werden hierauf – bezogen auf verteilte Datenbanken – in Kapitel 9 noch zu sprechen kommen.)

Shared-Disks-
Architektur

Bei der *Shared-Disks-Architektur* (siehe Abb. 1-8) werden im wesentlichen bereits komplette Rechner mit eigenem Hauptspeicher eingesetzt, die jeweils über einen schnellen Kommunikationskanal miteinander verbunden sind. Alle Rechner haben Zugriff auf die gemeinsame Plattenperipherie.

Konsistenthaltung
DB-Systempuffer

Obwohl man aufgrund der gemeinsam genutzten Plattenperipherie auf den ersten Blick überhaupt keine Beziehung zu verteilten DBMSen vermutet, treten bei dieser Realisierungsform doch bereits einige verwandte Problemstellungen auf. Durch die separaten Hauptspeicher verfügen die einzelnen Teilsysteme auch über separate DB-Systempuffer und über separate Sperrtabellen. Dies führt bei den Datenbank-Systempuffern zu den Kopien-Konsistenthaltungsproblemen in bezug auf die eingelagerten Datenseiten. (Das CPU-Cache-Problem tritt hier jetzt allerdings nicht mehr auf (erkennen Sie warum?)) Dadurch, daß verschiedene Sperrtabellen verwendet werden, tritt

verteilte
Verklemmungen

allerdings das Problem auf, *verteilte* (knotenübergreifende) *Verklemmungen* zu erkennen. – Auf dieses Problem werden wir bei der Behandlung von Synchronisationsverfahren (in Kapitel 8) noch näher eingehen.

Die *Shared-Nothing-Architektur* (siehe Abb. 1-9) ist ein „richtiges" vDBMS, dessen Teilsysteme über schnelle Kommunikationskanäle verbunden sind und das vom Systemkonzept her auf Hochleistungs-Transaktionsverarbeitung und/oder Fehlertoleranz ausgelegt wurde.

Shared-Nothing-Architektur

Die auftretenden Problemstellungen sind damit im wesentlichen mit denen „normaler" vDBMSe identisch und brauchen daher an dieser Stelle nicht näher behandelt zu werden. – Eine vertiefte Behandlung von Mehrrechner-DBMSen findet sich z. B. in /KePr92/ und /Rahm94/.

1.3.3.3 Föderierte, verteilte DBMSe

Bei dieser Form verteilter DBMSe liegt typischerweise eine nachträgliche Integration bereits existierender, bislang dezentral organisierter Informationssysteme vor. In Analogie zu einem föderierten Bundesstaat, in dem die Länder einige – jedoch nicht alle – Kompetenzen an die Bundesregierung abtreten, gibt es auch bei föderierten verteilten DBMSen eine gewisse Verteilung von Zuständigkeiten bzw. Aufgaben.

Föderierte verteilte DBMSe bringen in der Regel nicht alle lokalen Daten in den globalen Verbund ein, sondern nur diejenigen, an denen ein „globales Interesse" besteht (siehe Abb. 1-10). Man spricht deshalb auch oft von *globalen Daten* von und *lokalen Daten*, wobei die „globalen" Daten natürlich auch lokal gespeichert werden, aber eben „global sichtbar" sind. Dementsprechend behalten die Teilsysteme bei der föderierten Realisierungsform üblicherweise auch das Recht, die lokalen Schemata (nach Bedarf zu erweitern bzw. zu verändern. Diejenigen Teile der lokalen Schemata, die in den globalen Verbund eingebracht werden, werden allerdings nur in gegenseitiger Absprache verändert. – Bezüglich der Gestaltung der lokalen Schemata wird also die *lokale Autonomie* nur teilweise aufgegeben.

lokale Daten, globale Daten

(nur) teilweise Aufgabe der Schema-Autonomie

Je nachdem, ob es sich um einen *globalen* Datenbankzugang oder um einen *lokalen* Datenbankzugang handelt, ist einmal das globale vDBMS und das andere Mal das lokale DBMS für die Hand habung zuständig. Knotenübergreifende („verteilte") Anwendungen benutzen das globale Schema des vDBMS und werden deshalb durch die globale Komponente bearbeitet. Existierende lokale Anwendungen greifen hingegen weiterhin über die vorhandene lokale DBMS-Schnittstelle zu.

globaler u. lokaler DB-Zugang

existierende lokale Anwendungen

Sehr häufig liegen bei den föderierten verteilten DBMSen *heterogene lokale Systeme* vor, wobei eventuell sogar lokal verschiedene Datenbank-Datenmodelle zum Einsatz kommen. So kommt es des öfteren vor, daß schon länger existierende Systeme auf dem hierarchischen Datenmodell (z. B. IMS) oder dem Netzwerk-Datenmodell (z. B. CODASYL-orientiert) basieren, während neuere Entwicklungen auf Basis relationaler Datenbanksysteme vorgenommen werden. Werden solche Systeme im Rahmen eines föderierten Systemverbundes zusammengeführt, so sind auf globaler Ebene Datenmodell-Transformationen erforderlich, um zu einem einheitlichen globalen Schema zu

heterogene lokale Teilsysteme

kommen. (Wir werden hierauf in Kapitel 5 noch ausführlich zu sprechen kommen.)

Selbst wenn einem die Datenmodell-Transformation erspart bleibt (alle lokalen DBMSe haben dasselbe Datenbank-Datenmodell), sind typischerweise zumindest noch *Schema-Transformationen* erforderlich, da in den lokalen DBMSen semantisch äquivalente Informationen oftmals strukturell unterschiedlich dargestellt werden (nicht aus Übermut, sondern weil die Systeme unabhängig voneinander entstanden sind).

(nur) teilweise Aufgabe der lokalen Ausführungs-Autonomie

Wie bereits oben erwähnt, werden in der Regel nicht alle lokalen Datenbestände in den globalen Verbund eingebracht. Hierdurch ergibt sich eine geteilte Zuständigkeit hinsichtlich der Ausführung lokaler und globaler Anwendungen: Für die (existierenden[1]) lokalen Anwendungen (dies sind solche, die ausschließlich auf lokale Daten zugreifen), bleibt das lokale DBMS, für globale Anwendungen ist die globale vDBMS-Komponente zuständig (siehe Abb. 1-10). Somit wird auch die *lokale Ausführungs-Autonomie* nur teilweise aufgegeben. – In vielen Fällen wird die Funktionalität der globalen Komponenten zudem stark eingeschränkt (z. B. auf reinen Lesezugriff).

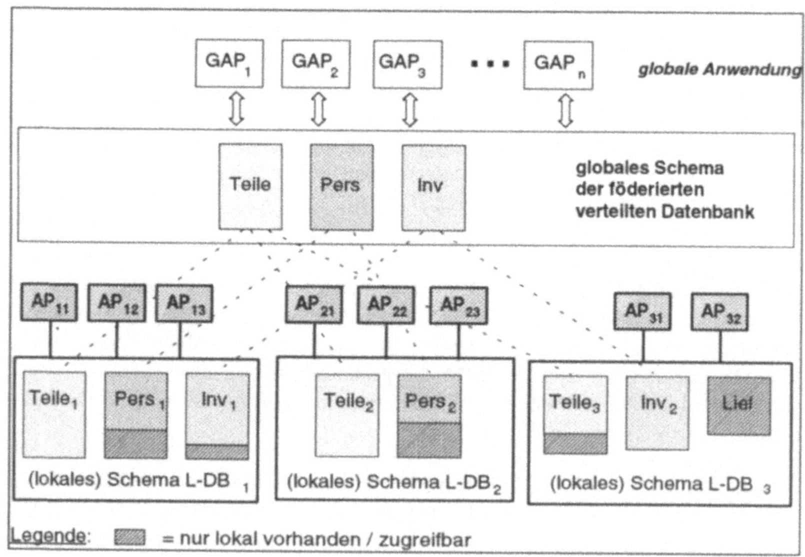

Abb. 1-10: Schema-Integration bei förderierten verteilten DBMSen

---

[1] Ob man „neue" lokale Anwendungen über die globale Komponente realisiert, hängt von der längerfristigen Strategie (z. B. angestrebte Migration auf relationale DBMSe) sowie von Performanz-Aspekten ab.

Im Sinne einer Kurzcharakterisierung läßt sich diese Realisierungsform wie in Tabelle 1-2 dargestellt kennzeichnen. Dazu einige Erläuterungen:

- Die logische Sicht als *eine* Datenbank ist nur noch für die globalen Anwendungen erfüllt (deshalb (J/N) und demzufolge ist auch die

- Verteilungstransparenz nur teilweise gegeben (deshalb ebenfalls (J/N).

- Da die Schema-Autonomie (und evtl. auch die Ausführungs-Autonomie) teilweise an die globale Komponente abgegeben wurde, ist die lokale Autonomie nur noch teilweise gegeben (deshalb auch hier J/N).

Charakteristische Eigenschaften (J/N = teilweise erfüllt)	J	J/N	N
Daten physisch auf mehrere Knoten verteilt	×		
logische Sicht als *eine* Datenbank		×	
Verteilungstransparenz für Benutzer / Anwendungsprogramm		×	
gemischter DB-Zugang (global/lokal)	×		
Zerlegung globaler Anfragen durch vDBMS	×		
lokale Ausführung von Teilanfragen	×		
globales Transaktionskonzept	×		
lokale Autonomie beibehalten		×	

Tabelle 1-2: Merkmale föderierter vDBMSe

Auch für diese Realisierungsform sind kommerzielle Produkte z.T. bereits verfügbar. Typischerweise wird diese Funktionalität als Zusatzkomponente (oftmals „*database gateway*" genannt) für ein DBMS angeboten. Damit ist das verwendete „Haupt"-DBMS – nach entsprechender Vorarbeit – in der Lage, Teile der fremden Datenbank im eigenen Datenmodell darzustellen und Operationen darauf (oft auf reines Retrieval eingeschränkt) anzubieten. – Was hier technisch zu leisten ist, werden wir im weiteren Verlauf noch detailliert behandeln.

    database gateways

Die Forschungsinteressen liegen bei dieser Realisierungsform insbesondere im Bereich der rechnerunterstützten Schemaintegration.

1.3.3.4 Offene Multidatenbanksysteme

Bei den offenen Multidatenbanksystemen (Multi-DBSen) handelt es sich um einen sehr losen Verbund von Datenbanksystemen. In der Regel sind Informationssysteme zu realisieren, die auf autonome (oftmals „fremde") Datenbanksysteme, wie z. B. Hotelreservierungssysteme, Flugreservierungssysteme, Literaturdatenbanken, zugreifen. Die Integration der beteiligten Teilsysteme (wenn man überhaupt von einer solchen sprechen kann) findet „oberhalb" dieser Systeme in der Anwendung oder in einer anwendungsnahen Schicht statt.

Auskunftssysteme, loser Rechnerverbund

Obwohl diese Realisierungsform auf den ersten Blick etwas exotisch anmutet, steckt dahinter eine ganze Reihe praktisch sehr relevanter Problemstellungen, wie etwa die schon angesprochene Realisierung von Auskunftssystemen, der Verbund von Rechnern bei Firmenzusammenschlüssen (Fusionen) und der eingangs erwähnte Rechnerverbund von Abnehmer und Lieferant, um nur einige Beispiele zu nennen.

hoher Grad an lokaler Autonomie

Ganz typisch für diese Realisierungsform ist, daß die lokalen Systeme einen sehr hohen bzw. sogar vollständigen Grad an lokaler Autonomie behalten. D. h. sie sind relativ frei hinsichtlich

- Schema-Entwurf und Schema-Änderungen

- Prioritätenvorgabe bei der Transaktionsausführung

- Vergabe und Entzug von Zugriffsrechten

- etc.

kein Zwei-Phasen-Commit-Protokoll

erschwerte Erkennung globaler Verklemmungen

Aus Sicht der Anwendung, die diese Systeme zu integrieren hat, stellen sich diese im wesentlichen als „black box"-Systeme dar. Diese sind in der Regel nicht gewillt, kooperativ an einem verteilten Update mitzuwirken. Sie bieten sehr häufig keine Unterstützung des sog. *Zwei-Phasen-Commit-Protokolls* (*two-phase commit protocol*) und geben in der Regel auch keine Auskünfte über interne Zustände, was z. B. die Erkennung von globalen Verklemmungen erschwert.

Zwei-Phasen-Commit-Protokoll

Kurze Erläuterung im Vorgriff: Das *Zwei-Phasen-Commit-Protokoll* definiert einen sicheren Zwischenzustand, von dem ausgehend die lokalen Teilsysteme – je nach Ausgang der Entscheidung über den Ausgang der globalen Transaktion – dann verläßlich das endgültige Commit oder Abort durchführen können (auch wenn zwischendurch ein „Knotenabsturz" aufgetreten ist). – Wir werden hierauf in Kapitel 7 noch ausführlich eingehen. Die Erkennung und Behandlung globaler Verklemmungen ist Gegenstand von Kapitel 8.

In vielen Fällen erlauben die beteiligten Systeme den globalen Transaktionen nur reine Lesezugriffe. Sofern globale Update-Transaktionen zugelassen werden, wird in der Regel keine Unterstützung eines globalen Transaktionskonzepts im klassischen Sinne möglich sein (wegen des schon erwähnten, fehlenden two-phase commit), sondern man wird sich hier mit „*Kompensationen*"

„Kompensation" anstelle von Rollback

(*compensations*) bzw. „Stornobuchungen" anstelle des klassischen Transaktions-Rollback (*undo, transaction rollback*) behelfen müssen. Wir werden hierauf im Zusammenhang mit erweiterten Transaktionskonzepten später noch ausführlicher zu sprechen kommen.

Im Sinne einer Kurzcharakterisierung läßt sich diese Realisierungsform wie folgt kennzeichnen:

Charakteristische Eigenschaften (J/N = teilweise erfüllt)	J	J/N	N
Daten physisch auf mehrere Knoten verteilt	×		
logische Sicht als *eine* Datenbank			×
Verteilungstransparenz für Benutzer / Anwendungsprogramm			×
gemischter DB-Zugang (global/lokal)			×
Zerlegung globaler Anfragen durch vDBMS			×
lokale Ausführung von Teilanfragen	×		
globales Transaktionskonzept			×
lokale Autonomie beibehalten	×		

Tabelle 1-3: Merkmale offener Multidatenbanksysteme

Auch die Multidatenbanksysteme erfreuen sich einer regen Forschungstätigkeit. Hauptarbeitsgebiete sind

- Transaktionskonzepte

- Synchronisationsverfahren, Korrektheitsaspekte

- Schema-Integration

1.3.4 Zusammenfassung Realisierungsformen

Die oben besprochenen Realisierungsformen verteilter Informationssysteme bzw. verteilter DBMSe stellen in gewisser Weise einige Eckpunkte aus dem Gesamtspektrum an Realisierungsformen dar. Wie man Abb. 1-11 entnehmen kann, gibt es dazwischen noch eine ganze Reihe von Zwischenformen und sonstigen Varianten. Insofern müssen die in Tabelle 1-1 bis Tabelle 1-3 vorgenommenen Kurzcharakterisierungen mehr als Tendenzaussagen und weniger als absolute Aussagen gewertet werden.

Abb. 1-11 zeigt – in Anlehnung an /ÖzVa91/, S. 79 – die wesentlichsten charakteristische Merkmale verteilter DBMSe:

- die Datenhaltung ist verteilt oder nicht verteilt

- die Teilsysteme sind autonom oder nicht

- die Teilsysteme sind homogen oder heterogen

Alle betrachteten Systeme – und dies würde auch für die anderen Realisierungsformen verteilter DBMSe in Abb. 1-11 gelten, die wir nicht besprochen haben – haben zumindest die beiden folgenden Eigenschaften gemeinsam:

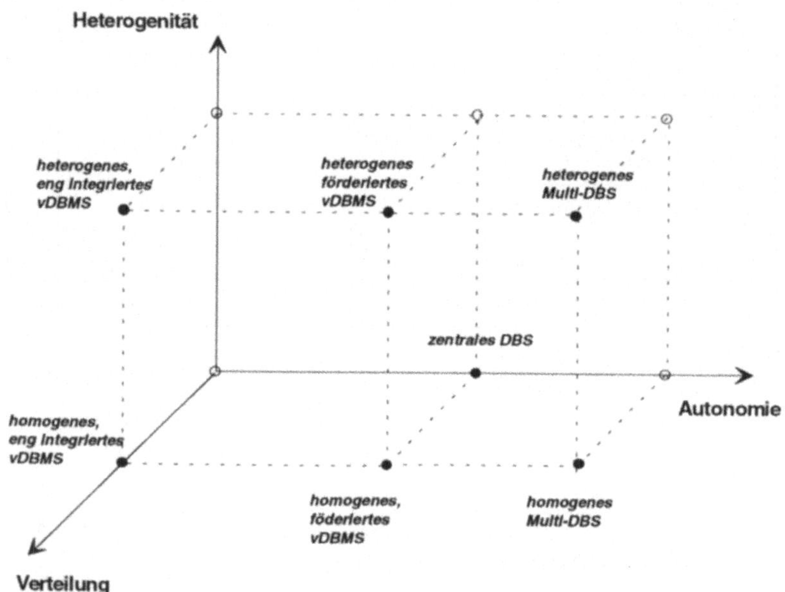

Abb. 1-11: Kategorisierung verteilter DBMSe

- die Daten sind physisch auf mehrere Knoten verteilt
- es findet eine lokale Ausführung von Teilanfragen statt.

Mindest-
anforderungen an
ein vDBMS

Wir können dies auch als *Mindestanforderungen* an ein vDBMS betrachten.

Wir wollen im folgenden nun kurz betrachten, warum ein zentrales DBMS, dessen Datenhaltung über ein verteiltes Dateisystem realisiert wird, kein verteiltes DBMS ist.

1.3.5 Abgrenzung zu verteilten Dateisystemen

Ein verteiltes Dateisystem suggeriert der sie benutzenden Anwendung, daß alle Dateien lokal verfügbar sind. Greift nun eine Anwendung an einem Knoten A auf einen Datenblock zu, der zu einer Datei gehört, die am Knoten B gespeichert ist, so läuft dies im Prinzip wie folgt ab:

1. Anwendung fordert am Knoten A Datenblock x an.

2. Knoten A prüft, ob Datenblock x bereits lokal vorhanden ist, falls nicht, wird die Anforderung an Knoten B weitergeleitet.

3. Knoten B greift auf Datenblock x zu und sendet ihn an Knoten A.

4. Knoten A stellt Datenblock x der Anwendung zur Verfügung.

Auf den ersten Blick läßt sich ein eng integriertes, verteiltes DBMS nun einfach dadurch realisieren, daß man – wie in Abb. 1-12 dargestellt – ein normales zentrales DBMS auf das verteilte Dateisystem aufsetzt.

Betrachten wir hierzu den Fall, daß in Knoten B eine Relation bzw. Datei gespeichert sei, die Mitarbeiterdaten enthalte. Stellen wir uns ferner vor, daß an Knoten A die Anfrage gestellt wird:

„Finde alle Mitarbeiter mit Gehalt größer als DM 7.000"

Sofern kein Index auf Gehalt bezüglich dieser Relation existiert, muß das Datenbanksystem die Datensätze sequentiell durchsuchen, um das Prädikat zu überprüfen. In diesem konkreten Falle würden hierdurch alle Datensätze von Knoten B zum Knoten A übertragen werden, da nur dort die Auswertung des Suchprädikats erfolgen kann. Warum ist das so? Nun, das Dateisystem unterstützt nur sequentielle oder wahlfreie Satzzugriffe nach vorgegebener Satzadresse (oder Blocknummer); inhaltsbezogene Suchprädikate „versteht" es nicht.[2]

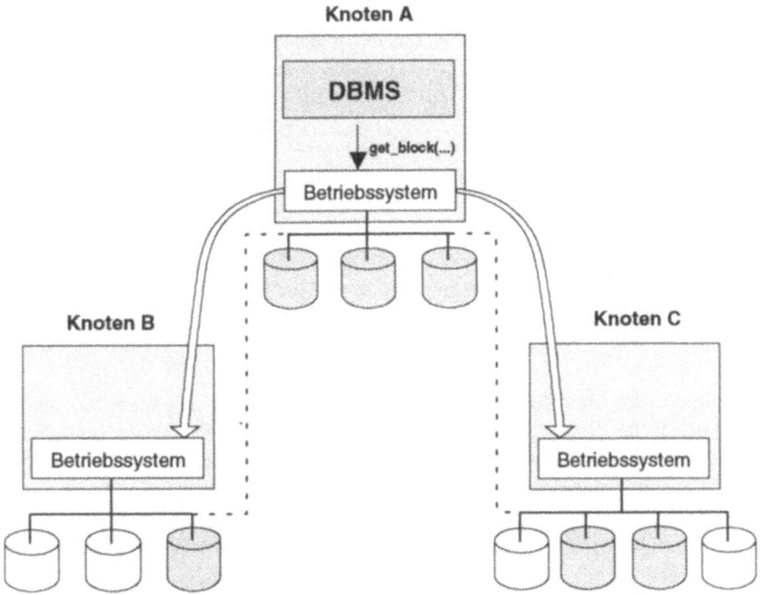

Abb. 1-12: (Zentrales) DBMS mit verteiltem Dateisystem

---

[2] Es gibt Dateisysteme (insbesondere in der „Mainframe-Welt"), die indexunterstützten Zugriff über den Primärschlüssel des Datensatzes ermöglichen. Hierzu gehören z. B. die sog. ISAM-Dateien (ISAM = index sequential access method; siehe z. B. /ElNa89/). Auch diese würden, falls überhaupt einsetzbar, hier aber auch nur bei einem Zugriff über den Primärschlüssel etwas helfen.

keine lokale
Anfrage-
bearbeitung

Damit verletzt dieser Ansatz eines der charakteristischen Merkmale eines verteilten DBMSs, nämlich die lokale Anfragebearbeitung. Im Gegensatz hierzu würde die Bearbeitung dieser Anfrage in einem echten verteilten DBMS wie folgt aussehen: Die Anfrage würde von Knoten A an den Knoten B weitergeleitet, wo sie dann lokal ausgewertet würde. Nur die Resultat-Tupel würde Knoten B an Knoten A zurückübertragen.

1.3.6 Client/Server-Anwendungen

Client/Server-
Datenbank-
anwendungen

Datenbankserver

In den letzten Jahren sind sogenannte Client/Server-Datenbankanwendungen stark in den Mittelpunkt des Interesses gerückt. Charakteristisch für diese Systeme ist, daß eine *Funktionsaufteilung* stattfindet zwischen einem Rechner, der die eigentliche Anwendung (*Client*) ausführt, und einem anderen Rechner, der die Datenbank hält (*Datenbankserver*). Der Datenbankserver selbst kann hierbei ein „normaler" zentraler Datenbankserver sein, er kann im Prinzip jedoch auch als (in der Regel dann homogenes, eng integriertes) verteiltes DBMS realisiert sein, das gegenüber den Anwendungen jedoch (in der Regel) wie *ein* DBMS auftritt.

Von größerem Interesse in diesem Zusammenhang ist, welche Funktionalität durch den Datenbankserver und welche durch die Anwendung realisiert wird bzw. welche Teile der (Gesamt-)Anwendung auf dem Client und welche auf dem Server ausgeführt werden.

konventionelle
Anwendungen

stored procedures

Bei konventionellen (kaufmännischen) Anwendungen wird im Regelfall angestrebt, datenintensive Zugriffe möglichst unmittelbar auf dem Datenbankserver auszuführen, um die Kommunikation übers Netz zu reduzieren. Hier verlagert man in gewisser Weise Teile des Anwendungsprogramms auf den Datenbankserver, z. B. in Form dort abgelegter Prozeduren (*stored procedures*), die vom Anwendungsprogramm im Sinne eines entfernten Prozeduraufrufs (*remote procedure call*) dort aufgerufen werden.

technisch /
wissenschaftliche
Anwendungen

komplexe Objekte

Eine andere Problemstellung ergibt sich im Bereich sogenannter technisch/wissenschaftlicher Anwendungen, in denen z.T. sehr große *komplexe Datenobjekte* bearbeitet werden müssen. Beispiele hierfür sind rechnerunterstützter Entwurf (*computer aided design* (CAD)) und Robotik-Anwendungen. Aus Performancegründen und weil vielleicht auch die benötigte Software auf der Workstation installiert ist, will man das Objekt auf der Workstation (also auf der Client-Seite) bearbeiten und nicht auf dem Datenbankserver. Die Entwicklung für Anwendungen dieser Art steckt allerdings noch in den Anfängen.

Wir werden auf beide Aspekte, die damit verbundenen Problemstellungen und Lösungsansätze, in Kapitel 11 noch ausführlich eingehen.

1.4 Aufbau des Buches

Die restlichen Kapitel des Buches sind inhaltlich wie folgt ausgerichtet:

In Kapitel 2 gehen wir auf Rechnernetze und ihre Eigenschaften ein, soweit diese im Rahmen dieses Kurses benötigt werden.

In Kapitel 3 rekapitulieren wir noch einmal kurz die theoretischen Grundlagen relationaler Datenbanksysteme, da wir diese für die Behandlung der Schema-Architektur sowie für die Anfragebearbeitung benötigen.

In Kapitel 4 gehen wir dann auf die Speicherung globaler Relationen, d. h. auf ihre Zerlegung in Teilrelationen und deren optimale Verteilung auf die datenhaltenden Knoten ein.

In Kapitel 5 betrachten wir für die verschiedenen Realisierungsformen verteilter DBMSe, wie eine geeignete Schema-Architektur realisiert werden kann, so daß die Verteilung der Daten sowie eventuelle Heterogenitäten vor den Anwendungsprogrammen möglichst verborgen bleiben. Außerdem betrachten wir verschiedene Realisierungsformen für den globalen Datenbankkatalog.

In Kapitel 6 sehen wir uns dann näher an, wie globale Anfragen ausgeführt werden, d. h. wie diese in lokal ausführbare Anfragen transformiert werden können. In diesem Zusammenhang werden wir uns auch mit Anfrageoptimierung sowie Ausführungsstrategien (sequentiell versus parallel) sowie verschiedenen Join-Verfahren befassen.

In Kapitel 7 werden wir uns mit verschiedenen Formen der Transaktionsausführung, der Freigabe von Änderungen sowie mit weiterführenden Transaktionskonzepten befassen.

In Kapitel 8 werden wir auf Fragen der Synchronisation verteilter Transaktionen und sowie die koordinierte Freigabe von Änderungen eingehen.

Kapitel 9 befaßt sich mit der Konsistenthaltung redundant gespeicherter Daten (Kopien).

Kapitel 10 behandelt das Thema Recovery.

In Kapitel 11 gehen wir näher auf Client/Server-Anwendungen und die zugrundeliegenden Basistechnologien ein.

Kapitel 12 schließt mit einer Zusammenfassung und einem Ausblick auf die weitere Entwicklung.

2. Rechnernetze

2.1 Netze und Dienste auf Netzen

Bei der Behandlung von Rechnernetzen muß man zwischen den (*physischen*) *Netzen* sowie den *Diensten* auf den Netzen unterscheiden. So gibt es z. B. als physische Netze im sogenannten Weitverkehrsbereich das

Unterschied:
(Physisches) Netz
und Dienst auf
Netz

- Fernsprechnetz

- integrierte Datennetz (IDN)

- Kabelfernsehnetz

- Standleitungen

Die Netze sind als physisches Medium real vorhanden und z. B. in Form von Kupfer- oder Glasfaserkabeln im Boden bzw. oberirdisch mittels Kabelmasten verlegt. Diese physischen Netze werden nun durch Aufprägung einer Signalstruktur[3] sowie einem darauf aufbauenden *Dienstprotokoll* zu entsprechenden Diensten wie z. B.

Dienstprotokoll

- Telefon

- Telefax

- Datex-P, Datex-L

- Bildschirmtext

- Kabelfernsehen

- ISDN

Hierbei verwendet nun z. B. der Dienst „Kabelfernsehen" sein eigenes Netz. Der Dienst „Telefax" hingegen verfügt über kein eigenes Netz, sondern benutzt das Fernsprechnetz. Das hierbei zu beachtende Dienstprotokoll besagt unter anderem, mit welcher Tonfolge der Empfangsseite zu signalisieren ist, daß es sich um eine Telefaxübertragung (und nicht um ein normales Telefongespräch) handelt, welches Übertragungsverfahren anzuwenden ist und wie das Ende der Übertragung angezeigt wird.

Lokale Netze (LANs, local area networks) werden heute typischerweise auf eigens dafür verlegten Leitungen betrieben. Es gibt hier allerdings Bestrebungen, die für die Nebenstellenanlage verlegten Telefonleitungen auch für den Dienst „lokales Netz" nutzbar zu machen.

---

[3] elektrisch oder als Lichtwelle

2.2 Netztopologien

physische
Netzstruktur

Für die *physische Struktur* des Netzes, d. h. für die Verbindung der einzelnen Knoten untereinander, gibt es sehr viele Realisierungsformen, die zudem häufig auch als Mischformen auftreten. Die *sternförmige Verbindung* (siehe Abb. 2-1.a) findet man häufig bei Terminalnetzen, wo jeweils eine direkte Verbindung vom Bildschirmgerät (Terminal) zum Hostrechner bzw. zu einem vorgeschalteten Konzentrator führt. Auch in modernen Gebäudeverkabelungen tritt eine Variante dieser Verbindungsform wieder auf, wenn z. B. die Endgeräte einer Gebäudeetage bzw. die dort verlegten lokalen Netze zunächst in einem Knotenpunkt in der Etage zusammengeführt und dann auf die Hochgeschwindigkeitsverbindung (back bone) für die etagen- bzw. gebäudeübergreifende Kommunikation aufgeschaltet werden. In *lokalen Netzen* findet man – zumindest als Teilnetze – die *Ring-* oder *Bus-Topologie* vor (siehe Abb. 2-1.b und Abb. 2-1.c); wir werden auf diese Formen anschließend noch etwas näher eingehen). Die *Baumstruktur* (siehe Abb. 2-1.d) hingegen ist typisch für *Telefon-Nebenstellenanlagen*.

alternative Wege

Neben der Wahl der geeigneten Grundtopologie für die Verbindung zwischen den einzelnen Knoten, muß bei der Konzeption eines Rechnernetzes auch noch bedacht werden, ob es jeweils nur *eine* physische Verbindung zu einem gegebenen Knoten oder ob es mehrere (redundante) Wege geben soll. Im Falle

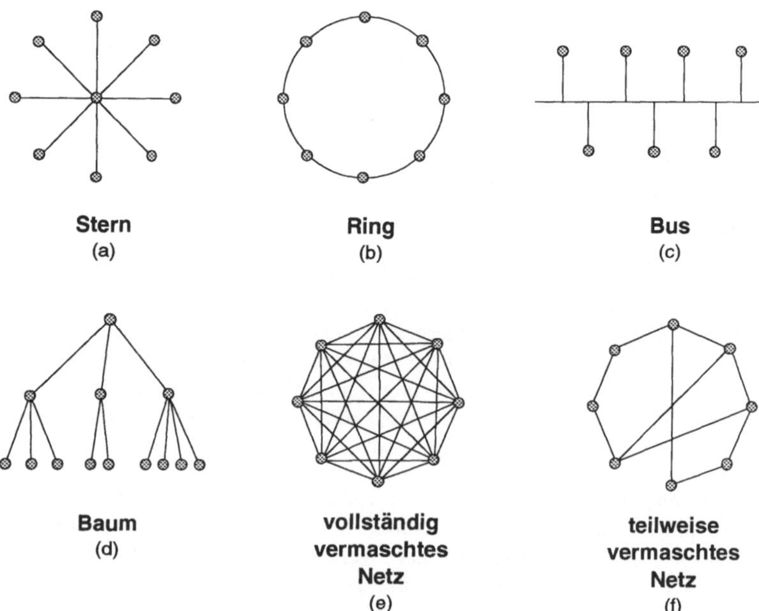

Abb. 2-1: Netztopologien (Grundformen)

einer *einfachen Verbindung* ist der betroffene Knoten im Falle einer Leitungsunterbrechung nicht mehr erreichbar, während bei *Mehrfachverbindungen* eine *erhöhte Fehlertoleranz* gegenüber Leitungsstörungen gegeben ist. Die maximale Sicherheit bietet im Prinzip ein *vollständig vermaschtes Netz* (siehe Abb. 2-1.e), allerdings für den Preis eines (in der Regel nicht bezahlbaren) erhöhten Aufwandes. Realistischer sind *teilweise vermaschte Netze* (siehe Abb. 2-1.f), bei denen nur die besonders kritischen Knoten bzw. Teilnetze durch redundante Verbindungen besonders abgesichert werden.

Fehlertoleranz

2.3 Lokale Netze

2.3.1 Medium Access Control (MAC) – Allgemeines

Das physikalische Medium (Koaxialkabel, Klingeldraht, Glasfaser) verbindet viele unabhängige Stationen (Rechner) miteinander. Demzufolge kann es passieren, daß mehrere Stationen gleichzeitig einen Sendewunsch haben, was dann zu Zugriffskonflikten bzw. Kollisionen auf dem physikalischen Medium führt. Diese Zugriffskonflikte bzw. Kollisionen müssen durch eine geeignete *Medienzugangskontrolle* (medium access control (MAC)) geregelt werden. Die beiden grundsätzlichen Lösungsalternativen hierfür sind Kollisionserkennung und Kollisionsvermeidung.

Medienzugangskontrolle

Bei der *Kollisionserkennung* läßt man im Prinzip ein gleichzeitiges Senden durch mehrere Stationen zu (bzw. man verhindert es nicht von vornherein), was dann auf dem physikalischen Medium durch Signalüberlagerung zu Kollisionen führen kann. Bei den Verfahren dieser Kategorie ist es deshalb wesentlich, daß man zum einen aufgetretene *Kollisionen mit Sicherheit erkennt* und zum andern dann die erneute Übertragung der Nachricht so regelt, daß die betroffenen Stationen durch die *Wiederholung der Übertragung* nicht gleich wieder eine Kollision verursachen. Ein sehr populäres Verfahren dieser Kategorie ist *CSMA/CD*, auf das wir im Anschluß noch näher eingehen werden.

Kollisionserkennung

Bei der *Kollisionsvermeidung* werden Kollisionen von vornherein durch ein entsprechendes *Zugangsprotokoll* verhindert. Typischerweise zirkuliert hierbei auf dem Netz eine Berechtigungsmarke (Token), die jeweils genau *einer* Station das Senderecht gibt. D. h. nur diejenige Station darf senden, die gerade im Besitz dieses Tokens ist. Zwei populäre Vertreter dieser Kategorie sind der Token Ring und der Token Bus (siehe später).

Kollisionsvermeidung, Zugangsprotokoll

2.3.2 CSMA/CD

Ethernet

CSMA/CD steht für <u>c</u>arrier <u>s</u>ense <u>m</u>ultiple <u>a</u>ccess/<u>c</u>ollision <u>d</u>etection und ist das Mediumzugriffsverfahren für *Ethernet* sowie für die beiden Normen IEEE 802.3 und ISO 8802/3. Typisch für alle CSMA-Verfahren ist, daß – wie in Abb. 2-2.a illustriert – die sendewillige Station zunächst das Medium „abhört", um festzustellen, ob die „Leitung" frei ist. Wird bei diesem Abhören festgestellt, daß gerade eine andere Station sendet, so wird gewartet. Sendet hingegen gerade niemand, so wird selbst gesendet und wie bei einer

„Hinterbandkontrolle"

„Hinterbandkontrolle" beim Tonbandgerät mitgehört (letzteres gilt nur für CSMA/<u>CD</u>).

Vorgehen bei Kollision

Bei den CSMA-Verfahren kann es vorkommen, daß mehrere sendewillige Stationen gleichzeitig testen, damit ggf. gleichzeitig feststellen, daß die Leitung frei ist und daher gleichzeitig mit dem Senden beginnen (siehe Abb. 2-2.b). Wird nun – z. B. bei der „Hinterbandkontrolle" – eine Kollision entdeckt (die Nachricht ist verstümmelt), so wird

- die Übertragung abgebrochen

- ein Random-Zeitintervall gewartet

- die Übertragung des beschädigten Datenpakets wiederholt.

Wie man sich leicht überlegt, nimmt bei diesem Verfahren die Konfliktwahrscheinlichkeit mit der Anzahl der Stationen bzw. der Anzahl der Sendewünsche relativ rasch zu. Dies hat zur Folge, daß man Netze, die nach diesem

Nenndatenrate

Verfahren arbeiten, nur bis zu einem relativ geringen Anteil ihrer *Nenndatenrate* sinnvoll belasten kann. Bei Ethernet, mit einer Nenndatenrate von 10

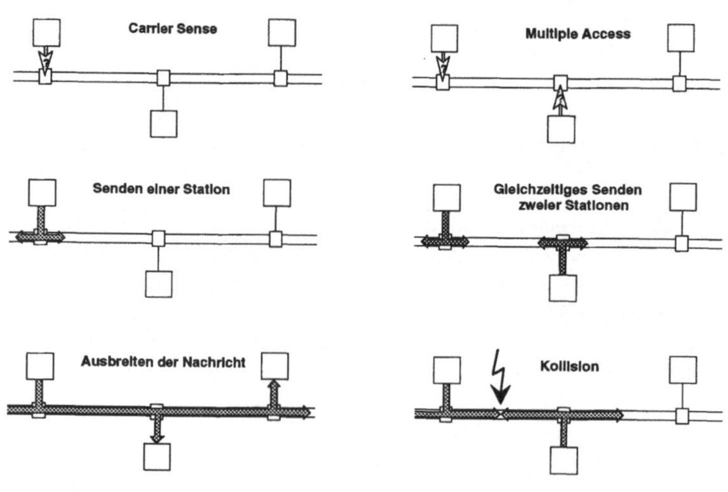

Abb. 2-2: Nachrichtenübertragung bei CSMA/CD

MBit/s, wird als Daumenregel empfohlen, das Netz nur bis etwa max. 36% dieser Nenndatenrate zu belasten. Wir werden später beim Vergleich der Verfahren nochmals darauf zu sprechen kommen.

Um alle Kollisionen mit Sicherheit zu erkennen, müssen die Datenpakete eine bestimmte Mindestgröße haben, die abhängig ist von der Länge der Netzes bzw. von der maximalen Übertragungsdauer zwischen zwei Knoten sowie der Übertragungsgeschwindigkeit (Bits pro Sekunde) des Netzes. Seien K_{links} und K_{rechts} zwei maximal weit auseinanderliegende Knoten. Die Größe des Datenpaktes muß so gewählt werden, daß bei gleichzeitigem Sendebeginn von K_{links} und K_{rechts} beide Knoten immer noch am Senden sind, wenn die ersten Bits des K_{links}-Datenstromes bei K_{rechts} eintreffen (und umgekehrt). Nur dadurch bekommen die „Hinterbandkontrollen" von K_{links} und K_{rechts} mit Sicherheit mit, daß infolge des gleichzeitigen Sendens eine Kollision aufgetreten ist.

Abb. 2-2.b veranschaulicht diesen Sachverhalt: Die linke Station bekommt die Störung nur dann mit, wenn sie noch am Senden ist, wenn der „Kopf" der Gegennachricht bei ihr eintrifft und – für die „Hinterbandkontrolle" hierdurch erkennbar – ihr eigenes Ausgangssignal (durch Überlagerung) verfälscht.

Das CSMA/CD-Verfahren läßt sich grob wie folgt beurteilen:

⊕ es ist weitverbreitet

⊕ es ist einfach zu realisieren und daher kostengünstig

⊕ es ist bei wenigen Stationen sehr effizient

⊖ es kann keine Antwortzeiten garantieren

⊖ es ist daher nicht echtzeitfähig

⊖ das Netz ist nur bis zu einem relativ geringen Teil der Nenndatenrate auslastbar

2.3.3 Token-Passing-Verfahren

Bei den Verfahren dieser Kategorie regelt – wie bereits oben erwähnt – ein zirkulierendes Zeichen (das *Token*) den Netzzugang. Nur wer gerade im Besitz des Tokens ist, darf senden. In diesem Fall wechselt das Token von Zustand „frei" in Zustand „belegt". Daten und Token werden bei diesem Verfahren „aktiv" von Station zu Station weitergereicht. Hierdurch treten für das Empfangen und Weitergeben eines Bits konstante Verzögerungen (ein Bit Verzögerung pro angeschlossener Station) auf. D. h. je mehr Stationen angeschlossen sind, desto langsamer wird das Verfahren.

Token

„aktives" Weiterreichen der Nachricht

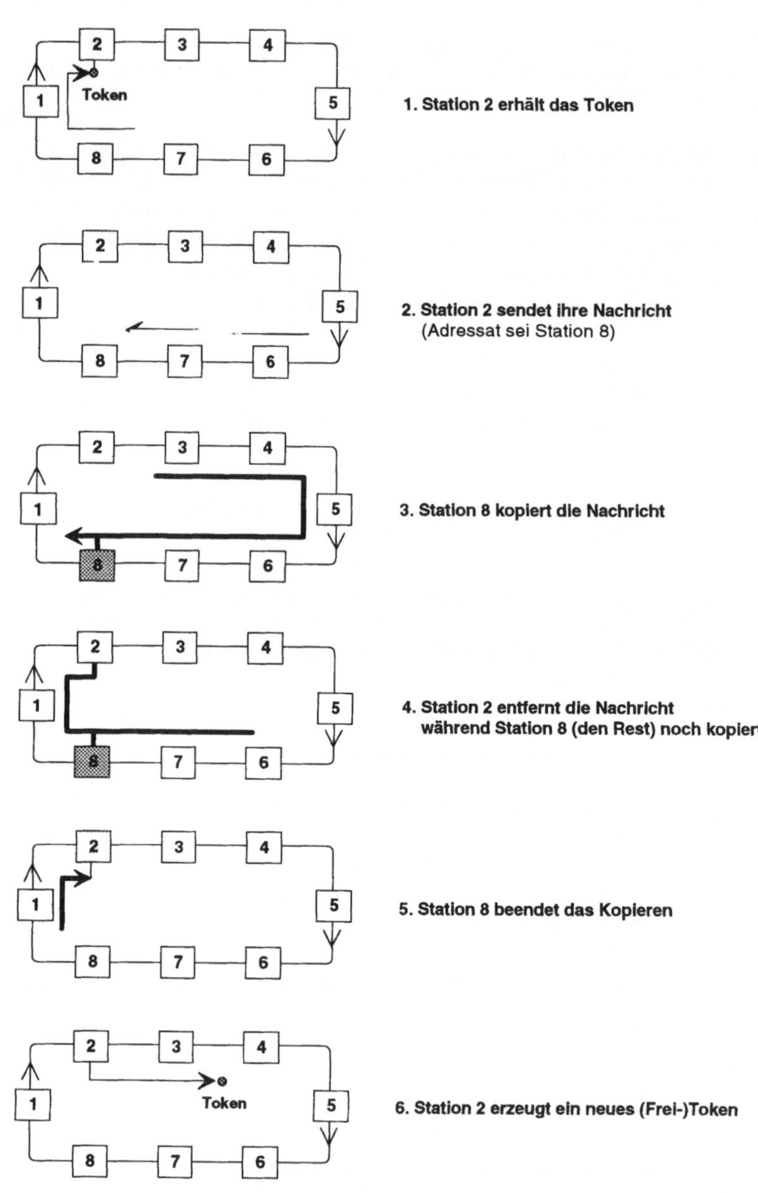

Abb. 2-3: Prinzip des Token-Passing

fairer
Netzzugang

Frame,
Frame-Header

Im Prinzip könnte diejenige Station, die gerade im Besitz des Tokens ist, beliebig lange senden und damit für andere Stationen den Netzzugang blockieren. Um das zu verhindern bzw. einen fairen Netzzugang zu gewährleisten, darf eine Station jeweils maximal einen „Nachrichtencontainer" (*Frame*), bestehend aus einem Kopfteil mit Adreß- und Verwaltungsinformation (*Frame*

Header) und der eigentlichen Nachricht, senden und muß dann das Token
weiterreichen. Ist die zu übertragende Nachricht länger, so muß sie auf mehrere Frames – und damit auch mehrere Übertragungszyklen – verteilt werden.

Bei Ringtopologien läuft ein Sendevorgang wie folgt ab (siehe Abb. 2-3, in
Anlehnung an /Kern92/, S. 409):

1. der Absender erzeugt einen Frame mit entsprechender Empfangsadresse

2. der Empfänger kopiert die Nachricht und setzt ein Bestätigungsbit im
   Frame-Header

3. der Absender erkennt am Bestätigungsbit, daß die Nachricht empfangen
   wurde und nimmt sie vom Ring

4. anschließend sendet der Absender ein Frei-Token

2.3.3.1 Token-Ring

Der *Token-Ring* verwendet das *Token-Passing-Verfahren* als Medium-
zugangsverfahren und wird in den Normen IEEE 802.5 und ISO 8802/5 festgelegt. Er ist als *physischer Ring* ausgelegt. Da die beteiligten Stationen das
Token sowie die Daten „aktiv" weitergeben, müssen besondere Vorkehrungen
für den Fall getroffen werden, daß Stationen zwischendurch aus dem Netz
„ausgesteckt" werden. Dies geschieht im Fall des Token Ring dadurch, daß in
einem solchen Fall der Ring durch ein Relais automatisch kurzgeschlossen
wird (siehe Abb. 2-4).

Durch Ausstecken einer Station gerade in dem Moment, in dem sie im Besitz
des Tokens ist (was für den Benutzer ja nicht sichtbar ist), sowie durch
Störeinstrahlungen oder andere Fehlerquellen kann es vorkommen, daß das
Token „verlorengeht". Als Teil des Token Ring Verfahrens ist daher auch

Token-Ring-
Verfahren

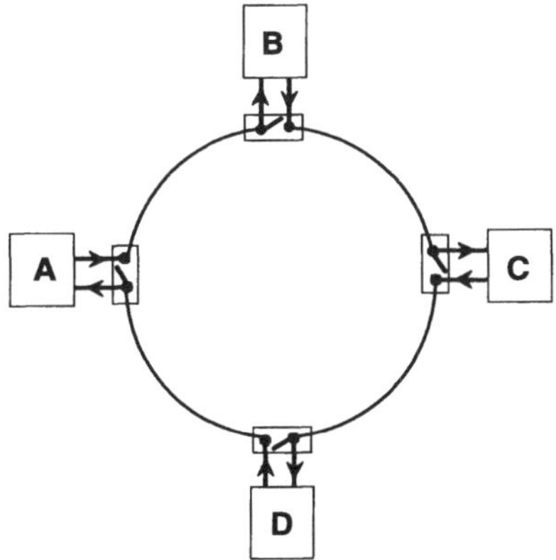

Abb. 2-4: Token Ring

festgelegt, wie in einem solchen Fall ein neues Token zu generieren ist (*Token Recovery*).

Token Recovery

Im Sinne einer groben Bewertung läßt sich das Token Ring Verfahren wie folgt charakterisieren:

⊕ fairer Zugang zum Netz

⊕ Prioritätenschema möglich

⊕ garantierter Zugang (und damit realzeitfähig)

⊖ technisch relativ aufwendig

⊖ dadurch teurere Komponenten im Vergleich zu Ethernet

2.3.3.2 Token-Bus

Token-Bus-
Verfahren

Der *Token Bus*, der in den Normen IEEE 802.4 und ISO 8802/4 festgelegt ist, verwendet als physisches Medium einen *Bus* und als Mediumzugangs-verfahren ebenfalls das *Token Passing*. Um ein Zirkulieren des Tokens zu ermöglichen, wird eine *logische Ringstruktur* realisiert (siehe Abb. 2-5). D. h. das Token wird z. B. von links nach rechts weitergeben; am Ende geht es dann wieder bei der ersten Station ganz rechts los.

logischer Ring

aktive und passive
Komponenten

Beim Token Bus gibt es typischerweise *aktive Komponenten* (Sender plus Empfänger) und *passive Komponenten* (nur Empfänger). Das Haupteinsatz-gebiet dieser Technologie ist der Fertigungsbereich.

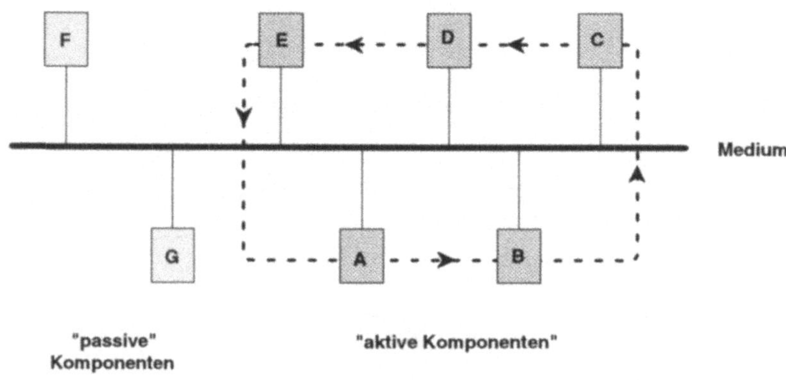

Abb. 2-5: Token Bus

2.3.4 Leistungsverhalten

Nachstehend ein Vergleich von CSMA/CD, Token Ring und Token Bus, der /Hals92/, S. 301-303 entnommen wurde. Bei diesem Vergleich wurden allerdings nicht die realen Systeme gemessen, sondern es wurde gemessen, welchen Durchsatz die Verfahren aufgrund ihres protokollbedingten Aufwands (Overheads) im Prinzip erreichen könnten, wenn ansonsten gleiche Voraussetzungen (Nenndatenrate, Kabellänge, Anzahl Stationen) vorliegen würden. Es handelt sich hierbei also um so etwas wie einen *normalisierten Durchsatz*.

Als Ausgangswerte wurden gewählt:

- Datenrate: 10 MBit/s

- Kabellänge: 2,5 km

- Anzahl Stationen: 100

Abb. 2-6 veranschaulicht, wie sich das Antwortzeitverhalten in Abhängigkeit zum (normalisierten) Durchsatz verhält.

Wie man Abb. 2-6.a entnehmen kann, fallen bei einer Frame-Größe von 512 Bits sowohl Token Bus als auch CSMA/CD aufgrund des protokollbedingten Aufwands deutlich gegenüber Token Ring ab, während bei einer Frame-Größe von 1200 Bits der Token Bus (bei dieser Konfiguration des Netzes) leistungsmäßig zum Token Ring aufschließen kann.

Auf den ersten Blick etwas verwunderlich scheint, daß CSMA/CD im Vergleich in deutlich geringerem Umfang von der Vergrößerung des Frame profitiert (siehe Abb. 2-6.b). Die Ursache wird darin liegen, daß die Vorteile des größeren Frames durch den erhöhten Aufwand im Kollisionsfall (es müssen mehr Bits nochmals übertragen werden) zum Teil wieder zunichte gemacht

Vergleich mittels normalisiertem Durchsatz

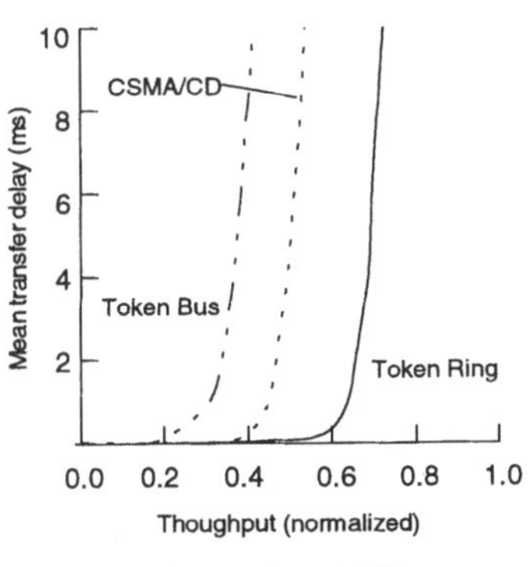

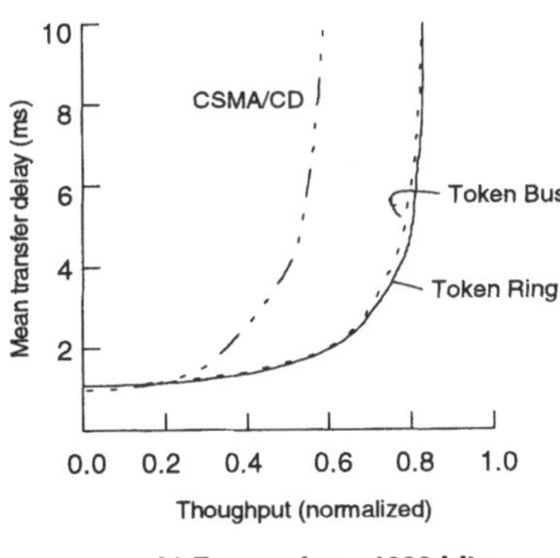

**Abb. 2-6: Vergleich des Leistungsverhaltens
(bei normalisiertem Durchsatz)**

werden. Diesen Nachteil haben die beiden anderen Verfahren nicht, da sie kollisionsfrei sind.

2.3.5 Early Token Release

Ringbitzahl

Eine wichtige Kenngröße bei ringorientierten Verfahren ist die sogenannte *Ringbitzahl*, die angibt, wieviele Bits bei einer gegebenen Übertragungsgeschwindigkeit auf dem Ring „Platz" finden. D. h. wieviele Bits ein Sender aussenden kann, bis das erste Bit nach Umlaufen des Rings wieder bei ihm ankommt. Für langsamere Netze gilt, daß die Framelänge in der Regel erheblich größer als die Ringbitzahl ist. Dies bedeutet, daß ein Sender den Ring während der Übertragung eines Frames vollständig belegt. Das im Frame-Header mit übersandte Token ist also wieder zurück beim Absender, bevor die Übertragung abgeschlossen ist. Hierdurch kann das Frei-Token nach Abschluß der Übertragung sofort weitergeleitet werden. Es tritt hierdurch also keine weitere Verzögerung ein.

Anders sieht es aus, wenn ein sehr schnelles Netz eingesetzt wird, so daß die Ringbitzahl erheblich über der Framelänge liegt. Würde hier das normale Token Passing Verfahren eingesetzt werden, so müßte der Absender nach Abschluß der Übertragung warten, bis der Frame-Header zusammen mit dem Token wieder bei ihm eintrifft. In Hochgeschwindigkeitsnetzen wird deshalb eine Variante des Token Passing Verfahrens eingesetzt, das als *early token release* bezeichnet wird. Bei diesem Verfahren wird das Frei-Token direkt an die Nachricht angehängt, so daß der nächste Knoten, der sendewillig ist, seine Nachricht unmittelbar an die vorangegangene Nachricht anhängen kann. Dies kann solange wiederholt werden, bis der Ring „voll" ist.

2.4 Weitverkehrsnetze

Weitverkehrsnetz (WAN)

Weitverkehrsnetze (WANs, *wide area networks*) dienen dem Datenverkehr über große Entfernungen. Wie in Deutschland, ist auch in den meisten anderen Ländern der Weitverkehr über Grundstücksgrenzen hinweg ein Monopol der Postverwaltung. Für den Weitverkehr wird eine Vielzahl von Übertragungsmedien eingesetzt wie z. B.:

- Telefonleitungen

- Datenleitungen der Postverwaltungen

- Satellitenfunk

Auf den bereitgestellten Übertragungsmedien bauen alle Weitverkehrsnetze auf, egal, ob herstellerspezifisch oder standardisiert. Die herstellerspezifischen Netze unterscheiden sich typischerweise darin, in welcher Schicht (siehe Abschnitt 2.6) eigene Protokolle eingesetzt werden.

Die Leistungsbreite bei Weitverkehrsnetzen ist sehr hoch: Sie reicht von Telexverbindungen mit 50 Bit/s bis hin zu B-ISDN-Verbindungen mit über 100 MBit/s. Die Nutzung hoher Bandbreiten wird jedoch auch für die absehbare Zukunft mit sehr hohen Gebühren verbunden sein, so daß für die typischen Datenbankanwendungen die Kommunikation über Weitverkehrsnetze erheblich langsamer als in lokalen Netzen sein wird, so daß der Anzahl auszutauschender Nachrichten sowie deren Länge nach wie vor ein besonderes Gewicht zukommen wird. – Wir werden später im Verlauf dieses Kurses, bei der Behandlung der Anfragebearbeitung, nochmals darauf zu sprechen kommen.

*Übertragungs-
leistungen*

2.5 Wegewahl (routing)

Im allgemeinen gibt es verschiedene Wege vom Sender- zum Empfängerknoten. Üblicherweise führen die Knoten *Wegewahltabellen* (routing tables), die angeben, auf welchem Weg ein bestimmter Knoten oder eine Knotengruppe erreicht werden kann. Beim Aufbau bzw. der Aktualisierung der Wegewahltabellen ergeben sich prinzipiell zwei Möglichkeiten: statisch oder adaptiv.

Wegewahltabellen

Beim *statischen Aufbau* der Wegewahltabellen findet eine *Vorabberechnung* bzw. *Vorabfestlegung der günstigsten Wege* statt. Auch wenn zur Betriebszeit gewisse Netzverbindungen überlastet sind, wird bei diesen Verfahren keine alternative Route gewählt. Typischerweise stehen jedoch „second choice" Einträge für den Fall echter Störungen zur Verfügung.

*statische
Verfahren*

Bei den *adaptiven Verfahren* findet eine *dynamische Anpassung* der Wegewahl an den Datenverkehr statt. D. h. bei Überlastung gewisser Verbindungswege wird versucht, *alternative Verbindungen* einzusetzen. Hierdurch kann es vorkommen, daß *sich Nachrichten überholen*, d. h. in anderer Reihenfolge beim Empfänger eintreffen, als sie vom Absender versandt wurden.

*adaptive
Verfahren*

Hinsichtlich der Übertragungsarten unterscheidet man zwischen verbindungsorientierter und verbindungsloser Kommunikation. Bei der *verbindungsorientierten Kommunikation* werden echte oder virtuelle Leitungen geschaltet (wie beim Telefon). Bei dieser Übertragungsart bleibt die Reihenfolge der Nachrichten stets erhalten. Bei der *verbindungslosen Kommunikation* hingegen werden Einzelpakete versandt. Hierbei ist die korrekte Reihenfolge der Nachrichten nicht notwendigerweise garantiert.

*verbindungs-
orientierte und
verbindungslose
Kommunikation*

2.6 Das ISO/OSI-Referenzmodell

Endziel des ISO/OSI-Referenzmodells ist die Festlegung von Kommunikationsstandards für *offene Systeme*. ISO steht hierbei für *International Standards Organisation* und OSI für *Open Systems Interconnection*. Eine ausführliche Beschreibung dieses Modells findet sich in praktisch allen

neueren Lehrbüchern über Rechnernetze bzw. Kommunikationssysteme wie
z. B. /LKK93/, /Hals92/ und /Kern92/.

Ziel des Referenzmodells war zunächst einmal die Festlegung einer *einheitlichen Terminologie*. Hierzu zerlegte man die Gesamtaufgabe in sieben aufeinander aufbauende Schichten, die sukzessive von den physikalischen Details der Datenübertragung abstrahieren. Jede Schicht baut dabei auf der Funktionalität auf, die ihr von der darunterliegenden Schicht angeboten wird. Man spricht deshalb auch von *geschichteten Protokollen*.

geschichtete
Protokolle

Die Schichten sind jeweils funktionsorientiert beschrieben und lassen verschiedene Implementierungen zu. Die entsprechenden Konkretisierungen werden dann durch spezielle Standards geregelt. Eine Kommunikation zwischen zwei „ISO/OSI-Systemen" ist deshalb nur dann möglich, wenn sie auf *allen* Ebenen jeweils dieselben Standards und deren kompatible Implementierung verwenden.

Schwachpunkte

Für den „operativen" Einsatz zeigt das ISO/OSI-Referenzmodell eine Reihe von Schwächen. Zum einen ist die Anwendungsschicht (Schicht 7) überladen und deshalb bei weitem nicht mehr so gut strukturiert wie die unteren Schichten. Sie ist außerdem für systemnahe Anwendungen eigentlich schon wieder „zu hoch" und gibt diesen zuwenig Handlungsspielraum. Die Implementierung als geschichtetes Protokoll ist außerdem sehr aufwendig und seine Einsatzfähigkeit für Hochgeschwindigkeitsnetze daher etwas fraglich.

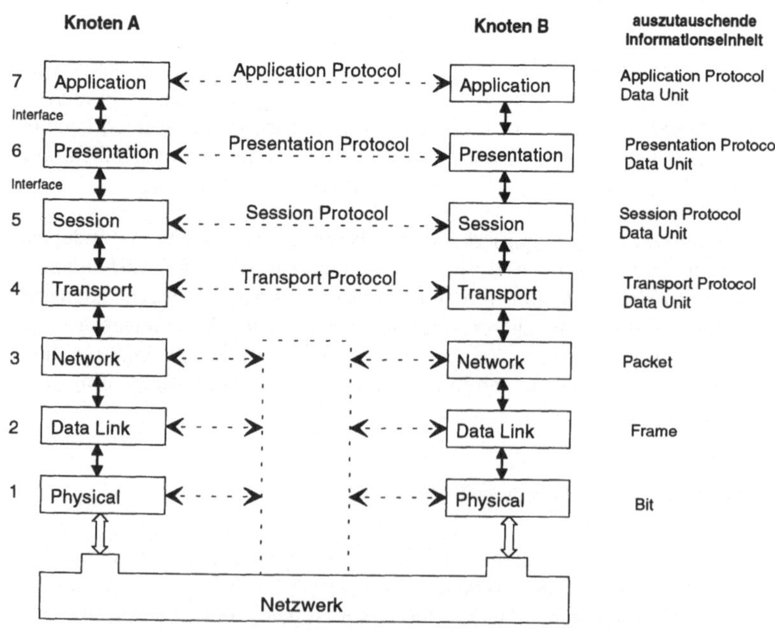

Abb. 2-7: Schichtenarchitektur des ISO/OSI-Referenzmodells

2.7 Zusammenfassung

In den letzten Jahren fand eine weite Verbreitung von Rechnernetzen aller Art statt. Es wurden große Fortschritte hinsichtlich Durchsatz und „Internetworking"-Fähigkeiten erzielt. Hinsichtlich des Durchsatzes muß man sich vor Augen halten, daß die *hohen Übertragungsgeschwindigkeiten nur bei langen Datenströmen effektiv nutzbar* sind (siehe Vergleich von CSMA/CD, Token Ring und Token Bus in Abschnitt 2.3.4). D. h. die Anzahl der erforderlichen Nachrichten wirkt sich auf das Gesamt-Antwortzeitverhalten sehr viel deutlicher aus als die Länge dieser Nachrichten. Die Anzahl der Nachrichten möglichst klein zu halten, wird deswegen auch bei hohen Übertragungsraten ein wichtiges Ziel bleiben.

hohe Übertragungsgeschwindigkeiten nur bedingt nutzbar

Manche Verfahren – wie z. B. CSMA/CD – können keine maximalen Antwortzeiten garantieren und sind daher, insbesondere unter Last, für performance-kritische Datenbankanwendungen nicht geeignet.

Problem: garantierte Antwortzeiten

Adaptive Routing-Verfahren können die Reihenfolge von Nachrichten verfälschen. Wird dies nicht bereits durch das Kommunikationssubsystem abgefangen, so muß die Anwendung bzw. die vDBMS-Implementierung dafür Sorge tragen, daß hierdurch keine Fehler entstehen.

Problem: Vertauschung von Nachrichten

Semantisch hohe Netzwerkschnittstellen wie z. B. bei ISO/OSI versuchen, die höher liegenden Schichten von den Details der Datenübertragung auf den tieferen Schichten abzuschotten. Hierdurch können den höheren Schichten bzw. den auf ihnen basierenden Anwendungen jedoch auch wichtige Informationen vorenthalten werden, die für eine adäquate Reaktion auf Problemfälle (wie z. B. bei Abbruch von Transaktionen infolge von Zeitüberschreitung) notwendig wären. Für leistungsfähige und sichere vDBMS-Implementierungen ist daher eine enge Integration mit dem Kommunikationssystem unbedingt erforderlich.

Problem: Verdecken wichtiger Informationen

3. Grundlagen relationaler Datenbanksysteme

Wir werden die Vorgehensweisen bei der Realisierung verteilter Datenbanken in diesem Kurs vor allem auf der Basis des *relationalen Datenmodells* diskutieren. Wir wollen deshalb im folgenden die für das Weitere wesentlichen Grundlagen dieses Datenmodells nochmals kurz rekapitulieren. Insbesondere führen wir die im folgenden verwendete Schreibweise für die (elementaren und abgeleiteten) Operatoren der Relationenalgebra ein und erläutern deren Semantik. Ferner gehen wir nochmals kurz auf Äquivalenztransformationen sowie auf Aspekte des Datenbankentwurfs (Normalformen, Zerlegung, Verlustfreiheit) ein.

relationales Datenmodell

3.1 Relationenalgebra

Im folgenden nun eine tabellarische Zusammenstellung der wichtigsten elementaren und abgeleiteten Operatoren der Relationenalgebra in der von uns verwendeten Notation:

Operatoren der Relationenalgebra

$SL_F R$ steht für eine *Selektion*, angewandt auf Relation R unter Anwendung der Selektionsformel F.

$PJ_{\{Attr\}}R$ steht für eine *Projektion*, angewandt auf Relation R, wobei Attr die Teilmenge der Attribute von R ist, die für die Projektion ausgewählt wurde. – Eine etwaige *Umbenennung* eines Attributs werden wir in der Attributliste durch `{ NameNeu: NameAlt}` zum Ausdruck bringen.

R **UN** S   steht für die *Vereinigung* (union) der Relationen R und S.

UN R_i steht für die Vereinigung der Relationen R_i, i = 1, 2,...,n, und ist die Kurzform für R_1 **UN** R_2 **UN** ... **UN** R_n.

R **DF** S   steht für die *Differenz* der Relationen R und S. Das Ergebnis dieser Operation ist eine Relation, die nur noch diejenigen Tupel von R enthält, die nicht auch in S vorkommen.

R **IS** S   steht für den *Durchschnitt* (*intersection*) der beiden Relationen R und S.

R CP S   steht für das *kartesische Produkt* („Kreuzprodukt") der Relationen R und S.

R JN$_F$ S   steht für den *Verbund* (*Join*) der Relationen R und S unter Verwendung der Verbundbedingung F.

R NJN S   steht für den *natürlichen Verbund* (*natural join*) der Relationen R und S. Es werden die Attribute gleichen Namens in beiden Relationen auf Gleichheit verglichen.

R SJ$_F$ S   steht für den *Semi-Verbund* (*semi-join*) der Relationen R und S. Er ist wie folgt definiert: R SJ$_F$ S := PJ$_{\{Attr(R)\}}$ (R JN$_F$ S).

R NSJ S   steht für den *natürlichen Semi-Verbund* (*natural semi-join*) der Relationen R und S. Wie beim natürlichen Verbund werden auch hier die Attribute gleichen Namens in beiden Relationen auf Gleichheit verglichen.

Wichtiger Hinweis:

Duplikatfreiheit von Relationen

Beachten Sie, daß (in der hier verwendeten relationalen Theorie) Relationen stets *duplikatfrei* sind und daß auch die Anwendung relationaler Operatoren stets *duplikatfreie Ergebnisrelationen* liefert. Sofern wir von dieser Annahme abweichen wollen, werden wir dies stets explizit zum Ausdruck bringen.

Ein Operator (der erweiterten Relationenalgebra), der von dieser Regel abweicht, ist der *äußere Verbund* (*outer join*), dessen Anwendung i.a. Resultattupel mit *Nullwerten* erzeugt.

R LOJ$_F$ S   steht für den *linksseitigen „Außenverbund"*. Alle Tupel der *linken* Relation (also alle R-Tupel) sind im Ergebnis enthalten. Gibt es für ein Tupel $r_i \in$ R kein S-Tupel, das F erfüllt, so werden die S-Attribute im Ergebnistupel mit *Nullwerten* aufgefüllt. – Analog dazu gibt es auch einen *rechtsseitigen Außenverbund* (**ROJ**) sowie einen *beidseitigen Außenverbund* (**OJ**, in SQL92 /MeSi93/ „voller Außenverbund" (*full outer join*) genannt).

                Zur Erinnerung: Ein *Nullwert* ist ein spezieller logischer Wert und steht für „Wert unbekannt". Er ist nicht identisch mit dem Leerzeichen (für Zeichenketten) oder dem numerischen Wert Null.

R NLOJ S   steht entsprechend für den *natürlichen linksseitigen Außenverbund* (analog dazu steht R **NROJ** S für den *natürlichen rechtsseitigen Außenverbund*).

Beispiel 3-1:

Gegeben seien die folgenden vier Relationen:

R	A	B	C
	1	a	d
	3	c	c
	4	d	f
	5	d	b
	6	e	f

S	B	D
	a	100
	b	300
	c	400
	d	200
	e	150

T	B	D
	a	100
	d	200
	f	400
	g	120

U	B	E
	c	k
	d	m
	d	u
	f	x
	h	y

Selektion:

$SL_{D<300}$ S	B	D
	a	100
	d	200
	e	150

Projektion:

$PJ_{\{A,C\}}R$	A	C
	1	d
	3	c
	4	f
	5	b
	6	f

Vereinigung:

S UN T	B	D
	a	100
	b	300
	c	400
	d	200
	e	150
	f	400
	g	120

Differenz:

S **DF** T	B	D
	b	300
	c	400
	e	150

Durchschnitt:

S **IS** T	B	D
	a	100
	d	200

Kartesisches Produkt:

R **CP** S	A	R.B	C	S.B	D
	1	a	d	a	100
	1	a	d	b	300
	:	:	:	:	:
	1	a	d	e	150
	3	c	c	a	100
	:	:	:	:	:
	6	e	f	e	150

Natürlicher Verbund:

R **NJN** S	A	B	C	D
	1	a	d	100
	3	c	c	400
	4	d	f	200
	5	d	b	200
	6	e	f	150

Verbund:

R $\mathbf{JN}_{R.A*100\,=\,S.D}$ S	A	R.B	C	S.B	D
	1	a	d	a	100
	3	c	c	b	300
	4	d	f	c	400

Semi-Verbund:

R $\mathbf{SJ}_{R.C=S.B}$ S	A	B	C
	1	a	d
	3	c	c
	5	d	b

Natürlicher Semi-Verbund:

R **NSJ** T	A	B	C
	1	a	d
	4	d	f
	5	d	b

Natürlicher linksseitiger Außenverbund:

R **NLOJ** T	A	B	C	D
	1	a	d	100
	3	c	c	*null*
	4	d	f	200
	5	d	b	200
	6	e	f	*null*

T **NLOJ** R	B	D	A	C
	a	100	1	d
	d	200	4	f
	d	200	5	b
	f	400	*null*	*null*
	g	120	*null*	*null*

□

Übungsaufgabe 3-1: Relationenalgebra

Gegeben seien die folgenden Relationen:

W	A	B	C
	a	200	50
	c	400	20
	d	300	70
	e	200	200

X	A	D
	a	75
	a	90
	c	25
	c	55
	c	60
	d	80
	d	27
	e	34
	e	20
	e	95

Y	D	E
	20	f
	27	p
	34	g
	60	r
	75	f
	80	j
	90	v

Z	D	E
	20	k
	25	m
	55	h
	75	f
	95	j

Berechnen Sie:

a) $\mathbf{PJ}_{\{B,C\}}\ \mathbf{SL}_{(B+C)>300}\ W$

b) $\mathbf{SL}_{D<30}\ (Y\ \mathbf{UN}\ Z)$

c) $\mathbf{PJ}_{\{A,E\}}\ (\ W\ \mathbf{JN}_{C=D}\ Z)$

d) $\mathbf{PJ}_{\{A,C,D,E\}}\ (W\ \mathbf{JN}_{C<D}\ Z)$

e) $Z\ \mathbf{DF}\ Y$

f) $Y\ \mathbf{DF}\ Z$

g) $Z\ \mathbf{IS}\ Y$

h) $W\ \mathbf{NJN}\ (X\ \mathbf{NJN}\ Y)$

i) $Y\ \mathbf{SJ}_{Y.D=Z.D}\ Z$

j) $Z\ \mathbf{SJ}_{Z.D=Y.D}\ Y$

k) $X\ \mathbf{NSJ}\ Z$

l) $X\ \mathbf{NLOJ}\ Y$

Im nächsten Kapitel werden wir uns mit der Zerlegung von Relationen mit dem Ziel einer „optimalen Verteilung" der Fragmente (Partitionen) auf verschiedene Knoten im Hinblick auf Retrieval- und Update-Operationen befassen. Wir wollen in diesem Abschnitt deshalb nochmals kurz die theoretischen Grundlagen des (relationalen) Datenbankentwurfs rekapitulieren, um auf dieser Basis dann besser über *korrekte Zerlegungen* sprechen zu können. Wir werden allerdings hier nicht alle Aspekte der relationalen Entwurfstheorie betrachten, sondern nur die für das Folgende relevanten Dinge.

3.2 Normalformen

Die Entwurfsregeln für den relationalen Datenbankentwurf, die sog. „Normalformen", stellen „Gütekriterien" für den Datenbankentwurf dar. Bei allen Normalformen, ausgenommen der ersten, geht es um die Behandlung wertmäßiger Abhängigkeiten zwischen Datenelementen, um die Integrität der Daten besser gewährleisten zu können. Ein Verstoß gegen eine der Normalformen kann bedeuten, daß Daten (absichtlich oder unabsichtlich) redundant gespeichert werden. Dies kann in realen Datenbanken aus Effizienzgründen in manchen Fällen durchaus geboten sein (z. B. zur Vermeidung von Joins). Dann muß die Datenintegrität allerdings durch andere Maßnahmen wie Checkklauseln, Trigger oder durch Vorgaben an die Anwendungsprogrammierung gewährleistet werden.

wertmäßige
Abhängigkeiten

Wir wollen o.B.d.A. für die weitere Diskussion jedoch davon ausgehen, daß wir keine derartigen versteckten Redundanzen haben, sondern daß diese stets explizit in Form sog. multipler Allokation von Partitionen (siehe Abschnitt 4.2) deklariert werden. Das heißt wir werden bei der Behandlung der Speicherung globaler Relationen in Kapitel 4 dann davon ausgehen, daß die globalen Relationen (zumindest) in dritter Normalform sind. Wir wollen nachstehend deshalb nochmals kurz die erste bis dritte Normalform sowie die Boyce-Codd-Normalform rekapitulieren. Für eine ausführlichere Behandlung siehe z. B. /HeSa95/, /KeEi96/ oder /Voss94/.

funktionale
Abhängigkeiten

Eine wichtige Rolle im Rahmen des Datenbankentwurfs spielen die sog. *funktionalen Abhängigkeiten* (*functional dependencies*, FDs) zwischen Datenelementen. FDs sind eine Form von Integritätsbedingungen. Die Kenntnis und Beachtung funktionaler Abhängigkeiten beim Datenbankentwurf ist ebenfalls eine unabdingbare Voraussetzung für die Gewährleistung der *Integrität* einer Datenbank.

Wichtiger Hinweis:

Duplikatfreiheit

Sofern nicht explizit etwas anderes gesagt wird, gehen wir im folgenden stets davon aus, daß die Tupel einer Relation *keine Nullwerte* enthalten und daß die Relationen (wie auch schon oben gefordert) *duplikatfrei* sind.

schema(R)
val(R)

Bezeichne *schema(R)* die Menge der Attribute einer Relation R und *val(R)* die Menge aller (möglichen) Ausprägungen von R, dann gilt folgende Definition:

Definition 3-1: *Funktionale Abhängigkeit*

Seien X und Y zwei Attribute oder Attributmengen mit X, Y $\subseteq$ schema(R) und bezeichne t(X) bzw. t(Y) ein Tupel mit Attributmenge X bzw. Attributmenge Y. Eine funktionale Abhängigkeit (*functional dependency*, **FD**) $X \xrightarrow{R} Y$ ist in R erfüllt, wenn gilt:

$\forall\, t_1, t_2 \in \text{val}(R) : t_1(X) = t_2(X) \Rightarrow t_1(Y) = t_2(Y).$

Übliche Sprechweisen: „X bestimmt Y" oder „Y hängt von X" ab.

Falls jeweils eindeutig ist, auf welche Relation sich eine Aussage bezüglich funktionaler Abhängigkeit bezieht, so werden wir anstelle von $X \xrightarrow{R} Y$ einfach $X \rightarrow Y$ schreiben.

Definition 3-1 besagt das Folgende: Falls etwa für eine Relation R(A,B,C) die funktionale Abhängigkeit $A \xrightarrow{R} B$ gilt, dann müssen alle Tupel, welche in Attribut A denselben Wert aufweisen, auch im Wert für Attribut B übereinstimmen. Wenn also z. B. Relation R ein Tupel mit Attributwerten A = 5 und B = 3 enthält, so müssen alle weiteren Tupel (sofern es welche gibt), die für A auch den Wert 5 aufweisen, für B ebenfalls den Wert 3 aufweisen.

Anmerkungen zur Schreibweise:

Wir werden im folgenden $AB \rightarrow C$ oder $(A,B) \rightarrow C$ schreiben, wenn wir zum Ausdruck bringen wollen, daß A und B gemeinsam C bestimmen.

Schreiben wir hingegen $A \rightarrow B,C$, so ist dies lediglich eine Kurzschreibweise für die explizite Angaben $A \rightarrow B$ und $A \rightarrow C$.

Ist R eine Relation R(A,B,C,D), so bedeutet die Schreibweise $A \rightarrow R$, daß von A alle Attribute von R funktional abhängig sind und ist gleichbedeutend mit $A \rightarrow A$, $A \rightarrow B$, ..., $A \rightarrow D$.

Schreibweisen:

$AB \rightarrow C$

$(A,B) \rightarrow C$

$A \rightarrow B,C$

$A \rightarrow R$

Übungsaufgabe 3-2: Funktionale Abhängigkeit

Überprüfen Sie für die gegebene Relation R, ob die angegebenen funktionalen Abhängigkeiten a) - d) beim Erstellen der Relation beachtet wurden:

R	A	B	C	D	E	F
	a	e	3	g	5	p
	a	c	4	h	1	g
	a	b	3	f	5	p
	a	e	2	g	4	g
	a	k	3	f	7	p
	a	k	2	f	4	g

a) $AB \rightarrow D$

b) $C \rightarrow E$

c) $C \rightarrow F$

d) $ABC \rightarrow E$

> **Definition 3-2:** *Erste Normalform*
>
> Eine Relation ist in *erster Normalform* (**1NF**) genau dann, wenn alle ihre Attributwerte *atomar* sind.

atomarer Attributwert

Atomar bedeutet, daß Attribute keine Substruktur haben dürfen. Die beiden folgenden Relationen wären damit z. B. nicht in erster Normalform (< ... > steht hierbei für eine Liste und { ... } für eine Menge von Werten):

Hobby	Name	Vorname	Hobbies
	Meier	Hans	{ Schach, Theater, Geige }
	Müller	Hugo	{ Tennis, Skat }
	...	...	...

Messung	S#	M#	Werte
	1	1	< 33,12,77, 93,15, ... >
	1	2	< 23, 15, 65, 92, 14, ... >
	2	1	< 21, 16, 56, 79, 94, ...>
	...	...	...

> **Definition 3-3:** *Zweite Normalform*
>
> Eine Relation R ist in *zweiter Normalform* (**2NF**) genau dann, wenn (sie eine 1NF-Relation ist und) für jeden Schlüssel $S \subset$ schema(R) und für jedes Nichtschlüsselattribut $A \in$ schema(R) gilt:
>
> $\nexists\ S' \subset S,\ S' \neq S$, mit $S' \to A$, d. h. A ist *voll funktional abhängig* von S.

voll funktional abhängig

Zur Erinnerung:

Schlüssel, Primärschlüssel

Ein *Schlüssel* einer Relation identifiziert die Tupel dieser Relation eindeutig. Für einen gegebenen Schlüsselwert kann es daher max. *ein* Tupel geben, das diesen Schlüsselwert aufweist. Eine Relation kann *mehrere Schlüssel* haben. Der bevorzugt verwendete Schlüssel wird *Primärschlüssel* genannt. Ein Schlüssel kann aus einem einzelnen Attribut bestehen, aber auch aus mehreren Attributen zusammengesetzt sein (*zusammengesetzter Schlüssel*). In manchen Fällen benötigt man sogar alle Attribute der Relation, um den Schlüssel zu bilden. Man bezeichnet eine identifizierende Attributkombination jedoch nur dann als Schlüssel, wenn sie *minimal* ist, wenn also nicht bereits eine Teilmenge der Attribute ausreicht, um die Tupel dieser Relation eindeutig zu identifizieren.

minimale Attributmenge

Schlüsselattribut, Nichtschlüsselattribut

Ein Attribut, das Schlüssel oder Teil eines zusammengesetzten Schlüssels ist, ist ein *Schlüsselattribut*, ansonsten ein *Nichtschlüsselattribut*.

Volle funktionale Abhängigkeit $S \to A$ gemäß zweiter Normalform bedeutet also, daß nicht bereits eine echte Teilmenge des Schlüssels ausreicht, um diese funktionale Abhängigkeit auszudrücken. Damit sind Relationen, die keine zusammengesetzten Schlüssel haben, stets in zweiter Normalform.

Beispiel 3-2:

Gegeben sei die Relation LIEFERT(<u>TeileNr,LiefNr</u>,LiefName,Anzahl,Preis) mit Primärschlüssel (TeileNr,LiefNr) und folgenden funktionalen Abhängigkeiten:

(TeileNr,LiefNr) $\rightarrow$ LIEFERT (alle Attribute)
LiefNr $\rightarrow$ LiefName (**)

Aus (**) folgt, daß LiefName nicht voll funktional vom Schlüssel abhängt. Relation LIEFERT ist damit nicht in zweiter Normalform.   □

Für die Erläuterung der dritten Normalform müssen wir zunächst den Begriff der *transitiven Abhängigkeit* einführen:

Definition 3-4: *Transitive Abhängigkeit*

Ein Attribut B in Relation R ist *transitiv abhängig* vom Schlüssel S, wenn folgendes gilt:

  1. B $\in$ S
  2. $\exists$ A $\subseteq$ schema(R), B $\notin$ A: S $\rightarrow$ A, A $\nrightarrow$ S, A $\rightarrow$ B

Da alle Attribute stets funktional vom Schlüssel abhängig sind, gilt natürlich auch S $\rightarrow$ B. Die Besonderheit hier ist, daß es ein weiteres Attribut (oder eine Attributkombination) A gibt, das selbst kein Schlüssel von R ist, von dem jedoch B funktional abhängt.

Beispiel 3-3:

Gegeben sei die Relation PERSONAL(<u>PersNr</u>, Name, AbtNr, AbtBez), welche die Personalnummern und die Namen des Personals enthält, sowie die Abteilungsnummer und die Abteilungsbezeichnung ihrer Abteilung. Wir wollen annehmen, daß es mehrere Abteilungen gleichen Namens (wie z. B. „Einkauf") geben kann, die sich nur durch die unterschiedliche Abteilungsnummer unterscheiden. Wie man sich leicht überlegt, gelten in diesem Fall dann (nur) die folgenden funktionalen Abhängigkeiten:

PersNr $\rightarrow$ PERSONAL,   AbtNr $\rightarrow$ AbtBez

Der einzige Schlüssel für PERSONAL ist PersNr. Die funktionalen Abhängigkeiten in PERSONAL lassen sich graphisch wie folgt darstellen, wobei „$\nrightarrow$" bedeutet: „FD gilt nicht":

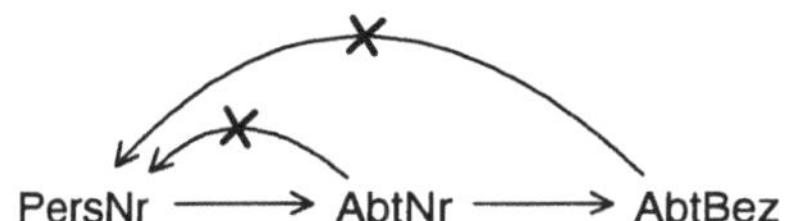

Da AbtNr kein Schlüssel von PERSONAL ist, kommen dieselben Werte für AbtNr mehrfach in PERSONAL vor (je Abteilung jeweils entsprechend ihrer Personalstärke). Wegen AbtNr → AbtBez treten dann auch für AbtBez dieselben Werte mehrfach auf. Hierbei dürfen sich natürlich keine widersprüchlichen Angaben ergeben (d. h. Abt. 4538 darf nicht einmal als Bezeichnung „Einkauf" und in einem anderen Tupel als Bezeichung „Verkauf" haben), sonst liegt eine Integritätsverletzung vor.   □

Definition 3-5: *Dritte Normalform*

Eine Relation R ist in *dritter Normalform* (**3NF**) genau dann, wenn für alle $Y \subset$ schema(R) und für jedes Nichtschlüsselattribut A in R, $A \notin Y$, gilt: $Y \to A \Rightarrow$ Y ist Schlüssel in R (d. h. $Y \to R$).

Oder anders ausgedrückt: Eine Relation R ist in dritter Normalform, wenn sie (eine 2NF-Relation ist und) kein Nichtschlüsselattribut transitiv vom Schlüssel abhängt.

Bei der Prüfung auf 3NF-Eigenschaft einer Relation ist zu beachten, daß mit „Schlüssel" *alle* Schlüssel für die betrachtete Relation gemeint sind und nicht nur der Primärschlüssel.

Die 3NF-Definition teilt das Schema einer Relation in Schlüsselattribute und in Nichtschlüsselattribute und betrachtet deren funktionale Abhängigkeiten. Nicht betrachtet werden funktionale Abhängigkeiten zwischen Schlüsselattributen untereinander. Wir betrachten hierzu das folgende Beispiel:

Beispiel 3-4:

Die unten angegebene Relation LIEF soll ausdrücken, daß ein bestimmter Lieferant (repräsentiert durch Lieferantennummer (LiefNr) und Lieferantennamen (LiefName)), ein bestimmtes Teil (repräsentiert durch TeilNr) in einer bestimmten Menge liefert.

LIEF(<u>LiefNr</u>, <u>TeilNr</u>, LiefName, Menge)

Es gelten folgende funktionalen Abhängigkeiten:

(LiefNr, TeilNr)	→	LIEF	[1]
(LiefName, TeilNr)	→	LIEF	[2]
LiefNr	→	LiefName	[3]
LiefName	→	LiefNr	[4]

Aus [1] und [2] folgt, daß LIEF zwei Schlüssel hat, und zwar (LiefNr,TeilNr) – der Primärschlüssel – und (LiefName,TeilNr). Damit hat LIEF die folgenden Schlüssel- und Nichtschlüsselattribute:

Schlüsselattribute: { LiefNr, LiefName, TeilNr }
Nichtschlüsselattribute: { Menge }

Anmerkung:

Wegen LiefNr $\rightarrow$ LiefName (siehe [3]) scheint LIEF auf den ersten Blick keine 2NF-Relation zu sein, da LiefName nicht voll funktional abhängig vom
Schlüssel ist. Die Forderung nach voller funktionaler Abhängigkeit (siehe
zweite Normalform) bezieht sich allerdings nur auf die Beziehung zwischen
Schlüssel- und Nichtschlüsselattributen.

Test auf 3NF-Eigenschaft:

- „Menge" ist einziges Nichtschlüsselattribut

- „Menge" ist nur von den Schlüsseln funktional abhängig

damit ist LIEF eine 3NF-Relation.   □

Wie man aus diesem Beispiel ersieht, können bei 3NF-Relationen immer noch
Redundanzen auftreten, und zwar infolge funktionaler Abhängigkeiten zwischen Schlüsselattributen. Um die damit verbundenen Redundanzen auch
noch zu eliminieren, muß man die Relation in die Boyce-Codd-Normalform
bringen:

Definition 3-6: *Boyce-Codd-Normalform*

Eine Relation R ist in *Boyce-Codd-Normalform* (**BCNF**), wenn für alle
$Y \subset$ schema(R) und für jedes beliebige Attribut $A \in$ schema(R), $A \notin Y$, gilt:
$Y \rightarrow A \Rightarrow Y$ enthält einen Schlüssel.

Einfach ausgedrückt: Alles, was „links" von „$\rightarrow$" steht, muß entweder ein
Schlüssel sein oder einen Schlüssel enthalten (man sagt zu solchen Attributmengen, die einen Schlüssel enthalten, aber nicht „minimal" sind, manchmal
auch „*Superschlüssel*").   Superschlüssel

Übungsaufgabe 3-3: BCNF

Zeigen Sie, daß die LIEF-Relation in Beispiel 3-4 nicht in BCNF ist.

3.3 Korrekte Zerlegung von Relationen

Will man eine Relation, die nicht in 2NF, 3NF oder BCNF ist, in die entsprechende Form bringen, so muß diese geeignet in mehrere Relationen zerlegt
werden, ohne daß hierdurch ein Informationsverlust auftritt. Hiermit wollen
wir uns nun in diesem Abschnitt befassen.

Definition 3-7: *Transitive Hülle von FDs*

Sei $\mathcal{F}$ die Menge der funktionalen Abhängigkeiten einer Relation R und $\mathcal{F}^+$ die Menge aller logisch aus $\mathcal{F}$ ableitbaren funktionalen Abhängigkeiten bzgl. R, dann nennt man $\mathcal{F}^+$ die *transitive Hülle* von $\mathcal{F}$.

Die transitive Hülle $\mathcal{F}^+$ stellt die vollständige Aufzählung aller direkten und indirekten funktionalen Abhängigkeiten für eine Relation bezüglich der gegebenen Menge $\mathcal{F}$ von funktionalen Abhängigkeiten dar. Für die logische Ablei-

Armstrong-
Axiome

tung der weiteren funktionalen Abhängigkeiten kann man die folgenden *Armstrong-Axiome* anwenden:

(A1): (Reflexivität)

$Y \subseteq X \Rightarrow X \to Y$ (gilt immer, und zwar unabhängig von $\mathcal{F}$)

(A2): (Erweiterung)

$X \to Y, \ Z \subset \text{schema}(R) \Rightarrow (X \cup Z) \to (Y \cup Z)$

(A3): (Transitivität)

$X \to Y, \ Y \to Z \Rightarrow X \to Z$

Axiom A1 drückt aus, daß wenn $Y \subseteq X$ gilt, dann steht – wenn X bekannt ist – trivialerweise immer auch Y fest. Axiom A2 drückt aus, daß man eine gegebene funktionale Abhängigkeit stets durch Hinzufügen weiterer Attribute „erweitern" kann. Axiom A3 ist die übliche transitive Schlußfolgerungsregel. Man kann zeigen, daß durch Anwendung der Axiome A1 bis A3 auf eine Menge $\mathcal{F}$ von transitiven Abhängigkeiten genau $\mathcal{F}^+$ erzeugt werden kann.

Übungsaufgabe 3-4: Armstrong-Axiome

Gegeben sei Relation R(A,B,C,D,E,F,G) mit der folgenden Menge $\mathcal{F}$ von funktionalen Abhängigkeiten:

$\mathcal{F} = \{ A \to R, \ B \to D, \ B \to E, \ D \to F, \ G \to A \}$

Prüfen Sie, ob für R auch die folgenden funktionalen Abhängigkeiten gelten:

a) $B \to F$

b) $G \to C$

c) $G \to F$

d) $(B \cup C) \to (F \cup C)$ □

Wie bereits eingangs dieses Abschnittes erwähnt, sind wir (nur) an Zerlegungen von Relationen interessiert, die keinen Informationsverlust zur Folge haben. Die folgende Definition faßt diesen Sachverhalt etwas präziser.

Definition 3-8: *(PJ-)Verlustfreiheit einer Zerlegung*

Eine Zerlegung einer Relation R in Teilrelationen R_1, R_2, ..., R_n heißt *verlustfrei* (genauer: projection-join-verlustfrei, **PJ-verlustfrei**), wenn für alle gültigen Werte val(R) gilt: $R = R_1$ **NJN** R_2 ... **NJN** R_n.

Die Verlustfreiheit einer Zerlegung bedeutet also, daß sich die Originalrelation durch den natürlichen Verbund der Teilrelationen wiederherstellen läßt, daß also weder Tupel „verlorengegangen" noch welche hinzugekommen sind. Die Beachtung der Verlustfreiheit bei einer Zerlegung ist also zwingend erforderlich, will man nicht falsche Anfrageergebnisse riskieren.

Zur Erinnerung: „Gleichheit" von Relationen:

Attribute werden im Relationenmodell über ihren Namen, nicht über ihre Position im Tupel bzw. im Schema angesprochen; ferner sind Relationen *Mengen* von Tupeln. Dies bedeutet, daß sowohl die Reihenfolge der Attribute als auch die Reihenfolge der Tupel für die Beurteilung der Gleichheit unerheblich sind.

Gleichheit von Relationen

Übungsaufgabe 3-5: Verlustfreiheit

Gegeben sei die folgende Relation:

R	A	B	C	D
	a	b	b	a
	e	f	a	c
	c	d	b	d
	b	b	b	b
	e	h	c	e

Überprüfen Sie die folgenden Zerlegungen von R auf Verlustfreiheit:

a) $R_1 = \mathbf{PJ}_{\{A,B\}}R$, $R_2 = \mathbf{PJ}_{\{C,D\}}R$

b) $R_1 = \mathbf{PJ}_{\{A,B,C\}}R$, $R_2 = \mathbf{PJ}_{\{A,B,D\}}R$

c) $R_1 = \mathbf{PJ}_{\{A,D\}}R$, $R_2 = \mathbf{PJ}_{\{B,D\}}R$, $R3 = \mathbf{PJ}_{\{C,D\}}R$

Wie man leicht zeigen kann (siehe Übungsaufgabe 3-5), ist nicht jede Zerlegung einer Relation verlustfrei. Welche Zerlegungen immer verlustfrei sind, zeigt der folgende Satz:

> **Satz 3-1:** *Zerlegung entlang einer FD*
>
> Sei R eine Relation mit $X \xrightarrow{R} Y \in \mathcal{F}^+$ mit $X, Y \subseteq \text{schema}(R)$ und $X \cap Y = \varnothing$, dann ist die Zerlegung von R in
>
> $$\text{schema}(R_1) = X \cup Y$$
> $$\text{schema}(R_2) = R - Y$$
>
> PJ-verlustfrei.

garantiert
verlustfreie
Zerlegung

Mit Hilfe der in Satz 3-1 angegebenen Zerlegungsregel, kann nun jede Relation – sofern überhaupt noch weiter zerlegbar – verlustfrei zerlegt werden. Die Hauptanwendung liegt sicherlich im Rahmen der Normalisierung, aber wir werden diese Regel auch bei Behandlung der sog. „vertikalen Partitionierung" in Abschnitt 4.4.4 wieder benötigen. – Man kann übrigens formal zeigen, daß es für jedes relationale Schema eine verlustfreie Zerlegung in 3NF und BCNF gibt (näheres hierzu findet sich z. B. in /HeSa95/, /KeEi96/ und /Voss94/).

Hinweis:

Satz 3-1 gilt nicht mehr bzw. nicht mehr in dieser Allgemeinheit, wenn für die Attributwerte einer Relation *Nullwerte* zugelassen sind. Leider gibt uns für diesen – praktisch doch wichtigen Fall – die relationale Entwurfstheorie keine umfassende und allgemeingültige Hilfestellung (siehe hierzu z. B. /ElNa89/, S. 395 ff.). Auf der „sicheren" Seite ist man, wenn nullwertige Attribute stets nur „rechts" des „FD-Pfeils" auftreten können. Allerdings muß dann der Verbund der Teilrelationen über einen geeigneten *äußeren Verbund* realisiert werden.

Beispiel 3-5:

Gegeben sei eine Relation R(A,B,C) mit $\mathcal{F} = \{ A \rightarrow B, A \rightarrow C \}$. Für Attribut C (und nur für dieses) seien Nullwerte erlaubt. In diesem Fall gibt es eine verlustfreie Zerlegung in $R_1(A,B)$ und $R_2(A,C)$. Die „Rekonstruktion" von R ergibt sich aus $R = R_1$ **NLOJ** R_2.   □

Übungsaufgabe 3-6: Verlustfreiheit bei Nullwerten

Zerlegen Sie die folgende Relation PERSONAL verlustfrei so in Teilrelationen, daß in diesen keine Nullwerte mehr benötigt werden. Zeigen Sie, daß (und wie) die Originalrelation wieder rekonstruiert werden kann. Die einzige FD ist PersNr → PERSONAL.

PERSONAL	PersNr	Name	Gehalt	Abteilung	SteuerKl
	3891	Meier	3.000	Einkauf	1
	4569	Schulz	*null*	*null*	3
	4790	Bayer	*null*	Einkauf	1
	4811	Müller	4.000	Verkauf	*null*
	5737	Schmidt	*null*	Lager	*null*
	6599	Neumann	3.500	Versand	2

Im folgenden wollen wir aber wieder, soweit nichts anderes ausdrücklich gesagt wird, von *Relationen ohne Nullwerte* ausgehen.

Bezeichne $\mathscr{F}$ für eine gegebene Relation R wieder die Menge der FDs über schema(R) und $\mathscr{F}^+$ wieder die entsprechende transitive Hülle. Seien ferner R_1, R_2, ..., R_n Teilrelationen (Zerlegungen) von R mit

$$\mathscr{F}_i = \{\ fd \in \mathscr{F}^+ \mid Attr(fd) \subseteq schema(R_i)\ \}.$$

Wir betrachten mit $\mathscr{F}_i$ also nur solche FDs, bei denen alle Attribute vollständig im Schema von Relation R_i enthalten sind.

Definition 3-9: *Abhängigkeitsbewahrende Zerlegung*

Eine Zerlegung einer Relation R in Teilrelationen R_1, R_2, ..., R_n heißt *abhängigkeitsbewahrend*, wenn gilt: $\mathscr{F}^+ = (\mathscr{F}_1 \cup \mathscr{F}_2 \cup ... \cup \mathscr{F}_n)^+$.

Beispiel 3-6:

Gegeben sei Relation R(A,B,C,D) sowie die uns schon aus Übungsaufgabe 3-5 bekannten Zerlegungen:

a) $R_1 = \mathbf{PJ}_{\{A,B\}}R,\ R_2 = \mathbf{PJ}_{\{C,D\}}R$

b) $R_1 = \mathbf{PJ}_{\{A,B,C\}}R,\ R_2 = \mathbf{PJ}_{\{A,B,D\}}R$

c) $R_1 = \mathbf{PJ}_{\{A,D\}}R,\ R_2 = \mathbf{PJ}_{\{B,D\}}R,\ R3 = \mathbf{PJ}_{\{C,D\}}R$

Es gelten die funktionalen Abhängigkeiten: $\mathscr{F}_R = \{\ AB \rightarrow R,\ D \rightarrow R\ \}$.

Wir werden im folgenden $\mathscr{F}^+$ für R bzw. für die Teilrelationen (R_1 bis R_2 bzw. R_3) nicht explizit erzeugen, sondern prüfen, ob sich $\mathscr{F}_R$ durch Anwenden der *Armstrong-Axiome* (siehe Seite 52) auf Basis der Vereinigung der FDs von R_1 bis R_2 bzw. R_3 wieder herleiten läßt. – Bezeichne im folgenden $\mathscr{F}_i$, i = 1,2,3, die Menge der funktionalen Abhängigkeiten von Teilrelation R_i.

Zu a)   schema(R_1) = {A,B} und schema(R_2) = {C,D}. Daraus folgt

        $\mathscr{F}_1 = \varnothing$, abgesehen von den reflexiven Abhängigkeiten, und

        $\mathscr{F}_2 = \{\ D \rightarrow C\ \}$ (bleibt nach Zerlegung übrig von $D \rightarrow R$).

        $(\mathscr{F}_1 \cup \mathscr{F}_2) = \{\ D \rightarrow C\ \}$ kann nicht in $\mathscr{F}_R$ überführt werden, damit ist diese Zerlegung *nicht abhängigkeitsbewahrend*.

Zu b)   schema(R_1) = {A,B,C} und schema(R_2) = {A,B,D}. Daraus folgt

        $\mathscr{F}_1 = \{\ AB \rightarrow C\ \}$ und $\mathscr{F}_2 = \{\ AB \rightarrow D,\ D \rightarrow A,\ D \rightarrow B\ \}$.

        $(\mathscr{F}_1 \cup \mathscr{F}_2)\ = \{\ AB \rightarrow C,\ AB \rightarrow D,\ D \rightarrow A,\ D \rightarrow B\ \}$

                    $= \{\ AB \rightarrow CD,\ D \rightarrow AB\ \}$ (**)

Wegen Axiom (A1) gilt: $AB \rightarrow CD \equiv AB \rightarrow ABCD \equiv AB \rightarrow R$.
Wegen Axiom (A3) gilt: $D \rightarrow AB \wedge AB \rightarrow C \Rightarrow D \rightarrow ABC$
und daraus folgt wegen Axiom (A1): $D \rightarrow R$.

Angewandt auf (**) folgt daraus: $(\mathcal{F}_1 \cup \mathcal{F}_2) = \mathcal{F}_R$. Die Zerlegung ist somit *abhängigkeitsbewahrend*.

Zu c)   schema(R_1) = {A,D}, schema(R_2) = {B,D}, schema(R_3) = {C,D}.
Daraus folgen: $\mathcal{F}_1$ = { $D \rightarrow A$ }, $\mathcal{F}_2$ = { $D \rightarrow B$ }, $\mathcal{F}_3$ = { $D \rightarrow C$ }.

$$(\mathcal{F}_1 \cup \mathcal{F}_2 \cup \mathcal{F}_3) = \{ D \rightarrow A, D \rightarrow B, D \rightarrow C \}$$
$$= \{ D \rightarrow ABC \}$$
$$= \{ D \rightarrow R \}.$$

Die in $\mathcal{F}_R$ enthaltene funktionale Abhängigkeit $AB \rightarrow R$ ist uns bei dieser Zerlegung jedoch „abhanden gekommen", somit ist sie *nicht abhängigkeitsbewahrend*.   □

Der Vollständigkeit halber sei erwähnt, daß sich ggf. immer eine 3NF-Zerlegung einer Relation finden läßt, die abhängigkeitsbewahrend ist. Bei Zerlegungen in BCNF ist dies nicht immer möglich. Die Zerlegung c) in Beispiel 3-6 ist so ein Fall. – Da Abhängigkeitsbeziehungen innerhalb einer Relation leichter zu überwachen sind als zwischen verschiedenen Relationen, wird man in der Praxis in solchen Fällen daher in der Regel lieber auf die BCNF-Eigenschaft verzichten.

3.4 Zusammenfassung von Relationen (Relationensynthese)

Die oben besprochenen Normalformen sowie die Zerlegungsregeln geben im wesentlichen Hinweise für die Zerlegung von Relationen, so daß sie anschließend die gewünschten Eigenschaften (z. B. 2NF, 3NF, BCNF) aufweisen. Je nach Ausgangssituation kann man durch Anwendung dieser Regeln jedoch mehr Relationen erzeugen, als an sich notwendig wäre. Eine ähnliche Problemstellung tritt bei der physischen Verteilung (Allokation) von Teilrelationen (Partitionen) auf, auf die wir in Abschnitt 4.5 im nächsten Kapitel eingehen werden. – Wir wollen deshalb abschließend noch kurz betrachten, wie man solche „unnötigen" Zerlegungen erkennen und wieder in einer Relation zusammenführen kann. Für eine ausführlichere Behandlung siehe z. B. /HeSa95/, /KeEi96/ oder /Voss94/.

Sei R eine Menge von Attributen und $\mathcal{F}$ wieder die Menge der FDs über R. Dann kann man durch folgende Vorgehensweise stets eine abhängigkeitsbewahrende, verlustfreie 3NF-Zerlegung erhalten. Die Schritte 1 bis 3a) nehmen hierbei die schon bekannte Zerlegung „entlang von FDs" (siehe Satz 3-1) vor, während Schritt 3b) der Zusammenfassung „unnötiger" Zerlegungen dient.

1. Eliminiere alle Attribute aus R, die in keiner FD vorkommen[4]

2. Wenn eine FD alle Attribute von R beinhaltet, dann ist R bereits das Ergebnis, fertig!

3. a) Für alle FDs $X \rightarrow A$ in $\mathcal{F}$ erzeuge eine Relation $R_i(X,A)$.

   b) Wenn jedoch $X \rightarrow A_1, X \rightarrow A_2, ..., X \rightarrow A_n \in \mathcal{F}^+$, so erzeuge nur *eine* Relation $R_j(X,A_1,A_2,...,A_n)$.

4. Füge, sofern nicht bereits vorhanden bzw. in einer anderen Relation enthalten, eine weitere Relation $K \subseteq R$ hinzu, so daß K Schlüssel von R ist.

---

[4] Solche sollten an sich gar nicht in R auftreten. Deutet darauf hin, daß entweder sachfremde Daten zusammengemixt wurden oder daß die FDs unvollständig sind.

4. Speicherung globaler Relationen

4.1 Vorbemerkungen

Im Idealfall sollte sich eine verteilte Datenbank den Endbenutzern bzw. den Anwendungsentwicklern gegenüber wie eine *zentrale* Datenbank präsentieren. Für eine zentrale Datenbank strebt man üblicherweise eine minimale Anzahl von Relationen an, also

minimale Anzahl
von Relationen

- *eine* Personal-Relation

- *eine* Teile-Relation

- *eine* Kundenstamm-Relation

- usw.

es sei denn, der Datenbankentwurf erfordert eine entsprechende Aufspaltung.

Außerdem wird man bei einer zentralen Datenbank üblicherweise Relationen nicht-redundant speichern. Man wird also nur *ein* Exemplar der Personal-Relation, *ein* Exemplar der Teile-Relation usw. im Datenbank-Katalog finden. Ausnahmen hiervon sind sog. „Snapshot"-Relationen, die einen älteren Zustand einer damit assoziierten Relation darstellen und üblicherweise nur in gewissen Zeitabständen aktualisiert werden. – Solche „Kopien" sind hier jedoch nicht gemeint.

Snapshot-
Relationen

Es wird daher eines der Ziele beim Entwurf einer verteilten Datenbank sein, diese „Minimalsicht" nach Möglichkeit zu realisieren sowie die redundante Speicherung von (Teil-)Relationen (sofern gegeben) nach Möglichkeit vor dem Benutzer zu verbergen. Wie das ggf. geht, darauf kommen wir im Laufe dieses Kapitels noch zu sprechen.

Wie in Kapitel 1 zum Teil bereits erwähnt, können im verteilten Fall an den verschiedenen Knoten eine ganze Reihe verschiedener Formen von verteilter Speicherung auftreten:

- Logisch an sich zusammengehörende Daten werden aufgeteilt und (in homogener Form) an dem Knoten gespeichert, wo sie am häufigsten benötigt werden (*Partitionierung globaler Relationen*).

- Information derselben Art (z. B. Teiledaten, Personaldaten, usw.) werden an verschiedenen Knoten unterschiedlich repräsentiert:

  - * gleiche Bedeutung, aber anders strukturiert
    (*strukturelle Heterogenität*)

strukturelle
Heterogenität

semantische
Heterogenität

    * gleiche Bezeichnung, aber unterschiedlicher Bedeutungsinhalt
    (*semantische Heterogenität*).

    • Daten werden aus Performanzgründen oder zur Erhöhung der Ausfall-
    sicherheit mehrfach gespeichert (redundante Allokation)

integrierendes
globales Schema

Das angestrebte Ziel der Sicht als *eine* Datenbank erfordert ein „Verstecken" dieser „störenden" Aspekte. Die Lösung liegt in der Realisierung eines *integrierenden* und ggf. auch *homogenisierenden* globalen Schemas, auf das (bzw. auf darauf definierte Sichten) sich die Benutzer bei Anfragen bzw. bei der Anwendungsentwicklung beziehen.

In diesem Kapitel wollen wir uns schwerpunktmäßig mit der Zerlegung globaler Relationen in Teilrelationen (Partitionen) und deren physische Speicherung (Allokation) sowie mit Optimalitätsaspekten in diesem Zusammenhang befassen. Das „Verstecken" dieser Zerlegung im homogenen und im heterogenen Fall ist dann Gegenstand des nächsten Kapitels, in dem wir auf die *Schema-Architektur* verteilter Datenbanksysteme eingehen werden.

4.2 Partitionierung und Allokation

Wir werden im folgenden zwischen der Verteilung der Daten auf

logische Ebene

    • *logischer Ebene*, d. h. der prädikativen Beschreibung der Verteilung (im
    folgenden *Partitionierung*[5] genannt), und auf

physische Ebene

    • *physischer Ebene*, d. h. der Festlegung des Speicherungsortes (im folgen-
    den *Allokation* genannt),

unterscheiden. Es ist sinnvoll (wenngleich auch nicht zwingend erforderlich), redundante Speicherung stets explizit zu modellieren und nicht „versteckt" durch überlappende Partitionierungsprädikate. Wir werden dies im folgenden bei der Definition von Partitionen beachten und eine eventuell gewünschte redundante Speicherung einer Partition durch mehrfache Allokation dieser Partition an verschiedenen Knoten realisieren.

Partitionierung,
Allokation

Den Zusammenhang zwischen Partitionierung, Allokation und redundanter Speicherung illustriert Abb. 4-1, die wie folgt zu verstehen ist: Relation R_1 wurde logisch in fünf Partitionen P_{11} bis P_{15} zerlegt. Diese fünf Partitionen wurden im Rahmen der Allokation physischen Knoten zugeordnet. Partition P_{11} z. B. nur dem Knoten A, es handelt sich also um eine nicht-redundante Allokation. Partition P_{12} hingegen wird mehrfach gespeichert, und zwar sowohl an Knoten A als auch an Knoten B. Es handelt sich somit also um eine redundante Allokation. Die anderen Partitionen und Allokationen sind entsprechend zu verstehen.

---

[5] siehe folgende Anmerkung

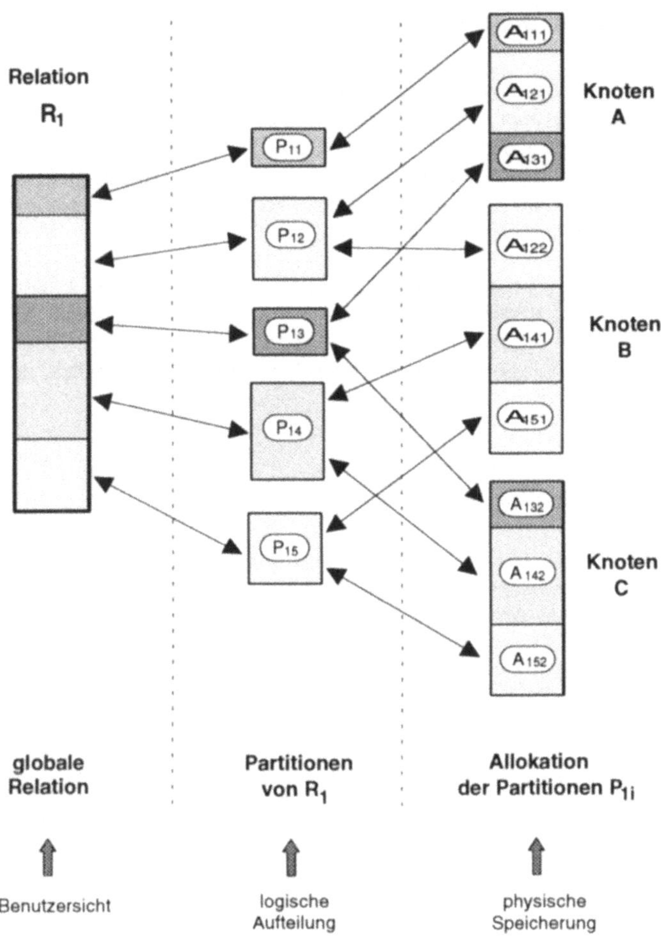

Abb. 4-1: Partitionierung und Allokation

Anmerkung:

In der (insbesondere englischsprachigen) Literatur findet sich anstelle des Begriffs „Partitionierung" bzw. „Partition" häufig der Begriff *„Fragmentierung"* (*fragmentation*) bzw. „Fragment" (*fragment*). Allerdings ist die Bedeutung nicht immer äquivalent. Häufig wird unter „Fragment" auch bereits die physische Repräsentation (also die *„Allokation"* in unserer Terminologie) verstanden.

Fragment,
Fragmentierung

4.3 Partitionierungsformen

Im folgenden werden wir uns nun mit der Frage der formalen Beschreibung verschiedener Partitionierungsformen befassen. Wir werden uns hierfür der Relationenalgebra bedienen. Später, in Kapitel 6, bei der Behandlung der Anfragebearbeitungen, werden wir dann sehen, wie sich Anfragen an globale Relationen in Anfragen gegen allokierte Partitionen mit Hilfe dieser Algebraausdrücke transformieren lassen.

Die im folgenden verwendeten Beispiele und Übungsaufgaben basieren auf den in Abb. 4-2 dargestellten globalen Relationen. Hierbei steht ABT für „Abteilung". In „MgrPersNr" (in ABT) ist die Personalnummer des Abteilungsleiters und in „Bereich" der Unternehmensbereich angegeben, dem die Abteilung angehört.

4.3.1 Horizontale Partitionierung

Die praktisch bedeutsamste Partitionierungsform ist die in Abb. 4-3 illustrierte *horizontale Partitionierung*. Hierunter versteht man die Aufteilung einer globalen Relation R in Teilrelationen R_1, R_2, ..., R_p, so daß gilt:

$$R = UN \ R_i, \ i = 1,2,..., \ p.$$

Bei der horizontalen Partitionierung werden jeweils „ganze" Tupel verteilt. Sie läßt sich formal mittels geeigneter *Selektionen* ausdrücken. Im Prinzip können die R_i's paarweise disjunkt oder auch (teilweise) überlappend sein. Wir wollen im folgenden – wie bereits eingangs erwähnt – stets disjunkte Zerlegungen annehmen.

ANGEST(<u>PersNr</u>, AngName, Gehalt, AbtNr, Anschrift)

ABT (<u>AbtNr</u>, AbtName, Bereich, MgrPersNr, Budget)

TEILE(<u>TeileNr</u>, TeileBez, LiefNr, Preis)

LAGERORT(<u>TeileNr</u>, LagerNr)

LIEFERANT(<u>LiefNr</u>, LiefName, Stadt)

Abb. 4-2: Globale Relationen

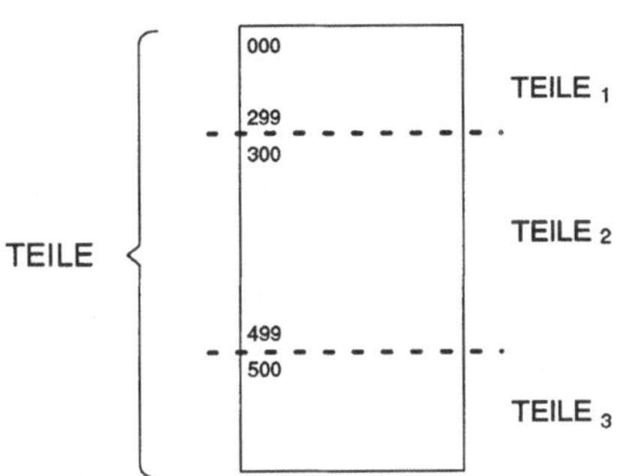

Abb. 4-3: Horizontale Partitionierung

Beispiel 4-1:

Mögliche Partitionierung von TEILE nach TeileNr (siehe Abb. 4-3):

$$\text{TEILE}_1 \quad = \quad \mathbf{SL}_{0 \,\leq\, \text{TeileNr} \,<\, 300} \text{ TEILE}$$

$$\text{TEILE}_2 \quad = \quad \mathbf{SL}_{300 \,\leq\, \text{TeileNr} \,<\, 500} \text{ TEILE}$$

$$\text{TEILE}_3 \quad = \quad \mathbf{SL}_{500 \,\leq\, \text{TeileNr} \,<\, \infty} \text{ TEILE}$$

Die globale Relation TEILE ergibt sich damit wie folgt:

$$\text{TEILE} \;=\; \text{TEILE}_1 \;\; \text{UN} \;\; \text{TEILE}_2 \;\; \text{UN} \;\; \text{TEILE}_3 \qquad\qquad \square$$

Beispiel 4-2:

Mögliche Partitionierung von LIEFERANT nach Lieferanten aus 'Hamburg',
aus 'Ulm' und solchen aus sonstigen Städten:

$$\text{LIEFERANT}_1 \quad = \quad \mathbf{SL}_{\text{Stadt}='\text{Hamburg}'} \text{ LIEFERANT}$$

$$\text{LIEFERANT}_2 \quad = \quad \mathbf{SL}_{\text{Stadt}='\text{Ulm}'} \text{ LIEFERANT}$$

$$\text{LIEFERANT}_3 \quad = \quad \mathbf{SL}_{\text{Stadt}\neq'\text{Hamburg}' \,\wedge\, \text{Stadt}\neq'\text{Ulm}'} \text{ LIEFERANT}$$

Die globale Relation LIEFERANT ergibt sich in analoger Weise:

$$\text{LIEFERANT} = \text{LIEFERANT}_1 \;\; \text{UN} \;\; \text{LIEFERANT}_2 \;\; \text{UN} \;\; \text{LIEFERANT}_3 \quad \square$$

Wie man anhand von Beispiel 4-2 sieht, muß eine horizontale Partitionierung
nicht notwendigerweise über den Primärschlüssel definiert sein, um disjunkte
Partitionen zu liefern.

Übungsaufgabe 4-1: Horizontale Partitionierung

Ein Unternehmen bestehe aus 3 Werken. In Werk I befinden sich die Abteilungen 100-220 sowie die Abteilung 250, in Werk II befinden sich die Abteilungen 221-370 (mit Ausnahme von Abteilung 250) und in Werk III die Abteilungen 371-430. Die globale Relation ABT soll entsprechend partitioniert
werden.

4.3.2 Abgeleitete horizontale Partitionierung

Charakteristisch für diese Partitionierungsform ist, daß die Zerlegungsinformation für die horizontale Partitionierung für eine Relation X aus einer anderen Relation Y abgeleitet werden muß. Für die Beschreibung dieser Partitionierung bietet sich die *Semi-Join-Operation* an. Die Rekonstruktion der globalen Relation ergibt sich hier ebenfalls wieder aus der *Vereinigung* der Partitionen.

Wir wollen uns dies anhand des folgenden Beispiels veranschaulichen. Hier ist angenommen, daß TEILE entsprechend dem Lagerort der Teile partitioniert werden soll.

Beispiel 4-3:

Partitionierung von TEILE nach Lagerort:

$$\text{TEILE}_1 \;=\; \text{TEILE} \;\; \textbf{NSJ} \;(\, \text{SL}_{\text{LagerNr} \,=\, 1} \, \text{LAGERORT} \,)$$
$$\text{TEILE}_2 \;=\; \text{TEILE} \;\; \textbf{NSJ} \;(\, \text{SL}_{\text{LagerNr} \,=\, 2} \, \text{LAGERORT} \,)$$
$$\text{TEILE}_3 \;=\; \text{TEILE} \;\; \textbf{NSJ} \;(\, \text{SL}_{\text{LagerNr} \,=\, 3} \, \text{LAGERORT} \,)$$

Graphisch läßt sich das wie in Abb. 4-4 dargestellt veranschaulichen.   □

Übungsaufgabe 4-2: Abgeleitete horizontale Partitionierung (1)

Die ANGEST-Relation soll so in ANGEST_1 und ANGEST_2 partitioniert werden, daß ANGEST_1 nur die Manager und ANGEST_2 alle Nicht-Manager enthält.

Übungsaufgabe 4-3: Abgeleitete horizontale Partitionierung (2)

Die TEILE-Relation enthalte sowohl Teile, die von fremden Lieferanten bezogen werden, als auch solche, die von „internen" Lieferanten (also firmenintern) bezogen werden. Diese „internen" Lieferanten seien ebenfalls in der LIEFERANT-Relation gespeichert. Sie haben als Lieferanten-Nummer ihre AbtNr und als Lieferanten-Name den Eintrag „intern". Definieren Sie zwei Partitionen $\text{TEILE}_{\text{extern}}$ und $\text{TEILE}_{\text{intern}}$ der TEILE-Relation, die jeweils nur die extern bzw. die intern bezogenen Teile enthalten.

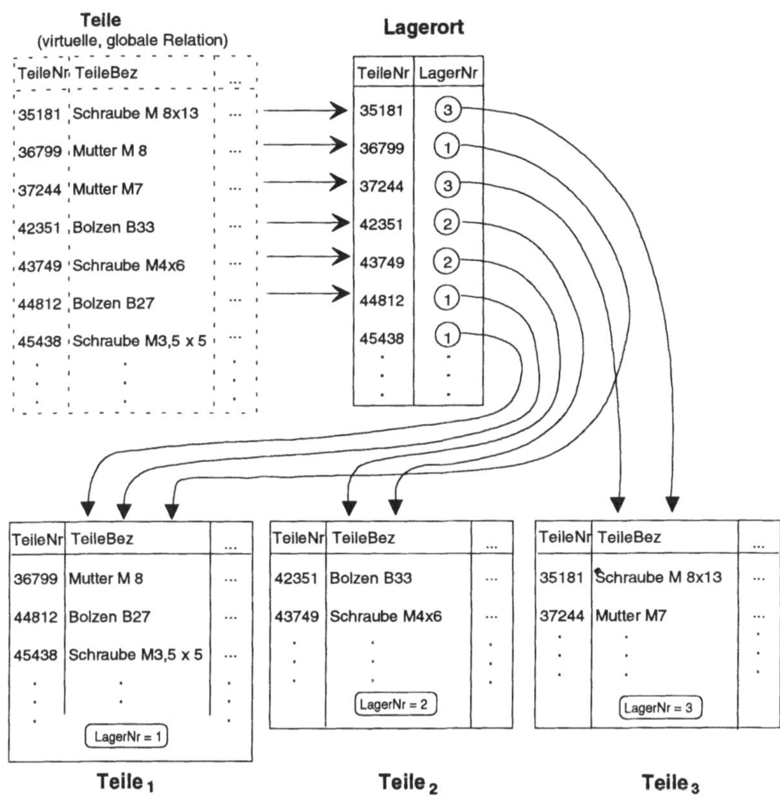

Abb. 4-4: Abgeleitete horizontale Partitionierung

4.3.3 Vertikale Partitionierung

Eine *vertikale Partitionierung* (siehe Abb. 4-5) wird als Folge von Projektionen bezüglich der globalen Relation realisiert. Bei der Zerlegung sind die in Abschnitt 3.3 hinsichtlich der Korrektheit von Zerlegungen gemachten Feststellungen zu beachten, um Informationsverluste oder Verfälschungen zu vermeiden. Wie dort schon ausgeführt, wird die „Rekonstruktion" bzw. Definition der globalen Relation über den *natürlichen Verbund* – im Falle, daß *Nullwerte* erlaubt sind (Vorsicht! – siehe Abschnitt 3.3), ggf. über einen geeigneten äußeren Verbund – realisert.

Wie in Abschnitt 3.3 ausgeführt, eignet sich im Prinzip jede funktionale Abhängigkeit, um „entlang dieser" (siehe Satz 3-1) eine verlustfreie Zerlegung durchzuführen. In der Regel wird man hierfür jedoch jeweils den Primärschlüssel in die Partitionen mit aufnehmen. Wir wollen dies im folgenden o.B.d.A. ebenfalls unterstellen.

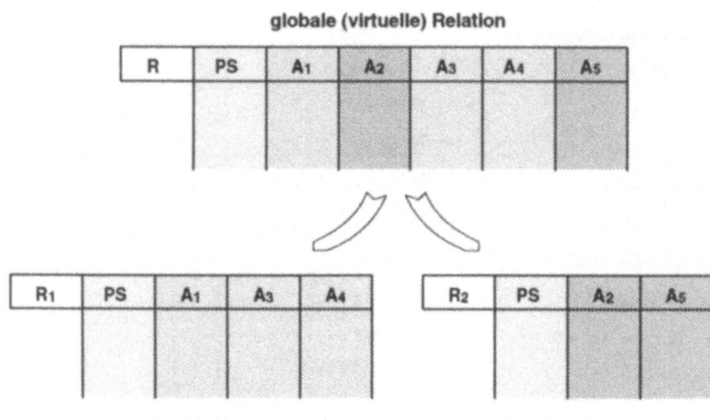

Abb. 4-5: Vertikale Partitionierung

Die vertikale Partitionierung bietet sich an, wenn von verschiedenen Knoten relativ häufig auf (bis auf den Primärschlüssel) disjunkte Teilmengen von Attributen einer Relation zugegriffen wird. Also wenn etwa bezüglich einer globalen Relation R($\underline{A}$,B,C,D,E) auf die Attribute A,B,C von Knoten A und auf die Attribute A,D,E von Knoten B relativ häufig – auf die jeweils anderen Attribute jedoch selten – zugegriffen würde.

Eine Lösung des Problems wäre natürlich, von vornherein mit zwei globalen Relationen R1($\underline{A}$,B,C) und R2($\underline{A}$,D,E) zu arbeiten. Dies widerspricht jedoch dem Anliegen (siehe Abschnitt 4.1), die Anzahl der Relationen nicht künstlich zu erhöhen (dies hat ja auch Konsequenzen für die Anwendungsentwicklung bei Einfüge- und Löschoperationen). – Eine andere Lösung des Problems wäre, die Relationen redundant an beiden Knoten zu allokieren. Dies verursacht aber erhöhten Speicherplatzbedarf, vor allem jedoch erhöhten Aufwand bei Update-Operationen (Einfügen, Löschen, Ändern). Diese Lösung kommt i.a. daher nur dann in Frage, wenn Update-Operationen relativ selten sind.

Die *vertikale Partitionierung* einer globalen Relation erlaubt es, die physischen Aspekte (Allokation der jeweiligen Attribute an dem Knoten mit der größten Zugriffshäufigkeit) von den logischen Aspekten (die Benutzer sehen nur *eine* Relation) auf elegante Weise zu trennen.

Übungsaufgabe 4-4: Vertikale Partitionierung

Die ANGEST-Relation soll so (vertikal) partitioniert werden, daß eine Partition den Namen und die Anschrift des Angestellten, eine andere die Personalnummer des Vorgesetzten sowie die Abteilungsnummer und eine dritte den Namen und die Gehaltsdaten aufnimmt.   □

4.3.4 Gemischte Partitionierung

Im Prinzip lassen sich alle vorgestellten Partitionierungsarten miteinander kombinieren. Wir wollen dies anhand eines Beispiels demonstrieren.

Beispiel 4-4:

ANGEST soll insgesamt in drei Partitionen aufgeteilt werden. Eine Partition soll nur die PersNr und das Gehalt (aller Angestellten) aufnehmen. Die restlichen Attribute/Tupel sollen bezüglich AbtNr partitioniert werden, und zwar so, daß eine Partition alle (Rest-)Tupel mit $AbtNr < 300$ die andere den Rest $(AbtNr \geq 300)$ aufnimmt.

Wir partitionieren zunächst vertikal:

$$ANGEST_{\text{Vertraulich}} := \mathbf{PJ}_{\{PersNr, Gehalt\}} ANGEST$$

$$ANGEST_{\text{Public}} := \mathbf{PJ}_{\{PersNr, AngName, MgrPersNr, AbtNr, Anschrift\}} ANGEST$$

$ANGEST_{\text{Public}}$ ist in diesem Fall nur eine Hilfskonstruktion und muß nochmals bezüglich AbtNr horizontal partitioniert werden:

$$ANGEST_{\text{Public1}} := \mathbf{SL}_{AbtNr < 300} \; ANGEST_{\text{Public}} \quad \text{(und durch Einsetzen)}$$

$$ANGEST_{\text{Public1}} := \mathbf{SL}_{AbtNr < 300} \; \mathbf{PJ}_{\{PersNr, AngName, MgrPersNr, AbtNr, Anschrift\}} ANGEST$$

Analog hierzu ergibt sich $ANGEST_{\text{Public2}}$:

$$ANGEST_{\text{Public2}} := \mathbf{SL}_{AbtNr \geq 300} \; \mathbf{PJ}_{\{PersNr, AngName, MgrPersNr, AbtNr, Anschrift\}} ANGEST$$

Zusammengefaßt sind die drei Partitionen somit wie folgt definiert:

$$ANGEST_{\text{Vertraulich}} := \mathbf{PJ}_{\{PersNr, Gehalt\}} ANGEST$$

$$ANGEST_{\text{Public1}} := \mathbf{SL}_{AbtNr < 300} \; \mathbf{PJ}_{\{PersNr, AngName, MgrPersNr, AbtNr, Anschrift\}} ANGEST$$

$$ANGEST_{\text{Public2}} := \mathbf{SL}_{AbtNr \geq 300} \; \mathbf{PJ}_{\{PersNr, AngName, MgrPersNr, AbtNr, Anschrift\}} ANGEST$$

Dies läßt sich graphisch wie in Abb. 4-6 veranschaulicht darstellen.

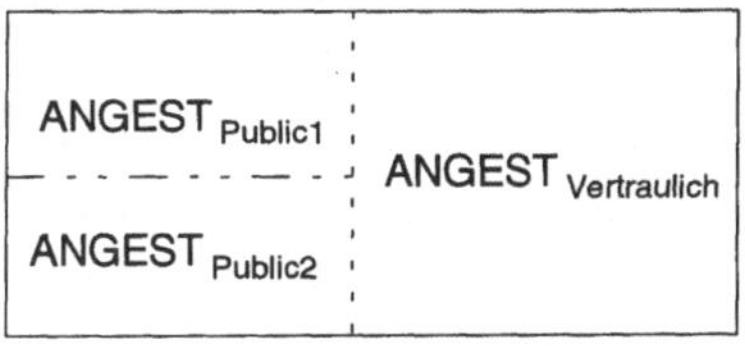

Abb. 4-6: Gemischte Partitionierung
(entsprechend Beispiel 4-4)

Übungsaufgabe 4-5: Gemischte Partitionierung

Die TEILE-Relation soll entsprechend dem PREIS in billige ($\leq$ DM 10) und teure (> 10 DM) aufgeteilt werden, wobei bei den teuren Teilen wieder, wie bei Übungsaufgabe 4-3, zwischen intern und extern bezogenen Teilen unterschieden werden soll.

4.3.5 Abschließende Bemerkungen

Wie man sieht, sind der Phantasie bezüglich der Definition von Partitionierungen (fast) keine Grenzen gesetzt. Hinsichtlich der Ausführung von *Retrieval-Operationen* bereiten selbst relativ ausgefallene Partitionierungen keine prinzipiellen Probleme, wie wir in Kapitel 6 noch sehen werden, solange wir die Partitionierung auf die oben beschriebene Art durchführen; allenfalls werden wir durch lange Antwortzeiten „bestraft".

Anders sieht es aus, wenn wir auch *Update-Operationen* (Ändern, Einfügen, Löschen) betrachten. Letztlich handelt es sich bei den globalen Relationen um *Sichten* über den logischen bzw. gespeicherten Partitionen. Wir handeln uns also zunächst einmal genau dieselben Probleme wie beim Update über Sichten (*view update*) ein. – Da, im Gegensatz zum „normalen" Sichtenkonzept, die Abbildungen hier in beiden Richtungen definiert sind, steckt in den Partitionierungen etwas mehr Semantik, die man sich bei der Anfragebearbeitung zunutze machen kann. Wir werden auch hierauf in Kapitel 6 noch etwas näher eingehen.

View-Update-
Problematik

4.4 Bestimmung geeigneter Partitionen

4.4.1 Vorbemerkungen

In einfach gelagerten Fällen reicht sicherlich die Intuition gepaart mit etwas Erfahrungswissen aus, um geeignete Partitionen zu definieren und diese dann an den am besten geeigneten Knoten zu allokieren. In komplexen verteilten Anwendungsumgebungen, inbesondere bei der Dezentralisierung großer, bislang zentral betriebener Informationssysteme, ist eine große Anzahl von Einflußgrößen mit wechselseitigen Abhängigkeiten zu beachten. In diesen Fällen ist eine systematische Vorgehensweise anzuraten, und zwar sowohl im Hinblick auf die Ermittlung geeigneter Partitionen für globale Relationen als auch hinsichtlich der Allokation (nicht-redundant oder redundant) der Partitionen.

Vorarbeiten

In allen diesen Fällen sind einige Vorarbeiten erforderlich. Durch entsprechende Auswertung existierender Anwendungen oder durch sorgfältige Schätzung der erwarteten Anwendungen ist zumindest zu ermitteln,

• welche Anwendungen und in welcher Form (lesend/schreibend)

- wie häufig

- mit welchen Auswahlprädikaten

- auf welche Relationen und Attribute zugreifen und

- welche Datenmengen hierbei übertragen werden.

In den Abschnitten 4.4.2 bis 4.4.4 wollen wir nun etwas näher betrachten, wie man aufgrund solcher Analysen zu „möglichst guten" Partitionen kommt. In Abschnitt 4.5 werden wir dann auf die „optimale" Allokation dieser Partitionen eingehen.

4.4.2 Bestimmung horizontaler Partitionen

Die wichtigste Voraussetzung für die Bestimmung geeigneter horizontaler Partitionen ist die Kenntnis der in den Anfragen (Retrieval und Update) verwendeten Prädikate. Nachstehend ein semi-formales Verfahren zur Ermittlung geeigneter Zerlegungsprädikate, das von dem in /ÖzVa91/ angegebenen Verfahren abgeleitet wurde. Zuvor benötigen wir allerdings erst einige Definitionen.

Seien $R(A_1, A_2, A_3, ..., A_n)$ eine Relation und $\theta \in \{ <, \leq, =, \geq, >, \neq \}$. Bezeichne ferner **dom(A_i)** den *Wertebereich* (*domain*) von Attribut A_i.

Wertebereich
dom(A_i)

Definition 4-1: *Einfaches Prädikat (simple predicate)*

Ein *einfaches Prädikat* p bzgl. R ist ein Prädikat der Form: $p ::= A_i \, \theta \, const$, mit $A_i \in \{ A_1, A_2, ..., A_k \}$ und $const \in \text{dom}(A_i)$.

„Einfache Prädikate" im Sinne von Definition 4-1 sind also einfache Vergleiche der Art „TeileNr = 314" oder „Gehalt > 5.000".

Jedes einfache Prädikat p für R definiert potentiell eine *binäre Partitionierung* von R in:

potentielle binäre
Partitionierung

$R^+ ::= \{ t \in R \mid t \text{ erfüllt } p \}$ und $R^- ::= \{ t \in R \mid t \text{ erfüllt } p^- \}$,

wobei p^- für die Negation von p steht.

Gegeben sei $P = \{ p_1, p_2, ..., p_n \}$, die Menge der *einfachen Prädikate* bzgl. Relation R.

Definition 4-2: *Minterm, Minterm-Prädikat (Form)*

Ein *Minterm(-Prädikat)* ist eine Konjunktion einfacher (nicht-negierter und negierter) Prädikate und hat die Form: $m = p_1^{\pm} \wedge p_2^{\pm} \wedge ...$, wobei $p_i^{\pm}$ bedeutet, daß entweder p oder p^- (aber nie beide gleichzeitig) in einem m auftreten können.

Damit können wir nun die Menge aller n-stelligen Minterm-Prädikate für Relation R wie folgt definieren:

Definition 4-3: $M_n(P)$: *Menge aller n-stelligen Minterm-Prädikate*

Die Menge aller n-stelligen Minterm-Prädikate, bei gegebener Menge P von einfachen Prädikaten, ergibt sich wie folgt:

$$M_n(R) := \{\, m \mid m = \bigwedge_{i=1}^{n} p_i^{\pm},\ p_i \in P \,\}$$

$M_n(P)$ enthält somit alle n-stelligen Konjunktionen von einfachen Prädikaten, die entweder in ihrer natürlichen Form (p_i) oder als Negation ($\overline{p_i}$) auftreten können.

Beispiel 4-5:

Gegeben sei $P = \{\, p_1, p_2, p_3, p_4 \,\}$ für eine Relation R. Dann ist

$M_4(P) =$ <u>Minterme</u>

$\{\ p_1 \wedge p_2 \wedge p_3 \wedge p_4,$	$p_1 \wedge p_2 \wedge p_3 \wedge \overline{p_4},$	[1,2]
$p_1 \wedge p_2 \wedge \overline{p_3} \wedge p_4,$	$p_1 \wedge \overline{p_2} \wedge p_3 \wedge p_4,$	[3,4]
$\overline{p_1} \wedge p_2 \wedge p_3 \wedge p_4,$	$p_1 \wedge p_2 \wedge \overline{p_3} \wedge \overline{p_4},$	[5,6]
$p_1 \wedge \overline{p_2} \wedge p_3 \wedge \overline{p_4},$	$\overline{p_1} \wedge p_2 \wedge p_3 \wedge \overline{p_4},$	[7,8]
$p_1 \wedge \overline{p_2} \wedge \overline{p_3} \wedge p_4,$	$\overline{p_1} \wedge p_2 \wedge \overline{p_3} \wedge p_4,$	[9,10]
$\overline{p_1} \wedge \overline{p_2} \wedge p_3 \wedge p_4,$	$p_1 \wedge \overline{p_2} \wedge \overline{p_3} \wedge \overline{p_4},$	[11,12]
$\overline{p_1} \wedge p_2 \wedge \overline{p_3} \wedge \overline{p_4},$	$\overline{p_1} \wedge \overline{p_2} \wedge p_3 \wedge \overline{p_4},$	[13,14]
$\overline{p_1} \wedge \overline{p_2} \wedge \overline{p_3} \wedge p_4,$	$\overline{p_1} \wedge \overline{p_2} \wedge \overline{p_3} \wedge \overline{p_4}\ \}$	[15,16]

mit $\mathrm{card}(M_4(P)) = 2^4$ (allgemein gilt: $\mathrm{card}(M_n(P)) = 2^n$).   □

Wie man sich leicht überlegt, definiert $M_n(P)$ eine *vollständige und redundanzfreie Partitionierung* von R. Es gilt also:

$$1. \quad \bigcup_{m \in M_n(R)} \mathbf{SL}_m(R)\ =\ R$$

$$2. \quad \forall\, m_i, m_k \in M_n(R),\ m_i \neq m_k:\ \mathbf{SL}_{m_i}(R) \cap \mathbf{SL}_{m_k}(R)\ =\ \varnothing$$

<table>
<tr><td>praktisch
relevante
Minterme</td><td>Vollständigkeit und Redundanzfreiheit sind allerdings nicht die einzigen Kriterien für eine sinnvolle horizontale Partitionierung. Die gewählten Partitionen bzw. die sie definierenden Minterme sollten auch relevant sein. Wir werden daher M(P), die Menge der praktisch relevanten Minterme, bestimmen. Wir setzen hierzu zunächst $M(P) := M_n(P)$ und entfernen dann nicht relevante Minterme aus M(P). Ferner werden wir ggf. die Stelligkeit einiger Minterme in M(P) reduzieren.</td></tr>
</table>

Die entsprechenden Regeln hierzu wollen wir anhand einiger Beispiele erläutern und begründen:

Angenommen, die Prädikate in Beispiel 4-5 beziehen sich auf Relation ANGEST (siehe Abb. 4-2) und seien wie folgt definiert:

p_1 : Gehalt = 5.000,

p_2 : Gehalt = 7.000,

p_3 : AbtNr > 400 und

p_4 : AbtNr < 300.

Minterm [1] (bezogen auf Beispiel 4-5) lautet damit:
(Gehalt = 5.000) $\wedge$ (Gehalt = 7.000) $\wedge$ (AbtNr > 400) $\wedge$ (AbtNr < 300).

Wie man unmittelbar erkennt, ist dieses Minterm-Prädikat nie erfüllbar und daher als Partitionierungs-Prädikat nicht relevant. Man beachte, daß dies aber nicht für die entsprechenden Negationen gelten muß:

$\neg$(Gehalt = 5.000) $\wedge$ (Gehalt = 7.000),

(Gehalt = 5.000) $\wedge$ $\neg$(Gehalt = 7.000) sowie

$\neg$(Gehalt = 5.000) $\wedge$ $\neg$(Gehalt = 7.000)

sind erfüllbare Prädikate. Wir formulieren hierzu eine Regel:

<table>
<tr><td>

MT-1:   Wenn sich zwei Faktoren $p_i^{\pm}$ und $p_j^{\pm}$ in einem $m \in M(P)$ widersprechen, so ist Minterm m unerfüllbar und kann daher aus $M(P)$ entfernt werden.

</td><td>

Elimination unerfüllbarer Minterme

</td></tr>
</table>

Betrachten wir die Relation ABT aus Abb. 4-2. Hier gilt die funktionale Abhängigkeit AbtNr $\to$ ABT (und damit auch AbtNr $\to$ AbtName). Wir wollen ferner annehmen, daß auch AbtName $\to$ ABT gilt. Die Abteilung mit AbtNr = 3856 habe den Namen „Einkauf", diejenige mit AbtNr = 5910 den Namen „Verkauf" und es seien folgende Prädikate bzgl. ABT definiert:

p_1 : AbtNr = 3856, p_2 : AbtName = „Einkauf"

p_3 : AbtNr = 5910, p_4 : AbtName = „Verkauf"

Die daraus resultierende Prädikatmenge $M_4(P)$ ergibt sich dann analog zu der in Beispiel 4-5 angegebenen. Wegen der funktionalen Abhängigkeit AbtNr $\to$ AbtName sind nur diejenigen Minterm-Prädikate in $M_4(P)$ erfüllbar, für die entweder $p_1 \wedge p_2 \wedge \ldots$ oder $\bar{p_1} \wedge \bar{p_2} \wedge \ldots$ gilt. Entsprechendes gilt für die Prädikate p_3 und p_4. Hinsichtlich der Verwendung als Partitionierungs-Prädikate gilt damit z.B für p_1 und p_2:

$$\mathbf{SL}_{p_1 \wedge p_2} \text{ABT} \;\equiv\; \mathbf{SL}_{p_1} \text{ABT}$$

$$\mathbf{SL}_{\bar{p_1} \wedge \bar{p_2}} \text{ABT} \;\equiv\; \mathbf{SL}_{\bar{p_1}} \text{ABT}$$

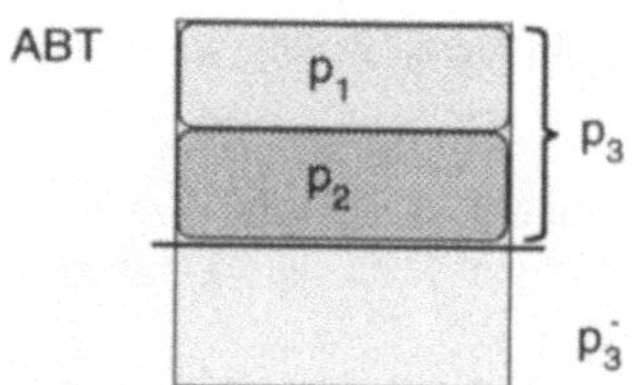

Abb. 4-7: Mögliche Partitionierungen

Dies bedeutet, daß das *abhängige Prädikat* überflüssig ist und gestrichen werden kann. – Wir formulieren dies wieder als Regel:

<table>
<tr><td>Elimination
abhängiger
Prädikate</td><td>MT-2: Wenn ein Faktor $p_i^{\pm}$ eines Minterms $m \in M(P)$ einen anderen Faktor $p_j^{\pm}$ impliziert, so kann der Faktor $p_j^{\pm}$ in m weggelassen werden. Hierdurch reduziert sich die Stelligkeit von m, so daß m nur noch (n-1)-stellig ist. – Durch weitere Anwendung dieser Regel, kann die Stelligkeit von m ggf. weiter reduziert werden.</td></tr>
</table>

Damit können wir nun M(P) auch formal definieren:

Definition 4-4 : M(P) : Menge der praktisch relevanten Minterme

M(P) ergibt sich aus $M_n(P)$ durch Anwendung der Regeln MT-1 und MT-2.

M(P) wird für uns im folgenden die Ausgangsbasis für die Bestimmung geeigneter horizontaler Partitionen sein. M(P) wird allerdings in den Mintermen in der Regel noch (einfache) Prädikate enthalten, die für die Bestimmung einer „optimalen" horizontalen Partitionierung keinen Nutzen bringen und daher nicht für die Definition der Partitionierungs-(Minterm-) Prädikate herangezogen werden sollten. Betrachten wir hierzu wieder ein Beispiel:

Angenommen, eine Anwendung A_1 greife auf Relation ABT (siehe Abb. 4-2) mit Selektionsprädikat $p_1 = 100 < AbtNr < 300$ und eine weitere Anwendung A_2 greife mit Selektionsprädikat $p_2 = 300 \leq AbtNr < 600$ zu. Aus Sicht dieser beiden Anwendungen wäre es deshalb günstig, für ABT eine Partitionierung in p_1 und p_2 vorzunehmen, so daß bei beide jeweils gezielt auf die gewünschten Teilmengen von ABT zugreifen können. Nehmen wir zudem an, es gebe außerdem noch eine weitere Anwendung A_3, welche mit Selektionsprädikat $p_3 = 100 < AbtNr < 600$ auf ABT zugreift, so daß an sich auch eine weitere Partitionierung nach p_3 plausibel wäre.

Wie man jedoch aus Abb. 4-7 ersehen kann, definieren die Prädikate p_1 und p_2 zusammen genau dieselbe Partition wie Prädikat p_3. Falls also ABT bereits wegen der Anwendungen A_1 und A_2 mittels p_1 und p_2 partitioniert würde, so würde es für keine der Anwendungen (also auch nicht für A_3) einen Nutzen bringen, wenn ABT zusätzlich noch nach p_3 partitioniert würde.

Bei der Überlegung, ob es sinnvoll ist, ein Prädikat $p \in P$ einer geg. Relation für die Partitionierung mit heranzuziehen oder nicht, wird man deshalb analysieren, ob die dadurch definierte (zusätzliche) Partitionierung eine *wesentliche Verbesserung* bei den erwarteten Zugriffskosten bei mindestens einer relevanten Anwendung erwarten läßt. Eine solche Verbesserung wird dann gegeben sein, wenn sich die Zugriffshäufigkeiten in den durch p bzw. p^- definierten Partitionen *wesentlich unterscheiden* („<< >>"), wenn also

$$\frac{access(R_p)}{card(R_p)} \quad << >> \quad \frac{access(R_{p^-})}{card(R_{p^-})} \qquad \text{[RT]}$$

gilt, wobei R_p bzw. R_{p^-} die durch p bzw. p^- definierte Partitionierung bezeichnen und $access(R)$ die Anzahl der (erwarteten) Zugriffe auf (Teil-) Relation R angibt. In vielen Fällen wird man aus Aufwandsgründen die Ungleichung [RT] allerdings nicht explizit ausrechnen, sondern den zugrundeliegenden Sachverhalt durch logische Analyse bestimmen.

Beispiel 4-6:

Auf Relation R (insg. 10.000 Tupel) werde von verschiedenen Anwendungen etwa 300 mal pro Woche zugegriffen, wobei sich die Zugriffe relativ gleichmäßig über alle Tupel verteilen. Eine dieser Anwendungen (A_S), die ca. 100 mal pro Woche ausgeführt wird, greift allerdings gezielt mit Prädikat $p = \text{„AbtNr} = 3478"$ (ohne Indexunterstützung) zu, wobei ca. 50 Tupel selektiert werden.

Wir prüfen, ob es sinnvoll ist, R bzgl. p in R_p und R_{p^-} zu partitionieren: Wird eine Partition R_p gebildet, so greifen darauf alle Anwendungen zu. Es ergibt sich damit $access(R_p) = 300$. Auf Partition R_{p^-} würde dann Anwendung A_S allerdings nicht mehr zugreifen. Somit ergibt sich hier $access(R_{p^-}) = 200$. Bezüglich des Relevanztests ([RT])) ergibt sich:

$$R_p: \frac{access(R_p)}{card(R_p)} = \frac{300}{50} = 6, \quad R_{p^-}: \frac{access(R_{p^-})}{card(R_{p^-})} = \frac{200}{9.950} \approx 0.02$$

Wie man sieht, ergeben sich (stark) unterschiedliche Werte. Es ist also sinnvoll, R bzgl. p zu partitionieren.   □

Das Ziel dieser Analysen ist, nur solche Prädikate für die Partitionierung heranzuziehen, die unter Optimierungsaspekten auch tatsächlich nützlich sind. Durch Elimination „unnützer" Prädikate aus M(P) erreicht man dann letztlich eine *minmale Menge von Minterm-Prädikaten*. Wie eine vollständige, relevan-

te und minimale horizontale Partitionierung für eine gegebene Relation R bestimmt werden kann, zeigt Algorithmus HORIZ_PART.

Bezeichne M(P) die Menge aller „praktisch relevanten" Minterme über der
Prädikatmenge P (wie zuvor eingeführt). Bezeichne F(P) die Menge aller zu-
gehörigen Minterm-Fragmente von R, d. h. die Menge aller Fragmente der
Gestalt R(m) := $\mathbf{SL_m}$ R mit m $\in$ M(P).

Spezialfall: Wenn P leer ist, sei M(P) = { true } und F(P) = { R }.

Algorithmus HORIZ_PART:

Seien Q := $\emptyset$ und M(Q), F(Q) wie oben definiert.

for all p $\in$ P do

    begin

    setze Q' := Q $\cup$ { p };

    berechne M(Q') und F(Q');

    vergleiche F(Q') mit F(Q);

    if F(Q') eine *„wesentliche Verbesserung"* gegenüber F(Q) then

        begin

        setze Q := Q';   /* d. h. nimm p in die Menge Q auf */

        for all q $\in$ Q \ { p } do   /* prüfe auf unnötige Partitionierung */

            begin

            setze Q' := Q \ { q };

            berechne M(Q') und F(Q');

            vergleiche F(Q') mit F(Q);

            if F(Q) keine *„wesentliche Verbesserung"* gegenüber F(Q') then

                setze Q := Q';   /* d. h. entferne q aus Q */

            end;

        end;

    end;

Beispiel 4-7:

Ein Unternehmen habe drei Unternehmensbereiche (und zwar nur diese):
PKW, LKW, Funk.

Von einer Anwendung, die in allen drei Unternehmensbereichen installiert ist,
werde in der Abteilungs-Relation (siehe ABT in Abb. 4-2) jeweils nur auf die
eigenen Abteilungen zugegriffen. Die entsprechenden Query-Prädikate bzgl.
ABT sind somit:

$$p_1 \quad : \quad \text{Bereich} = \text{"LKW"}$$

$$p_2 \quad : \quad \text{Bereich} = \text{"PKW"}$$

$$p_3 \quad : \quad \text{Bereich} = \text{"Funk"}$$

Hinsichtlich der Verwaltung der Abteilungs-Budgets gebe es zwei Verwaltungsstellen, von denen sich eine um die „kleinen" Abteilungen (Budget < 100.000) und die andere um die „großen" Abteilungen (Budget $\geq$ 100.000) kümmert. Hinsichtlich Zugriff auf ABT lassen sich somit zwei Query-Prädikate identifizieren:

$$p_4 \quad : \quad \text{Budget} < 100.000$$

$$p_5 \quad : \quad \text{Budget} \geq 100.000$$

Somit ergibt sich folgende Menge P von praktisch relevanten Prädikaten:

$$P := \{ \ p_1, p_2, p_3, p_4, p_5 \ \}.$$

Basierend auf P würde HORIZ_PART letztlich die folgenden sechs Minterme bzw. Partitionen erzeugen (wobei sich die „Relevanz" der Prädikate bzw. der dadurch definierten Partitionierungen in diesem Fall logisch aus der Aufgabenstellung ableiten läßt):

$$m_1 \quad : \quad \text{Bereich} = \text{"LKW"} \wedge (\text{Budget} < 100.000)$$

$$m_2 \quad : \quad \text{Bereich} = \text{"LKW"} \wedge (\text{Budget} \geq 100.000)$$

$$m_3 \quad : \quad \text{Bereich} = \text{"PKW"} \wedge (\text{Budget} < 100.000)$$

$$m_4 \quad : \quad \text{Bereich} = \text{"PKW"} \wedge (\text{Budget} \geq 100.000)$$

$$m_5 \quad : \quad \text{Bereich} = \text{"Funk"} \wedge (\text{Budget} < 100.000)$$

$$m_6 \quad : \quad \text{Bereich} = \text{"Funk"} \wedge (\text{Budget} \geq 100.000) \qquad \square$$

Übungsaufgabe 4-6: Bestimmung horizontaler Partitionen

Ein Unternehmen habe die Bereiche „Spiele" (S), „Werkzeuge" (W) und „Verleih" (V). Die Abteilungen seien jeweils einem Bereich primär zugeordnet: Die Abteilungen 100..250 dem Bereich S, die Abteilungen 251..400 dem Bereich W und die Abteilungen 401..499 dem Bereich V.

Die Analyse der Anwendungen ergebe folgende Zugriffsbereiche bzgl. der Relation ABT (siehe Abb. 4-2):

$A_1 \quad : \quad$ Zugriff auf alle Tupel mit Bereich = S

$A_2 \quad : \quad$ Zugriff auf alle Tupel mit Bereich = W

$A_3 \quad : \quad$ Zugriff auf alle Tupel mit Bereich = V

$A_4 \quad : \quad$ Zugriff auf Tupel mit AbtNr $\in$ [100..150]

$A_5 \quad : \quad$ Zugriff auf Tupel mit AbtNr $\in$ [151..299]

$A_6 \quad : \quad$ Zugriff auf Tupel mit AbtNr $\in$ [300..499]

Die ABT-Relation sei geeignet (horizontal) zu partitionieren. Ermitteln Sie die Relevanz der Prädikate bzw. der möglichen Partitionierungen durch logische Schlußfolgerungen. $\square$

4.4.3 Bestimmung abgeleiteter horizontaler Partitionen

Bei der *abgeleiteten horizontalen Partitionierung* geht es um die Bestimmung einer geeigneten horizontalen Partitionierung einer Relation R in Abhängigkeit von einer anderen Relation R'.

Zunächst muß diejenige Relation bestimmt werden (bezeichnen wir sie mit R_i), über deren Attribut A_{ij} am häufigsten mittels Join oder Semi-Join auf R zugegriffen wird. Die Ausprägungen von A_{ij} (also $val(A_{ij})$) bzw. die (Semi-) Join-Prädikate der entsprechenden Anwendungen liefern die Prädikate für eine (potentielle) horizontale Partitionierung von R.

Die Optimierungsaufgabe besteht nun darin, die endgültige horizontale Partitionierung von R in der Weise vorzunehmen, daß die (Semi-)Join-Kosten von R mit allen anderen diesbezüglich relevanten Relationen insgesamt minimiert werden. Hierbei kann man nun entweder die Strategie verfolgen, möglichst häufig *lokale (Semi-)Joins* ausführen zu können oder primär eine *parallele Ausführung der (Semi-)Joins* anzustreben. Im ersten Fall wird man die Partitionen an den Knoten allokieren, wo auch die häufigsten „(Semi-) Join-Partner" sitzen, im zweiten Fall wird man R tendenziell auf möglichst viele Knoten verteilen, um einen möglichst hohen Parallelitätsgrad zu erreichen. Wir werden hierauf in Kapitel 6 noch genauer eingehen.

lokale
(Semi-)Joins

parallele
(Semi-) Joins

Bei diesen Überlegungen tritt nun allerdings eine gewisse Vermischung von Partitionierungs- und Allokationsaspekten auf. Man muß sich deshalb ggf. überlegen, was in welcher Phase des Entwurfsprozesses erledigt werden soll.

4.4.4 Bestimmung vertikaler Partitionen

Wir wollen diese Partitionierungsart hier nur kurz skizzieren, da wir sie für praktisch nicht ganz so bedeutsam halten. Eine sehr ausführliche Behandlung dieses Themas findet sich z. B. in /ÖzVa91/ sowie in /MCVN93/.

Es gibt im Prinzip zwei Vorgehensweisen:

Bei der einen versucht man eine optimale *Clusterung* oft zusammen nachgefragter Attribute unter Berücksichtigung der Kosten für den lokalen bzw. entfernten Zugriff direkt zu berechnen und die vertikalen Partitionen dann dementsprechend zu definieren. Für diese Berechnung werden quantitative Angaben benötigt, welche Anwendungen mit welcher Häufigkeit auf welche Attribute von R zugreifen. – Diese Vorgehensweise wird z. B. auch in den beiden oben angegebenen Literaturstellen verfolgt.

Eine andere Vorgehensweise ist, jede globale Relation $R(\underline{PK},A_1,A_2,..., A_n)$ mit Primärschlüssel PK im wesentlichen in n binäre Relationen $R_1(\underline{PK},A_1)$, $R_2(\underline{PK},A_2)$, ..., $R_n(\underline{PK},A_n)$ aufzuspalten und diese dann mittels eines geeigneten Allokationsverfahrens „optimal" zu verteilen. Alle Teilrelationen von R, die bei dieser Allokation jeweils demselben Knoten zugeordnet werden, werden dann wieder zu einer Partition zusammengefaßt. Dieser Ansatz wird z. B. in /Aper88/ verfolgt.

Für welche Vorgehensweise man sich auch immer entscheidet, wichtig ist, daß die gewählten Partitionen *verlustfrei* und nach Möglichkeit auch *abhängigkeitsbewahrend* (siehe Abschnitt 3.3) sind.

Wichtig:
Verlustfreie
Zerlegung

4.5 Physische Verteilung der Daten (Allokation)

4.5.1 Allgemeines

Die Verteilung der Daten in einem verteilten DBS erfolgt im allgemeinen unter zwei Aspekten, nämlich dem Aspekt der *Effizienz* bei der Anfragebearbeitung und dem Aspekt der Gewährleistung einer möglichst *hohen Verfügbarkeit* (high availability).

Aspekte:
Effizienz,
Verfügbarkeit

Dem ersten Aspekt wird im allgemeinen dadurch Rechnung getragen, daß man die Verteilung der Daten so wählt, daß die Verarbeitungs-Kosten für Anfragen (Queries) und Änderungen (Updates) insgesamt möglichst gering sind. „Kosten" sind hierbei bewertete Übertragungszeiten, bewertete Antwortzeiten, aber auch echte Kommunikationskosten (Leitungskosten, Gebühren).

Soll dem zweiten Aspekt Rechnung getragen werden, so müssen die Daten redundant gespeichert werden, so daß bei Ausfall einzelner oder mehrerer Knoten noch ein Weiterarbeiten des verteilten DBS möglich ist. Oft strebt man hierbei dann gleichzeitig noch mit an, daß der Performanzverlust durch Ausfall einzelner Knoten noch tolerierbar ist (*graceful degradation*).

graceful
degradation

Im folgenden wollen wir schrittweise ein mathematisches Modell entwickeln, das zeigt, wie, bei Kenntnis oder hinreichend genauer Schätzbarkeit der verwendeten Einflußgrößen, eine optimale Verteilung (Allokation) der Partitionen berechnet werden kann.

Wir gehen im folgenden davon aus, daß die zu allokierenden Partitionen (z. B. wie in den Abschnitten 4.4.2 bis 4.4.4 beschrieben) bereits vorher bestimmt wurden, so daß es „nur noch" um die optimale Allokation dieser Partitionen, also der Zuordnung zu den Knoten, wo sie physisch gespeichert werden, geht.

Wir gehen davon aus, daß eine Datenbankoperation an einem beliebigen Knoten initiiert werden kann und dort in Teiloperationen gegen die einzelnen Partitionen zerlegt wird[6]. Jede Teiloperation wird dann an den Knoten geschickt, an dem die jeweilige Partition allokiert ist. Von dort wird dann ein eventuelles Resultat der Teilanfrage an den „Startknoten" der Operation zurückgeschickt.

Wir betrachten im folgenden Abschnitt zunächst die nicht-redundante Allokation und im darauffolgenden Abschnitt dann den redundanten Fall. Im Anschluß daran folgt dann ein gemeinsames Beispiel für beide Fälle.

4.5.2 Mathematisches Modell für nicht-redundante Allokation

K Anzahl von Knoten

P Anzahl von zu allokierenden Partitionen der globalen Relationen

T Anzahl Typen von Lese- und Änderungs-Operationen auf den globalen Relationen.

M_i maximale Speicherkapazität in Dateneinheiten am Knoten i $(i = 1, ..., K)$

S_i Speicherkosten pro Dateneinheit am Knoten i $(i = 1, ..., K)$

U_{ij} Übertragungskosten pro Dateneinheit von Knoten i nach Knoten j $(i,j = 1, ..., K)$

G_p Größe in Dateneinheiten der Partition p $(p = 1, ..., P)$

O_{tp} Größe in Dateneinheiten einer Teiloperation (d. h. des „Anfragestrings") vom Typ t gegen Partition p $(t = 1, ..., T, \; p = 1, ..., P)$

R_{tp} Größe in Dateneinheiten des Resultats einer Teiloperation vom Typ t gegen Partition p $(t = 1, ..., T, \; p = 1, ..., P)$

H_{it} Häufigkeit, mit der Operationen vom Typ t am Knoten i gestellt werden $(i = 1, ..., K, \; t = 1, ..., T)$

V_{pi} Verteilung der Partitionen auf die Knoten:

$$V_{pi} = \begin{cases} 1, & \text{falls Partition p am Knoten i allokiert ist} \\ 0, & \text{sonst} \end{cases}$$

Anmerkungen:

Bei Leseoperationen gilt typischerweise $R_{tp} \gg O_{tp}$, d. h. unter Umständen kann O_{tp} vernachlässigt werden. Bei Änderungsoperationen kann unter Um-

---

ständen O_{tp} relativ groß sein, während R_{tp} lediglich eine Bestätigung (acknowledgement) für die Durchführung der Operation beschreibt.

Kostenformeln und Nebenbedingungen:

- **Speicherkosten**

$$\Sigma_S = \sum_{p,i} G_p V_{pi} S_i$$

- **Übertragungskosten**

$$\Sigma_U = \sum_{i,t,p,j} H_{it} O_{tp} V_{pj} U_{ij} + \sum_{i,t,p,j} H_{it} R_{tp} V_{pj} U_{ji}$$

- **Nebenbedingung für nicht-redundante Speicherung**

$$\sum_i V_{pi} = 1, \quad \text{für } p = 1, .., P$$

- **Nebenbedingung für maximale Speicherkapazitäten**

$$\sum_p G_p V_{pi} \leq M_i, \quad i = 1, ..., K$$

Optimierungsproblem bei nicht-redundanter Allokation:

Minimiere

$$\underbrace{\sum_{p,i} G_p V_{pi} S_i}_{\Sigma_S} + \underbrace{\sum_{i,t,p,j} H_{it} O_{tp} V_{pj} U_{ij} + \sum_{i,t,p,j} H_{it} R_{tp} V_{pj} U_{ji}}_{\Sigma_U}$$

unter den Nebenbedingungen

$$\sum_i V_{pi} = 1, \quad \text{für } p = 1, .., P$$

und

$$\sum_p G_p V_{pi} \leq M_i, \quad i = 1, ..., K$$

4.5.3 Mathematisches Modell für redundante Allokation

- **Speicherkosten** (wie im nicht-redundanten Fall)

$$\Sigma_S = \sum_{p,i} G_p V_{pi} S_i$$

- **Übertragungskosten**

  Eine (Teiloperation einer) *Leseoperation* gegen Partition p wird an denjenigen Knoten i gesandt, von dem das Resultat mit den geringsten Kosten erhalten werden kann.

  Eine (Teiloperation einer) *Änderungsoperation* gegen Partition p wird an alle Knoten gesandt, an denen Partition p allokiert ist.

  Bezeichne Φ_t einen der Operatoren **min** oder Σ, je nachdem, ob Operation t eine Lese- oder eine Änderungsoperation ist. Dann gilt für die Übertragungskosten:

$$\Sigma_U = \sum_{i,t,p} H_{it} \; \Phi_t \atop {j:V_{pj}=1} \; (O_{tp} U_{ij} + R_{tp} U_{ji})$$

- **Nebenbedingung für Allokation**

  Jede Partition muß an mindestens einem Knoten allokiert werden:

$$\sum_i V_{pi} \geq 1, \quad \text{für } p = 1, ..., P$$

- **Nebenbedingung für maximale Speicherkapazitäten**
  (wie im nicht-redundanten Fall)

$$\sum_p G_p V_{pi} \leq M_i, \quad i = 1, ..., K$$

Optimierungsproblem bei redundanter Allokation:

Minimiere

$$\underbrace{\sum_{p,i} G_p V_{pi} S_i}_{\Sigma_S} + \underbrace{\sum_{i,t,p} H_{it} \; \Phi_t \atop {j:V_{pj}=1} \; (O_{tp} U_{ij} + R_{tp} U_{ji})}_{\Sigma_U}$$

unter den Nebenbedingungen

$$\sum_i V_{pi} \geq 1, \quad \text{für } p = 1, ..., P$$

und

$$\sum_p G_p V_{pi} \leq M_i, \quad i = 1, ..., K$$

4.5.4 Beispiel für die Bestimmung einer optimalen Allokation

Gegeben seien die folgenden Zahlenwerte für die in den beiden vorangegangenen Abschnitten eingeführten Größen:

$$K = 3$$

$$P = 4$$

$$T = 3$$

$$(S_i)_{i=1,\ldots,3} = (\ 120\ \ 100\ \ 110\ )$$

$$(U_{ij})_{i,j=1,\ldots,3} = \begin{pmatrix} 0 & 25 & 30 \\ 25 & 0 & 35 \\ 30 & 35 & 0 \end{pmatrix}$$

$$(G_p)_{p=1,\ldots,4} = (\ 1000\ \ 1500\ \ 500\ \ 2000\ )$$

$$(R_{tp})_{t=1,\ldots,3,\ p=1,\ldots,4} = \begin{pmatrix} 100 & 200 & 10 & 20 \\ 200 & 300 & 5 & 8 \\ 10 & 10 & 200 & 100 \end{pmatrix}$$

$$(H_{it})_{i=1,\ldots,3,\ t=1,\ldots,3} = \begin{pmatrix} 50 & 7 & 10 \\ 5 & 75 & 2 \\ 3 & 8 & 50 \end{pmatrix}$$

Wir betrachten im folgenden nur Leseoperationen, wobei die Größe des Anfragestrings selbst vernachlässigbar sei (d. h. $O_{tp} = 0$ für alle t,p). Außerdem nehmen wir an, daß die Speicherkapazität an den einzelnen Knoten unbegrenzt sei (d. h. $M_i = \infty$, für alle i).

Für den Fall der *nicht-redundanten Speicherung* kann man versuchen, das Optimierungsproblem „heuristisch" zu lösen: Betrachtet man die Matrix (H_{it}), so erkennt man, daß Operationen vom Typ t fast nur am Knoten t (t = 1, ..., 3) gestellt werden. Der Matrix (R_{tp}) kann man entnehmen, daß Operationen vom Typ 1 und 2 vorwiegend auf die Partitionen 1 und 2 zugreifen und daß Operationen vom Typ 3 vorwiegend auf die Partitionen 3 und 4 zugreifen.

Aus diesen Gründen dürfte die optimale Verteilung mit großer Wahrscheinlichkeit unter den folgenden vier „Kandidaten" zu finden sein:

Partition 1 auf Knoten 1 oder 2

Partition 2 auf Knoten 1 oder 2

Partition 3 auf Knoten 3

Partition 4 auf Knoten 3

Für diese wenigen Alternativen kann man die Gesamtkosten mit moderatem Aufwand von Hand berechnen und erhält das Minimum für folgende Verteilung:

> Partitionen 1 und 2 auf Knoten 2
>
> Partitionen 3 und 4 auf Knoten 3

Für den Fall der *redundanten Speicherung* ist eine heuristische Lösung schwieriger. Man könnte im Beispiel vermuten, daß sich eine redundante Speicherung der Partitionen 1 und 2 jeweils an den Knoten 1 und 2 lohnen wird, weil von beiden Knoten aus häufig auf beide Partitionen zugegriffen wird. Zur Entscheidung, ob sich weitere Replikate lohnen, müßte man die resultierenden Speicherkosten gegen die eingesparten Kommunikationskosten schon etwas genauer abwägen. (Eine vollständige Replikation aller Partitionen auf allen Knoten kommt jedoch teurer als die optimale Verteilung bei nicht-redundanter Speicherung).

Um systematisch die optimale Verteilung zu finden, bietet es sich an, ein Programm zu schreiben, das für alle möglichen Verteilungen die resultierenden Gesamtkosten berechnet und auf diese Weise das Minimum bestimmt. Dieses Programm muß im Fall *nicht-redundanter* Speicherung insgesamt K^P Verteilungen testen (für jede der P Partitionen gibt es K Möglichkeiten, sie zu allokieren), während es im *redundanten Fall* $(2^K - 1)^P$ Verteilungen sind (jede der P Partitionen kann auf jedem der K Knoten entweder allokiert oder nicht allokiert werden, wobei jeweils nur der eine Fall ausgeschlossen ist, daß die Partition auf keinem Knoten allokiert wird). Ein entsprechendes Musterprogramm findet sich in Anhang A.

Angewandt auf das gegebene Beispiel bestätigt ein solches Programm die heuristisch gefundene Lösung im nicht-redundanten Fall und liefert für den redundanten Fall die folgende optimale Verteilung:

> Partition 1 auf Knoten 1 und 2
>
> Partition 2 auf Knoten 1 und 2
>
> Partition 3 auf Knoten 1 und 3
>
> Partition 4 auf Knoten 3

4.5.5 Abschließende Bemerkungen

Das oben vorgestellte Optimierungsproblem gehört zur Klasse der ganzzahligen Optimierungsprobleme. Das besprochene Modell ist schon recht mächtig und läßt ohne größere Probleme die Modellierung eines breiten Spektrums von Anwendungsproblemen zu.

Man sollte sich bei der Berechnung der „optimalen Verteilung" von Daten jedoch stets vor Augen halten, daß die Bestimmung von tatsächlich optimalen Partitionen und deren Allokation aufgrund der inhärenten wechselseitigen Abhängigkeiten zwischen vielen Einflußgrößen (insbesondere des üblicherweise nicht genau bekannten „Transaktions-Mixes" zur Laufzeit) für realistische Größenordnungen fast nicht durchführbar ist. Insbesondere erfordert eine exakte Berechnung auch exakte Eingabegrößen. Gerade diese exakten Werte aber sind, insbesondere im an sich erforderlichen Umfang, in der Praxis oft nur mit unverhältnismäßig großem Aufwand zu beschaffen.

unbekannter Transaktionsmix

Man wird sich deshalb oft mit recht ungenauen Ausgangswerten begnügen müssen. Eine Berechung auf die „dritte Stelle hinter dem Komma genau", wenn die Eingabewerte um den Fakor 10 oder mehr „daneben" liegen können, macht daher nicht viel Sinn. Auf jeden Fall ist es unerläßlich, die ggf. gefundene „Optimallösung" nochmals einer Plausibilitätsprüfung zu unterziehen.

Plausibilitätsprüfung

Aus diesen Gründen – und wegen des hohen Erfassungs- und Rechenaufwands – wird man sich in der Praxis mit einfacheren Modellen zufrieden geben, die (hoffentlich) näherungsweise die optimale Lösung berechnen. Wenn man das obige Modell hinreichend genau verstanden hat, so dürfte es einem nicht schwerfallen, diese einfacheren Modelle zu verstehen und auch ihre Schwächen zu erkennen.

Wer an mehr zu diesem Thema interessiert ist: Ein etwas allgemeineres Modell, das dem oben vorgestellten ähnlich ist und in dem unter anderem sowohl Kopien von Daten als auch Kopien von Programmen betrachtet werden, findet sich in /MoLe77/. Weitere Verfahren finden sich z. B. in /CePe84/ und /ÖzVa91/. Ein neuerer, graphbasierter Ansatz, der ebenfalls die Behandlung von Kopien beinhaltet, findet sich in /Aper88/.

5. Schema-Architekturen verteilter Datenbanksysteme

5.1 Einführung

Ein wichtiges Anliegen von Datenbanksystemen ist das Erreichen eines möglichst hohen Grades an *Datenunabhängigkeit*. Man meint hiermit, daß die Anwendungsprogramme in einem möglichst hohen Maße von der physischen Speicherung der Daten entkoppelt sein sollen. Dies erlaubt vor allem Reorganisationsmaßnahmen zur Effizienzsteigerung (z. B. Anlegen neuer oder Löschen existierender Zugriffspfade), ohne daß hierzu die Anwendungsprogramme geändert werden müssen.

Um diese Datenunabhängigkeit zu erreichen, wurde von ANSI/SPARC /TsKl78/ für zentrale Datenbanksysteme eine *Drei-Schema-Architektur* vorgeschlagen, die zwischen internem, konzeptuellem und externem Schema unterscheidet (siehe Abb. 5-1).

Im *internen Schema* wird festgelegt, welche *physischen Speicherungsstrukturen* für die Speicherung der Primär- und Sekundärdaten zur Verfügung stehen.[7] Im Falle relationaler Datenbanksysteme wären dies z. B. die verschiedenen Speicherungsformen für Relationen, Clusterungsmöglichkeiten oder Indexe, im Falle von CODASYL-Systemen z. B. die verschiedenen Realisierungsformen für Set-Beziehungen.

Im *konzeptuellen Schema* sind alle in der Datenbank vorhandenen Entity-Typen sowie alle von der Realwelt abgeleiteten und für die Datenbank rele-

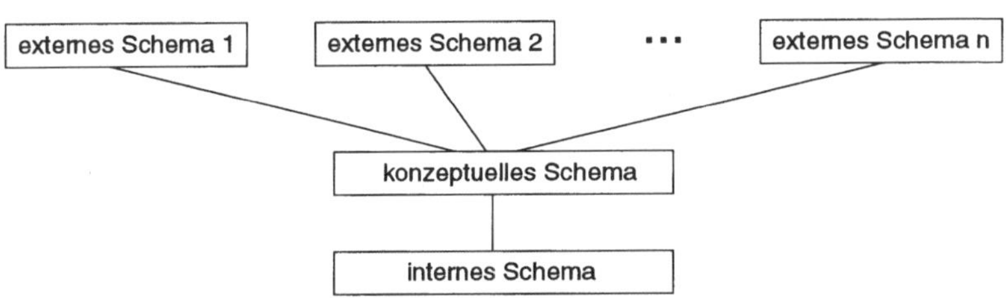

Abb. 5-1: Drei-Schema-Architektur nach ANSI/SPARC

[7] Unter *Primärdaten* verstehen wir die eigentlichen Benutzerdaten, während wir mit *Sekundärdaten* alle Arten von Hilfsdaten, wie z. B. Kataloginformation und Indexe, meinen.

vanten Beziehungen zwischen den Entity-Typen in einer geeigneten Form beschrieben. Alle Konstrukte des konzeptuellen Schemas (Entity- und Beziehungs-Typen) müssen durch die Datentypen und Operationen, die das interne Schema anbietet, implementierbar sein. Eine n:m-Beziehung zum Beispiel, die man im konzeptuellen Modell möglicherweise in *einem* Konstrukt ausdrücken kann, muß in den meisten Fällen mit Hilfe mehrerer Konstrukte des internen Modells implementiert werden (z. B. zwei Sets oder drei Relationen); ähnliches gilt für mengenwertige Attribute.

externes Schema

In den *externen Schemata* (üblicherweise gibt es mehrere davon) wird festgelegt, welche Daten bzw. Datentypen und welche Beziehungen zwischen den Daten in welcher Form dem Anwender sichtbar gemacht bzw. zur Verfügung gestellt werden. Außerdem wird festgelegt, welche Operatoren ihm zum Zugriff auf die Daten und zur Manipulation der Daten zur Verfügung gestellt werden. Alle Daten- und Beziehungstypen der externen Schemata müssen durch die Konstrukte des konzeptuellen Schemas implementierbar sein.

verschiedene
logische Sichten

Idealerweise sollten die externen Schemata den Anwendungen die jeweils am besten geeignete logische Sicht auf die Daten zur Verfügung stellen, wie dies in Abb. 5-2 angedeutet ist. D. h., daß eine Anwendung den Datenbestand möglicherweise in relationaler Form (also als Tabellen) angeboten bekommt, während eine andere Anwendung dieselben Daten als Baum- oder Netzwerkstruktur sieht.

logisches Schema

Bei den heute angebotenen Datenbanksystemen ist es allerdings so, daß zur Formulierung des konzeptuellen Schemas (häufig auch als *logisches Schema* bezeichnet) und der externen Schemata dasselbe Datenmodell verwendet

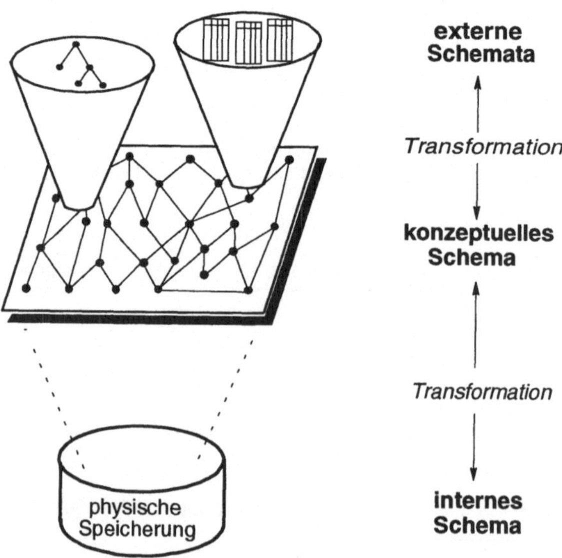

Abb. 5-2: Idealisierte Drei-Schema-Architektur

wird. Das logische Datenmodell ist deshalb semantisch ärmer, als man es von einem „richtigen" konzeptuellen Schema erwarten würde. In vielen Fällen existiert deshalb neben dem logischen Schema noch ein konzeptuelles Schema in Papierform, etwa in Form eines Entity-Relationship-Modells. Wir haben versucht, diesen Sachverhalt in Abb. 5-3 zu illustrieren.

Die in relationalen Datenbanksystemen angebotenen Möglichkeiten zum Anlegen von Indexen, der physischen Clusterung von Tupeln nach gemeinsamen Attributwerten (z. B. beim DBMS Oracle) sowie die Möglichkeit, Relationen intern als Direktzugriffsdatei, als Hash-Datei, als ISAM-Datei[8] oder als B-Baum zu speichern (z. B. beim DBMS Ingres), kann man dem *physischen Schema* zuordnen, das mit dem internen Schema der ANSI/SPARC-Architektur korrespondiert. Das logische Schema enthält im relationalen Fall   physisches Schema ANSI/SPARC-Architektur

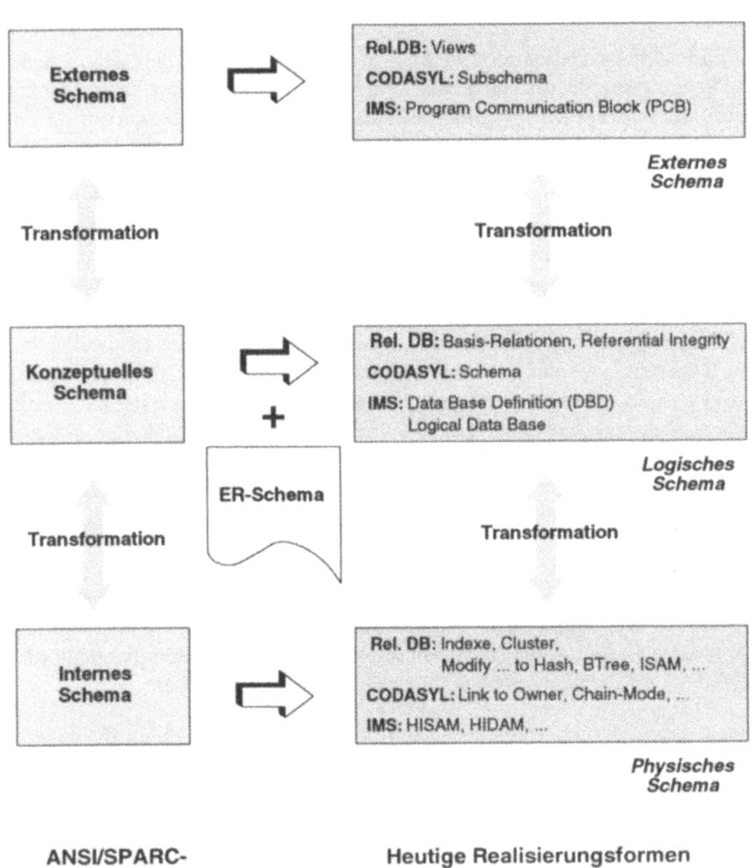

Abb. 5-3: Realisierte Formen der Drei-Schema-Architektur

---

[8] ISAM = index sequential access method

Sichten (views)

die Basisrelationen, Regeln zur Einhaltung bzw. Überwachung der referentiellen Integrität (referential integrity constraints) sowie andere integritätssichernde „semantische" Konstrukte. Dem externen Schema würde dann im relationalen Fall das Konzept der *Sichten* (*views*) entsprechen.

Transformations-regeln

Eine wichtige Voraussetzung dafür, daß mit dieser Drei-Schema-Architektur auch tatsächlich die physische Datenunabhängigkeit der Anwendungsprogramme erreicht werden kann, ist, daß die Abbildungen der externen Schemata auf das konzeptuelle und die Abbildung des konzeptuellen Schemas auf das interne Schema jeweils durch geeignete *Transformationsregeln* formal beschrieben werden können. Diese Transformationsregeln sind in etwa vergleichbar mit den Übersetzungsregeln eines Compilers oder Interpreters, der die Konstrukte einer höheren Programmiersprache in die Maschinensprache übersetzt.

Mit Hilfe der oben beschriebenen Drei-Schema-Architektur läßt sich in zentralen Datenbanken bereits ein relativ hoher Grad an physischer Datenunabhängigkeit der Anwendungsprogramme erreichen. Dies gilt insbesondere für relationale Datenbanksysteme, die sogar das nachträgliche Hinzufügen von Attributen zu Relationen im laufenden Betrieb („on the fly") gestatten.

logische Daten-unabhängigkeit

Eine Unabhängigkeit gegen Änderungen des logischen Schemas, also eine *logische Datenunabhängigkeit*, ist allerdings nur insoweit gegeben, als sich diese durch Anpassung der Transformationsregeln externes ↔ konzeptuelles Schema auffangen lassen. Bei den heutigen Datenbanksystemen sind hier enge Grenzen gesetzt. So würde z. B. eine Aufspaltung *einer* Basisrelation in *zwei* Basisrelationen durch Definition einer entsprechenden Sicht nur vor Anwendungen, die lediglich lesenden Zugriff benötigen, „versteckt" werden können, während Anwendungen, die ändernd auf diese Basisrelation zugreifen, derzeit noch angepaßt werden müssen. – In Zukunft wird es hier sicherlich einmal mächtigere Sichtenkonzepte geben; aber ganz aus der Welt schaffen läßt sich dieses Problem im allgemeinen nicht.

Ziele der Schema-Architektur in vDBMSen

Während bei zentralen Datenbanksystemen die Schema-Architektur praktisch ausschließlich dem Ziel dient, die Unabhängigkeit der Anwendungsprogramme von den Änderungen der physischen (und partiell auch noch der logischen) Datenorganisation zu gewährleisten, muß die Schema-Architektur in verteilten Datenbanksystemen noch zusätzliche Ziele abdecken.

Verteilungs-Unabhängigkeit

Datenmodell-Unabhängigkeit

Eines dieser Ziele ist, Daten von einem Knoten an einen anderen Knoten verlagern zu können, ohne daß hiervon die Anwendungsprogramme betroffen sind. Man strebt also eine *Verteilungsunabhängigkeit* der Anwendungsprogramme an. Ein anderes Ziel ist, dem Benutzer alle Anfragen, ungeachtet an welchem Knoten diese jeweils ausgeführt werden, in *einer* Anfragesprache zu ermöglichen. Man kann dies als eine Form von *Datenmodellunabhängigkeit* ansehen. Wünschenswert wäre, daß ein Benutzer jeweils die lokal verwendete Anfragesprache in vollem Umfang auch für globale Anfragen benutzen kann. Dies würde jedoch voraussetzen, daß man jedes lokale Datenmodell in vollem Umfang in jedes andere lokale Datenmodell abbilden kann. Dies ist jedoch im allgemeinen Fall nicht möglich. Man beschränkt sich daher heute in der Regel darauf, netzweit eine einheitliche *relationale Datendarstellung* und damit auch eine relationale Anfragesprache anzubieten. Dies ermöglicht hinsichtlich Leseoperationen (fast) die volle Abstraktion vom lokal verwendeten Datenmodell des entfernten Knotens, bringt jedoch Probleme hinsichtlich der Realisierung von *Änderungsoperationen* mit sich, wie wir in Abschnitt 5.6 noch sehen werden.

Die logische Sicht als *eine* Datenbank bzw. die Bereitstellung von „globalen Relationen" wird in verteilten Datenbanken durch die Implementierung eines *globalen Schemas* realisiert. Auf diesem globalen Schema basieren dann ggf. die externen Schemata (Sichten), über welche die verschiedenen globalen Anwendungen auf die verteilte Datenbank zugreifen. Das globale Schema hat hierbei zwei Aufgaben zu erfüllen bzw. daran mitzuwirken:

globales Schema

Vor dem Benutzer bzw. dem Anwendungsprogramm sind zu „verstecken": [9]

- die in den lokalen Schemata ggf. vorhandenen strukturellen und semantischen Heterogenitäten sowie die ggf. unterschiedlichen lokalen Datenmodelle und Anfragesprachen

- die Partitionierung globaler Relationen

- die Allokation der Partitionen bzw. Relationen

- die ggf. redundante Speicherung von Partitionen.

Umgekehrt sind für die Anfragebearbeitungskomponente (query processor) bzw. für den Datenbankadministrator an Informationen bereitzustellen:

- die genaue Form der Partitionierung der globalen Relationen

- die physischen Speicherungsorte der Partitionen

- Information über redundant gespeicherte Partitionen und die ggf. anzuwendende Kopien-Aktualisierungs-Strategie.

Die Komplexität der zu leistenden Abbildungen (und damit der für die Realisierung der Schema-Architektur zu treibende Aufwand) hängt in starkem Maße davon ab, ob die vorhandenen lokalen Schemata hinsichtlich Datenmodell und/oder Darstellung der Entity- und Beziehungstypen homogen oder heterogen sind, und ob die Integration von vornherein geplant ist oder erst im nachhinein realisiert werden muß. Wir wollen uns in den folgenden Abschnitten zunächst vom einfachen zum komplizierteren Fall „vorarbeiten" und die jeweils zu lösenden Probleme analysieren und diskutieren.

---

[9] „Verstecken" bedeutet hier nicht notwendigerweise, daß diese Information dem Benutzer nicht zugänglich gemacht werden darf, sondern vielmehr, daß diese für die Formulierung von Anfragen nicht benötigt wird (siehe Kapitel 6) und deshalb systemseitig sinnvollerweise (nur) auf explizite Nachfrage (und bei entsprechender Autorisierung) angezeigt werden sollte.

5.2 Homogene, prä-integrierte Datenbanksysteme

Unter *homogenen, prä-integrierten Datenbanksystemen* wollen wir im folgenden solche verteilten Datenbanksysteme verstehen, die von vornherein als verteiltes Datenbanksystem (statt eines zentralen Datenbanksystems) realisiert werden. Gründe für die Wahl dieser Realisierungsform (verteilte anstelle zentraler Lösung) können z. B. die Erwartung eines günstigeren Preis/Leistungs-Verhältnisses durch den Einsatz billiger Massenhardware anstelle eines teueren Monoprozessors, die (potentiell) erhöhte Ausfallsicherheit des Gesamtsystems durch redundante Hardware und Datenspeicherung oder die inkrementelle Erweiterbarkeit des Systems durch Hinzunahme weiterer Rechner sein.

keine „Altlasten"

Aus Sicht der Schema-Architektur ist bei dieser Realisierungsform entscheidend, daß keine „Altlasten" zu bewältigen sind. Es gibt keine existierenden Anwendungsprogramme, deren Ablauffähigkeit weiterhin gewährleistet sein muß, wie dies z. B. bei der nachträglichen Integration (siehe Abschnitte 5.5 und 5.6) typischerweise der Fall ist. Die Ausgangssituation ist hier, daß man zunächst einen ganz normalen Datenbankentwurf (also wie im zentralen Fall) vornimmt, in dem die benötigten Entities und Beziehungen auf Relationen – in diesem Fall *globale Relationen* – abgebildet werden. Ausgehend von diesen globalen Relationen werden dann die entsprechenden Partitionen und Allokationen abgeleitet.

Aufgabe der
Schema-
Architektur

Durch diese Vorgehensweise tritt keinerlei Heterogenität in den lokalen Schemata auf. Wir haben bei allen beteiligten lokalen Systemen dasselbe Datenmodell, alle Entities und Beziehungen werden exakt in denselben Strukturen (Relationen mit derselben semantischen Bedeutung) dargestellt. Die Aufgabe der Schema-Architektur beschränkt sich in diesem Fall also auf das „Verstecken" der Verteilung vor den Anwendungsprogrammen bzw. der Bereitstellung der Verteilungsinformation für die Anfragebearbeitungskomponente (*query processor*) des vDBMSs. Die resultierende Grobarchitektur ist in dargestellt. Wie man dort sieht, setzt das globale Schema auf den lokalen konzeptuellen Schemata auf und integriert diese. Das globale Schema realisiert damit die logische Sicht als *eine* Datenbank gegenüber den globalen externen Schemata, auf denen wiederum die Anwendungsprogramme (AP_{Gi} in Abb. 5-4) basieren.

interne Struktur
des globalen
Schemas

Betrachtet man die vom globalen Schema zu bewältigenden Aufgaben etwas näher, so stellt man fest, daß sich dieses Schema intern wiederum in eine Drei-Schema-Architektur (vgl. aufteilen läßt, und zwar in ein

- *globales konzeptuelles Schema* (GKS), das die globale „Außensicht" realisiert

- *globales Partitionierungsschema* (GPS), das die Partitionierung der Relationen des GKS (nur intern sichtbar) beschreibt

- *globales Allokationsschema* (GAS), das die physische Plazierung der Partionen (die Allokation) beschreibt.

Eine exemplarische schematische Darstellung des „Innenlebens" des *globalen Schemas* findet sich in Abb. 5-5. Die Einträge beziehen sich auf (das nachfolgende) Beispiel 5-1. Ergänzend zum Beispiel wurde hierbei noch angenommen, daß es bei redundanter Speicherung von Partitionen jeweils eine „Hauptkopie" (*Primärkopie, primary copy*) gibt (siehe entsprechenden Eintrag im GAS). Was dieser Eintrag bzw. diese Information genau bedeutet, werden wir in Kapitel 9 bei der Behandlung von Replikationsverfahren noch kennenlernen.

Beispiel 5-1: Inhalt des globalen Schemas

Gegeben seien die folgenden globalen Relationen:

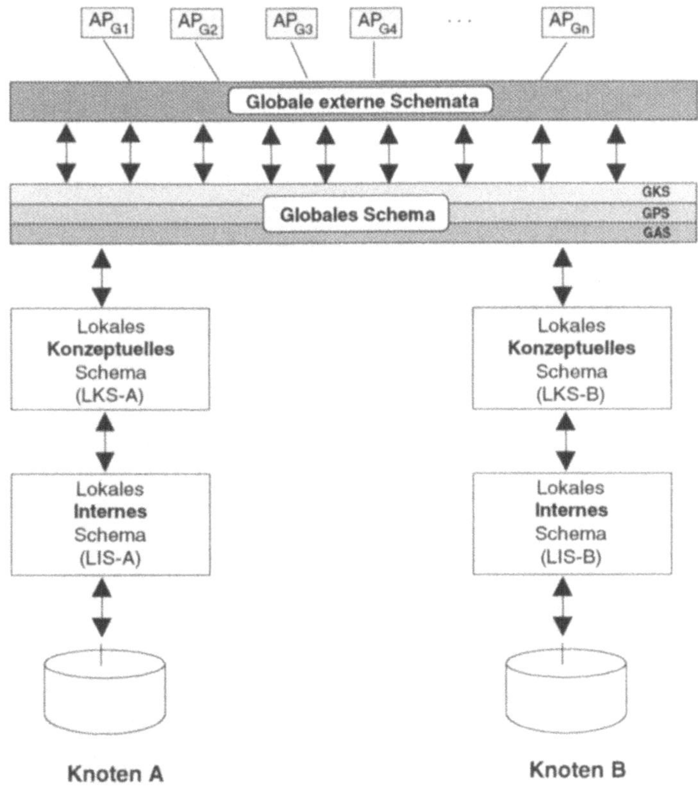

**Abb. 5-4: Schema-Grobarchitektur bei homogenen,
prä-integrierten verteilten Datenbanksystemen**

ABT(<u>AbtNr</u>, AbtName, Bereich, MgrPersNr, Budget)

ANGEST(<u>PersNr</u>, AngName, Gehalt, AbtNr, Anschrift)

INVENTAR(<u>InvNr</u>, Bezeichnung, AnschJahr, AktWert, AbtNr)

LAGERORT(<u>TeileNr</u>, LagerNr)

LIEFERANT(<u>LiefNr</u>, LiefName, Stadt)

TEILE(<u>TeileNr</u>, TeileBez, LiefNr, Preis)

Diese globalen Relationen seien wie folgt partitioniert bzw. definiert:

ABT :=   Abt1 **UN** Abt2 mit:

$\qquad\qquad$ Abt1 := $\mathbf{SL}_{AbtNr \leq 300}$ ABT und

$\qquad\qquad$ Abt2 := $\mathbf{SL}_{AbtNr > 300}$ ABT

$\qquad$ mit folgenden Speicherungsorten und lokalen Namen:

$\qquad\qquad$ Abt1 als *Abteilung* am Knoten A,

$\qquad\qquad$ Abt2 als *Abteilung* am Knoten C

ANGEST :=   Angest1 **NJN** Angest2 mit:

$\qquad\qquad$ Angest1 := $\mathbf{PJ}_{\{PersNr,AngName,AbtNr,Anschrift\}}$ANGEST

$\qquad\qquad$ Angest2 := $\mathbf{PJ}_{\{PersNr,Gehalt\}}$ANGEST

$\qquad$ mit folgenden Speicherungsorten und lokalen Namen:

$\qquad\qquad$ Angest1 als *Angest1* am Knoten A

$\qquad\qquad$ Angest2 als *Angest2* am Knoten B

INVENTAR :=   Inventar [10]

$\qquad\qquad$ als *Inventar* am Knoten C gespeichert

LAGERORT :=   Lagerort [11]

$\qquad\qquad$ als *Lagerort* am Knoten A gespeichert

LIEFERANT :=   Lieferant1 **UN** Lieferant2 mit

$\qquad\qquad$ Lieferant1 := $\mathbf{SL}_{LiefNr \leq 200}$ LIEFERANT

$\qquad\qquad$ Lieferant2 := $\mathbf{SL}_{LiefNr > 200}$ LIEFERANT

$\qquad$ mit folgenden Speicherungsorten und lokalen Namen:

$\qquad\qquad$ Lieferant1 als *Lieferant* an den Knoten B und C

$\qquad\qquad$ Lieferant2 als *Lieferant2* an den Knoten A und B

TEILE :=   Teile1 **UN** Teile2 mit

$\qquad\qquad$ Teile1 := $\mathbf{SL}_{TeileNr \leq 500}$ TEILE

$\qquad\qquad$ Teile2 := $\mathbf{SL}_{TeileNr > 500}$ TEILE

$\qquad$ mit folgenden Speicherungsorten und lokalen Namen:

$\qquad\qquad$ Teile1 als *Teile* am Knoten A

$\qquad\qquad$ Teile2 als *Teile* an den Knoten B und C   □

---

[10] d. h. INVENTAR ist nicht partitioniert.

[11] entsprechendes gilt für LAGERORT

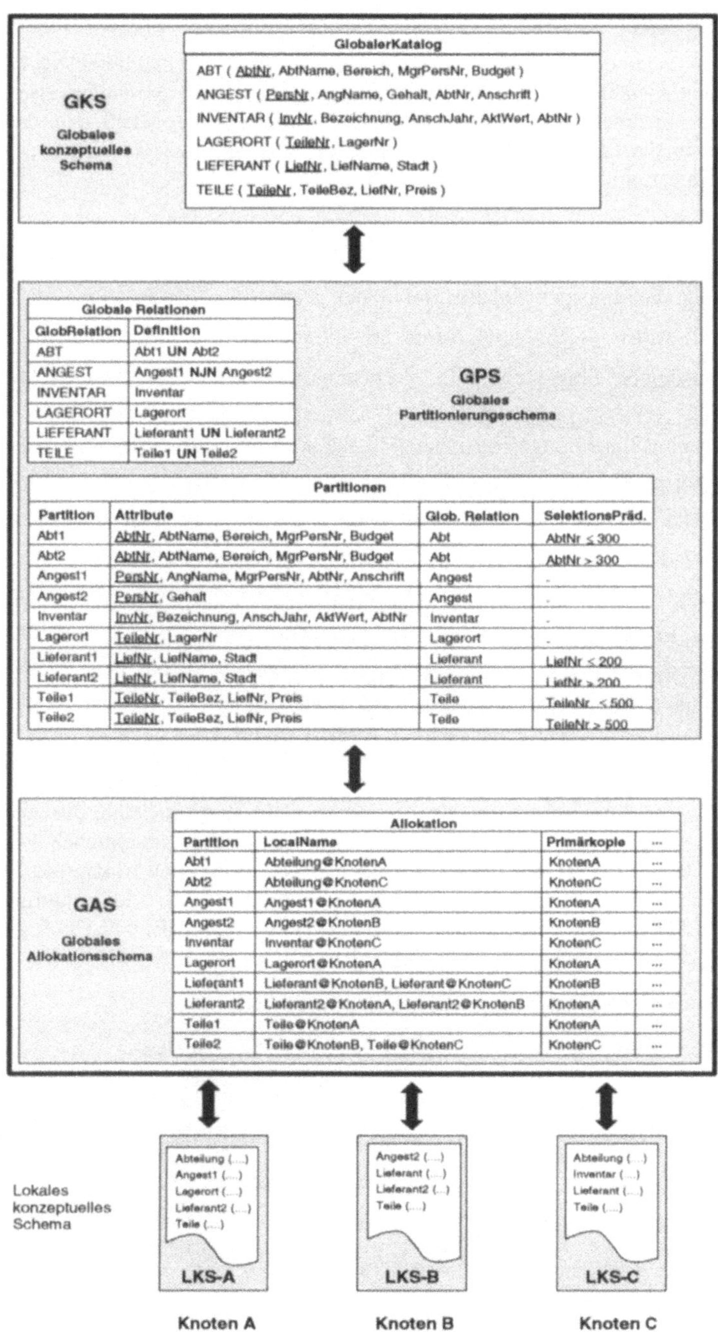

Abb. 5-5: Interne logische Struktur des globalen Schemas

Anmerkung:

Aus Gründen der Lesbarkeit wurde in Abb. 5-5 eine „druckaufbereitete" Darstellung gewählt. Intern sollten die Partitionen im Schema sinnvollerweise als Algebraausdrücke oder in vergleichbarer formaler Form abgelegt sein, damit diese für die Anfragebearbeitung unmittelbar verwendet werden können. Näheres hierzu im nächsten Kapitel.

Übungsaufgabe 5-1: Schema-Architektur

Es seien die folgenden globalen Relationen gegeben:

FLUGHAFEN(FlughafenID, Name, Stadt, Land)

FLUG(FlugNr, Fluggesellschaft, Wochentage)

FLUGETAPPEN(FlugNr, EtappenNr, AbflugFlughafenID,
  PlanmäßigeAbflugzeit, AnkunftFlughafenID, PlanmäßigeAnkunftszeit)

ETAPPEN (FlugNr, EtappenNr, Datum, AnzahlSitze, FlugzeugID,
  MaxZuladung, ZusatzInformationen)

PREISE(FlugNr, PreisCode, Summe, Konditionen)

KANN_LANDEN(FlugzeugID, FlughafenID)

FLUGZEUG(FlugzeugID, AnzahlNutzbareSitze)

PLATZRESERVIERUNG(FlugNr, EtappenNr, Datum, SitzNr,
  KundenName, KundenTelefon, Sonderwünsche)

Dieses Datenbankschema beschreibt eine Datenbank, welche Informationen über die Flüge von verschiedenen Fluggesellschaften (FLUG) beinhaltet. Jeder Flug wird durch eine FlugNr identifiziert und besteht aus einer oder mehreren Flugetappen, welche durch die EtappenNr beschrieben sind (FLUGETAPPEN). Jede Etappe hat planmäßige Abflug- und Ankunftszeiten, sowie weitere Daten für jedes Datum, an dem der Flug stattfindet (ETAPPEN). Die Relationen FLUGHAFEN, PREISE, FLUGZEUG, PLATZRESERVIERUNG und KANN_LANDEN sind selbsterklärend.

Folgende globale Relationen sind bereits partitioniert:

FLUGHAFEN = FLUGHAFEN1 UN FLUGHAFEN2, wobei

$\qquad$ FLUGHAFEN1 := $\mathbf{SL}_{\text{FlughafenID} < 50}$ FLUGHAFEN und

$\qquad$ FLUGHAFEN2 := $\mathbf{SL}_{\text{FlughafenID} \geq 50}$ FLUGHAFEN

ETAPPEN := ETAPPEN1 UN ETAPPEN2, wobei gilt:

$\qquad$ ETAPPEN1 := $\mathbf{SL}_{\text{FlugNr} < 150}$ ETAPPEN

$\qquad$ ETAPPEN2 := ETAPPEN3 **NJN** ETAPPEN4 und

$\qquad$ ETAPPEN3 := $\mathbf{PJ}_{\{\text{FlugNr, EtappenNr, Datum, AnzahlSitze}\}}$

$\qquad\qquad\qquad$ ($\mathbf{SL}_{\text{FlugNr} \geq 150}$ ETAPPEN)

$$\text{ETAPPEN4} := \mathbf{PJ}_{\{\text{FlugNr, EtappenNr, Datum, FlugzeugID, MaxZuladung,}}$$
$$_{\text{ZusatzInformation}\,\}}\,(\mathbf{SL}_{\text{FlugNr}\,\geq\,150}\,\text{ETAPPEN})$$

(KANN_LANDEN := KANN_LANDEN1 **UN** KANN_LANDEN2, wobei
KANN_LANDEN1 := $\mathbf{SL}_{\text{FlughafenID}\,<\,70}$ KANN_LANDEN
KANN_LANDEN2 := $\mathbf{SL}_{\text{FlughafenID}\,\geq\,70}$ KANN_LANDEN

Aufgaben:

Führen Sie die folgenden Partitionierungen durch:

a) FLUG ist horizontal zu partitionieren in Bezug auf FlugNr größer oder kleiner gleich 60 (entstehende Partitionen: FLUG1 und FLUG2)

b) FLUGETAPPEN ist nach dem gleichen Kriterium wie FLUG horizontal zu partitionieren (FLUGETAPPEN1 und FLUGETAPPEN2)

c) PLATZRESERVIERUNG wird zunächst vertikal partitioniert, und zwar bzgl. FlugNr, EtappenNr, Datum, SitzNr und KundenName in die Partition PLATZRESERVIERUNG1; die restlichen Attribute nimmt die Partition PLATZRESERVIERUNG2 auf. PLATZRESERVIERUNG2 ist nochmals horizontal partitioniert (in Bezug auf SitzNr > 100 bzw. ≤ 100; ergibt Partitionen PLATZRESERVIERUNG3 und PLATZRESERVIERUNG4).

d) FLUGZEUG und PREISE werden nicht partitioniert

Führen Sie ferner folgendes durch:

e) Geben Sie die Definitionen der globalen Relationen an.

f) Erstellen Sie auf Basis von a) bis e) das globale Partitionierungsschema.

g) Es seien vier Knoten A, B, C und D vorhanden. Stellen Sie die Tabelle der Allokationen mit Hilfe der folgenden Angaben über die Speicherungsorte der Partitionen auf:

- FLUGHAFEN1 am Knoten A und D, FLUGHAFEN2 am Knoten B

- FLUG1 am Knoten B, C und D, FLUG2 am Knoten A

- FLUGETAPPEN1 am Knoten A und FLUGETAPPEN2 an den anderen Knoten

- ETAPPEN1 am Knoten B, ETAPPEN3 am Knoten B und C, sowie ETAPPEN4 am Knoten D und A

- PREISE ausschließlich am Knoten A

- KANN_LANDEN1 am Knoten A und B, KANN_LANDEN2 am Knoten D

- FLUGZEUG an allen Knoten

- PLATZRESERVIERUNG1 am Knoten D, PLATZRESERVIERUNG3 am Knoten B und A, PLATZRESERVIERUNG4 am Knoten D und C

- Die Primärkopien seien an den jeweils zuerst genannten Knoten plaziert.

h) Geben Sie das lokale konzeptuelle Schema von Knoten B an.   □

5.3 Heterogene, prä-integrierte Datenbanksysteme

Heterogene, prä-integrierte Datenbanksysteme kommen bislang in der Praxis nur in rudimentärer Form vor. Meist handelt es sich bei den heute vorkommenden Systemen um technisch-wissenschaftliche Anwendungssysteme, wie z. B. CAD-Systeme[12], die um eine Datenbankkomponente erweitert wurden. Genau genommen handelt es sich hierbei, insgesamt gesehen, eigentlich nicht mehr um ein Datenbanksystem, sondern vielmehr um ein *Anwendungssystem*, das u. a. auch Komponenten zur Datenverwaltung aufweist.

Anwendungssystem

Das Datenbanksystem (innerhalb dieses Anwendungssystems) nimmt hierbei diejenigen Daten (ggf. redundant) auf, die das Anwendungssystem nach außen, z. B. in Form relationaler Tabellen, sichtbar machen will. Meist verfügt das Anwendungssystem darüber hinaus jedoch noch über eine eigene „interne" (dateibasierte) Datenhaltung, z. B. zur Verwaltung der Geometriedaten, die von außen oft nicht – oder aber nur über andere Schnittstellen – zugänglich sind. Abhängig vom Grad der Integration hat der Anwender den Eindruck, es mit *einem* System (quasi aus „einem Guß") oder mit mehreren verschiedenen Systemen zu tun zu haben.

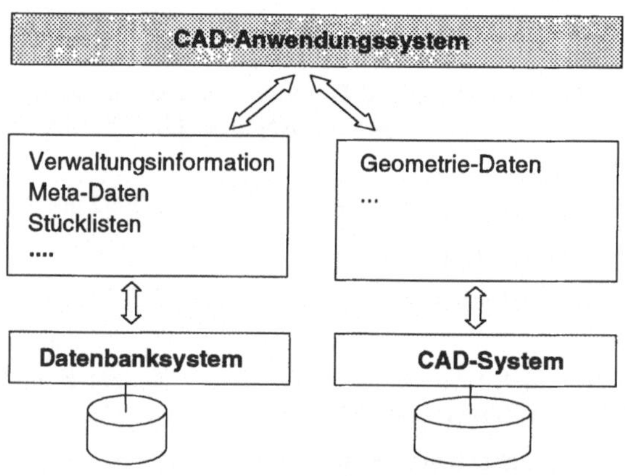

Abb. 5-6: Getrennte Datenverwaltung

---

[12] CAD = computer aided design (also Systeme für den rechnerunterstützten Entwurf)

Bei den „historisch gewachsenen" Systemen dieser Art werden die verschiedenen Datenbereiche (einschl. der Schema-Daten) des Anwendungssystems auch physisch getrennt verwaltet (siehe Abb. 5-6).[13]

getrennte Datenverwaltung

Die eleganteste Lösung aus Anwendersicht wäre sicherlich, wenn das Anwendungssystem alle Daten (einschl. der Schema-Daten) im Datenbanksystem in integrierter Form ablegen würde und den Zugriff auf diese durch entsprechende Sichten und Autorisierungen regeln würde. Dem steht jedoch der hohe Umstellungsaufwand, insbesondere für große, „gewachsene" Systeme entgegen.[14]

Bei Systemen der oben skizzierten Art fällt es relativ schwer, von einem einheitlichen „Datenmodell" mit einem einheitlichen Satz von Operatoren zu sprechen bzw. zu diesem zu gelangen. Dafür sind in der Regel die zu lösenden Aufgaben (Datenbankanfragen einerseits – Manipulation der Objekte des Anwendungssystems andererseits) doch zu verschieden. Der Anwender wird daher, je nachdem, welche Aufgabe zu erfüllen ist, mal die eine, mal die andere Schnittstelle zum System benutzen müssen.

Längerfristig zeichnen sich für heterogene, prä-integrierte DBMSe jedoch interessante Perspektiven ab. Die heutigen (relationalen) DBMSe haben bereits eine dermaßen hohe interne Systemkomplexität erreicht, daß es eines immer höheren Aufwandes bedarf, neue Funktionen hinzuzufügen. Hinzu kommt, daß mit zunehmendem Spezialisierungsgrad der Funktionen die Anzahl der Anwender, welche diese Funktionalität nutzen wollen und deshalb bereit sind, diese auch (mit) zu bezahlen, naturgemäß abnimmt. Bei relationalen Datenbanken zeichnet sich deshalb auf Sprach- und Datenmodellebene der klare Trend ab, nicht mehr alle neuen Sprach- und Datenmodellerweiterungen als integralen Bestandteil des Basissystems zu realisieren, sondern diese als optionale Systemerweiterungen anzubieten. Dies wird sich zukünftig auch in der Standardisierung von SQL in Form spezieller Teilstandards (für Text-Funktionen, für Multimedia-Funktionen etc.) niederschlagen. Es besteht also durchaus die Möglichkeit, daß zukünftig „Spezialbausteine" für spezielle Anwendungsklassen wie geographische Informationssysteme, Bildverarbeitung und -verwaltung, etc. entstehen, die unter einer gemeinsamen Oberfläche (Datenmodell und Sprache) zusammengefaßt werden.

Perspektiven

Spezialbausteine für relationale DBMSe

So sind die zu verwaltenden Objekte in *geographischen Informationssystemen* Punkte, Streckenzüge (zur Modellierung von Straßen, Flüssen, Rohrleitungen etc.) und Polygone (zur Modellierung von Gebieten wie Stadt- und Landesgrenzen, Seen, Wälder etc.). Zu unterstützende Anfrageoperationen sind „Test auf Enthaltensein" (z. B. „Welche Städte liegen im Suchfenster?"), auf „Überlappung" (z. B. „Welche Gebiete werden durch die geplante Trassen-

geographische Informationssysteme

---

[13] Dies kann natürlich zu erheblichen Problemen bei der Konsistenthaltung der Daten sowie bei der Fehlerbehandlung (Recovery) führen - aber das ist hier nicht das Thema.
[14] Schwerer wiegt allerdings, daß die Abbildung der Datenstrukturen solcher „Nichtstandard"-Anwendungssysteme auf relationale Tabellen in den meisten Fällen nicht gerade die optimale Wahl darstellt und deshalb in vielen Fällen auch erhebliche Performanzprobleme nach sich ziehen würde.

führung berührt?"), auf „Nachbarschaft" und anderes mehr. Man wird hier also z. B. die relationale Anfragesprache um Anfrageprädikate etwa der Art

... WHERE x contains y   oder   ... WHERE contains(x,y),
... WHERE x overlaps y   oder   ... WHERE overlaps(x,y),
... WHERE x distance y is ...   oder   ... WHERE distance(x,y,wert)

erweitern müssen.[15]

Das heutige „flache" Relationenmodell[16] wirkt für Erweiterungen dieser Art allerdings stark einschränkend. Hier werden erst mächtigere Datenmodelle, in Verbindung mit der Möglichkeit der Erweiterbarkeit von Datenmodell (durch neue, insbesondere strukturierte Typen) und Sprache (durch neue Datenbank-Operationen), wie sie etwa im Kontext objektorientierter DBMSe oder erweiterter relationaler DBMSe diskutiert werden, eine tragfähige Basis bieten. Die Herausforderung wird jeweils sein, die benötigte „Spezialfunktionalität", die durch den zusätzlichen „DBMS-Baustein" realisiert bzw. angeboten wird, wirklich nahtlos und ohne Funktionalitätsverlust in ein einheitliches Datenmodell mit adäquaten Operatoren zu integrieren.

Anforderungen an die Schema-Architektur

Hinsichtlich der hierfür erforderlichen *Schema-Architektur* ergibt sich im Prinzip wieder die bereits aus Abb. 5-4 bekannte Aufteilung. Die erhöhte Komplexität ist versteckt in den evtl. erforderlich werdenden Strukturtransformationen, um das jeweilige „Baustein-Datenmodell" mit dem Datenmodell des Basissystems zu harmonisieren. Außerdem können die zu leistendenden Anfragetransformationen naturgemäß erheblich komplizierter als im homogenen Fall werden. Wir werden auf diese Problematik bei der Behandlung post-integrierter heterogener Datenbanken in Abschnitt 5.6 noch zu sprechen kommen.

5.4 Allgemeines zu post-integrierten Systemen

Obwohl natürlich erhebliche Unterschiede zwischen homogenen und heterogenen post-integrierten Systemen bestehen, gibt es doch auch eine Reihe von Gemeinsamkeiten hinsichtlich Problemstellung und Vorgehensweisen. Wir wollen deshalb in diesem Abschnitt zunächst einmal auf diese Gemeinsamkeiten eingehen, um uns dann in den Abschnitten 5.5 und 5.6 den speziellen Problemstellungen und Vorgehensweisen bei der Realisierung dieser Systeme zu widmen.

5.4.1 Koexistenzproblematik und allgemeine Schema-Architektur

existierende Anwendungen

Typisch für die nachträgliche Integration von Datenbanken zu einer verteilten Datenbank ist, daß es bereits eine (in vielen Fällen erhebliche) Zahl von

---

[15] Wer mehr darüber wissen möchte: Eine Einführung in das Gebiet *Geo-Informationssysteme* findet sich z. B. in /Güti94/, /Widm91/.
[16] einfache Tabellen mit atomaren Attributwerten

Anwendungen gibt, die nicht „über Nacht" (falls überhaupt möglich bzw. sinnvoll) auf ein neues Schema umgestellt werden können. Um auch weiterhin die Ablauffähigkeit dieser Anwendungen zu gewährleisten, müssen deshalb die in den bisher verwendeten externen Schemata angebotenen Datenstrukturen und Operationen nach der Integration in exakt der gleichen Weise angeboten werden wie zuvor. Eine Neuübersetzung der Anwendungsprogramme, um in der neuen Umgebung ablauffähig zu sein, wird hierbei in der Regel tolerierbar sein. Nicht hinnehmbar sind im allgemeinen jedoch Eingriffe in die Programme selbst, d. h. Veränderungen am Quelltext (Ausnahme vielleicht: Trivialänderungen). Mit anderen Worten: Für die existierenden Anwendungen muß nach wie vor das „alte" Schema bzw. die jeweils benötigte „alte" Sicht auf dieses Schema verfügbar sein.

Für den Fall, daß jeweils alle lokalen Daten auch global zur Verfügung gestellt werden sollen (*voll-integrierte lokale Datenbanken*), wäre im Prinzip die folgende Vorgehensweise möglich:

voll integrierte lokale Datenbanken

1. Festlegung eines neuen einheitlichen (globalen) konzeptuellen Schemas

2. Anpassung der Abbildung dieses konzeptuellen Schemas auf die internen Schemata bzw. entsprechende Änderung der physischen Speicherung

3. Anpassung der Abbildungen der existierenden externen Sichten auf das neue konzeptuelle Schema bzw. Bereitstellung geeigneter Sichten (als „Zwischenschritt") zur „Simulation" des alten konzeptuellen Schemas gegenüber den existierenden externen Schemata.

Diese Vorgehensweise ist exemplarisch in Abb. 5-7 illustriert.

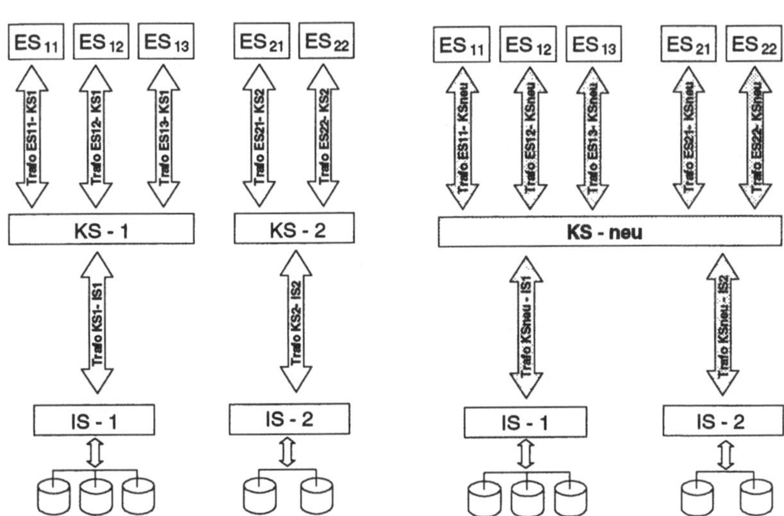

Abb. 5-7: Realisierung eines globalen konzeptuellen Schemas (1)

Problem: praktische Umsetzung

Das Problem bei dieser Vorgehensweise liegt weniger im konzeptuellen Bereich als in der praktischen Realisierung. Im Prinzip müssen an allen Knoten zeitgleich die vorhandenen konzeptuellen Schemata durch das neue, einheitliche konzeptuelle Schema ersetzt werden. Dies bedeutet, daß auch sofort alle erforderlichen Anpassungen hinsichtlich der Abbildungen der externen Schemata auf das konzeptuelle Schema vorgenommen werden müssen, weil sonst die alten Anwendungen nicht mehr ablauffähig sind. – Im relationalen Kontext hieße das z. B., daß alle Basisrelationen und Sichten ermittelt und angepaßt werden müssen, die von der Umstellung betroffen sind; in großen Anwendungsumgebungen eine sehr komplexe Aufgabe.

Aus diesem Grund, aber auch weil sehr oft nicht alle Daten global verfügbar gemacht werden sollen, verfährt man bei der nachträglichen Integration von Datenbanken zu einem verteilten Datenbanksystem in der Regel deshalb wie in Abb. 5-8 illustriert. Wie man sieht, wird an jedem Knoten zusätzlich zu den existierenden Schemata ein *lokales Repräsentationsschema* (LRS) eingeführt, das diejenigen lokalen Relationen, die global zur Verfügung stehen sollen, an allen Knoten in einheitlich struktureller Form und mit derselben Semantik „nach außen" repräsentiert. Man bezeichnet das LRS deshalb manchmal auch als *Export-Schema.*

lokales Repräsentationsschema

Export-Schema

Das lokale Repräsentationsschema ist als (spezielle) Sicht auf dem existierenden lokalen konzeptuellen Schema definiert. Das jeweils existierende lokale konzeptuelle Schema wird nicht verändert, ebensowenig die existierenden lokalen externen Schemata und deren Abbildungen auf das lokale konzeptuelle Schema. Die lokalen Repräsentationsschemata führen also eine *Homogenisierung der (Darstellung der) lokalen Schemata* durch, sofern diese global verfügbar gemacht werden sollen.

Homogenisierung der lokalen Schemata

Das Integrationsproblem ist durch diesen „Kunstgriff" bzw. „Zwischenschritt" im Prinzip auf das Integrationsproblem im prä-integrierten homogenen Fall (siehe Abschnitt 5.2) zurückgeführt worden. Wie wir allerdings in den Abschnitten 5.5 und 5.6 sowie in Kapitel 6 noch sehen werden, wird diese Homogenisierung in vielen Fällen allerdings mit einem erheblichen Verlust an funktionaler Mächtigkeit, d. h. durch Beschränkung auf rein lesenden Zugriff, erkauft.

Transformation von globalen Anfragen

Idealerweise sollten die im lokalen Repräsentationsschema abgelegten Transformationsregeln auf das lokale konzeptuelle Schema so gestaltet sein, daß die globalen Anfragen, die über ein globales externes Schema und das globale konzeptuelle Schema auf die (globalen) Daten zugreifen wollen, unmittelbar in Anfragen gegen das lokale konzeptuelle Schema (und damit in lokal ausführbare Anfragen) transformiert werden können. In welchem Umfang dies gelingt bzw. gelingen kann, wollen wir ebenfalls im folgenden Abschnitt, in den Abschnitten 5.5 und 5.6 sowie in Kapitel 6 näher betrachten.

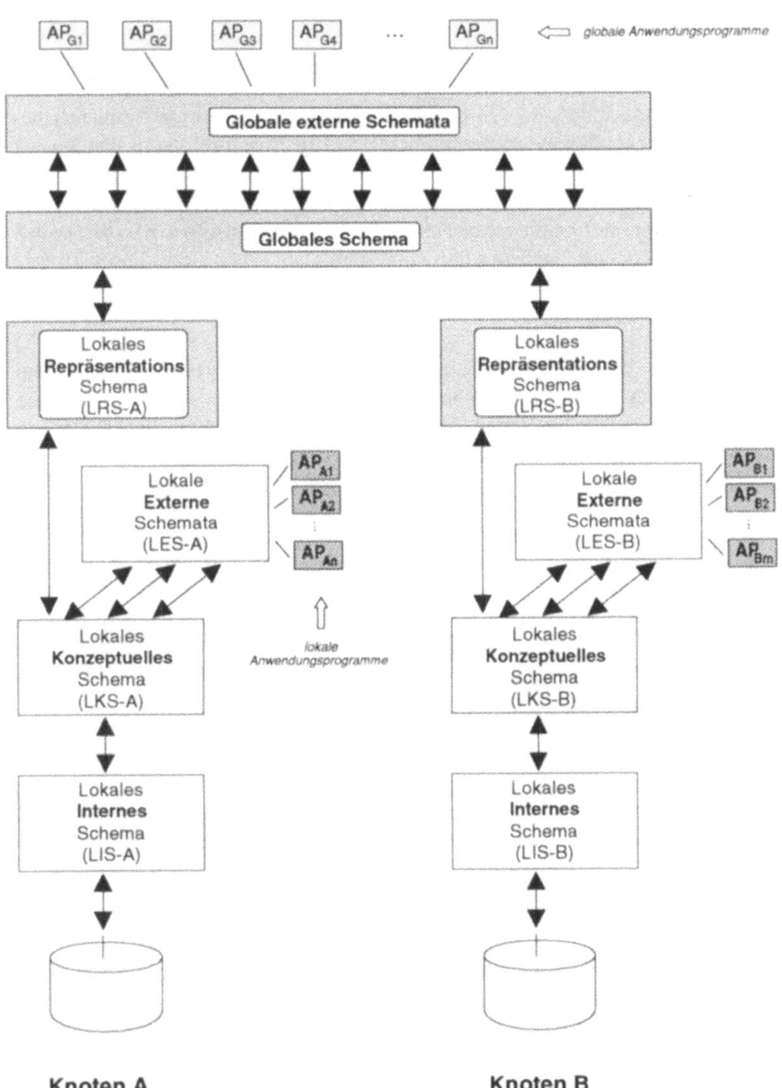

Abb. 5-8: Realisierung eines globalen konzeptuellen Schemas (2)

5.4.2 Schema-Integration

Wir wollen uns in diesem Abschnitt zunächst einmal ganz allgemein und prinzipiell mit der Problemstellung „Schema-Integration", also der Abbildung bzw. der Abbildbarkeit von lokalen Schemata in ein einheitliches („integrierendes") globales Schema, befassen. Im Anschluß daran werden wir dann auf die speziellen Problemstellungen und Herausforderungen hinsichtlich der Schema-Architektur bei der Realisierung post-integrierter homogener und post-integrierter heterogener Datenbanksysteme eingehen. Hierbei wollen wir uns insbesondere auch mit der Frage befassen, wann über dieses globale Schema sinnvollerweise nur lesender und wann auch ändernder Zugriff zugelassen werden kann.

Wir gehen im folgenden davon aus, daß die betrachteten (und zu integrierenden) Schemata unabhängig von einander entworfen wurden. Übereinstimmungen bei Attributnamen, Wertebereichen, der strukturellen Repräsentation von Informationen sowie der Vergabe von gleichen Schlüsselwerten für gleiche Entities oder Beziehungen können daher nicht vorausgesetzt werden.

Ausgehend von einem solchen Szenario, wird eine Schema-Integration deshalb in der Regel in vier Phasen ablaufen, die im folgenden näher beschrieben werden:[17]

1. *Prä-Integrationsphase*: Festlegung der Vorgehensweise, Ermittlung der Entities und Beziehungen.

2. *Vergleichsphase*: Ermittlung von Namens- und Strukturkonflikten.

3. *Vereinheitlichungsphase*: Festlegung des Zielschemas

4. *Restrukturierungs- und Zusammenfassungsphase*: Festlegung der lokalen Repräsentationsschemata und der erforderlichen Abbildungen.

5.4.2.1 Prä-Integrationsphase

Bevor man sich überhaupt ans Werk machen kann, muß zunächst einmal Klarheit über die Ausgangssituation (Art der zu integrierenden Systeme und die Art der verwalteten Information (administrative Daten, technisch-wissenschaftliche Daten etc.)) geschaffen werden und es müssen Regeln für die Vorgehensweise bei der Schema-Integration festgelegt werden. So muß z. B., falls mehr als zwei Schemata zu integrieren sind, unter anderem entschieden werden, ob jeweils paarweise integriert werden soll (*binäre Integration*) oder ob versucht werden soll, gleich mehrere Schemata auf einmal zu integrieren (n-stellige Integration).

binäre Integration   Die *binäre Integration* geht sequentiell (eine Integration nach der anderen) vor. Sie hat den Vorteil, daß man quasi „in kleinen Schritten" integriert

---

[17] Vgl. /ÖzVa91/, S. 425 ff.

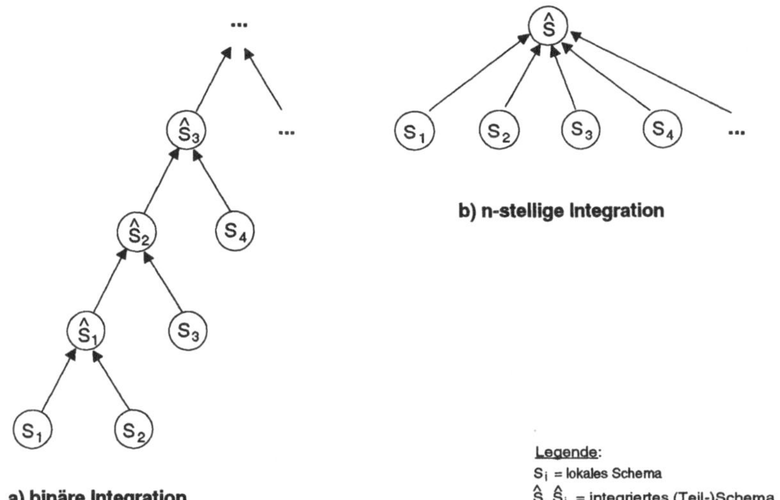

Abb. 5-9: Vorgehensweisen bei der Schema-Integration

(geringere Komplexität), hat aber den Nachteil, daß frühere (Integrations-) Entwurfsentscheidungen sich im Verlauf der Integration als ungünstig erweisen und wieder geändert werden müssen (und entsprechende Nacharbeiten nach sich zieht). Man wird diese Vorgehensweise daher in der Regel dann wählen, wenn das globale „Zielschema" schon relativ klar definiert ist.

Umgekehrt wird man die *n-stellige Integration* bevorzugt dann angehen, wenn die lokalen Ausgangsschemata stark von einander abweichen und man sich erst bezüglich des globalen Zielschemas „zusammenraufen" muß. Eventuell wird man, um die Komplexität zu reduzieren, nicht alle Schemata auf einmal, sondern nur Teilmengen davon betrachten und/oder wird eventuell bei der n-stelligen Integration nur die „globale Marschrichtung" festlegen und dann die „Feinarbeit" wieder mittels binärer Integration erledigen. Hinsichtlich der konkreten Vorgehensweise ergeben sich also viele mögliche Varianten. Die beiden „Grundvarianten" sind in Abb. 5-9 dargestellt.

n-stellige
Integration

Eine weitere wichtige Aufgabe in der Prä-Integrationsphase ist auch die Bestimmung der jeweiligen Entities und Beziehungen und deren Schlüssel.

5.4.2.2 Vergleichsphase

In dieser Phase geht es vor allem darum, *Namenskonflikte* und *Strukturkonflikte* zwischen den zu integrierenden Schemata zu ermitteln. Insbesondere muß geklärt werden, ob dieselbe Bezeichnung (für ein Entity oder Attribut) in verschiedenen Bedeutungen verwendet wird (= *Homonyme*; siehe Abb. 5-10.a) oder ob verschiedene Benennungen für denselben Sachverhalt (= *Synonyme*; siehe Abb. 5-10.b) auftreten (siehe hierzu auch Abb. 5-11). Es muß auch geklärt werden, wie die betrachteten Schemata bzw. Teilschemata als Ganzes

Ermitteln von
Namens- und
Strukturkonflikten
Homonyme
Synonyme

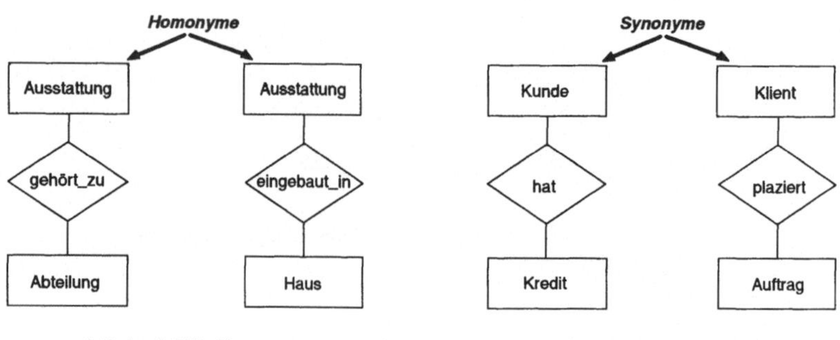

Abb. 5-10: Homonyme und Synonyme

jeweils zueinander in Beziehung stehen. Sie können *äquivalent* sein, sie können *überlappend* oder *disjunkt* sein oder es kann ein Schema auch in einem anderen *enthalten sein*.

Konfliktarten

Auf *Strukturebene* können hierbei eine ganze Reihe von Konflikten zutage treten:

- *Typkonflikte* (Modellierung als Attribut vs. als Entity)

- *Beziehungskonflikte* (1:1 vs. n:m)

- *Schlüsselkonflikte* (unterschiedliche Primärschlüssel)

- *Verhaltenskonflikte* („kaskadierendes" Löschen vs. „manuelles" Löschen)

Ambiguitäts-
probleme

Auf *Instanzebene* (Ausprägungsebene) können darüber hinaus noch *Ambiguitätsprobleme* infolge Mehrfachspeicherung desselben Entities mit unterschiedlichem Schlüsselwert in den beteiligten lokalen Datenbanken oder durch Verwendung desselben Schlüsselwertes für verschiedene Entities (siehe Abb. 5-11) auftreten.

funktionale
Konflikte

Bei der nachträglichen Integration heterogener Datenbanken können darüber hinaus noch *funktionale Konflikte* dergestalt auftreten, daß sich nicht alle (potentiell möglichen) Operationen gegen das globale Datenmodell in semantisch äquivalente Operationen gegen die lokalen Datenmodelle umsetzen lassen. Solche Konflikte bzw. Probleme führen dann in der Regel dazu, daß auf Basis des globalen Datenmodells nur eine eingeschränkte Funktionalität (z. B. nur Lesezugriffe) angeboten werden kann. Wir werden hierauf später, bei der Behandlung post-integrierter heterogener Datenbanken in Abschnitt 5.6, noch näher eingehen.

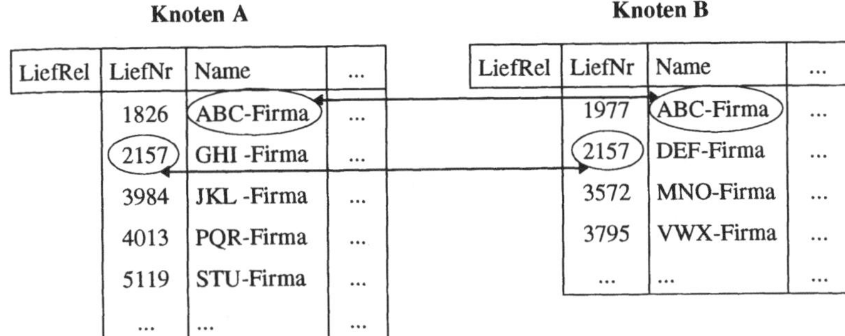

Abb. 5-11: Beispiel für auftretende Ambiguitäts-Probleme

5.4.2.3 Vereinheitlichungsphase

In dieser Phase muß nun für die in der vorangegangenen Phase erkannten Namens- und Strukturkonflikte entschieden werden, wie konkret verfahren werden soll. *Namenskonflikte* lassen sich hierbei durch geeignete Umbenennungen auflösen. Bei Auftreten von *Homonymen* auf Attributebene kann dies z. B. durch Hinzufügen des Entitytyps (und ggf. auch noch des Schemanamens) als Präfix zum Attributnamen erfolgen. Zur Beseitigung von *Strukturkonflikten* müssen ggf. Entities in Attribute oder Beziehungen, Beziehungen in Entities oder Attribute und Attribute in Entities oder Beziehungen umgeformt werden.[18] Strukturkonflikte bzw. ihre Auflösung im konkreten Fall führen in vielen Fällen dazu, daß über das globale Schema nur noch lesender Zugriff auf die betroffenen Entities, Attribute oder Beziehungen unterstützt werden kann. Wir werden hierauf bei der Behandlung post-integrierter homogener und heterogener Datenbanksysteme in den Abschnitten 5.5 und 5.6 nochmals zu sprechen kommen.

Neben den Konflikten auf der Schema-Ebene, muß auch eine Lösung für die in der Vergleichsphase ermittelten *Ambiguitätsprobleme auf Instanzebene* (siehe Abb. 5-11) gefunden werden. Zur Behandlung von Ambiguitätsproblemen dieser Art bieten sich im Prinzip zwei Vorgehensweisen für das globale Schema (und den späteren Zugriff über dieses) an:

1. Einführung eines neuen, global eindeutigen Schlüssels

2. Globale Verwendung von erweiterten lokalen Schlüsseln

Die erste Variante wird man bevorzugt dann für die Integration verteilt gespeicherter Informationen wählen, wenn die zu integrierenden Informationen tatsächlich viele Gemeinsamkeiten aufweisen, wie z. B. viele gemeinsame Lieferanten oder viele gemeinsame Teile(typen). Durch Einführung einer Schlüsselumsetzungstabelle (siehe Abb. 5-12) erfolgt dann die Abbildung vom globalen Schlüssel in den lokalen Schlüssel und umgekehrt.

---

[18] Eine sehr ausführliche Diskussion dieses Problems findet sich in /BLN86/ sowie in /LNE89/.

GlobLiefTab	GlobLiefNr	Name	...	KnotenA_ID	KnotenB_ID
	1001	ABC-Firma	...	1826	1997
	1002	DEF-Firma	...	0	2157
	1003	GHI-Firma	...	2157	0
	1004	JKL-Firma	...	3984	0
	1005	MNO-Firma	...	0	3572
	1006	PQR-Firma	...	4013	0
	1007	STU-Firma	...	5119	0
	1008	VWX-Firma	...	0	3795
	...	...	...	...	...

Abb. 5-12: Globale Schlüssel-Umsetzungstabelle (1) [19]

GlobLiefTab	LiefNr	KnotenID	Name	...
	1826	A	ABC-Firma	...
	1977	B	ABC-Firma	...
	2157	A	GHI-Firma	...
	2157	B	DEF-Firma	...
	3572	B	MNO-Firma	...
	3795	B	VWX-Firma	...
	3894	A	JKL-Firma	...
	4013	A	PQR-Firma	...
	5119	A	STU-Firma	...
	...	...	...	...

globaler Schlüssel

Abb. 5-13: Globale Schlüssel-Umsetzungstabelle (2)

Bei der zweiten Variante wird der lokale Schlüssel auch für das globale Schema verwendet, allerdings muß er durch eine zusätzliche eindeutige Knotenkennung ergänzt werden, um die erforderliche Eindeutigkeit zu erzielen (siehe Abb. 5-13).

Diese Variante ist etwas einfacher als Variante 1 zu realisieren (man erspart sich den Datenabgleich und die Schlüsselumsetzung sowie die Pflege der globalen Umsetzungstabelle), dafür weicht man allerdings das Prinzip der Orts-

---

[19] Bei großer Knotenanzahl oder häufigen Änderungen hinsichtlich Knotenzu- und -abgängen wäre sicherlich eine Modellierung der 1:n-Beziehung zwischen globalem Schlüssel und lokalen Schlüsseln mittels einer eigenen („Abbildungs"-)Tabelle vorteilhafter.

transparenz etwas auf. – Natürlich kann man sich auch zu einer Überarbeitung (und ggf. wechselseitigen) Harmonisierung der lokalen Datenbestände entschließen und neue Schlüssel vergeben, die auch global eindeutig sind.

5.4.2.4 Restrukturierungs- und Zusammenfassungsphase

Ausgehend von den so aufbereiteten Ausgangsschemata muß nunmehr entschieden werden, wie das Zielschema, also das globale (konzeptuelle) Schema, bezüglich dessen integriert werden soll, festgelegt werden soll. Davon leiten sich dann die Vorgaben an die jeweiligen lokalen Repräsentationsschemata sowie die erforderlichen Abbildungen zwischen den Schemata an den einzelnen Knoten ab.

Hinsichtlich der Wahl des Zielschemas gibt es naturgemäß mehrere Alternativen. Ein „gutes" (Ziel-)Schema zeichnet sich dadurch aus, daß es *vollständig* ist (d. h. alle Informationen aller Teil-Schemata (soweit gewünscht) enthält), *minimal* und *verständlich* ist. Die Forderung nach Minimalität zielt zum einen darauf ab, den Sachverhalt möglichst *redundanzfrei*[20] im Schema darzustellen, zum andern jedoch auch darauf, nicht mehr Entities (z. B. dargestellt als Relationen) als bei einer vergleichbaren zentralen Datenbank im Schema zu haben (also z. B. nur *eine* Relation PERSONAL, nur *eine* Relation TEILE usw.). Die Forderung nach *Verständlichkeit* zielt darauf ab, daß das resultierende globale Schema für die jeweiligen Anwender noch als „natürlich" empfunden wird. Hierbei treten allerdings oft Zielkonflikte zwischen den Forderungen nach Minimalität und nach Verständlichkeit auf.

Ziele:
Vollständigkeit,
Minimalität,
Verständlichkeit

5.4.3 Updates über post-integrierte DB-Schemata

Wir wollen im folgenden nun betrachten, wie es prinzipiell mit der Möglichkeit von Updates über das globale Schema steht. Wie schon oben erwähnt, kann es darüber hinaus noch Einschränkungen aufgrund von Unverträglichkeiten bzgl. unterschiedlicher Mächtigkeit oder „inkompatibler" Operationen bei den verwendeten Datenbanksystemen geben. Hierauf werden wir dann in Abschnitt 5.6 noch gesondert eingehen.

Sind alle Namens- und Strukturkonflikte bereinigt und die lokalen Repräsentationsschemata diesbezüglich nunmehr alle homogen, so können immer noch Probleme auf Ausprägungsebene bestehen. Abb. 5-14 illustriert, welche Konstellationen zwischen Entity-Mengen eines Schemas auftreten können. Wenn man die vorhandenen Entity-Mengen hinsichtlich dieser Eigenschaften (Disjunktheit, Überlappung und Enthaltensein) analysiert, so darf man (außer bei rein statischen Entity-Mengen) nicht nur die zu einem bestimmten Zeitpunkt konkret vorhandenen Entity-Ausprägungen betrachten, sondern man

---

[20] Hier ist also Redundanzfreiheit auf *Schemaebene* gemeint. Auf Allokationsebene kann natürlich redundante Speicherung durchaus sinnvoll sein (siehe Abschnitt 4.5).

muß auch die lokal jeweils *potentiell* möglichen Ausprägungen mit in Betracht ziehen.

Seien $dom(PK_{L1})$ und $dom(PK_{L2})$ die Wertebereiche des Primärschlüssels des betrachteten Entity-Typs des Repräsentationsschemas L_1 bzw. L_2, so ist bezüglich der entsprechenden Entitymengen aus L_1 und L_2 letztlich mit diesen Begriffen das folgende gemeint:

- *Disjunktheit*: $dom(PK_{L1}) \cap dom(PK_{L2}) = \varnothing$

- *Überlappung*: $dom(PK_{L1}) \cap dom(PK_{L2}) \neq \varnothing$

- *Enthaltensein*: $dom(PK_{L1}) \subseteq dom(PK_{L2})$ (oder umgekehrt)

disjunkte Entity-Mengen

Bei *disjunkten Entity-Mengen* (siehe Abb. 5-14.a) entsteht durch die Integration kein Informationsverlust. Jedem globalen Entity kann prinzipiell[21] eineindeutig ein lokales Entity zugeordnet werden, so daß Updates über das globale Schema im Prinzip in vollem Umfang möglich sind.

überlappende Entity-Mengen

Kritisch: Einfügungen

Kritisch bei *überlappenden Entity-Mengen* (siehe Abb. 5-14.b) sind im allgemeinen *Einfüge-Operationen*. Hier wird in der Regel auf Ebene des globalen Schemas nicht entscheidbar sein, welcher bzw. welchen lokalen Datenbank(en) das Entity zuzuordnen ist. In relativ kleinen Datenbanken könnte man, im Stile einer *abgeleiteten horizontalen Partitionierung* (vgl. Abschnitt 4.3.2), für jedes Entity in einer Tabelle den Speicherungsort verzeichnen und bei Einfügungen, Löschungen und Wertänderungen (sofern erforderlich) pflegen. Bei großen Datenbeständen scheidet diese Vorgehensweise jedoch aus Aufwandsgründen oftmals aus. In Ausnahmefällen wird man sich dann zwar mit pragmatischen Regeln wie „füge immer in alle Datenbanken ein" oder „füge neue Entities stets in Datenbank x ein" behelfen können, im Regelfall wird man jedoch Einfügungen bei überlappenden Entity-Mengen nicht zulassen können.

Unkritisch: Wertänderungen, Löschungen

Relativ unkritisch hingegen sind reine Wertänderungen sowie Löschungen. Im Zweifelsfall muß man das Entity in allen lokalen Datenbanken suchen und wo vorhanden ändern bzw. löschen.

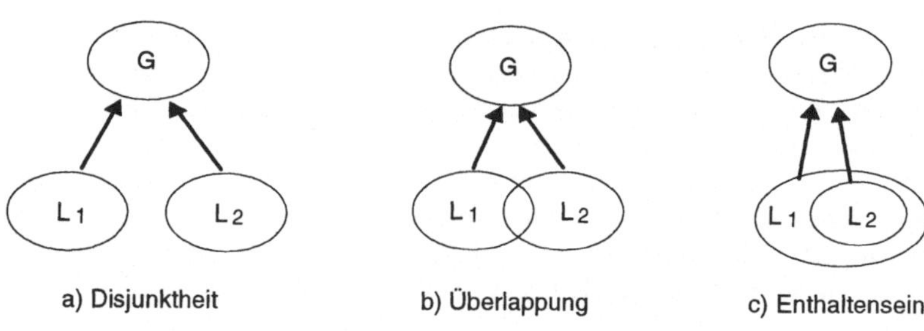

Abb. 5-14: Beziehungen zwischen Entity-Mengen

---

[21] wenn vielleicht auch mit hohem Aufwand bei der Anfragebearbeitung verbunden

In den Fällen, bei denen eine Entity-Menge in einer anderen Entity-Menge *enthalten* ist (siehe Abb. 5-14.c), gestaltet sich das Problem ähnlich wie bei überlappenden Entity-Mengen: Entweder man hat die beiden einfachen Fälle vorliegen, daß die beiden Entity-Mengen stets gleich sind bzw. daß die „enthaltene Menge" aus dem Schlüssel direkt ableitbar ist, dann sind im Prinzip alle Update-Operationen möglich, oder man hat dieselben Probleme (und die daraus resultierenden Einschränkungen) wie bei sich überlappenden Entity-Mengen.

Teilmengen-Beziehung

Übungsaufgabe 5-2: Abbildung von globalen auf lokale Entities

In Abschnitt 4.3 haben wir verschiedene Partitionierungsformen für globale Relationen kennengelernt. Bezogen auf die in Abb. 5-14 skizzierte Problemstellung:

a) Fassen Sie den in Abb. 5-14 dargestellten Sachverhalt als Anforderung an die Partitionierung und Allokation einer globalen Relation auf. Nehmen Sie zudem an, daß zwei Selektionsprädikate P1 und P2 existieren, die beschreiben, welche Tupel zur Menge L_1 bzw. L_2 gehören. Wie könnte man dann mittels den in Kapitel 4 vorgestellten Mechanismen „Partitionierung" und „Allokation" die erforderlichen Abbildungen vom globalen Schema in die lokalen Schemata formulieren?

b) Warum funktioniert die in a) skizzierte Vorgehensweise in der Praxis bei post-integrierten DB-Schemata nicht? D. h. was ist der wesentliche Unterschied zwischen der Problemstellung hier und der Problemstellung, die wir in Abschnitt 4.3 betrachtet haben?

5.5 Homogene, post-integrierte Datenbanksysteme

Unter homogenen, post-integrierten Datenbanksystemen wollen wir im folgenden Datenbanksysteme verstehen, welche zwar lokal dasselbe Datenmodell verwenden, jedoch erst im nachhinein zu einem verteilten Datenbanksystem zusammengefaßt werden bzw. wurden. Die Grenze zwischen homogenen und heterogenen post-integrierten Datenbanksystemen (auf letztere gehen wir in Abschnitt 5.6 ein) ist fließend. Selbst wenn auf allen lokalen Systemen z. B. das *relationale Datenmodell* eingesetzt wird, die konkreten Systeme jedoch von verschiedenen Herstellern kommen, so ergeben sich hinsichtlich der verwendeten SQL-Dialekte in der Regel mehr oder weniger starke Abweichungen. Durch Beschränkung auf die von allen beteiligten SQL-Systemen unterstützten Sprachkonstrukte oder durch Verwendung einer allgemein akzeptierten „offenen" Datenbankschnittstelle (etwa basierend auf dem ISO/OSI RDA-Standard[22]) läßt sich dieses Problem mittlerweile recht gut lösen. Allerdings unter Verzicht auf angebotene „Spezialfunktionalität" und u.U. auch unter Performanzeinbußen.

Bei Datenbanksystemen, die auf dem *Netzwerkdatenmodell* basieren, ist dieses Problem in der Regel infolge fehlender Standardisierung sehr viel stärker ausgeprägt. In solchen Fällen sind ähnliche Integrationsmechanismen wie bei den heterogenen, post-integrierten Datenbanksystemen (siehe Abschnitt 5.6) zu verwenden.

Wir wollen für die weitere Diskussion in diesem Abschnitt zur Vereinfachung vom *relationalen Datenmodell* ausgehen und unterstellen, daß die lokal verwendeten Anfragesprachen identisch sind. Selbst unter diesen vereinfachenden Annahmen treten in der Regel immer noch die in Abschnitt 5.4 bereits angesprochenen Probleme wie strukturelle und semantische Heterogenität auf. Bezüglich semantischer Heterogenität gibt es nicht viel hinzuzufügen. Von Trivialfällen abgesehen, wird hier die Mächtigkeit der global und lokal zum Einsatz kommenden DB-Sprache (Arithmetik, Zeichenkettenmanipulation etc.) dafür ausschlaggebend sein, ob man die erforderlichen Abbildungen direkt mittels der DB-Sprache ausdrücken kann oder nicht. Hinsichtlich Updates über das globale Schema sind hier natürlich enge Grenzen gesetzt. Im folgenden wollen wir uns deshalb etwas näher mit der Behandlung struktureller Heterogenität befassen.

strukturelle
Heterogenität

Bei *struktureller Heterogenität* wird derselbe Sachverhalt in den lokalen konzeptuellen Schemata strukturell unterschiedlich dargestellt. Im relationalen Fall kann dies im einfachsten Fall bedeuten, daß ein bestehender Sachverhalt (z. B. ein Entity) in den beteiligten Systemen in ähnlicher Form dargestellt wird, daß jedoch die Relationsnamen und/oder die Attributnamen und/oder die Reihenfolge der Attribute voneinander abweichen. Dieses Problem läßt sich

---

[22] RDA = remote database access; siehe hierzu z. B. /Lame94/

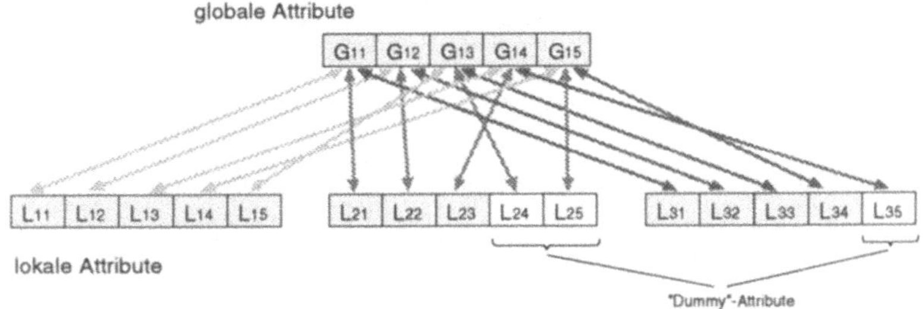

Abb. 5-15: Homogenisierung struktureller Heterogenität (1)

mittels einer geeignet definierten Sicht ohne Funktionalitätsverlust (Update-Fähigkeit!) sehr einfach lösen.

Etwas komplizierter wird es bei ansonsten gleichem Sachverhalt schon, wenn nicht alle Attribute in allen Relationen auftreten. Für den *lesenden Zugriff* ist dies noch relativ unkritisch. Hier kann man sich pragmatisch entscheiden, ob man Attribute, die nicht gemeinsam in allen Relationen auftreten, einfach ausblendet, oder ob man diese Attribute in die globale Sicht übernimmt und hier dann ggf. Nullwerte auftreten. Schwieriger wird es, wenn *Einfügungen* und *Änderungen* über das globale Schema unterstützt werden sollen und diese „lokalen Spezialattribute" bei einigen Knoten zwingend mit Werten versorgt werden müssen (z. B. weil im Schema als „NOT NULL" deklariert).   lesender Zugriff

   ändernder Zugriff

Hält man an der *Verteilungstransparenz* fest, so daß die Anwendungen nicht erkennen können, an welchem lokalen Knoten die Tupel letztlich gespeichert werden, so bleibt praktisch nichts anderes übrig, als diese „Spezialattribute" (in Abb. 5-15 „Dummy-Attribute" genannt) bei Einfügungen stets mit Werten zu versorgen, auch wenn diese Werte u.U. dann bei der lokalen Speicherung wieder ignoriert werden bzw. lokal ggf. ohne Belang sind. Dies erschwert natürlich etwas die Prüfung auf Integritätsverletzungen. Die Abbildungen selbst sind in der Regel nicht schwierig. Im wesentlichen handelt es sich um simple Projektionen in Verbindung mit der Umbenennung von Attributen (siehe Abb. 5-15).

Das Problem wird schwieriger, wenn die an den verschiedenen Knoten verwendeten Wertebereiche „inkompatibel" sind (*Wertebereichs-Unverträglich-keiten*; siehe Abb. 5-16) oder wenn ein bestehender Sachverhalt in strukturell sehr unterschiedlicher Form dargestellt wird (*Struktur-Unverträglichkeiten*). Bei *Wertebereichs-Unverträglichkeiten* kann man (zumindest in einfach gelagerten Fällen) im Prinzip ähnlich wie bei der Behandlung von Ambiguitätsproblemen (siehe Abschnitt 5.4.2.2) vorgehen: man kann sich entweder für *eine* global eindeutige Kennzeichnung entscheiden und diese über eine Abbildungstabelle in die lokale Darstellung umsetzen oder man macht die Heterogenität global sichtbar[23] und qualifiziert diese – aus Gründen der Eindeutigkeit   Wertebereichs-Unverträglichkeit Struktur-Unverträglichkeit

---

[23] wobei „einfache" Transformationen wie Integer → String natürlich erforderlich sein können

	Knoten A	Knoten B
Abteilungsschlüssel	numerisch:	alphanumerisch:
	z. B.: 5023	z. B.: KG1003
	6041	FE9800
Farbcode	numerisch	Zeichenketten
	z.B: 000	z. B.: "grün"
	001	"schwarz"
	002	"gelb"
Teilenummer	numerisch	alphanumerisch

Abb. 5-16: Beispiele für Wertebereichsunverträglichkeiten

– mit einem zusätzlichen Attribut zur Kennzeichnung des Herkunftsortes, also des entsprechenden lokalen Knotens.

Unverträglich-
keiten (Ursachen)

Struktur-Unverträglichkeiten können verschiedene Ursachen haben. Es gibt, wie wir bereits in Abschnitt 3.3 gesehen haben, bei der Normalisierung von Relationen im Rahmen des Datenbankentwurfs im allgemeinen mehrere Alternativen für die verlustfreie Zerlegung einer gegebenen (Ausgangs-)Relation. Derselbe semantische Sachverhalt kann also (schon aus diesem Grund) an den beteiligten Knoten auch im relationalen Fall in strukturell verschiedener Weise dargestellt sein.

Struktur-Unverträglichkeiten dieser (einfachen) Art lassen sich relativ einfach handhaben. Die erforderlichen bidirektionalen Abbildungen zwischen lokalen Schemata und globalem Schema können mittels (erweiterter) Relationenalgebra, wie wir sie in Abschnitt 4.3 kennengelernt haben, ohne größere Mühe beschrieben werden.

logikbasierte
Transformations-
sprache

DATALOG

Schwieriger wird es in der Regel, wenn die lokalen Datenbankschemata „historisch gewachsen" sind. Wenn diese also nicht „aus einem Guß" beim Datenbankentwurf, sondern durch nachträgliches (und möglicherweise sehr pragmatisches) Hinzufügen von Relationen oder durch einen etwas eigenwilligen Datenbankentwurf entstanden sind (siehe Beispiel 5-2). Für Datenbankschemata dieser Art reicht die Ausdrucksfähigkeit der Relationenalgebra zur Beschreibung der erforderlichen Transformationen dann oftmals nicht mehr aus. Eine entsprechend *erweiterte, logikbasierte Transformationssprache* ist exemplarisch in Beispiel 5-3 skizziert. Sie verfolgt einen an die logikbasierte Programmiersprache PROLOG bzw. an die artverwandte Datenbanksprache DATALOG[24] angelehnten Sprachansatz. – Bei geeigneter Integration in die Anfragebearbeitung wäre eine automatische Anfragetransformation – evtl. auch in Verbindung mit Updates – im Prinzip möglich, sofern dem nicht andere Gründe entgegenstehen.

---

[24] Zu DATALOG (und seinen Varianten) gibt es viel Spezialliteratur, als Einstieg für den interessierten Leser eignet sich u. a. /Conv91/.

Beispiel 5-2: Strukturell verschiedene Datenbankschemata

An zwei Knoten A und B werden Aktienbestände verwaltet. Während man an Knoten A alle Bestände in *einer* Relation verwaltet, hat man sich an Knoten B für eine andere Form der Speicherung entschieden:

Datenbankschema an Knoten A

AktienRel	Firma	Menge	Kaufdatum	Kurs
	ABC	1.000	10.05.1992	...
	ABC	2.000	20.11.1992	...
	ABC	1.500	12.12.1993	...
	DEF	2.000	08.03.1994	...
	GHI	1.500	03.06.1995	...
	JKL	500	21.11.1993	...
	JKL	1.000	10.02.1994	...
	JKL	2.000	30.03.1995	...
	MNO	800	17.03.1992	...
	PQR	10.000	23.07.1995	...

Datenbankschema an Knoten B

ABC	Menge	Kaufdatum	Kurs
	1.000	23.03.1994	...
	2.000	17.11.1994	...
	...	...	...

DEF	Menge	Kaufdatum	Kurs
	500	22.10.1994	...
	...	...	...

JKL	Menge	Kaufdatum	Kurs
	1.500	17.03.1995	...
	...	...	...

Sonst_Aktien	Firma	Menge	Kaufdatum	Kurs
	GHI	1.700	30.10.1995	...
	PQR	500	17.02.1994	...
	STU	1.000	30.03.1995	...
	...	...	...	...

Beispiel 5-3: Logikbasierte Transformationssprachen

Wir wollen nun anhand eines etwas ausführlicheren Beispiels (es geht bis Seite 117) die Funktionsweise bzw. die Vorgehensweise bei einer logikbasierten Transformationssprache demonstrieren. Es geht uns dabei mehr um die Vermittlung der Grundidee, die hinter dieser Art von Transformationssprachen steckt, nicht um deren syntaktische Feinheiten und semantische Details.[25]

Wir beziehen uns auf Beispiel 5-2 und die dort gegebenen lokalen Datenbankschemata. Zu bilden sei die globale Relation:

aktien_global(Firma, Kaufdatum, Menge, Kurs)

Mögliche Formulierung der Abbildung lokal → global an Knoten A:

aktien_global(Firma, Kaufdatum, Menge, Kurs) :-   [1]   ⎫
    'AktienRel'(Firma, Menge, Kaufdatum, Kurs).   [2]   ⎬ Regel A1

... entsprechend für Knoten B:

aktien_global(Firma, Kaufdatum, Menge, Kurs) :-   [3]   ⎫
    aktienbestand(X) &   [4]
    X ≠ sonstige_aktien &   [5]   ⎬ Regel B1
    Firma = X &   [6]
    Firma(Menge, Kaufdatum, Kurs).[26]   [7]   ⎭

aktien_global(Firma, Kaufdatum, Menge, Kurs):-   [8]   ⎫
    aktienbestand(X) &   [9]
    X = sonstige_aktien &   [10]   ⎬ Regel B2
    'Sonst_Aktien'(Firma, Menge, Kaufdatum, Kurs).   [11]   ⎭

aktienbestand('ABC').   [12]

aktienbestand('EDF').   [13]

aktienbestand('JKL').   [14]

aktienbestand(sonstige_aktien).   [15]

---

[25] In Anlehnung an die Sprache „F-Logic" /LaMa91/.

[26] Für diejenigen, die PROLOG bereits kennen: Hier wird zugelassen, daß eine Variable als Funktor auftritt. Dies ist in PROLOG nicht zugelassen. Um Funktor-„Variablen" von „normalen" Funktoren zu unterscheiden, schreiben wir mit einem Großbuchstaben beginnende „normale" Funktoren (wie z. B. 'AktienRel') ebenfalls in Anführungszeichen.

Erläuterungen zur Syntax und Semantik:

1. Mit einem Großbuchstaben beginnende Zeichenketten sind Variablen, es sei denn, sie sind in Anführungszeichen geschrieben, dann handelt es sich um Konstanten. Alle mit einem Kleinbuchstaben beginnenden Zeichenketten[27] sind ebenfalls Konstanten. ("X" in Zeile [5] ist zum Beispiel eine Variable, "sonstige_Aktien" in derselben Zeile eine Konstante).

2. Regeln haben einen Regelkopf und einen Anweisungsteil (auch „Bedingungsteil" genannt), der mit dem Symbol ":-" vom Regelkopf getrennt wird. Die Anweisungen (Klauseln) innerhalb einer Regel werden ggf. durch das &-Zeichen miteinander verknüpft, was als UND-Verknüpfung zu interpretieren ist.

3. Zwei Regeln gleichen Namens (siehe Zeile [3] und Zeile [8]) werden als ODER-Verknüpfung verstanden. Das Prädikat aktien_global(....) gilt dann als erfüllt, wenn entweder die Regel in Zeile [3] oder die Regel in Zeile [8] erfolgreich evaluiert werden kann.

4. Eine Regel wird dann erfolgreich evaluiert (d. h. liefert einen „Treffer" zurück), wenn alle ihre Klauseln erfolgreich evaluiert werden (also z. B. die Variablen mit geeigneten Konstanten aus der Datenbank verbunden werden können).

5. Wir wollen hier davon ausgehen, daß die Regeln in der Reihenfolge des Aufschreibens evaluiert werden, also die Regel in Zeile [5] kommt erst zum Zuge, wenn die Regel in Zeile [3] nicht zum Erfolg führt, d. h. keinen Treffer findet.

Die Abarbeitung einer „Anfrage", d. h. die Ausführung einer Regel (Aufruf etwa in der Form):

?- aktien_global(Firma, Kaufdatum, Menge, Kurs).

erfolgt nach dem Prinzip des „Pattern Matching" und des Bindens von (freien) Variablen an Werte (Konstanten) oder an andere Variablen, wobei gleichnamige Variablen innerhalb einer Regel stets denselben Wert haben. Dies wird als *Unifikation* bezeichnet. Wird also innerhalb einer Regel einer Variablen ein Wert zugewiesen[28], so haben ab sofort alle gleichnamigen Variablen innerhalb derselben Regel (also innerhalb von B1 oder innerhalb von B2 usw.) diesen Wert.

Unifikation

Die Regel *aktien_global* an **Knoten A** erfaßt alle Tupel, die in einer 4-stelligen Relation mit Namen *AktienRel* stehen[29], wobei die freien Variablen *Firma, Menge, Kaufdatum* und *Kurs* (aus Zeile [2]) von links nach rechts mit den Attributwerten des jeweils betrachteten Tupels von AktienRel belegt werden. (Die Variablennamen *Firma, Menge* usw. sind also frei wählbar und

---

[27] auch „Atome" genannt

[28] Es ist eigentlich keine Zuweisung im herkömmlichen Sinne, sondern ein Gleichsetzen von „Termen" (man spricht deshalb auch von „Unifikation"). Diese Feinheiten sind aber für das Verständnis hier nicht wesentlich.

[29] sofern eine Relation mit diesem Namen und dieser Stelligkeit existiert

müssen nicht mit den Attributnamen der Relation, auf die sich die Klausel bezieht, übereinstimmen.) Hierdurch sind nun aber auch alle Variablen im Regelkopf (Zeile [1]) mit Werten belegt und die Regel kann somit ein Tupel bzw. alle Tupel, welche die Suchbedingung (hier ist allerdings keine angegeben) erfüllen, „abliefern".

An **Knoten B** wird eine Anfrage, die alle Tupel der lokalen Aktien-Relationen abliefern soll, wie folgt ausgeführt:

Zunächst wird Regel B1 aktiviert und es wird zunächst geprüft werden (siehe Zeile [4]), ob es eine einstellige Relation namens *aktienbestand* gibt (dies ist der Fall) und der Attributwert des ersten Tupels dieser Relation an die Variable "X" gebunden. Damit hat "X" für die Auswertung der folgenden Klauseln von Regel B1 nun den Wert 'ABC' (als Konstante). Die Auswertung von Klausel [5] liefert TRUE, so daß die Variable „Firma" in Zeile [6] nunmehr ebenfalls den Wert 'ABC' erhält.

Da Firma den Wert 'ABC' hat, wird nun aufgrund der Klausel in Zeile [7] eine 3-stellige Relation mit Namen "ABC" gesucht (und gefunden) und die Attributwerte ihres ersten Tupels den Variablen *Menge*, *Kaufdatum* und *Kurs* zugewiesen. Damit sind alle Klauseln positiv evaluiert und Regel B1 liefert ihren ersten „Treffer" zurück.

Nach „Ablieferung" eines Treffers gibt die Klausel in Zeile [7] alle von ihr gebundenen Variablen (also *Menge*, *Kaufdatum* und *Kurs*) wieder frei und versucht eine neue Belegung (in diesem Fall also ein neues Tupel) für diese zu finden. B1 liefert nun also solange weitere Treffer zurück, wie die Klausel in Zeile [7] noch neue Tupel in der ABC-Relation findet.[30]

Sind auf diese Weise alle ABC-Tupel abgearbeitet worden, so meldet die Klausel in Zeile [7] (intern) „Fehlanzeige" und gibt die Kontrolle an die eine Stufe höher stehende Klausel (also diejenige in Zeile [6]) ab. Da hier und auch in Zeile [5] keine Alternativen zur bisherigen Ausführung bestehen (es gilt hier 'ABC' = 'ABC' bzw. 'ABC' $\neq$ sonstige_aktien)[31], landet die Kontrolle wieder bei der Klausel in Zeile [4] (und die Variable *Firma* ist wieder ungebunden). Mit Hilfe der Klausel „aktienbestand(X)" in Zeile [4] wird nun versucht, für X eine andere gültige Belegung in der Datenbank zu finden. Tatsächlich gibt es mit *aktienbestand('EDF')* eine solche Relation, so daß über die Klauseln in den Zeilen [5] und [6] (hier: neue Bindung der Variablen *Firma*) die Klausel in Zeile [7] wieder zur Anwendung kommt und nunmehr alle EDF-Tupel liefert. In analoger Weise werden auch die JKL-Tupel gefunden und nach oben „abgeliefert".

Nach Abliefern des letzten JKL-Tupels kann Regel B1 keine weiteren Treffer mehr finden (X wird in der Klausel in Zeile [4] an "sonstige_aktien" gebunden und dies ist ein Widerspruch zur Forderung in der Klausel in Zeile [5]).

---

[30] In Sprachen wie PROLOG müßte man dieses „Weitersuchen" nach jedem Treffer explizit anstoßen (→ *fail*). Wir wollen annehmen, daß dies hier nicht erforderlich ist.
[31] Man nennt dieses „nach oben laufen" *backtracking*

Die Ausführungskomponente sucht nun nach einer weiteren Regel für die Ausführung der Anfrage und findet diese in Regel B2. Hier werden die Klauseln in den Zeilen [9] und [10] solange mit den verschiedenen Werten von *aktienbestand(...)* ausgeführt, bis X den Wert "sonstige_aktien" annimmt und damit die Klausel in Zeile [10] erfüllt[32]. Durch wiederholte Ausführung der Klausel in Zeile [11] werden nun auch noch die Tupel aus der *Sonst_Aktien*-Relation ausgelesen und über den Regelkopf von B2 ausgegeben. □

Übungsaufgabe 5-3: Logikbasierte Transformation

Um Ihnen daran die Sprache etwas zu erläutern, ist die in Beispiel 5-3 angegebene Lösung für Knoten B etwas ausführlicher (und auch ineffizienter), als an sich notwendig. Versuchen Sie die angegebene Lösung zu vereinfachen, d. h. mit weniger Regeln auszukommen.

Tips: Die Variable "X" in Regeln B1 und B2 wird eigentlich gar nicht benötigt. und auf das (nochmalige) Durchsuchen der Faktenbasis in Regel B2 kann verzichtet werden. □

Eine Mischform von Wertebereichsunverträglichkeit und Strukturunverträglichkeit stellen die in der Praxis häufig vorkommenden „sprechenden Schlüssel" dar, bei denen verschiedene Sachverhalte in den numerischen oder alphanumerischen Schlüssel „hineincodiert" werden, etwa in der Form: „*die ersten 3 Stellen geben die Artikelgruppe an, die nächsten 6 Stellen die eigentliche Artikelnummer, die nächsten 2 Stellen, ...*".

sprechende Schlüssel

Für allgemeine Transformationen dieser und ähnlicher Art benötigt man dann ziemlich rasch berechnungsvollständige Sprachen. Mit Hilfe solcher Sprachen lassen sich dann zwar im Prinzip (fast) beliebige Abbildungen definieren, allerdings sind damit dann auch der (eleganten) Transformierbarkeit von globalen Anfragen in lokale Anfragen enge Grenzen gesetzt. Es treten dann rasch ähnliche Probleme wie bei heterogenen, post-integrierten Datenbanksystemen auf (Zwang zur Materialisation von Zwischenergebnissen bzw. Sichten, starke Einschränkungen hinsichtlich Updates über das globale Schema usw.; siehe Abschnitt 5.6). Wir werden hierauf auch in Kapitel 6 nochmals zu sprechen kommen.

Übungsaufgabe 5-4: Schlüsseltransformationen

Gegeben seien die beiden lokalen Lieferanten-Relationen aus Abb. 5-11. Formulieren Sie geeignete Abbildungen globales Schema → lokales Schema in Relationenalgebra für Schlüsseltransformationen entsprechend Vorgehensweise 1 (Abb. 5-12) bzw. Vorgehensweise 2 (Abb. 5-13).

---

[32] siehe hierzu Übungsaufgabe 5-3.

Übungsaufgabe 5-5: Logikbasierte Schema-Transformation

Gegeben seien die folgenden Schemata:

TEILE_A(<u>TeileNr</u>, TeileBez, Preis),   LIEF_A(<u>TeileNr</u>, LiefNr),

TEILE_B(<u>TeileNr</u>, TeileBez, LiefNr),   PREIS_B(<u>TeileNr</u>, Preis),

LAGERORT(<u>TeileNr</u>, LagerOrt)

Formulieren Sie mit Hilfe der oben beschriebenen logikbasierten Trans-
formationsbeschreibungssprache die Abbildung in das Schema

TEILE(<u>TeileNr</u>, TeileBez, LiefNr, Preis, LagerOrt)

5.6 Heterogene, post-integrierte Datenbanksysteme

In diesem Abschnitt wollen wir uns nun mit der nachträglichen Integration
von Datenbanksystemen befassen, die ein unterschiedliches Datenmodell zu-
grundeliegen haben. Wir beschränken uns hierbei auf die Integration von relationalen Datenbanken und Datenbanken, die auf dem *Netzwerk-Datenmodell*
(im folgenden kurz „*Netzwerkmodell*" genannt) entsprechend den *CODASYL*-
Vorschlägen[33] beruhen. Die grundsätzlichen Aspekte gelten jedoch auch für
andere Datenmodelle, wie z. B. das hierarchische Datenmodell.

Netzwerkmodell
CODASYL

5.6.1 Unterstützung lesender Zugriffe

Wir wollen zunächst einmal anhand eines einfachen Beispiels analysieren,
welche Integrationsprobleme aufgrund der unterschiedlichen strukturellen
Informationsdarstellung auftreten können und welchen Einfluß dies auf die
Anfragebearbeitung (lesender Zugriff) hat (etwas später werden wir dann auch
noch auf die Update-Problematik eingehen). Die beiden DBSe sollen hierbei
jeweils identische Informationen über Teile, Lieferanten sowie darüber verwalten, welcher Lieferant welches Teil zu welchem Preis liefert. Das *relationale DBS* verwende hierzu die in Abb. 5-17.a dargestellten Relationen.

Im *Netzwerkmodell* läßt sich dieser Sachverhalt etwa wie in Abb. 5-17.b dargestellt modellieren. Den LIEFERANT-Record sowie den TEIL-Record kann
man hierbei umittelbar analog zur relationalen Struktur aufbauen. Bezüglich
des LIEF-TEIL-Records bieten sich zwei Alternativen an: Preis-Attribut und
zusätzliche Speicherung der jeweiligen Schlüssel der zugehörigen „Owner"-
Records (redundante Speicherung; siehe Abb. 5-18.a) oder nur das Preis-
Attribut (redundanzfreie Speicherung; siehe Abb. 5-18.b). Bei der zweiten

---

[33] Wir setzen im folgenden zumindest Grundkenntnisse über Datenbanksysteme voraus. Näheres zum CODASYL-Datenmodell findet sich in den meisten Lehrbüchern über Datenbanksysteme, wie z. B. /LaLo95/, /ScSt83/.

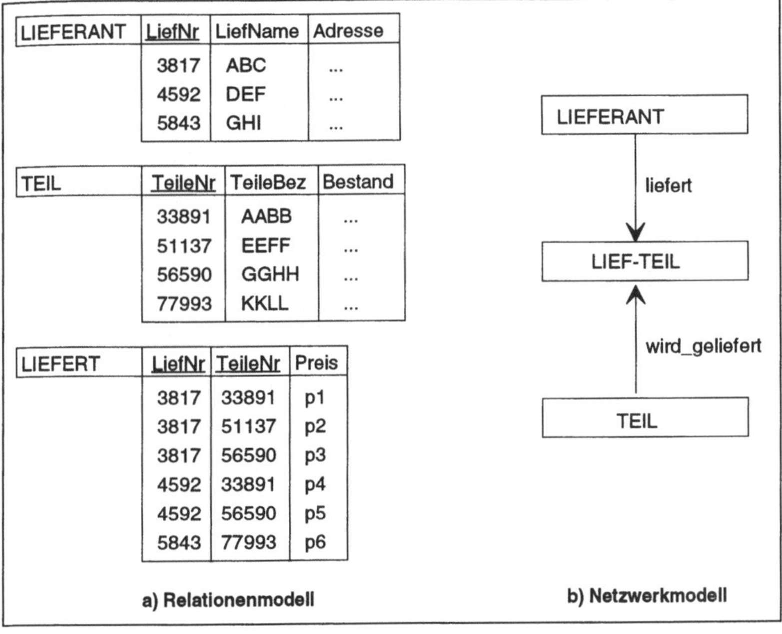

Abb. 5-17: Informationsmodellierungen

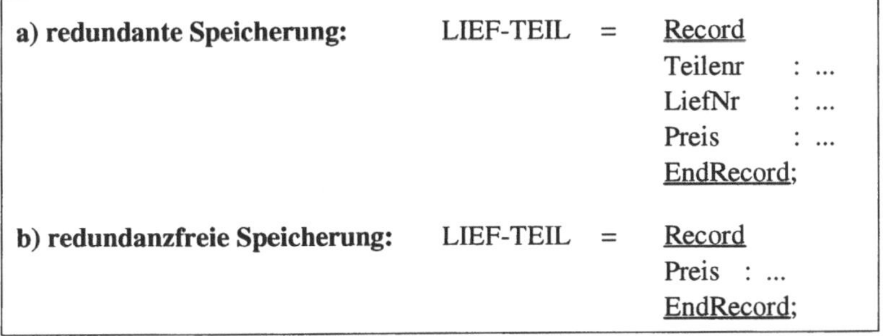

Abb. 5-18: Alternative Realisierungsformen für den LIEF-TEIL-Record

Variante stellen die beiden Sets „liefert" und „wird_geliefert" sog. *informationstragende Verbindungen* dar.

Die Unterschiede zwischen der ersten und zweiten Möglichkeit werden erst so richtig deutlich, wenn man die resultierende Struktur auf Ausprägungsebene betrachtet, wie in Abb. 5-19 dargestellt, und sich die Auswirkungen dieser unterschiedlichen Informationsmodellierung auf Anfragen überlegt.

informations-
tragende
Verbindungen

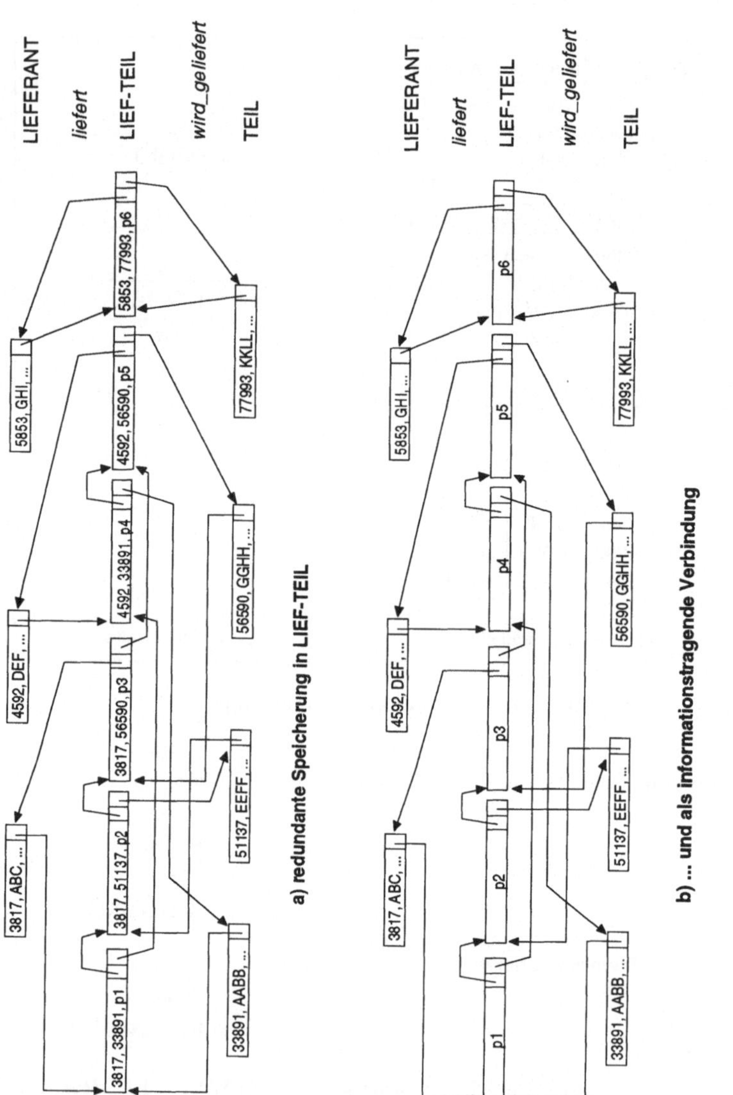

Für Anfragen, die sich nur auf die Attribute in LIEFERANT oder TEIL beziehen, ergeben sich keine Unterschiede. Entsprechende relationale Anfragen der Form

```
SELECT  *
FROM    Lieferant
```

lassen sich praktisch unmittelbar in äquivalente CODASYL-Anfragen überführen:

FIND ANY Lieferant RECORD
GET Lieferant RECORD,   gefolgt von

FIND DUPLICATE Lieferant RECORD[34]   } sooft auszuführen, wie noch
GET Lieferant RECORD   } Records zu lesen sind

Anders sieht es aus, wenn sich eine Anfrage auf den LIEF-TEIL-Record bezieht, etwa der Form: *„Gib aus, welche Teile von welchen Lieferanten zu welchem Preis geliefert werden"*.

Falls bzgl. LIEFERANT und TEIL nur LiefNr bzw. TeilNr auszugeben ist, so würde man diese Anfrage im relationalen Modell als

SELECT   *
FROM   Liefert

formulieren.

Sofern die redundante Variante gewählt wurde (siehe Abb. 5-18.a), würde sich die CODASYL-Anfrage ganz analog dazu ergeben:

FIND ANY Lief-Teil RECORD, gefolgt von

FIND DUPLICATE Lief-Teil RECORD

Ganz anders sieht es hingegen aus, wenn die redundanzfreie Variante (siehe Abb. 5-18.b) gewählt wurde. Hier muß nun explizit die gesamte Struktur in Abb. 5-19.b nachverfolgt werden. Der Einstieg kann hierbei wahlweise über den LIEFERANT-Record oder über den TEIL-Record erfolgen (da symmetrisch). Nachstehend die Anfrageformulierung mit Einstieg über den LIEFERANT-Record:

FIND ANY Lieferant RECORD;

If „end-of-file" Then Goto Ende;

GET Lieferant RECORD;   /* → LiefNr   */

NächstesTeil:

    FIND NEXT Lief-Teil RECORD WITHIN liefert;

    If „end-of-set" Then Goto NächsterLieferant;

    GET Lief-Teil RECORD;   /* → Preis   */

    FIND OWNER WITHIN wird_geliefert;

    GET Teil RECORD;   /* → TeileNr */

    ... Übergabe LiefNr, TeileNr, Preis ...

    Goto NächstesTeil;

---

[34] Zur Erinnerung: FIND ANY lokalisiert den ersten Record des angegebenen Recordtyps und macht ihn zum „current of run-unit" (CRU). FIND DUPLICATE sucht ab der aktuellen CRU-Position den nächsten Record des angegebenen Typs.

NächsterLieferant:

    FIND OWNER WITHIN liefert;

    FIND DUPLICATE Lieferant RECORD;

    If „end-of-file" Then Goto Ende;

    GET Lieferant RECORD;   /* → LiefNr */

Ende:

    .... fertig ....

komplexere Anfragen durch informationstragende Verbindungen

Wie man sieht, führen *informationstragende Verbindungen* tendenziell zu komplexeren Anfragen. Je nach gewählter Informationsmodellierung ergeben sich also sehr unterschiedliche Ausführungsalternativen im Falle einer Zusammenführung in einem verteilten DBS.

Gehen wir nun von der „günstigeren" (d. h. redundanten) Informationsmodellierung (entsprechend Abb. 5-19.a) aus und betrachten wir eine Anfrage der Art: „*Gib alle Lieferanten aus (LiefNr, LiefName, Adresse), die Teil Nr. 33891 liefern können.*"

Im relationalen Fall könnten wir dies mittels Join z. B. wie folgt formulieren:

```
SELECT   Lieferant.*
FROM     Liefert, Lieferant
WHERE    Liefert.LiefNr = Lieferant.LiefNr AND TeileNr = 33891
```

Da wir in CODASYL keinen Join-Operator haben, kommt eine direkte Umsetzung nicht in Betracht. Es ergeben sich u. a. die folgenden Alternativen:

1. Lesen (FIND ANY / FIND DUPLICATE) aller Lief-Teil-Records mit
   Lief-Teil.TeileNr = 33891,   [1]
   Lesen aller Lieferant-Records,   [2]
   Abgleich der in Schritt [1] und [2] gelesenen Records bzgl. gleicher LiefNr

2. Zunächst komplettes Lesen aller Lief-Teil-Records (FIND ANY / FIND
   DUPLICATE) mit Lief-Teil.TeileNr = 33891,   [1]
   anschließend gezieltes Lesen von Lieferant-Records (FIND ANY ...
   USING) mit vorgegebener LiefNr (entnommen aus Lief-Teil.LiefNr in [1])

3. Sukzessives Suchen aller Lief-Teil-Records mit TeileNr = 33891,
   bei jedem Treffer Zugriff auf zugehörigen Lieferant-Record (FIND
   OWNER ...)

Alternative 1 wäre die direkte Umsetzung der relationalen Anfrage mit „manueller Joinberechung" im Zugriffsprogramm. Dies ist zwar leicht zu handhaben, jedoch in der Regel sehr ineffizient, insbesondere wenn es zu LIEF-TEIL und LIEFERANT viele Ausprägungen gibt. Alternative 2 und 3 nutzen die Möglichkeiten des Netzwerk-DBMS besser aus. Falls ein Index auf LiefNr von Lieferant existiert, so dürften die beiden Alternativen hinsichtlich Antwortzeitverhalten in etwa ähnlich sein, ansonsten ist Alternative 3 vorzuziehen.

Wir können also schlußfolgern, daß bei Vorliegen einer „passenden" Modellierung die Transformation einer relationalen Anfrage in eine „äquivalente" CODASYL-Anfrage jeweils relativ direkt (und einfach) möglich ist, daß dies u. U. aber mit schlechtem Antwortzeitverhalten erkauft wird. Wird hingegen auf gutes Antwortzeitverhalten Wert gelegt, so muß die Anfrage in Abhängigkeit von der gewählten Informationsmodellierung und den eingerichteten Zugriffspfaden (Indexe, Hash, ...) gewählt werden, was eine automatische Anfrage-Transformation sehr erschwert.

Probleme der automatischen Umsetzung

5.6.2 Unterstützung ändernder Zugriffe

Die „alten" Datenbanksysteme weisen, da über viele Jahre weiterentwickelt und dabei um neue Funktionen angereichert, gegenüber relationalen DBMSen in der Regel eine relativ große Vielfalt an systemspezifischen Eigenschaften und Eigenheiten auf. Dies ermöglicht zwar zum einen dem erfahrenen Programmentwickler die Implementierung sehr effizienter Anwendungen, macht aber auch die automatische Transformation von Änderungen in relationaler Sicht in Änderungen in einem „Alt-System" im allgemeinen sehr schwierig.

Am einfachsten handhabbar sind reine *Wertänderungen*, wenn zwischen dem „globalen Entitiy" (z. B. in relationaler Sicht) und dem „lokalen Entity" (z. B. in Netzwerkmodellsicht) eine direkte Korrespondenz besteht (siehe die entsprechende Diskussion in Abschnitt 5.4). Aber selbst hier ist Vorsicht angebracht. CODASYL-Systeme erlauben z. B. im DB-Schema Regeln für die automatische Einfügung von Records in Setausprägungen anzugeben (INSERTION IS AUTOMATIC SET SELECTION IS THRU ....).

CODASYL-Systeme: Einfügeregeln

Diese Klausel bewirkt, daß unter Anwendung dieser Klausel das DBMS beim Speichern eines Records (für den diese Klausel gilt) selbständig die richtige Setausprägung identifiziert und den Record dort „einhängt". Der Wert, um die richtige Setausprägung zu bestimmen, kann dabei durchaus auch als Attributwert im einzufügenden Record stehen. Wird nun dieser Attributwert im Record geändert, so muß der Record ggf. in eine andere Setausprägung „umgehängt" werden. Je nach zugrundeliegendem DBMS wird dies durch das System erkannt und ausgeführt, während es in anderen Fällen Sache des Anwenders bzw. des Anwendungsprogramms sein kann, hierauf zu achten und das Umhängen ggf. selbst vorzunehmen.

Problem:
Einfügungen

Aus diesem Grund ist insbesondere die Umsetzung von *Einfügeoperationen* in der Regel nicht trivial. Es muß anhand des konkreten Schemas und der dort spezifizierten Set-Klauseln entschieden werden, was im Falle einer Einfügung alles zu tun ist. Im Falle von automatischen Einfügungen müssen die richtigen Variablen und/oder „currency status indicators"[35] gesetzt sein, damit die Einfügung korrekt ausgeführt werden kann, im Falle von „manuellem" Einfügen in Sets müssen die entsprechenden CONNECT-Anweisungen abgesetzt werden.

Problem:
Record-Reihen-
folgen

Ein anderes Problem in diesem Zusammenhang ist die Unterstützung von physischen und/oder logischen Record-Reihenfolgen. Während z. B. im CODASYL-Datenmodell der Anwender bei Einfügungen in ein Set an die richtige Stelle explizit „hinnavigieren" kann, fehlt eine solche Möglichkeit im Relationenmodell völlig (das Relationenmodell kennt keine Tupel-Reihenfolge!). Ist die Aufrechterhaltung dieser Record-Reihenfolge für das korrekte Arbeiten der existierenden Anwendungen wichtig, so werden Einfügungen über das globale Schema in der Regel nicht unterstützt werden können.

5.6.3 Schema-Information

automatische
Anfrage-
Transformation
kaum
durchführbar

Aus dem oben Gesagten sollte klar geworden sein, daß eine automatische Transformation von beliebigen *Lese-Anfragen* gegen ein relationales Schema in geeignete (und insbesondere auch noch effiziente) Anfragen an ein „Alt-System" aus Aufwandsgründen im allgemeinen kaum durchführbar ist (selbst wenn die strukturellen und sonstigen Probleme, wie in Abschnitt 5.4 beschrieben, gelöst worden sind). Der Aufwand, das zu integrierende „Alt-System" formal so sauber und exakt und vollständig zu beschreiben, daß es im Prinzip möglich wäre, „äquivalente" Anwendungsprogramme zu generieren, um diese Anfrage auszuführen, wird in den meisten Fällen in keiner vernünftigen Relation zum späteren Nutzen stehen.

Für *Änderungs-Anweisungen* gilt dies natürlich in verschärfter Form, da durch eine eventuell fehlerhafte Umsetzung die Konsistenz der Daten im „Alt-System" gefährdet werden kann. Dies wiegt umso schwerer, als in den meisten großen Unternehmen die tatsächlich unternehmenswichtigen („mission critical") Daten bzw. Anwendungen noch für viele Jahre in diesen Systemen gespeichert sein werden bzw. auf diesen Systemen ablaufen werden. Da kann man sich keine sicherheitskritischen Experimente leisten.

---

[35] CODASYL-Systeme verwalten intern sog. „currency status indicators" (CSIs) für die jeweils zuletzt angefaßte Ausprägung eines Set-Typs, eines Record-Typs usw. Fast alle Datenbank-Operationen beziehen sich jeweils auf einen dieser CSIs. Der CRU (siehe Fußnote 34), auf den sich z. B. FIND DUPLICATE bezieht, ist auch ein solcher CSI.

Für die Integration solcher Systeme und deren Beschreibung im globalen Schema bedeutet dies, daß im globalen Schema (in z. B. relationaler Darstellung) in der Regel „hart-verdrahtete" Sichten mit „hart-verdrahteter" Semantik[36] angeboten werden, über die dann lesender und ggf. auch ändernder Zugriff auf die Fremddatenbank möglich ist. „Optisch" sehen diese Daten dann wie normale Relationen aus und können im Prinzip auch so angesprochen werden. Man muß sich allerdings klar darüber sein, daß die Ausführung u.U. die Materialisierung (evtl. sogar sehr großer) Zwischenergebnis-Relationen (zur Weiterverarbeitung im „richtigen" relationalen DBMS) erforderlich machen kann (Laufzeit!, Speicherplatzbedarf!). Man wird daher in der Regel mehr „Hintergrundwissen" über die realisierte Abbildung benötigen, um diese Zugriffsmöglichkeit auch adäquat einsetzen zu können.

Üblich: „hart-verdrahtete" Sichten

Vielfach werden für solche Zugriffsmöglichkeiten auf fremde Datenbanken sog. *Database Gateways* von Herstellern relationaler oder objekt-orientierter Datenbanken angeboten. Allerdings werden meist nur die am Markt sehr stark vertretenen „Alt-Systeme" durch diese Programme unterstützt.

Database Gateways

5.7 Realisierung des globalen Katalogs

Bei der Diskussion der verschiedenen Varianten von Schema-Architekturen haben wir betrachtet, *welche* Informationen ein globales konzeptuelles Schema, ein globales Verteilungs-Schema usw. enthalten sollte. Was wir nicht diskutiert haben, ist die Frage, *wo* diese Informationen tatsächlich gespeichert werden sollen. Bei den lokalen Schemata (lokales internes, lokales konzeptuelles/logisches und lokales Repräsentationsschema) ist dies relativ einfach zu beantworten; diese wird man im allgemeinen stets direkt an ihrem „Heimat-Knoten" speichern. Wo aber speichert man das globale Schema mit seinen Bestandteilen (siehe Abb. 5-5)?

Im Regelfall kann an jedem Knoten eine globale Anfrage gestellt werden. Im Prinzip braucht daher jeder Knoten Zugriff auf den *globalen Katalog*, um herauszufinden, ob die in der globalen Anfrage auftretenden Relations- und Attributnamen korrekt sind, welche Wertebereiche sie haben und wie diese globalen Relationen logisch (Partitionierung) und physisch (Allokation) realisiert sind (siehe Abb. 5-20). Für die Realisierung des globalen Kataloges bieten sich verschiedene Möglichkeiten an, die natürlich auch in Mischformen auftreten können:

Zentralisierter Katalog

Bei einem zentralisierten Katalog speichert *ein* Rechner den *gesamten* Katalog; lokal sind keine Katalogdaten über globale Relationen – auch nicht über die „vor Ort" gespeicherten – vorhanden. Dies ermöglicht eine relativ einfache Wartung des Kataloges, da Änderungen nur an einer Stelle vorgenommen werden müssen. Andererseits wird dieser Vorteil aber mit hohen Kommuni-

---

[36] z. B. über ein entsprechend geschriebenes Anwendungsprogramm realisiert

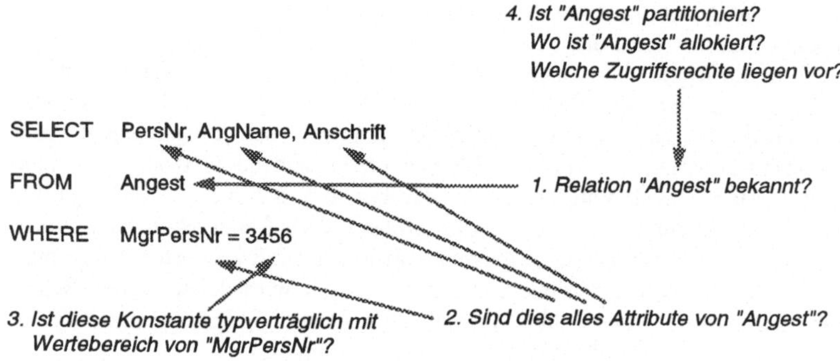

Abb. 5-20: Bedeutung des Kataloges für die Anfragebearbeitung

kations-Kosten erkauft, da nun jede Bearbeitung einer Anfrage zunächst eine Kommunikation mit dem Zentral-Knoten erfordert.

Voll redundanter Katalog

Bei dieser Variante ist der gesamte Katalog an *allen* Knoten vorhanden. Hierdurch wird zwar der Katalogzugriff sehr schnell (lokaler Zugriff), dafür treten nun unter Umständen aber erhebliche Änderungskosten auf (siehe Kapitel 9). Man wird diese Variante daher im allgemeinen nur dann wählen, wenn der globale Katalog nicht sehr häufig geändert wird, wenn also relativ selten neue globale Relationen eingefügt, geändert oder gelöscht werden.

Mehrfach-Katalog („Cluster-Katalog")

Hierbei handelt es sich um eine Mischung aus zentralisiertem Katalog und voll redundantem Katalog. Diese Variante bietet sich speziell dann an, wenn mehrere Rechner-Netze (z. B. mehrere lokale Netze) zu einem Gesamt-Netz verbunden sind. Jedes Teil-Netz (Cluster) hat eine Kopie des Gesamt-Kataloges, die – innerhalb des Teil-Netzes – zentral gespeichert wird.

Lokale Kataloge (kein globaler Katalog)

Bei dieser Variante halten die Rechner jeweils nur Katalog-Information über die lokal gespeicherten Daten. Globale Anfragen, die sich nicht nur auf lokal vorhandene Daten beziehen, bedürfen daher stets der Kommunikation mit anderen Knoten. Werden die Daten nicht-redundant gespeichert, können Anfragen, die sich auf lokale Daten beziehen, ohne weitere Kommunikation lokal bearbeitet werden. Bei Änderungen an redundant gespeicherten Daten ist eine Abstimmung mit den kopien-haltenden Knoten erforderlich. Treten globale Anfragen häufig auf, so ist dieses Verfahren aufgrund der hohen Kommunikationskosten (allein schon für die Übersetzung der Anfrage muß jedes Mal der entsprechende Katalogausschnitt besorgt werden), praktisch nicht tauglich.

Im Rahmen des *R*-Projektes* /Dani82/ wurde deshalb eine spezielle Variante dieser Realisierungsform entwickelt, die dieses Problem beseitigt oder zu-

mindest mildert, und sich in verschiedenen Varianten in heutigen kommerziell
verfügbaren DBMSen wiederfindet: Bei einem Fremddaten-Zugriff wird in
R* die entsprechende Fremd-Katalog-Information hierfür in einem lokalen
Speicher (Katalog-Cache) gespeichert. Bei späteren Anfragen wird die Anfrage zunächst aufgrund der lokal vorhandenen Fremd-Katalog-Information bearbeitet und an den datenhaltenden Knoten übermittelt. Durch Zeitstempelvergleich wird dort festgestellt, ob die verwendete Katalog-Information noch
korrekt (aktuell) ist. Falls nein, wird die Anfrage zurückgewiesen, wobei die
aktuelle Katalogversion gleich mitübertragen wird.

Welche Variante jeweils die beste ist, läßt sich nicht pauschal sagen, sondern
hängt von Parametern wie Änderungshäufigkeit, Kommunikationskosten und
Anfrageprofil ab. Ein wichtiger Aspekt hierbei ist auch die Gewährleistung
der lokalen Arbeitsfähigkeit eines Knotens im Falle von Netzwerkfehlern, also
bei Ausfall der Kommunikationsverbindung zu anderen Rechnern. Die in
Kapitel 4 gemachten Aussagen über die optimale Allokation von Daten sowie
Betrachtungen im Kontext von redundant gespeicherten Daten, auf die wir in
Kapitel 9 eingehen werden, gelten deshalb im Grundsatz auch für die Realisie-
rung des globalen Kataloges.

6. Anfragebearbeitung

6.1 Allgemeines

Moderne DBMSe erlauben es den Benutzern, ihre Anfragen in einer deskriptiven, mengenorientierten Anfragesprache zu formulieren. Bei der Formulierung der Anfrage sollten Aspekte der physischen Realisierung der angesprochenen Relationen nicht relevant sein, ebenso sollte es idealerweise keine „dummen" bzw. „intelligenten" Anfrageformulierungen geben, die – bei gleichem Endresultat – sich in der Ausführungszeit erheblich unterscheiden. Diese Ziele können nur erreicht werden, wenn das DBMS in der Lage ist, Anfragen systemintern durch Äquivalenzumformungen so zu transformieren, daß laufzeitmäßig stets eine optimale bzw. annähernd optimale Ausführung der Anfrage gewährleistet ist. Diesen Aspekt bezeichnet man im allgemeinen als *Anfrageoptimierung*.

Anfrage-
optimierung

Neben den allgemeinen Aspekten der Anfrageoptimierung, wie Erkennung und Zusammenfassung redundanter sowie Eliminierung überflüssiger Teilausdrücke, sind in verteilten DBMSen noch die mögliche *Parallelausführung* von Teilanfragen sowie die anfallenden *Übertragungskosten* bzw. *Übertragungszeiten* bei der Bestimmung der optimalen Ausführungsstrategie mit in Betracht zu ziehen. Im folgenden gehen wir davon aus, daß an allen Knoten das Repräsentationsschema in homogener, relationaler Form vorliegt. Die Vorgehensweise hierzu haben wir in Kapitel 5 kennengelernt.

In diesem Kapitel werden wir im wesentlichen fünf Themenkreise behandeln:

1. Formale Grundlagen der Anfragetransformation.

2. Transformation von Anfragen gegen globale (virtuelle) Relationen in Anfragen gegen gespeicherte (allokierte) Partitionen.

3. Parallele Ausführung von Teilanfragen einer globalen Anfrage.

4. Alternative Möglichkeiten für die Berechnung von Verbunden.

5. Bestimmung einer optimalen Ausführungsstrategie.

Im folgenden Abschnitt wollen wir, im Sinne einer Auffrischung des Wissens, zunächst nochmals kurz auf die formalen Grundlagen der Anfragebearbeitung und -optimierung eingehen. Bei dieser Rekapitulation beschränken wir uns im wesentlichen auf den Aspekt der *algebraischen Optimierung*. Für eine eingehendere und weitergehende Behandlung von Optimierungsaspekten siehe z. B. /Mits95/, /CePe84/ und /KRB85/.

6.2 Formale Grundlagen der Anfragebearbeitung

6.2.1 Vorbemerkungen

Einer der wesentlichen Beiträge, wenn nicht sogar *der* wesentliche Beitrag der relationalen Datenbanksysteme zur Datenbanktechnologie, war die Einführung einer formalen theoretischen Grundlage in Form der Relationenalgebra und des Relationenkalküls für Datenmodell und den darauf definierten Operationen (siehe Kapitel 3).

Abgeschlossenheit
Äquivalenz

Diese formale Grundlage, insbesondere die *Relationenalgebra*, die sehr stark an die mathematische Mengenlehre angelehnt ist, erlaubt es, über Aspekte wie *Abgeschlossenheit* des Datenmodells gegenüber bestimmten Operationen und *Äquivalenz* von Ausdrücken (in unserem Fall von Anfrageausdrücken) auf einer sauberen formalen Basis zu argumentieren bzw. entsprechende Beweise oder Gegenbeweise führen zu können.

Operatorbaum

Geht man z. B. davon aus, daß ein Anfrageausdruck in Relationenalgebra im wesentlichen strikt (natürlich unter Beachtung von Klammern und Operatorpräzedenzen) von links nach rechts ausgewertet wird, so legt ein Algebraausdruck implizit auch den Ausführungsplan (den *Operatorbaum*) einer Anfrage fest. Die formale Grundlage gestattet es nun, für relationale Anfrageausdrücke systemintern alternative, äquivalente Anfrageausdrücke – und damit auch alternative Ausführungspläne – zu bestimmen und von diesen z. B. den hinsichtlich erwarteter Laufzeit günstigsten auszuwählen. Hierauf werden wir in Abschnitt 6.9 noch näher eingehen.

Verwandtschaft:
Behandlung von
Sichten

Die Deklaration globaler Relationen ähnelt sehr stark der Deklaration von *Sichten*. Demzufolge kommen auch sehr ähnliche Mechanismen bei der Transformation von Anfragen gegen globale Relationen in Anfragen gegen lokal gespeicherte Relationen zum Tragen, wie bei der Transformation von Anfragen gegen Sichten in Anfragen gegen Basisrelationen. Wir wollen deshalb im folgenden Abschnitt zunächst nochmals kurz die diesen Transformationen zugrundeliegenden Äquivalenzbeziehungen rekapitulieren und diese dann in Abschnitt 6.2.3 in Form eines etwas ausführlicheren Beispiels anwenden. Die Anwendung dieser Transformationen auf den verteilten Fall werden wir dann in Abschnitt 6.3 ff. vornehmen.

6.2.2 Äquivalenzumformungen

Nachstehend nun eine tabellarische Übersicht (siehe Tabelle 6-1)[37] über einige wichtige Äquivalenzbeziehungen zwischen Anfrageausdrücken in Relationenalgebra. In der Spalte „Nebenbedingung" ist jeweils angegeben, ob die Umformung uneingeschränkt in „beide Richtungen" gilt ("—") oder ob bestimmte Nebenbedingungen beachtet werden müssen. Es gibt hierbei Regeln, die etwas aussagen über die

---

[37] In überarbeiteter Form entnommen aus /CePe84/, /Ullm89/.

- Kommutativität unärer Operationen: $unop_1\ unop_2\ R \overset{?}{\equiv} unop_2\ unop_1\ R$ Kommutativität

- Kommutativität binärer Operationen: $R_1\ binop\ R_2 \overset{?}{\equiv} R_2\ binop\ R_1$

- Assoziativität binärer Operationen: Assoziativität

$$R_1\ binop_1\ (R_2\ binop_2\ R_3) \overset{?}{\equiv} (R_1\ binop_1\ R_2)\ binop_2\ R_3$$

- Zusammenfassung unärer Operationen: $unop_1\ unop_2\ R \overset{?}{\equiv} unop_3\ R$ Zusammenfassung

- Distributivität unärer Operationen in bezug auf binäre Operationen: Distributivität

$$unop\ (R_1\ binop\ R_2) \overset{?}{\equiv} (unop\ R_1)\ binop\ (unop\ R_2)$$

Die Umformungsregeln gehen dabei davon aus, daß jeweils ein *syntaktisch korrekter Ausdruck*, welcher der linken oder der rechten Seite der betrachteten Regel entspricht, vorliegt und daß zu entscheiden ist, ob (und ggf. unter welchen Nebenbedingungen) die Transformation in den Ausdruck auf der anderen Seite möglich ist. So besagt etwa die Nebenbedingung für Regel Nr. 2, daß (nur) für die "←"-Richtung eine Nebenbedingung zu beachten ist. Falls also eine syntaktisch korrekte (Teil-)Anfrage vorliegt, die der rechten Seite der Regel entspricht, so muß bei einer Transformation in eine Form entsprechend der linken Seite gelten, daß die im Selektionsprädikat F verwendete Attributmenge Attr(F) eine Teilmenge derjenigen Attribute ist, auf die mittels des Projektionsoperators projiziert wird. Umgangssprachlich ausgedrückt: Wir dürfen durch die Umformung nichts „wegprojizieren“, was wir in der anschließenden Selektion noch benötigen. Die Erläuterungen zu den anderen Nebenbedingungen finden Sie im Anschluß an Tabelle 6-1.

Vorbemerkungen:

Um die Umformungsregeln in Tabelle 6-1 möglichst einfach zu halten, wird bei den folgenden Äquivalenzumformungen unterstellt, daß

- die Schemata der am *Join* (**JN**) oder *kartesischen Produkt* (**CP**) beteiligten Relationen jeweils paarweise disjunkt sind, d. h. keine gemeinsamen Attribute aufweisen.[38]

- die Schemata der am *natürlichen Verbund* (natural join; **NJN**) beteiligten Relationen zumindest ein Attribut gemeinsam haben.

- die Schemata der an der *Vereinigung* (**UN**) oder *Differenz* (**DF**) beteiligten Relationen gleich sind.[38]

---

[38] Dies stellt keine Einschränkung der Anwendbarkeit dieser Regeln dar, da die Operanden-Relationen durch geeignete Umbenennung der Attribute stets „passend“ gemacht werden können.

Äquivalenzumformungen (Auswahl) [39]	
Nr | **Regel**	**Nebenbedingung**
1 | $SL_{F1}\,(\,SL_{F2}\,R\,) \equiv SL_{F2}\,(\,SL_{F1}\,R\,)$	—
2 | $SL_F\,(PJ_A\,R) \equiv PJ_A\,(\,SL_F\,R\,)$	$\leftarrow : Attr(F) \subseteq A$
3 | $R\,UN\,S \equiv S\,UN\,R$	—
4 | $R\,CP\,S \equiv S\,CP\,R$	—
5 | $R\,JN_F\,S \equiv S\,JN_F\,R$	—
6 | $(\,R\,UN\,S\,)\,UN\,T$ $\equiv R\,UN\,(\,S\,UN\,T\,)$	—
7 | $(\,R\,CP\,S\,)\,CP\,T$ $\equiv R\,CP\,(\,S\,CP\,T\,)$	—
8 | $(\,R\,JN_{F1}\,S\,)\,JN_{F2}\,T$ $\equiv R\,JN_{F1}\,(S\,JN_{F2}\,T\,)$	$\rightarrow : Attr(F2) \subseteq (Attr(S) \cup Attr(T))$ $\leftarrow : Attr(F1) \subseteq (Attr(R) \cup Attr(S))$
9 | $PJ_{A1}\,R \equiv PJ_{A1}\,PJ_{A2}\,R$	$A1 \subseteq A2 \subseteq Attr(R)$
10 | $SL_F\,R \equiv SL_{F1}\,SL_{F2}\,R$	$F = F1 \wedge F2$
11 | $SL_F\,(\,R\,UN\,S\,)$ $\equiv (\,SL_F\,R\,)\,UN\,(\,SL_F\,S\,)$	—
12 | $SL_F\,(\,R\,DF\,S\,)$ $\equiv (\,SL_F\,R\,)\,DF\,(\,SL_F\,S\,)$	—
13 | $SL_F\,(\,R\,CP\,S\,)$ $\equiv (\,SL_{F1}\,R\,)\,CP\,(\,SL_{F2}\,S\,)$	$\rightarrow :\ F = F1 \wedge F2$ $\wedge\ Attr(F1) \subseteq Attr(R)$ $\wedge\ Attr(F2) \subseteq Attr(S)$ $\leftarrow :\ F = F1 \wedge F2$
14 | $SL_F\,(\,R\,JN_{F3}\,S\,)$ $\equiv (\,SL_{F1}\,R\,)\,JN_{F3}\,(\,SL_{F2}\,S\,)$	$\rightarrow :\ F = F1 \wedge F2$ $\wedge\ Attr(F1) \subseteq Attr(R)$ $\wedge\ Attr(F2) \subseteq Attr(S)$ $\leftarrow :\ F = F1 \wedge F2$
15 | $PJ_A\,(\,R\,UN\,S\,)$ $\equiv (\,PJ_A\,R\,)\,UN\,(\,PJ_A\,S\,)$	—
16 | $PJ_A\,(\,R\,CP\,S\,)$ $\equiv (\,PJ_{A1}\,R\,)\,CP\,(\,PJ_{A2}\,S\,)$	$\rightarrow :\ A1 = A \cap Attr(R)$ $\wedge\ A2 = A \cap Attr(S)$ $\leftarrow :\ A = A1 \cup A2$
17 | $PJ_A\,(\,R\,JN_F\,S\,)$ $\equiv (\,PJ_{A1}\,R)\,JN_F\,(\,PJ_{A2}\,S\,)$	$\rightarrow :\ Attr(F) \subseteq A$ $\wedge\ A1 = A - Attr(S)$ $\wedge\ A2 = A - Attr(R)$ $\leftarrow :\ A = A1 \cup A2$
18 | $R\,NJN\,R \equiv R$	—

---

[39] siehe Vorbemerkungen auf Seite 129

19	$R \text{ UN } R \equiv R$	—
20	$R \text{ DF } R \equiv \emptyset$	—
21	$R \text{ NJN } (\text{SL}_F R) \equiv \text{SL}_F R$	—
22	$R \text{ UN } (\text{SL}_F R) \equiv R$	—
23	$R \text{ DF } (\text{SL}_F R) \equiv \text{SL}_{\neg F} R$	—
24	$(\text{SL}_{F1} R) \text{ NJN } (\text{SL}_{F2} R) \equiv \text{SL}_{F1 \wedge F2} R$	—
25	$(\text{SL}_{F1} R) \text{ UN } (\text{SL}_{F2} R) \equiv \text{SL}_{F1 \vee F2} R$	—
26	$(\text{SL}_{F1} R) \text{ DF } (\text{SL}_{F2} R) \equiv \text{SL}_{F1 \wedge \neg F2} R$	—

Tabelle 6-1: Äquivalenzumformungen

Beispiele und Erläuterungen zu den Äquivalenzumformungen:

Gegeben seien die Relationen R(A,B,C), R1(A,B,C), R2(A,B,C), S(D,E) und T(F,G,H) wobei die Wertebereiche der Attribute A bis H jeweils Teilmengen der natürlichen Zahlen sein sollen.

Zu 1: $\text{SL}_{A < 10 \wedge C > 8} (\text{SL}_{B > 8} R)$ kann in $\text{SL}_{B > 8} (\text{SL}_{A < 10 \wedge C > 8} R)$ transformiert werden und umgekehrt.

Zu 2: $\text{SL}_{B < 200} (\text{PJ}_{\{A,B\}} R)$ kann man in $\text{PJ}_{\{A,B\}} (\text{SL}_{B < 200} R)$ transformieren. Geht man von der rechten Seite aus, also von $\text{PJ}_{\{A,B\}}(\text{SL}_{B < 200} R)$, so kann die Transformation nur dann durchgeführt werden, wenn sich die Selektions-Bedingung lediglich auf Attribute bezieht, die auch in der Projektion spezifiziert sind (siehe NB zu Regel 2). Im vorliegenden Fall entspricht Attr(F) der Attributmenge {B} und A entspricht der Attributmenge {A,B}. Die Nebenbedingung ist also erfüllt. Die Transformation in die "←"-Richtung ist somit ebenfalls möglich.

Zu 3-7: Klar!

Zu 8: Gegeben sei $(R \text{ JN}_{A=D} S) \text{ JN}_{E=F} T$.
Für die "→"-Transformation muß folgende Nebenbedingung erfüllt sein: $\{E,F\} \subseteq (\{D,E\} \cup \{F,G,H\})$. Dies ist hier der Fall. Der Ausdruck kann somit in $R \text{ JN}_{A=D} (S \text{ JN}_{E=F} T)$ transformiert werden. Bei $(R \text{ JN}_{A=D} S) \text{ JN}_{A=F} T$ ginge dies z. B. hingegen nicht.

Zu 9: $\text{PJ}_{\{A\}} R$ kann in $\text{PJ}_{\{A\}} \text{PJ}_{\{A,B\}} R$ transformiert werden und umgekehrt.

Zu 10: $SL_{A < 100 \wedge B > 30}$ R kann zerlegt werden in $SL_{A<100}$ $SL_{B>30}$ R. Umgekehrt kann man $SL_{A < 100}$ $SL_{B>30}$ R durch Zusammenfassen der beiden Selektionsbedingungen mittels UND-Verknüpfung transformieren in: $SL_{A<100 \wedge B>30}$ R.

Zu 11: $SL_{B < 300}$ (R1 **UN** R2) kann in $(SL_{B < 300}$ R1) **UN** $(SL_{B < 300}$ R2) transformiert werden und umgekehrt.

       Anmerkung: Hier ist keine Nebenbedingung erforderlich, da die Vereinigung nur zwischen Relationen gleichen Typs definiert ist.

Zu 12: $SL_{B < 300}$ (R1 **DF** R2) kann in $(SL_{B < 300}$ R1) **DF** $(SL_{B < 300}$ R2) transformiert werden und umgekehrt. (**SL** bei R2 kann auch entfallen!)

Zu 13: Gegeben sei $SL_{A < 300 \wedge D > 50}$ (R **CP** S). Dieser Ausdruck kann in zwei Selektionen überführt werden, indem man die Selektions-Bedingung geeignet „aufspaltet". Eine mögliche Aufspaltung in diesem Fall wäre etwa $(SL_{A < 300}$ R) **CP** $(SL_{D > 50}$ S).

Zu 14: Da ein Verbund R JN_F S äquivalent zu SL_F (R **CP** S) ist, gilt das im vorangegangenen Beispiel Gesagte – analog übertragen – auch hier.

Zu 15: Ein Ausdruck der Art $PJ_{\{A,B\}}$ (R1 **UN** R2) kann stets „ausmultipliziert" werden zu $(PJ_{\{A,B\}}$ R1) **UN** $(PJ_{\{A,B\}}$ R2).

Zu 16: Die Nebenbedingung für die "$\rightarrow$"-Richtung besagt, daß nach dem „Ausmultiplizieren" die Projektionsattribute so gewählt werden müssen, daß sie für die jeweilige Relation auch definiert sind.
Sei R(A,B,C) und S(D,E), dann läßt sich $PJ_{\{A,B,D\}}$ (R **CP** S) in $(PJ_{\{A,B\}}$ R) **CP** $(PJ_{\{D\}}$ S) transformieren. Eine Umformung z. B. in $(PJ_{\{A\}}$ R) **CP** $(PJ_{\{B,D\}}$ S) wäre hingegen nicht korrekt.

Zu 17: Die Nebenbedingung für die "$\rightarrow$"-Richtung kann wie folgt interpretiert werden: Unter der Voraussetzung, daß die in der Verbundbedingung angegebenen Attribute eine Teilmenge der in der Projektion angegebenen Attribute ist (d. h. es gilt Attr(F) $\subseteq$ A), dann kann der Ausdruck „ausmultipliziert" werden, wobei wieder zu beachten ist, daß die in der Projektion auf der linken Seite angegebenen Attribute wieder korrekt auf ihre Relationen „verteilt" werden.
Sei R(A,B,C) und S(D,E,F), dann kann $PJ_{\{A,B,E\}}$(R $JN_{B < E}$ S) transformiert werden in $(PJ_{\{A,B\}}$ R) $JN_{B < E}$ $(PJ_{\{E\}}$ S). Der Ausdruck $PJ_{\{A,B,D\}}$ (R $JN_{B < E}$ S) hingegen wäre nicht transformierbar, da $\{B,E\} \not\subset \{A,B,D\}$.
Die umgekehrte Richtung („$\leftarrow$") ist trivial. Hier sind lediglich die Projektionsattribute zusammenzufassen.

Zu 18: Klar! Es gilt schema(R) = schema(R **NJN** R) und es kommen auf-
        grund der **NJN**-Operation in diesem Fall weder Tupel hinzu, noch
        fallen Tupel weg.

Zu 19: Klar! Es gilt schema(R) = schema(R **UN** R) und es kommen aufgrund
        der **UN**-Operation in diesem Fall (wegen der Mengeneigenschaft von
        Relationen) keine Tupel hinzu, die nicht bereits in R enthalten sind.

Zu 20: Klar!

Zu 21: Diese Vereinfachung ("$\rightarrow$"-Richtung) ergibt sich unmittelbar durch
        Anwendung der Regeln Nr. 14 und Nr. 18: R **NJN** ($\mathbf{SL}_F$ R) läßt sich
        auch schreiben als ($\mathbf{SL}_{TRUE}$ R) **NJN** ($\mathbf{SL}_F$ R). Dies läßt sich nach
        Regel Nr. 14 ("$\leftarrow$"-Richtung) umformen in $\mathbf{SL}_{TRUE \wedge F}$ (R **NJN** R)
        bzw. $\mathbf{SL}_F$ (R **NJN** R) und dies wiederum kann nach Regel Nr. 18
        transformiert werden in $\mathbf{SL}_F$ R.

Zu 22: Klar!

Zu 23: R **DF** $\mathbf{SL}_{B < 200}$ R kann in $\mathbf{SL}_{B \geq 200}$ R   transformiert werden und
        umgekehrt.

Zu 24: Ergibt sich direkt aus den Regeln Nr. 14 ("$\leftarrow$"-Richtung) und Nr. 18.

Zu 25: Ergibt sich direkt aus den Regeln Nr. 11 ("$\leftarrow$"-Richtung) und Nr. 19.

Zu 26: ($\mathbf{SL}_{A < 10}$ R) **DF** ($\mathbf{SL}_{B > 100}$ R) kann in $\mathbf{SL}_{A < 10 \wedge B \leq 100}$ R trans-
        formiert werden und umgekehrt.   □

ANGEST(<u>PersNr</u>, AngName, Gehalt, AbtNr, Anschrift)

ABT (<u>AbtNr</u>, AbtName, Bereich, MgrPersNr, Budget)

TEILE(<u>TeileNr</u>, TeileBez, LiefNr, Preis)

LAGERORT(<u>TeileNr</u>, LagerNr)

LIEFERANT(<u>LiefNr</u>, LiefName, Stadt)

Abb. 6-1: Globale Relationen

6.2.3 Anfragetransformation und -optimierung (Beispiel)

Wir wollen nun die in Tabelle 6-1 angegebenen Transformationsregeln dazu verwenden, um eine gegebene Anfrage algebraisch zu optimieren. Gegeben seien wieder die uns schon aus Kapitel 4 bekannten globalen Relationen ANGEST, ABT usw., die wir in Abb. 6-1 nochmals angegeben haben. Zu beantworten sei die folgende Anfrage:

„Gib die Personalnummern und Namen aller Angestellten aus, die in derselben Abteilung wie der Manager mit der Personalnummer 5822 arbeiten und nicht mehr als DM 5.000 verdienen."

Nehmen wir an, ein Benutzer käme auf die Idee, diese Anfrage in Relationenalgebra wie folgt zu entwickeln und dann als geschlossenen Anfrageausdruck zu formulieren:

1. Bestimmung der Abteilung, in welcher der Manager mit Personalnummer 5822 arbeitet: $\mathbf{SL}_{\text{MgrPersNr}\,=\,5822}\,\text{ABT}$

2. Bestimmung aller Mitarbeiter, die in dieser Abteilung arbeiten:
   $\text{ANGEST }\mathbf{JN}_{\text{ANGEST.AbtNr=ABT.AbtNr}}\,(\mathbf{SL}_{\text{MgrPersNr}\,=\,5822}\,\text{ABT})$

3. Bestimmung, wer von diesen Mitarbeitern mehr als DM 5.000 verdient:
   $\mathbf{SL}_{\text{Gehalt}\,>\,5.000}$
   $(\text{ANGEST }\mathbf{JN}_{\text{ANGEST.AbtNr=ABT.AbtNr}}\,(\mathbf{SL}_{\text{MgrPersNr}\,=\,5822}\,\text{ABT}))$

4. Die in Schritt 3 übrig bleibenden Mitarbeiter sind genau diejenigen, welche nicht mehr als DM 5.000 verdienen; und von diesen wollen wir die Personalnummern und die Namen wissen:

5. **Resultierende Anfrageformulierung:**

   $\mathbf{Q} :=$
   $\mathbf{PJ}_{\{\text{PersNr,AngName}\}}$
      $((\text{ANGEST }\mathbf{JN}_{\text{ANGEST.AbtNr=ABT.AbtNr}}\,(\mathbf{SL}_{\text{MgrPersNr}\,=\,5822}\,\text{ABT}))$
   $\mathbf{DF}$
      $(\mathbf{SL}_{\text{Gehalt}\,>\,5.000}$
         $(\text{ANGEST }\mathbf{JN}_{\text{ANGEST.AbtNr=ABT.AbtNr}}\,(\mathbf{SL}_{\text{MgrPersNr}\,=\,5822}\,\text{ABT}))))$

Der Operatorbaum für Anfrage Q ist in Abb. 6-2 dargestellt.[40] Wie man aus dieser Abbildung ersieht, sind die beiden Teilbäume unterhalb der **DF**-Operation bis auf die zusätzliche Selektion bezüglich GEHALT im rechten Teilbaum identisch.

algebraische Optimierung

---

[40] Wir wollen im folgenden davon ausgehen, daß die Abarbeitung des Operatorbaumes von links nach rechts und von unten nach oben erfolgt.

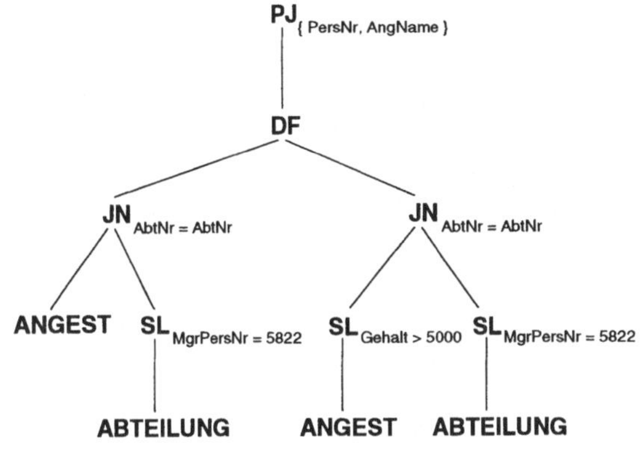

Abb. 6-2: Operatorbaum für Anfrage Q

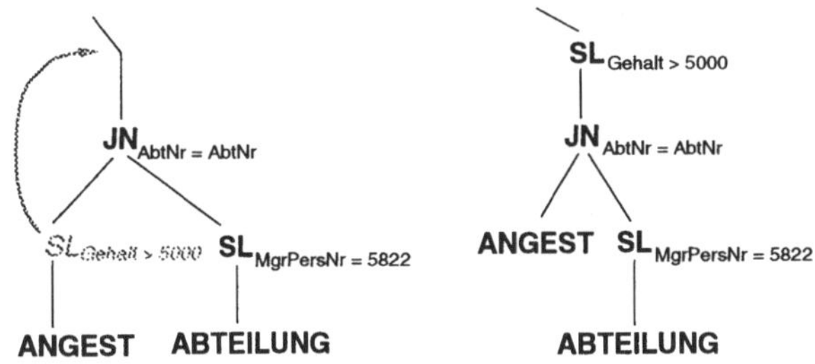

Abb. 6-3: Transformation des rechten Teilbaums

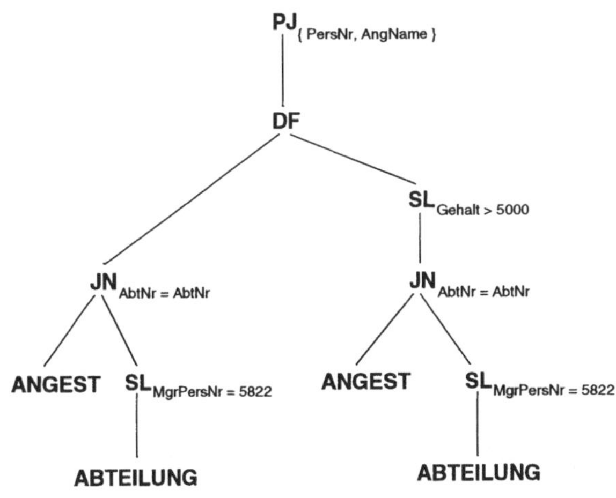

Abb. 6-4: Operatorbaum nach erster Umformung

Durch Anwendung von Regel 14 in Tabelle 6-1 ("←"-Richtung) mit F2 = true und S = $SL_{MgrPersNr\ =\ 5822}$ ABTEILUNG können wir den rechten Teilbaum in die in Abb. 6-3 dargestellte Form transformieren. Durch diese Umformung sind die beiden Teilbäume unterhalb des **JN**-Operators nunmehr identisch (siehe Abb. 6-4) und können zusammengefaßt werden.

Hierdurch entsteht der in Abb. 6-5 dargestellte Operatorbaum. Man sieht jetzt unmittelbar, daß der linke und der rechte Operand für die **DF**-Operation, bis auf die im rechten Ast auftretende **SL**-Operation, identisch sind, so daß hier noch „Optimierungspotential" vorhanden ist. Regel 23 in Tabelle 6-1 ("→"-Richtung) gibt uns hierzu die richtige Handhabe:

$$R\ DF\ SL_F\ R \to SL_{\neg F}\ R.$$

Nach Anwendung dieser Regel erhalten wir den in Abb. 6-6 dargestellten Operatorbaum.

Sind ANGEST und ABTEILUNG an verschiedenen Knoten einer verteilten Datenbank gespeichert, so wird man, falls die ANGEST-Relation zwecks Berechnung des Joins übertragen werden soll (näheres zu Joins in Abschnitt 6.7), ANGEST eventuell vorher möglichst „klein" machen wollen. In diesem Fall wird man noch die **SL**-Operation bezüglich Gehalt „nach unten" ziehen (durch Anwendung von Regel 14 in Tabelle 6-1) und erhält dann den in Abb. 6-7 dargestellten Operatorbaum.

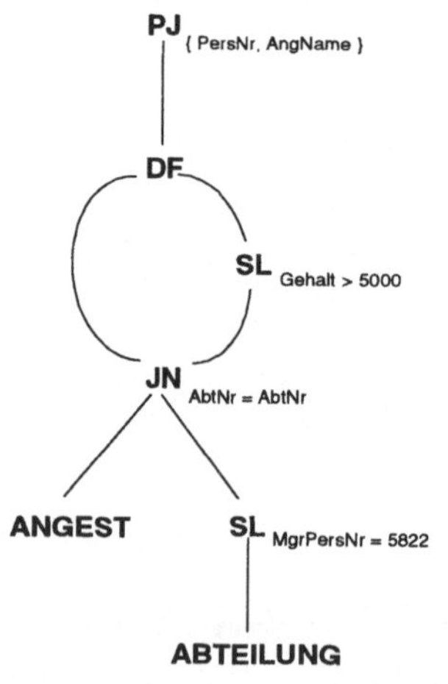

Abb. 6-5: Operatorbaum nach Zusammenfassen der Teilbäume

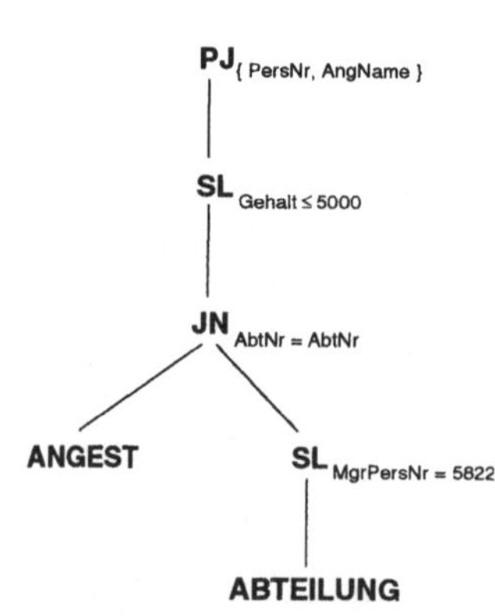

Abb. 6-6: Operatorbaum nach DF-Elimination

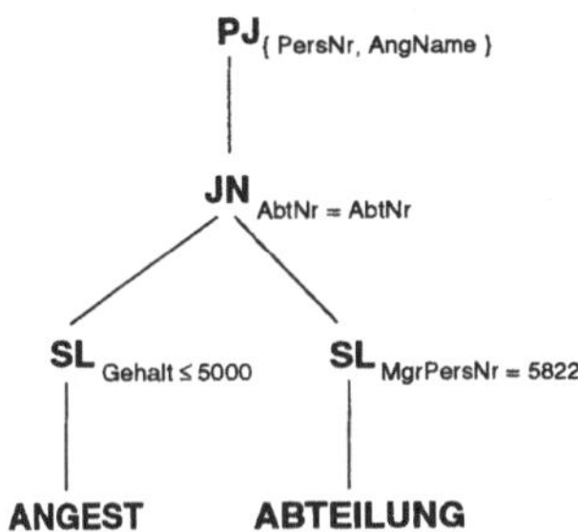

Abb. 6-7: Operatorbaum mit nach unten gezogener Selektion

6.2.4 Abschließende Bemerkungen zur Anfragetransformation

Die Erkennung und Elimination redundanter Teilausdrücke ist ein wichtiger Aspekt der algebraischen Anfrageoptimierung. Wir konnten dieses Thema hier nur kurz streifen. Ausführlichere Diskussionen hierzu finden sich z. B. in /JaKo84/ und in /OtHo85/, wo auf die Erkennung redundanter Join-Operationen eingegangen wird.

Obwohl auf den ersten Blick vielleicht naheliegend, ist es tatsächlich nicht immer sinnvoll, eine Selektions- oder eine Projektions-Operation), wie im obigen Beispiel (siehe Abb. 6-6 und Abb. 6-7), „nach unten" zu verschieben. Ist z. B. auf ANGEST ein passender Index definiert, so kann es günstiger sein, den Join unter Zuhilfenahme dieses Indexes auf der „großen" Basisrelation auszuführen, als ohne Indexunterstützung auf einer (eventuell nur geringfügig) verkleinerten Zwischenergebnisrelation. So wird man sich aus diesem Grund deshalb im Fall des in Abb. 6-6 dargestellten Operatorbaums überlegen müssen, ob man die Anweisung $SL_{MgrPersNr=5822}$ ABTEILUNG nicht besser sogar „nach oben" zieht.

Um Entscheidungen dieser Art sinnvoll treffen zu können, müssen nähere Details über die gespeicherten Relationen, wie z. B. Relationsgrößen, Attribut- und Tupelgrößen, Werteverteilungen in den Attributwerten[41] usw. bekannt sein. Andernfalls muß man sich mit „Daumenregeln" (*Heuristiken*) behelfen, die im konkreten Einzelfall aber auch einmal zu falschen Optimierungsentscheidungen führen können. Bei vielen zentralen DBMSen werden die gespeicherten Daten deshalb mittels entsprechender Dienstprogramme analysiert, um diese Angaben zu bestimmen, die dann bei der *kostenbasierten Optimierung* herangezogen werden. Ähnliches gilt bei prä-integrierten homogenen DBSen (oder wäre hier zumindest ebenfalls anwendbar).

kostenbasierte Optimierung

Bei post-integrierten (oder nicht sehr eng (prä-)integrierten) DBSen liegen diese detaillierten Informationen über die lokalen Relationen in der Regel

---

[41] damit kann man dann die *Selektivität* bzw. die Treffermenge von Anfrageprädikaten schätzen

globale
Optimierung

nicht vor. Die Optimierung globaler Anfragen, auch *globale Optimierung*[42] genannt, ist deshalb notgedrungen heuristisch, d. h. beschränkt sich i.w. auf algebraische Transformationen, welche die zu übertragenden Zwischenergebnisse bzw. Tupelmengen „möglichst klein" machen. Der Rest wird der Anfrageoptimierung „vor Ort", also der *lokalen Optimierung*, überlassen. Allerdings wird angestrebt, nach Möglichkeit nur solche Anfrageausdrücke zur Ausführung an einen entfernten Knoten zu übertragen, die eine nicht-leere Resultatmenge erzeugen (also keine nichterfüllbaren Anfrageprädikate enthalten). Wie so etwas geht, werden wir in Abschnitt 6.4 noch kennenlernen.

6.3 Transformation von globalen Anfragen in lokale Anfragen

Wie wir in Kapitel 5 („Schema-Architekturen verteilter DBMSe") gesehen haben, kann es globale Relationen geben, welche nicht direkt als physisch gespeicherte Relation realisiert sind, sondern nur „virtuell" existieren. Man spricht daher in einem solchen Fall auch von einer *virtuellen Relation*. Wird

virtuelle
Relationen

nun eine Anfrage gegen eine virtuelle Relation R gestellt, so gibt es im wesentlichen zwei Möglichkeiten der Ausführung:

1. Die virtuelle Relation R wird als Relation R' zunächst (temporär) physisch erzeugt (materialisiert) und die Anfrage dann auf R' ausgeführt.

2. Die Anfrage wird so transformiert, daß sie unmittelbar auf den gespeicherten Teilrelationen von R ausführbar wird.

Die Alternative 1 ist am einfachsten zu implementieren. Sie ist i. a. aber sehr aufwendig, da stets die ganze – evtl. sehr große – Relation R' aufgebaut werden muß, selbst wenn nur einige wenige Tupel von R bzw. R' von Interesse sind. Nehmen wir als Beispiel an, die globale Relation TEILE habe 120.000 Tupel und sei nach TeileNr auf 3 etwa gleich große Partitionen $Teile_1$, $Teile_2$ und $Teile_3$ horizontal verteilt.

Zur Ausführung der Anfrage

$$SL_{TeileNr = 300}\ TEILE$$

müßte bei dieser Vorgehensweise nun zunächst temporär die Gesamtrelation TEILE' := Teile1 **UN** Teile2 **UN** Teile3 aufgebaut werden, um dann in TEILE' das eine Tupel (soweit es überhaupt einen Treffer gibt) zu suchen. Wird nicht auch gleich ein Index mit aufgebaut, so muß TEILE' sogar sequentiell durchsucht werden.

Da sich diese Vorgehensweise im allgemeinen von selbst verbietet, wollen wir uns im folgenden nur noch mit der Alternative 2, also der Transformation der globalen Anfrage in lokal ausführbare Teilanfragen befassen. Die Alternative 1 bleibt hierbei als Ausführungsoption natürlich nach wie vor bestehen. Aber eben nur als eine unter möglichen anderen Alternativen.

---

[42] der Begriff „globale Optimierung" wird manchmal auch für die gemeinsame Optimierung mehrerer Anweisungen (also von Anweisungsfolgen) verwendet

Um eine formale Transformation von Anfragen im obigen Sinne überhaupt durchführen zu können, ist es erforderlich, daß die Abbildungen „globale Relation → Partitionen" formal beschrieben sind. Ist die Abbildung *algebraisch* spezifiziert, wie wir dies in Kapitel 3 getan haben, dann besteht die Transformation im wesentlichen aus einer Folge *algebraischer Substitutionen*. Betrachten wir hierzu zunächst einmal das nachfolgende Beispiel.

Transformation durch algebraische Substitutionen

Beispiel 6-1:

Die globale Relation TEILE sei wie folgt partitioniert:

$$\text{TEILE}_1 \; := \; \mathbf{SL}_{0 \,\leq\, \text{TeileNr} \,<\, 300} \; \text{TEILE}$$

$$\text{TEILE}_2 \; := \; \mathbf{SL}_{300 \,\leq\, \text{TeileNr} \,<\, 500} \; \text{TEILE}$$

$$\text{TEILE}_3 \; := \; \mathbf{SL}_{500 \,\leq\, \text{TeileNr} \,<\, \infty} \; \text{TEILE}$$

Es gilt also: $\text{TEILE} := \text{TEILE}_1 \; \mathbf{UN} \; \text{TEILE}_2 \; \mathbf{UN} \; \text{TEILE}_3$

Gegeben sei ferner die *Anfrage*: $\text{Q1} := \mathbf{SL}_{\text{Preis} \,>\, 7.000} \; \text{TEILE}$

Durch Einsetzen von [T4] in Q1 erhält man:

$\text{Q1}' := \mathbf{SL}_{\text{Preis} \,>\, 7.000} \, (\text{TEILE}_1 \; \mathbf{UN} \; \text{TEILE}_2 \; \mathbf{UN} \; \text{TEILE}_3)$

sowie durch „Ausmultiplizieren" (siehe Regel 11 in Tabelle 6-1):

$$\text{Q1}'' := \mathbf{SL}_{\text{Preis} \,>\, 7.000} \; \text{TEILE}_1$$
$$\mathbf{UN} \;\; \mathbf{SL}_{\text{Preis} \,>\, 7.000} \; \text{TEILE}_2$$
$$\mathbf{UN} \;\; \mathbf{SL}_{\text{Preis} \,>\, 7.000} \; \text{TEILE}_3$$

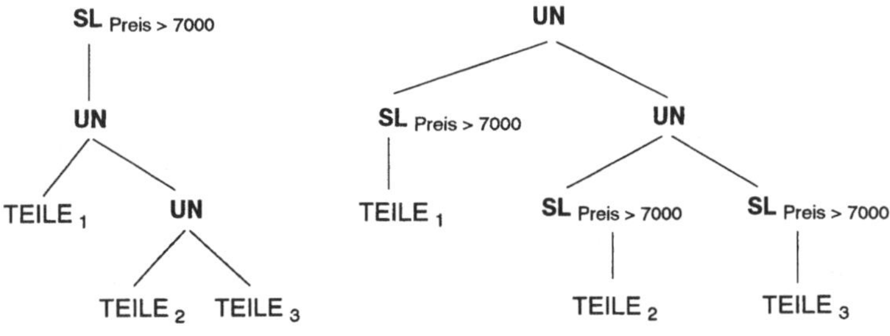

a) Operatorbaum für Q1'   **b) Operatorbaum für Q1"**

Abb. 6-8: Operatorbäume für Ausführungsalternativen von Q1

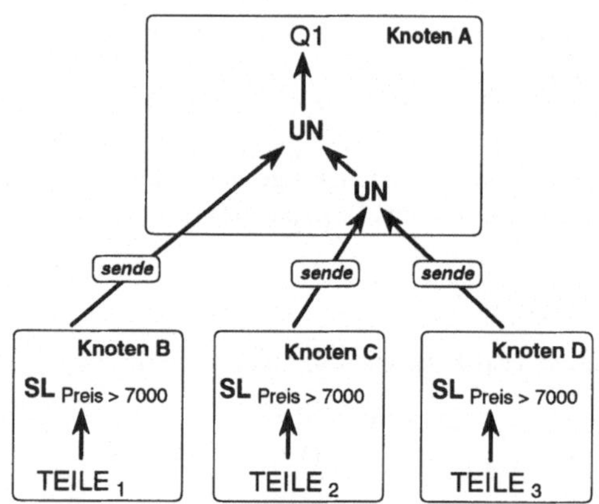

Abb. 6-9: Möglicher Ausführungsplan für Anfragevariante Q1"

Basis-Partitionen
Basis-Relationen

Im Gegensatz zu Q1 beziehen sich Q1' und Q1" nun unmittelbar auf gespeicherte Teilrelationen, im folgenden auch *Basis-Partitionen* oder *Basis-Relationen* genannt. Q1' (siehe Abb. 6-8.a) impliziert, daß an irgendeinem Knoten zunächst die Vereinigung der Teilrelationen gebildet wird und darauf dann die Selektion angewandt wird. Q1" (siehe Abb. 6-8.b) impliziert, daß zunächst jeweils die Selektion durchgeführt wird und dann erst die Vereinigung gebildet wird. *Wo* die Selektion berechnet wird, ist damit allerdings noch nicht festgelegt (obwohl es natürlich naheliegt, dies am Knoten der Speicherung zu tun).   □

Anmerkung:

Ob man in diesem Fall „ausmultipliziert" oder nicht, ist bereits eine Frage der heuristischen oder kostenbasierten Anfrageoptimierung. Wir werden hierauf in Abschnitt 6.9 („Bestimmung einer optimalen Ausführungsstrategie") noch eingehen.

Ein möglicher Ausführungsplan für Anfragevariante Q1" aus Beispiel 6-1 (siehe Abb. 6-8.b) ist in Abb. 6-9 dargestellt. Hierbei wurde angenommen, daß das Anfrageergebnis an Knoten A abzuliefern ist und daß $TEILE_1$ bis $TEILE_3$ an den Knoten B, C und D gespeichert sind, die Selektionen jeweils lokal durchgeführt werden und die Vereinigung der Teilresultate an Knoten A gebildet wird. Die Teilanfragen müssen alle ausgewertet werden, da an allen Knoten Teile-Tupel gespeichert sein können, welche das Selektionsprädikat erfüllen.

Betrachten wir nun jedoch das folgende Beispiel.

Beispiel 6-2:

Gegeben sei wieder die globale Relation TEILE sowie die in Beispiel 6-1 beschriebene Partitionierung. Die Anfrage laute jetzt allerdings:

$$Q2 := SL_{25 \leq \text{TeileNr} \leq 350} \text{ TEILE}$$

Es ergeben sich im Prinzip dieselben alternativen Operatorbäume wie im vorangegangenen Beispiel, nur daß jetzt das Selektionsprädikat anders lautet. Der
zu Anfrage Q1" analoge Operatorbaum ist in Abb. 6-10 und ein möglicher
Ausführungsplan hierfür ist in Abb. 6-11 dargestellt. Dieser Ausführungsplan
könnte etwa wie folgt abgearbeitet werden:

Knoten A zerlegt Anfrage Q2 in die im Ausführungsplan dargestellten Teilanfragen und versendet diese an die datenhaltenden Knoten B, C und D. D. h. er
weist diese Knoten an, die folgenden Teilanfragen auszuführen:

Knoten B: $SL_{25 \leq \text{TeileNr} \leq 350} \text{ TEILE}_1$

Knoten C: $SL_{25 \leq \text{TeileNr} \leq 350} \text{ TEILE}_2$

Knoten D: $SL_{25 \leq \text{TeileNr} \leq 350} \text{ TEILE}_3$

Anschließend wartet er, bis er von jedem dieser Knoten das Ergebnis der Ausführung seiner Teilanfrage erhalten hat, und berechnet dann die Vereinigung
aus den erhaltenen Zwischenresultaten.

Nun lautet das Partitionierungsprädikat von TEILE_3 aber

$$\text{TEILE}_3 := SL_{500 \leq \text{TeileNr} < \infty} \text{ TEILE}$$

und deshalb wird Knoten D aufgrund der Anfrage $SL_{25 \leq \text{TeileNr} \leq 350} \text{ TEILE}_3$
die leere Menge als Ergebnis zurückliefern. Die Ausführung dieser Teil-
anfrage verursacht somit Berechnungs- und Zeitaufwand (Knoten A muß auf
das Ergebnis warten), obwohl diese Teilanfrage nichts zum Ergebnis beiträgt.
Besser wäre es daher, solche Fälle zu erkennen und den Operatorbaum (und
damit dann auch den Ausführungsplan) gleich auf die relevanten Teilanfragen
zu reduzieren (wie in Abb. 6-12 für unser Beispiel geschehen).   □

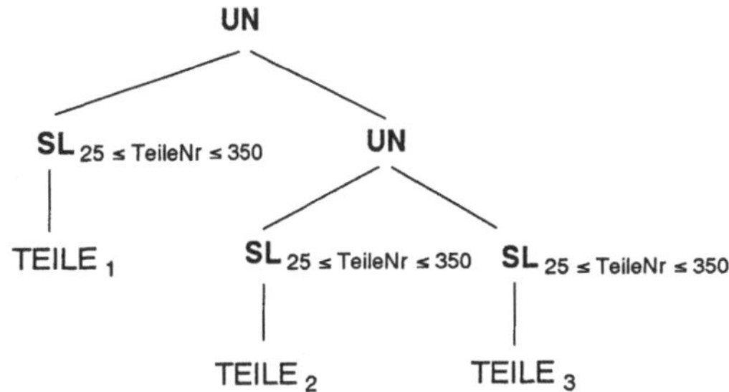

Abb. 6-10: Möglicher Operatorbaum für Anfrage Q2

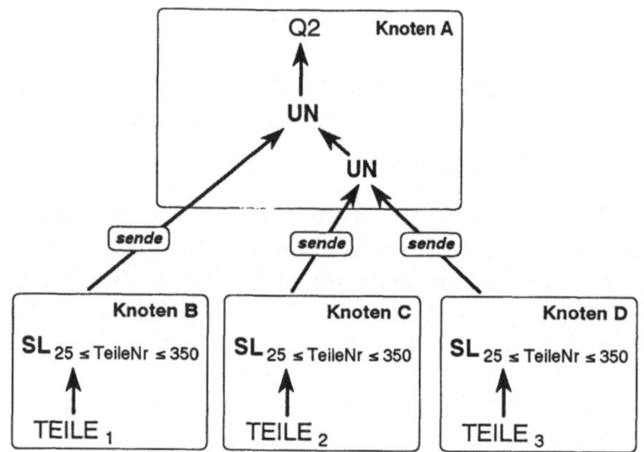

Abb. 6-11: Möglicher Ausführungsplan für Anfrage Q2

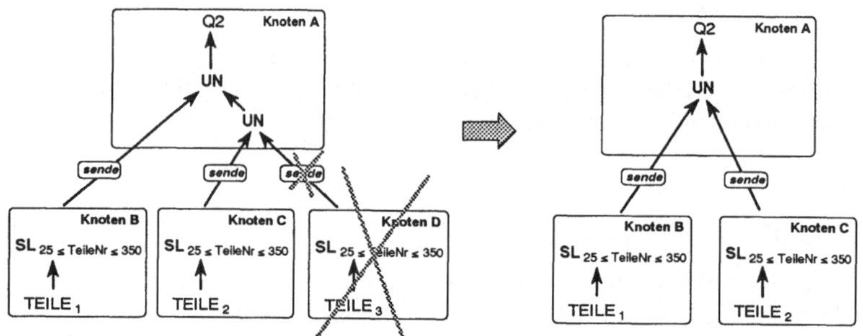

Abb. 6-12: Vereinfachter Ausführungsplan für Anfrage Q2

Wie man so etwas nicht nur intuitiv, sondern auch formal angehen kann, werden wir im nächsten Abschnitt betrachten.

Übungsaufgabe 6-1: Algebraische Umformungen

Formen Sie die folgenden Anfragen mit Hilfe der Transformationsregeln aus Tabelle 6-1 so um, daß anschließend darin nur noch Basis-Relationen auftreten und zeichnen Sie den Operatorbaum. Führen Sie anschließend mögliche Vereinfachungen durch und zeichnen Sie den Operatorbaum nach der Optimierung.

a) Relation ANGEST sei komplett an *einem* Knoten gespeichert. Es seien die folgenden Sichten definiert:

$$ANGEST_1 \; := \; \mathbf{PJ}_{\{PersNr, AngName, Anschrift\}} ANGEST$$

$$ANGEST_2 \; := \; \mathbf{PJ}_{\{PersNr, Gehalt, AbtNr\}} ANGEST$$

Gegeben sei die folgende Anfrage:

$$Q_1 := \mathbf{PJ}_{\{PersNr, AngName, Gehalt\}} (ANGEST_1 \; \mathbf{JN}_{PersNr=PersNr} \; ANGEST_2)$$

b) Relation TEILE sei komplett an *einem* Knoten gespeichert. Es seien die folgenden Sichten definiert:

$$TEILE_1 := \quad \mathbf{SL}_{Preis \leq 100} \; TEILE$$

$$TEILE_2 := \quad \mathbf{SL}_{Preis > 100} \; TEILE$$

Gegeben sei die folgende Anfrage:

$$Q2 := \mathbf{SL}_{TeileNr > 300} (TEILE_1 \; \mathbf{UN} \; TEILE_2)$$

Übungsaufgabe 6-2: Algebraische Optimierung, Ausführungsplan

Gegeben seien die beiden globalen Relationen TEILE und LIEFERANT (siehe Abb. 6-1). TEILE sei wie in Beispiel 6-1 in $TEILE_1$ (an Knoten B), $TEILE_2$ (an Knoten C) und $TEILE_3$ (an Knoten D) und LIEFERANT sei wie folgt partitioniert:

$$LIEF_1 \; := \; \mathbf{SL}_{Stadt = 'Hagen'} \; LIEFERANT \qquad [\; Knoten \; A \;]$$

$$LIEF_2 \; := \; \mathbf{SL}_{Stadt = 'Ulm'} \; LIEFERANT \qquad [\; Knoten \; B \;]$$

$$LIEF_3 \; := \; \mathbf{SL}_{Stadt \neq 'Hagen' \, \wedge \, Stadt \neq 'Ulm'} \; LIEFERANT \qquad [\; Knoten \; C \;]$$

mit $LIEFERANT := LIEF_1 \; \mathbf{UN} \; LIEF_2 \; \mathbf{UN} \; LIEF_3$

Zu bearbeiten sei die folgende Anfrage, die an Knoten B gestellt werde:

$$Q := \mathbf{SL}_{Stadt = 'Ulm' \, \wedge \, TeileNr > 400} (TEILE \; \mathbf{JN}_{TeileNr = TeileNr} \; LIEFERANT)$$

Aufgabe:

a) Formen Sie die Anfrage Q mit Hilfe der Transformationsregeln aus Tabelle 6-1 so um, daß möglichst alle Prädikate direkt auf den Basis-Partitionen ausgewertet werden können und zeichnen Sie den Operatorbaum.

b) Analysieren Sie, welche Teilanfragen ggf. nichts zum Anfrageergebnis beitragen werden und entwerfen Sie einen entsprechend reduzierten Operatorbaum.

c) Entwerfen Sie für den reduzierten Operatorbaum einen möglichst sinnvollen Ausführungsplan für den Fall, daß der Join komplett (d. h. lokal) am Knoten C ausgeführt wird.

6.4 Erkennung überflüssiger Teilanfragen

6.4.1 Vorüberlegungen

Das Erkennen und Entfernen überflüssiger Teilausdrücke in Anfragen ist auch
für zentrale DBMSe ein wesentlicher Faktor bei der Optimierung von Anfragen. Wie wir im vorherigen Abschnitt gesehen haben, können durch Transformationen von Anfragen, insbesondere bei der Verwendung von Sichten,
Anfrage-Teilausdrücke auftreten, deren Auswertung nichts zum Endergebnis
beiträgt. Einige Transformationsregeln, die mithelfen können, solche Teilausdrücke zu eliminieren, sind in Tabelle 6-1 angegeben, wobei für das Folgende
insbesondere die Regeln 18 bis 26 von Interesse sind. Im folgenden wollen
wir uns damit befassen, wie man Teilanfragen gegen Partitionen, die nur die
leere Menge als Ergebnis zurückliefern, unter Umständen erkennen (und eliminieren) kann.

Analysieren wir hierzu, aufgrund welcher Überlegungen wir in Beispiel 6-2
gefolgert haben, daß die Teilanfrage an Knoten D (siehe Abb. 6-12) die leere
Menge als Anfrageergebnis erzielen würde, und versuchen wir, diese Überlegungen einmal formal zu fassen.

Gegeben war die Anfrage: $Q2 := SL_{25 \leq \text{TeileNr} \leq 350}$ TEILE, und wir wußten
ferner, daß gilt: $TEILE_3 := SL_{500 \leq \text{TeileNr} < \infty}$ TEILE. Zusammengefaßt
ergab sich somit:

$$Q2_{\text{Knoten D}} := SL_{25 \leq \text{TeileNr} \leq 350} (SL_{500 \leq \text{TeileNr} < \infty} \text{ TEILE}).$$

Dies können wir zusammenfassen zu:

$$Q2_{\text{Knoten D}} := SL_{(25 \leq \text{TeileNr} \leq 350) \wedge (500 \leq \text{TeileNr} < \infty)} \text{ TEILE}$$

oder anders ausgedrückt:

$$Q2_{\text{Knoten D}} := SL_{(\text{TeileNr} \in [25,350]) \wedge (\text{TeileNr} \in [500, \infty))} \text{ TEILE}$$
$$:= SL_{\text{TeileNr} \in ([25,350] \cap [500, \infty))} \text{ TEILE}$$
$$:= SL_{\text{TeileNr} \in \emptyset} \text{ TEILE}$$

Wir sehen also, wenn wir die Partitionierungsprädikate (oder auch entsprechende Prädikate in Sichtendefinitionen) in die Anfragebearbeitung mit ein-
beziehen, so können wir in einigen Fällen Teilanfragen mit einer leeren Er-
gebnismenge erkennen.

6.4.2 Qualifizierte Relationen

Bei den qualifizierten Relationen (*qualified relations,* /CePe84/) wird jede
Partition und jede (Zwischenergebnis-)Relation mit einem Prädikat versehen,
das in einem gewissen Umfang ermöglicht, die Größe dieser Relation abzu-
schätzen. Geht eine (Zwischenergebnis-)Relation R durch eine Anfrage Q in

eine andere Relation R' über, so „erbt" R' im allgemeinen das Prädikat ihrer „Vorgängerin", und zwar erweitert um das Anfrageprädikat von Q.

Im Falle einer horizontalen Partitionierung werden beispielsweise die Partitionen mit dem Selektionskriterium „qualifiziert". Eine qualifizierte Relation R mit *Qualifizierungsprädikat* q_R hat die Form $[R : q_R]$ oder, wenn keine Mißverständnisse bzgl. des Geltungsbereichs von q auftreten können, einfach: $[R : q]$. Die entsprechend erweiterte Algebra (vgl. /CePe84/) für qualifizierte Relationen hat anstelle einer „normalen" Relation als Operand entweder eine normale Relation oder eine qualifizierte Relation (also eine Relation mit einem algebraischen Ausdruck) als Operand.

(Randnotiz: Qualifizierungsprädikat)

So wird z. B. aus dem „alten" $\mathbf{SL_F}\, R$

nun ggf. $\mathbf{SL_F}\, [R : q_R]$

Tabelle 6-2 zeigt die erweiterte Algebra für qualifizierte Relationen. Regel 1 in Tabelle 6-2 besagt z. B., daß eine Selektion mit Selektionsprädikat F, angewandt auf eine mit q_R qualifizierte Relation R, zu einer Relation R' führt, für die gilt: $[R' : F \wedge q_R]$. Die anderen Regeln sind analog zu interpretieren.

Zu Regel 2 ist anzumerken, daß durch die Projektion durchaus Attribute wegfallen können, die in der Qualifikation q_R auftauchen. Dies macht deshalb nichts aus, weil die Qualifikation nicht „ausgeführt" wird, sondern nur beschreibenden Charakter hat. Die Qualifikation kann[43] deshalb selbst dann im Prinzip bestehen bleiben, wenn infolge des Transformationsprozesses nicht mehr alle Attribute vorhanden sind. – Die Anwendung der Relationenalgebra für qualifizierte Relationen soll nun anhand eines Beispiels erläutert werden.

Erweiterte Relationenalgebra	
Nr.	**Regeln**
1	$E := \mathbf{SL_F}\, [R : q_R] \quad\Rightarrow\quad [E : F \wedge q_R]$
2	$E := \mathbf{PJ_{\{Attr\}}}\, [R : q_R] \quad\Rightarrow\quad [E : q_R]$
3	$E := [R : q_R]\, \mathbf{CP}\, [S : q_S] \quad\Rightarrow\quad [E : q_R \wedge q_S]$
4	$E := [R : q_R]\, \mathbf{DF}\, [S : q_S] \quad\Rightarrow\quad [E : q_R]$
5	$E := [R : q_R]\, \mathbf{UN}\, [S : q_S] \quad\Rightarrow\quad [E : q_R \vee q_S]$
6	$E := [R : q_R]\, \mathbf{JN_F}\, [S : q_S] \quad\Rightarrow\quad [E : q_R \wedge q_S \wedge F]$
7	$E := [R : q_R]\, \mathbf{SJ_F}\, [S : q_S] \quad\Rightarrow\quad [E : q_R \wedge q_S \wedge F]$

Tabelle 6-2: Relationenalgebra für qualifizierte Relationen

---

[43] „kann" im Sinne von „ist nicht falsch, wenn ..."

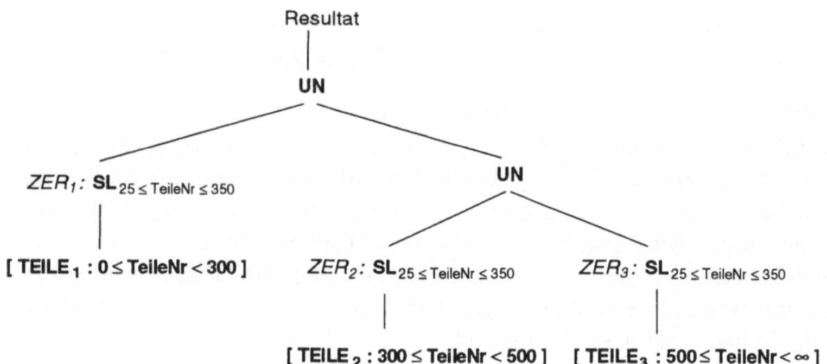

Abb. 6-13: „Qualifizierter" Operatorbaum für Anfrage Q2

Beispiel 6-3:

Wir betrachten nochmals den Operatorbaum in Abb. 6-10 für Anfrage Q2 aus
Beispiel 6-2, formen ihn unter Verwendung von qualifizierten Relationen geeignet um (siehe Abb. 6-13; „ZER" steht für „Zwischenergebnisrelation") und
berechnen die Qualifikationsprädikate für die ZER_i:

ZER_1: $\mathbf{SL}_{25 \leq TeileNr \leq 350}$ $[TEILE_1: 0 \leq TeileNr < 300]$

$\quad\quad \Rightarrow \quad [ZER_1 : (25 \leq TeileNr \leq 350) \wedge (0 \leq TeileNr < 300)]$

$\quad\quad \Rightarrow \quad [ZER_1 : (25 \leq TeileNr < 300)]$

ZER_2: $\mathbf{SL}_{25 \leq TeileNr \leq 350}$ $[TEILE_2: 300 \leq TeileNr < 500]$

$\quad\quad \Rightarrow \quad [ZER_2 : (25 \leq TeileNr \leq 350) \wedge (300 \leq TeileNr < 500)]$

$\quad\quad \Rightarrow \quad [ZER_2 : (300 \leq TeileNr \leq 350)]$

ZER_3: $\mathbf{SL}_{25 \leq TeileNr \leq 350}$ $[TEILE_3: 500 \leq TeileNr < \infty]$

$\quad\quad \Rightarrow \quad [ZER_3 : (25 \leq TeileNr \leq 350) \wedge (500 \leq TeileNr < \infty)]$

$\quad\quad \Rightarrow \quad ZER_3 = \varnothing$

Damit haben wir ZER_3 durch formale Transformationen auf die leere Menge
zurückgeführt und können damit nun den Operatorbaum durch Anwendung
der Umformungsregeln aus Tabelle 6-1 weiter vereinfachen, also insbesondere
die Berechnung von ZER_3 eliminieren.   □

Übungsaufgabe 6-3: Qualifizierte Relationen

Gegeben sei wieder die Aufgabenstellung aus Übungsaufgabe 6-2. Voll-
ziehen Sie mit Hilfe von qualifizierten Relationen die in Teilaufgabe b) vor-
genommene „intuitive" Optimierung formal nach, indem Sie zeigen, daß die
Zwischenergebnisrelationen der zu entfernenden Anfrageteile leer sind.

6.5 Ausführung von Teilanfragen

Im folgenden wollen wir insbesondere betrachten, ob und wann die Partitionierung einer globalen Relation eine *parallele Ausführung von Teilanfragen* einer gegebenen globalen Anfrage ermöglicht. Dieses Thema ist nicht nur im Kontext von verteilten Datenbanken von Interesse, sondern auch – wenn nicht sogar insbesondere – im Kontext von *Mehrrechner-Datenbanksystemen* (siehe Abschnitt 1.3.3.2).

Im folgenden Abschnitt gehen wir zunächst auf den praktisch vor allem relevanten Fall der horizontalen Partitionierung und anschließend noch kurz auf die vertikale Partitionierung ein. Wir lehnen uns hierbei teilweise an die Darstellung in /BEKK84/ an.

6.5.1 Parallele Ausführung bei horizontaler Partitionierung

In den folgenden beiden Abschnitten gehen wir von einer globalen Relation R mit horizontaler Partitionierung in R_1, R_2, ..., R_n aus. Es gilt also:

$$R := R_1 \text{ UN } R_2 \text{ UN } ... \text{ UN } R_n.$$

6.5.1.1 Selektionen und Projektionen

Selektion

Aus Regel 11 in Tabelle 6-1 folgt:

$$\mathbf{SL_F}\,R \equiv (\mathbf{SL_F}\,R_1)\text{ UN }(\mathbf{SL_F}\,R_2)\text{ UN }...\text{ UN }(\mathbf{SL_F}\,R_n)$$

Mit anderen Worten: Eine *Selektion* $\mathbf{SL_F}$ kann transformiert werden in *n (parallele) Selektionen* mit einer anschließenden Vereinigung der Teilresultate.

Projektion

Aus Regel 15 in Tabelle 6-1 folgt:

$$\mathbf{PJ_{\{Attr\}}}\,R \equiv (\mathbf{PJ_{\{Attr\}}}\,R_1)\text{ UN }(\mathbf{PJ_{\{Attr\}}}\,R_2)\text{ UN }...\text{ UN }(\mathbf{PJ_{\{Attr\}}}R_n)$$

D. h. $\mathbf{PJ_{\{Attr\}}}\,R$ kann transformiert werden in *n (parallele) Projektionen* mit anschließender Vereinigung der Teilresultate.

Anmerkung:

Wegen der Kommutativität der UN-Operation ist die „Anlieferungsreihenfolge" der Teilresultate nicht relevant.

6.5.1.2 Aggregatfunktionen

ohne
Duplikat-
elimination

Bezeichne im folgenden Q(R) eine unäre (also einspaltige) (Resultat-)Relation, bei der Duplikate *nicht eliminiert* werden.

MIN( )

Es gilt: MIN(1,1,2,2,3) = MIN(1,2,3), d. h. Duplikateliminierung ist nicht erforderlich bzw. ohne Einfluß auf das Ergebnis. Außerdem gilt allgemein (o.B.[44] und o.B.d.A.[45]):

MIN(a,b,c,d,e,f,g,h) = MIN(MIN(a,b,c), MIN(d,e,f), MIN(g,h))

Die Minimumfunktion kann deshalb wie folgt zerlegt werden:

$MIN(Q(R)) \equiv MIN(MIN(Q(R_1)), MIN(Q(R_2)), ..., MIN(Q(R_n)))$

D. h. die Minima für $Q(R_1)$ bis $Q(R_n)$ können unabhängig von einander (parallel) berechnet und daraus dann das Gesamtminimum bestimmt werden.

MAX( )

Analog.

SUM( )

$$SUM(Q(R)) \equiv \sum_{i=1}^{n} SUM(Q(R_i)) \quad (o.B.)$$

Auch hier ist die parallele Berechnung der Teilsummen uneingeschränkt möglich.

COUNT( )

$$\text{Analog zu SUM( ): } COUNT(Q(R)) \equiv \sum_{i=1}^{n} COUNT(Q(R_i)) \quad (o.B.)$$

Übungsaufgabe 6-4: Aggregatfunktionen

a) Überlegen Sie sich eine parallele Durchführung der Durchschnittsberechnung, d. h. die Bestimmung von **AVG(Q(R))**, für den Fall, daß keine Duplikatelimination für Q(R) gefordert wird.

b) Es wird Duplikatfreiheit für Q(R) gefordert. Ist die parallele Berechnung von SUM(Q(R)), COUNT(Q(R)) sowie AVG(Q(R)) dann auch möglich? Begründen Sie Ihre Antwort.

---

[44] ohne Beweis
[45] ohne Beschränkung der Allgemeinheit

6.5.2 Parallele Ausführung bei vertikaler Partitionierung

Zur Erinnerung: Eine globale Relation R mit Primärschlüssel PK, PK $\subseteq$ schema(R), ist *vertikal partitioniert* in Teilrelationen R_1, R_2, ...R_n, wenn gilt (siehe Abschnitt 4.3.3):

vertikale Partitionierung

1. schema(R) = schema(R_1) $\cup$ schema(R_2) $\cup$ ... $\cup$ schema(R_n)

2. schema(R_1) $\cap$ schema(R_2) $\cap$ ... $\cap$ schema(R_n) = PK

3. R := R_1 **NJN** R_2 **NJN** ... **NJN** R_n.

Wir wollen im folgenden untersuchen, welche Anfragen Q(R) sich dergestalt transformieren lassen, daß im wesentlichen gilt: Q(R) $\equiv$ Q(R_1) **NJN** Q(R_2) **NJN** ... **NJN** Q(R_n).

Selektion

$$\mathbf{SL}_F\, R \equiv \begin{cases} (\mathbf{SL}_F\, R_1)\ \mathbf{NJN}\ (\mathbf{SL}_F\, R_2)\ \mathbf{NJN}\ ...\ \mathbf{NJN}\ (\mathbf{SL}_F\, R_n),\ \text{falls Attr}(F) \subseteq PK \\ \mathbf{SL}_F\, R,\quad \text{sonst} \end{cases}$$

Sofern sich das Selektionsprädikat nur auf den Primärschlüssel oder Teile davon bezieht, läßt sich die Selektion im Prinzip parallel ausführen (Regel 14 in Tabelle 6-1 entsprechend angewandt). Bezieht sich das Selektionsprädikat nicht auf den Primärschlüssel, so ist keine direkte Parallelausführung dieser Operation möglich.[46]

Anmerkung:

Selbst für den Fall, daß "Attr(F) $\subseteq$ PK" gilt, ist der Nutzen einer parallelen Bearbeitung der **SL**-Operation fraglich. Häufig wird nämlich der Primärschlüssel einer Relation systemintern durch einen Index unterstützt (auch als systemseitige Maßnahme zur Gewährleistung der Eindeutigkeit), so daß der globale Join zur Berechnung von R in diesem Fall in der Regel mit Indexunterstützung durchgeführt werden kann. Wird hingegen die Selektion vor dem Join ausgeführt, so führt dies zu einer temporären Zwischenergebnisrelation und damit zu einem Verlust der Indexunterstützung für die Berechnung der **NJN**'s der einzelnen **SL**$_F$ R_i - Ausdrücke, so daß hierfür dann eine aufwendigere Join-Methode verwendet werden muß (näheres hierzu in Abschnitt 6.7).

---

[46] Im Falle, daß sich die Selektionsbedingung auf die Attribute nur einer Partition R_i bezieht, d. h. wenn Attr(F) $\subseteq$ schema(R_i) gilt, so könnte zumindest diese eine Partition durch Anwendung der Selektion verkleinert werden, bevor die NJN-Operation angewandt wird. Dies ist aber keine Parallelausführung im eingangs charakterisierten Sinne.

Projektion

Hier kommt die Regel 17 aus Tabelle 6-1, "→"-Richtung, entsprechend auf
den **NJN**-Fall übertragen, zur Anwendung. Werden der PK oder Teile davon
durch die Projektion ausgeblendet, so kann keine Parallelausführung stattfinden. Ansonsten kann die Projektion im Prinzip bzgl. der betroffenen Teilrelationen parallel ausgeführt werden. Die bei der Selektion gemachte Anmerkung
gilt allerdings auch hier.

Übungsaufgabe 6-5: Aggregatfunktionen bei vertikaler Partitionierung

Untersuchen Sie, ob bei vertikaler Partitionierung die Berechnung der Aggregatfunktionen SUM(Q(R)) und COUNT(Q(R)) eine (ggf. partielle) Rekonstruktion von R erforderlich macht.

6.6 Ausführung von Änderungsoperationen

Bei den folgenden Betrachtungen gehen wir zum einen (wie auch schon zuvor) davon aus, daß das relationale Datenmodell als globales Datenmodell zur
Anwendung kommt und zum andern daß, falls Inhomogenitäten in den lokalen Schemata und/oder Datenmodellen vorhanden sind, diese mittels der lokalen Repräsentationschemata, wie in Kapitel 5 beschrieben, beseitigt wurden.
Auf die hierbei auftretenden Integrationsprobleme bei der Abbildung der lokalen konzeptionellen bzw. lokalen logischen Schemata in das lokale Repräsentationsschema sowie auf die ggf. daraus resultierenden Beschränkungen bei
der Anfragebearbeitung (einschließlich Änderungsoperationen) sind wir bereits in Kapitel 5 ausführlich eingegangen. Wir können uns in diesem Abschnitt also auf den Aspekt beschränken, ob und unter welchen Voraussetzungen sich *globale Änderungsanweisungen* gegen das globale (relationale)
Schema *auf lokale Änderungsanweisungen* gegen die lokalen (relationalen)
Repräsentationsschemata abbilden lassen.

Wir betrachten im folgenden horizontal und vertikal partitionierte globale Relationen. Da Update-, Insert- und Delete-Operationen in der Relationenalgebra
nicht definiert sind, lehnen wir uns an die SQL-Syntax an.

6.6.1 Horizontal partitionierte globale Relationen

Wir gehen im folgenden von einer globalen Relation R aus, die horizontal in
disjunkte Teilrelationen H_1, H_2, ..., H_n partitioniert wurde. Es gilt also
R := H_1 UN H_2 UN ... UN H_n. Wir wollen im folgenden diejenigen Attribute
aus R (und damit auch aus H_1, H_2, ..., H_n), welche die Zuordnung eines Tupels zu einer Partition H_i bestimmen, als „*Partitionierungsattribute*" bezeichnen.

Partitionierungs-
attribute

Update

Betrachten wir eine Update-Anweisung der Form:

```
UPDATE  R
SET       R.A₁ = ..., R.A₂ = ...
WHERE   prädikat
```

Wie man sich leicht überlegt, muß man unterscheiden, ob von der Änderung die Partitionierungsattribute betroffen sind oder nicht. Sind diese nicht betroffen, ist der Update also *nicht partitionierungssensitiv*, so kann die obige Update-Anweisung einfach in n Anweisungen transformiert werden:

Update *nicht* partitionierungssensitiv

```
UPDATE  H_i
SET       H_i.A₁ = ..., H_i.A₂ = ...
WHERE   prädikat                              (i = 1, 2, ..., n)
```

Ist der Update hingegen *partitionierungssensitiv*, so muß anschließend noch eine Umspeicherung derjenigen Tupel erfolgen, welche durch die Änderung nunmehr in der falschen Partition (genauer: in einer oder mehreren Allokationen dieser Partition) gespeichert sind.

Update partitionierungssensitiv

Insert

```
INSERT  INTO R
VALUES(..., ...., ....., .....)
```

Unter der Voraussetzung, daß die Partitionierungsattribute nicht NULL sein dürfen (oder sonst eine eigene Partitionen bilden), läßt sich jedes Tupel eindeutig einer Partition zuordnen.

Delete

Betrachten wir eine Löschanweisung der Form:

```
DELETE
FROM     R
WHERE   prädikat
```

Diese Anweisung läßt sich direkt in n Anweisungen

```
DELETE
FROM     H_i
WHERE   prädikat                              (i = 1, 2, ..., n)
```

transformieren. Lassen sich mittels Auswertung von *prädikat* die von der Löschanweisung betroffenen Partitionen genau bestimmen, so kann man die Delete-Anweisung auch nur gezielt an diese Partitionen schicken.

Übungsaufgabe 6-6: Updates bei horizontaler Partitionierung

Die globale Relation ABT(<u>AbtNr</u>, AbtName, Bereich, MgrPersNr, Budget) sei wie folgt horizontal partitioniert:

$$ABT1 := \mathbf{SL}_{Bereich \leq 50}\ ABT \quad und \quad ABT2 := \mathbf{SL}_{Bereich > 50}\ ABT.$$

Prüfen Sie die Transformierbarkeit der folgenden Anweisungen:

```
a) UPDATE    ABT
   SET       MgrPersNr = 56899
   WHERE     AbtNr = 4517

b) UPDATE    ABT
   SET       Budget = Budget * 1.1
   WHERE     Bereich = 67

c) UPDATE    ABT
   SET       Bereich = 100
   WHERE     Bereich = 45

d) INSERT INTO ABT
   VALUES(4733, 'Fertigung I', 55, NULL, NULL)

e) DELETE
   FROM      ABT
   WHERE     Budget < 10000
```

Übungsaufgabe 6-7: Verwandtschaft zu Updates über Sichten

Die Partitionierung einer globalen Relation hat, wie bereits erwähnt, sehr viel Ähnlichkeit mit der Definition von Sichten in (zentralen) relationalen Datenbanken.

Seien R_1, R_2, ..., R_n Basis-Relationen mit schema(R_1) = schema(R_2) = ... = schema(R_n) und sei $R_{VIEW} := R_1\ \mathbf{UN}\ R_2\ ...\ \mathbf{UN}\ R_n$ eine virtuelle Relation (Sicht). Eventuelle wertmäßige Beziehungen zwischen den Basis-Relationen (z. B. daß gelte: $R_1 \subseteq R_2$) seien *nicht* bekannt.

a) Welche Änderungsoperationen (Update, Insert, Delete) bzgl. R_{VIEW} sind transformierbar und welche nicht bzw. unter welchen Nebenbedingungen?

b) Warum gelten die unter a) ermittelten Einschränkungen nicht, wenn die R_i's disjunkte horizontale Partitionen von R (ohne Nullwerte) sind?

6.6.2 Vertikal partitionierte globale Relationen

Wir gehen im folgenden von einer globalen Relation R mit Primärschlüssel PK(R) aus, die *vertikal* in die Partitionen V_1, V_2, ... V_n partitioniert ist, wobei gelte:

1. $R := V_1$ **NJN** V_2 **NJN** ... **NJN** V_n

2. $schema(V_i) \cap schema(V_j) = PK(R), \forall i = 1, 2, ...n, \forall j = 1, 2, ...n$

Die Schemata der einzelnen Partitionen seien also, bis auf die Primärschlüsselattribute, disjunkt.

Update

Wir betrachten wieder eine Update-Anweisung der Form:

```
UPDATE  R
SET       R.A₁ = ..., R.A₂ = ...
WHERE   prädikat
```

Bezeichne im folgenden *UpdAttr(R)* die Menge der vom Update betroffenen Attribute von R. Wie man sich leicht überlegt, muß man hinsichtlich der Ausführung der Update-Anweisung zwei Fälle unterscheiden:

1. *prädikat* hat die Form *const* Θ PK(R), mit $\Theta \in \{<, \leq, =, \neq, \geq, >\}$

2. *prädikat* ist ein beliebiges Prädikat

Im ersten Fall beschreibt das Prädikat eine Menge von PK(R)-Werten, welche die Update-Bedingung erfüllen. Da alle V_i-Schemata jeweils alle PK(R) enthalten, kann die Update-Anweisung parallel auf allen betroffenen Partitionen ausgeführt werden. „Betroffen" ist eine Partition V_i genau dann, wenn $schema(V_i) \cap UpdAttr(R) \neq \emptyset$.

vom Update betroffene Partitionen

Betrachten wir nun Update-Anweisungen mit „beliebigem" Selektionsprädikat, bei dem nicht direkt auf den Primärschlüsselwert geschlossen werden kann, wie z. B. bei Prädikaten der Form: „... WHERE Gehalt < 3.500" oder „... WHERE *primärschlüssel* IN (SELECT ... FROM ... WHERE)".

Die Problemstellung bei Update-Anweisungen mit beliebigem Prädikat ist vergleichbar mit sog. „*selbstreferenzierenden Updates*" (*self-referencing updates*), bei denen die Ausführung der Update-Anweisung (potentiell) die durch die Auswahlbedingung beschriebene Tupelmenge vergrößert oder verkleinert. Ein Beispiel hierfür ist die folgende Anweisung:

verwandtes Problem: selbstreferenzierende Updates

„Erhöhe die Gehälter all derjenigen Mitarbeiter um 100 DM, deren Gehalt um mehr als 1.000 DM unter dem aktuellen Durchschnittsgehalt liegt".

Eine mögliche (wenn auch nicht sehr elegante) SQL-Formulierung wäre:

```
UPDATE     ANGEST a1
SET        a1.Gehalt = a1.Gehalt + 100
WHERE      1000 > (  SELECT   AVG(a2.Gehalt) -  a1.Gehalt
                     FROM     ANGEST a2 )
```

Bei naiver (und damit falscher) Ausführung dieser Anweisung würde für jedes Tupel von ANGEST die Subquery ausgewertet und, falls das Prädikat erfüllt ist, der Update auf dem Tupel ausgeführt. Durch den Update steigt natürlich das Durchschnittsgehalt, so daß bei Tupeln, die bei der Abarbeitung dieser Anweisung erst später drankommen, beim Vergleich u.U. ein immer höheres Durchschnittsgehalt (da jedes Mal neu berechnet) zugrundegelegt wird.

Um Fehler dieser Art zu vermeiden, muß bei selbstreferenzierenden Updates die Menge derjenigen Tupel, die vom Update betroffen sind, bestimmt werden, bevor mit den Änderungen begonnen wird. Die obige Update-Anweisung muß also im *zentralen Fall* (intern) z. B. in die nachstehende Folge von Anweisungen transformiert werden:

Vorgehen im zentralen Fall

```
1. AVG_Gehalt  :=   SELECT   AVG(Gehalt)
                    FROM     ANGEST

2. treffermenge :=  SELECT   tupelID
                    FROM     ANGEST
                    WHERE    1000 > (AVG_Gehalt - Gehalt)

3. UPDATE   ANGEST
   SET      Gehalt = Gehalt + 100
   WHERE    tupelID IN treffermenge
```

Vorgehen im verteilten Fall

Die Behandlung im *verteilten Fall* ist ähnlich, nur daß hier keine TupelID's (siehe Schritt 2) oder ähnliches verwendet werden können, da diese jeweils nur lokal bekannt sind. Anstatt dessen müssen im verteilten Fall die Tupel i. a. über ihren Primärschlüssel identifiziert werden. Die Update-Anweisung muß also zunächst in eine (oder mehrere) Selektionsanweisung(en) transformiert werden, welche die Primärschlüssel derjenigen Tupel bestimmen, welche sich für den Update qualifizieren. Dies kann durchaus bedeuten, daß zur Durchführung dieser Selektion(en) die globale Relation R (zumindest partiell) gebildet werden muß. Danach kann die entsprechend transformierte Update-Anweisung (analog zu Schritt 3) an die betroffenen V_i's geschickt werden.

Insert

Das einzufügende Tupel muß entsprechend der Partitionierungsvorschrift in n Tupel zerlegt und dann in die Basis-Partitionen eingefügt werden.

Delete

Im Prinzip können hier wieder die beiden Fälle wie beim Update unterschieden werden: die Menge der Primärschlüssel der betroffenen Tupel läßt sich direkt aus dem „Löschprädikat" ableiten, dann kann die Delete-Anweisung direkt an alle V_i's geschickt werden, ansonsten muß zunächst die „Treffermenge" bestimmt und eine entsprechend modifizierte Delete-Anweisung auf die Basis-Partitionen angewendet werden.

Übungsaufgabe 6-8: Updates bei vertikaler Partitionierung

Gegeben sei die folgende globale Relation R(<u>A</u>, <u>B</u>, C, D, E, F, G), die vertikal in R1(<u>A</u>, <u>B</u>, C), R2(<u>A</u>, <u>B</u>, D, E) und R3(<u>A</u>, <u>B</u>, F, G) partitioniert sei.

Geben Sie geeignete Transformationen für die folgenden Anweisungen an:

a) UPDATE   R
   SET   C = C + 10, D = D + 20
   WHERE   A < 5 AND B > 6

b) UPDATE   R
   SET   F = F + 30
   WHERE   D > 3

c) UPDATE   R
   SET   D = D + 1
   WHERE   D < (SELECT MAX(D)
                  FROM   R)

d) INSERT INTO R
   VALUES(9, 4, 7, 5, 3, 1, 6)

e) DELETE
   FROM   R
   WHERE   D > 4

6.7 Übertragungskosten und Übertragungsdauer

In den folgenden Abschnitten werden wir uns mit der Bewertung verschiedener Ausführungsstrategien für Anfragen befassen. Hierbei werden die *Übertragungskosten* sowie die *Übertragungsdauer* eine wichtige Rolle spielen. Wir wollen daher in diesem Abschnitt kurz auf die Bestimmung dieser Größen eingehen.

Übertragungskosten und Übertragungsdauer lassen sich jeweils als lineare Funktionen der zu übertragenden Datenmenge x modellieren. Seien *TC* die

Übertragungskosten (*transmission costs*) und *TD* die *Übertragungsdauer* (*transmission delay*), dann lassen sich TC und TD wie folgt definieren:

Definition 6-1: Übertragungskosten TC(x)

Übertragungskosten: $TC(x) := C_0 + x * C_1$

Definition 6-2: Übertragungsdauer TD(x)

Übertragungszeit: $TD(x) := D_0 + x * D_1$

C_0, D_0

C_1, D_1

C_0 sind hierbei die festen Kosten, die für die Initiierung einer Übertragung zwischen zwei Knoten anfallen und D_0 ist die Zeitdauer, die üblicherweise für den Aufbau einer Nachrichtenverbindung zwischen zwei Knoten benötigt wird. C_1 sind die Übertragungskosten pro Einheit (z. B. KBit) und D_1 modelliert die Übertragungsdauer pro Übertragungseinheit des zugrundeliegenden Rechnernetzes.

Werden in einem Rechnernetz verschiedene Übertragungswege mit unterschiedlichen Kosten oder Nutzdatenraten eingesetzt bzw. sind die konstanten Kosten zwischen verschiedenen Knotenpaaren verschieden, so müßte die o.a. Formel entsprechend verfeinert werden (vgl. hierzu z. B. /CePe84/).

6.8 Berechnung von Joins

6.8.1 Allgemeines

Wie in zentralen relationalen DBMSen ist auch in verteilten DBMSen die effiziente Berechnung von Joins einer der kritischen Faktoren für das Leistungsverhalten des DBMSs. Wir wollen im folgenden vier verschiedene Verbundmethoden vorstellen, und zwar den Nested-Loop-Join, den Sort-Merge-Join, die Verbundberechung mittels Semi-Join sowie die Verbundberechnung mittels Hashfilter.

6.8.2 Nested-Loop-Join

Den Nested-Loop-Join kann man sich vereinfacht als doppelt geschachtelte FOR-Schleife vorstellen. Die äußere Schleife greift dabei sequentiell Tupel für Tupel der „äußeren" Relation ab, während die innere Schleife zu dem jeweils gegebenen Tupel der äußeren Relation alle Treffer-Tupel der „inneren" Relation ermittelt und je Treffer ein Resultat-Tupel erzeugt.

Steht für beide Relationen für die am Verbund beteiligten Attribute kein Index zur Verfügung, dann entspricht die Vorstellung der doppelt geschachtelten

FOR-Schleife im wesentlichen auch der tatsächlichen Implementierung, wobei die FOR-Schleifen durch sog. *Relation-Scans* (sequentieller Durchlauf durch alle Tupel einer Relation) implementiert werden. Weist hingegen eine der beteiligten Relationen einen für den Verbund geeigneten Index auf, so wird sie als „innere" Relation verwendet und die „Treffer" werden in diesem Fall über den Index anstatt über den Relation-Scan ermittelt. — Relation-Scan

Eine „naive" Übertragung dieses Ansatzes auf den verteilten Fall wäre, daß der „äußere" Knoten (der die „äußere" Relation hält) jeweils ein ganzes Tupel an den „inneren" Knoten (der die „innere" Relation hält) schickt, mit dem dieser dann versucht, eventuelle „Join-Partner-Tupel" zu ermitteln, und die Resultat-Tupel (sofern es welche gibt) wieder zurückschickt. Letztlich werden bei diesem Verfahren stückweise alle Tupel des „äußeren" Knotens an den „inneren Knoten" übertragen. Da wäre es effektiver, die ganze Relation auf einmal zu übertragen. — naive Implementierung

Zudem wird bei diesem Ansatz auch unnötig viel übertragen: Im Falle von R_1(A,B,C,D) **NJN** R_2(A,E,F) würde z. B. ein Tupel $t(a,b,c,d)$ an den „inneren" Knoten geschickt und als Resultat kommt ggf. $t'(a,b,c,d,e,f)$ zurück. D. h. wir haben die Attributwerte a, b, c und d quasi auf eine Rundreise geschickt. Um diese unnötige Kommunikation zu vermeiden, wird man deshalb in der Regel eine *verbesserte Implementierung* des Nested-Loop-Joins einsetzen und nicht ganze Tupel, sondern nur die „Join-Attribute" vom „äußeren" an den „inneren" Knoten übertragen, mit diesen dann die jeweiligen „Join-Partner-Tupel" der „inneren" Relation bestimmen und diese dann an den „äußeren" Knoten zurückschicken, wo dann das Resultat-Tupel gebildet wird. — Wenn wir im folgenden von einem verteilten Nested-Loop-Join sprechen, so meinen wir stets diese verbesserte Implementierung. — verbesserte Implementierung

Im verteilten Fall wird man den Nested-Loop-Join in der reinen Form (pro Tupel der „äußeren" Relation eine Anfrage an den Knoten der „inneren" Relation) über Knotengrenzen hinweg selten einsetzen, da der hierfür erforderliche Kommunikationsaufwand beträchtlich ist. Man wird vielmehr in den meisten Fällen, wo man nicht ein anderes Join-Verfahren einsetzt, die kleinere Relation an den Knoten der größeren Relation (oder beide Relationen an den Ergebnisknoten) übertragen und den Verbund dann dort lokal berechnen oder zumindest pro Übertragung gleich mehrere Join-Attribute en bloc an den Knoten der „inneren" Relation schicken. Eine Weiterentwicklung dieses Ansatzes stellt die Verbundberechnung mittels Semi-Join dar, auf die wir in Abschnitt 6.8.4 eingehen werden.

Beispiel 6-4:

Gegeben seien die beiden in Abb. 6-14 dargestellten Relationen A (gespeichert an Knoten K_A) und B (gespeichert an Knoten K_B). Zu berechnen sei R:= A $JN_{a1=b1}$ B, wobei das Ergebnis an Knoten K_A abzuliefern sei. Wir wollen bei unseren Berechnungen unterstellen, daß die Kommunikationsdauer dominierend und die lokalen Zugriffszeiten vernachlässigbar seien. Die Tupel von Relation A seien im Mittel 600 Byte und die Tupel von Relation B im Mittel 800 Byte groß. Außerdem soll gelten:

- Mittlere Verzögerung pro Nachricht: $D_0 = 0{,}2$ s

- Nutzdatenrate: $D_1 = 800$ Byte/s [47]

- Länge einer „Anfrage-Nachricht" sei: 120 Byte

Wir analysieren die Kosten der beiden Alternativen „Verteilter" Nested-Loop-Join mit A als „äußerer" Relation und „Übertragung von B an Knoten K_A und lokaler Nested-Loop-Join an K_A.

Alternative 1: Verteilter Nested-Loop-Join

- 15 Nachrichten $K_A \rightarrow K_B$ à 120 Byte: ca. $15*(0{,}2\,\text{s} + \frac{120}{800}\,\text{s}) = 5{,}25\,\text{s}$

- Anzahl „Treffer-Tupel" in B für $a_1 =$

$$
\begin{array}{lll}
1:2 & \Rightarrow & 0{,}2\,\text{s} + \frac{2*800}{800}\,\text{s} = 2{,}2\,\text{s} \\
10:1 & \Rightarrow & 0{,}2\,\text{s} + \frac{800}{800}\,\text{s} = 1{,}2\,\text{s} \\
15:1 & \Rightarrow & 1{,}2\,\text{s} \\
31:3 & \Rightarrow & 0{,}2\,\text{s} + \frac{3*800}{800}\,\text{s} = 3{,}2\,\text{s} \\
33:1 & \Rightarrow & 1{,}2\,\text{s}
\end{array}
$$

- Insgesamt also ca. 14,25 s

Alternative 2: Übertragung von B an K_A und lokaler Nested-Loop-Join

- 1 Anforderungsnachricht: $0{,}2\,\text{s} + \frac{120}{800}\,\text{s} = 0{,}35\,\text{s}$

- 26 Tupel en bloc: $0{,}2\,\text{s} + \frac{26*800}{800}\,\text{s} = 26{,}2\,\text{s}$

- Insgesamt also ca. 26,55 s

In diesem Fall wäre also die erste Ausführungsstrategie deutlich günstiger. □

---

[47] Wir wählen hier eine sehr geringe Übertragungsleistung, damit bei unserem kleinen Beispiel überhaupt Unterschiede bei den verschiedenen Verfahren sichtbar werden.

Knoten K_A:

A	a_1	a_2	...
	1	3	...
	3	7	...
	5	8	...
	7	2	...
	10	19	...
	11	13	...
	15	17	...
	18	10	...
	19	14	...
	23	16	...
	27	4	...
	28	5	...
	31	3	...
	33	2	...
	35	1	...

$$\mathrm{card}(A) = 15$$

Knoten K_B:

B	b_1	b_2	...
	1	4	...
	1	9	...
	2	15	...
	4	16	...
	4	18	...
	6	2	...
	8	3	...
	8	5	...
	10	1	...
	12	9	...
	12	14	...
	15	8	...
	17	9	...
	20	2	...
	20	7	...
	21	13	...
	24	5	...
	29	1	...
	30	17	...
	31	12	...
	31	19	...
	31	22	...
	33	11	...
	34	8	...
	34	15	...
	36	7	...

$$\mathrm{card}(B) = 26$$

Knoten K_A:

R := A $JN_{a1=b1}$ B	a_1	a_2	...	b_1	b_2	...
	1	3	...	1	4	...
	1	3	...	1	9	...
	10	19	...	10	1	...
	15	17	...	15	8	...
	31	3	...	31	12	...
	31	3	...	31	19	...
	31	3	...	31	22	...
	33	2	...	33	11	...

$$\mathrm{card}(R) = 8$$

Abb. 6-14: Beispiel-Relationen

Anmerkungen:

Wie man sich leicht überlegt, wäre bei einer anderen Konstellation oder bei
Zugrundelegen einer höheren Übertragungsrate unter Umständen die zweite
Ausführungsstrategie im obigen Beispiel günstiger gewesen. Außerdem hätten
wir eigentlich noch zwei weitere Alternativen untersuchen müssen, und zwar:

- Relation A nach K_B übertragen, den Join lokal an K_B berechnen und anschließend das Resultat nach K_A übertragen.

- Relation B als „äußere" Relation verwenden, das Ergebnis damit an K_B bilden und anschließend das Resultat nach K_A übertragen.

Um bei der Anfragebearbeitung die richtige Wahl treffen zu können, müßten
dem globalen Anfrageoptimierer allerdings Angaben über lokale Relationsgrößen sowie über die (lokale) Selektivität des Join-Prädikates bekannt sein.
Hiervon wird man im allgemeinen bestenfalls bei sehr eng integrierten Systemen, wie etwa bei Mehrrechner-DBMSen (siehe Abschnitt 1.3.3.2), ausgehen
können. Bei weniger eng integrierten DBMSen wird man daher eine Heuristik
oder sogar eine „hart verdrahtete" Standardstrategie anwenden.

6.8.3 Sort-Merge-Join

Der Sort-Merge-Join kann verwendet werden, wenn für *beide* am Verbund
beteiligten Relationen ein geeigneter Index vorliegt oder diese geeignet physisch sortiert sind und somit auf beide Relationen effizient in *Sortierreihenfol-*
ge bzgl. des Join-Attributes zugegriffen werden kann. Es ergibt sich daher
eine gewisse Verwandtschaft zum (sortierten) Mischen zweier sortierter Dateien (daher auch der Name). Die beiden Relationen werden hierbei parallel
durchsucht, um alle Tupel zu finden, welche die Verbundbedingung erfüllen.
Es gibt zwar keine „innere" und „äußere" Relation wie im Nested-Loop-Fall,
allerdings kann auch hier eine der beiden Relationen (im Sinne des *Master-*
Slave-Prinzips) bei der Ausführung den Ton angeben. Natürlich sind auch
„symmetrische" Realisierungen möglich.

Wir wollen die Arbeitsweise des Sort-Merge-Joins im verteilten Fall mit Hilfe
eines Beispiels erläutern.

Beispiel 6-5:

Gegeben seien wieder die Relationen aus Abb. 6-14 sowie die sonstigen
Kenngrößen aus Beispiel 6-4. Wir wollen hier den Fall betrachten, daß K_A die
Join-Berechnung steuert. Der mögliche Nachrichtenfluß ist in Abb. 6-15
skizziert.

	Resultat-Tupel	K_A	Nachrichten	K_B
1			start(next(a1=1)) →	
2			← ok((1,4,...),(1,9,...), next(b1=2))	
3	(1,3,...1,4,...)			
4	(1,3,...,1,9,...)		no(next(a1=3)) →	
5			← no(next(b1=4))	
6			no(next(a1=5)) →	
7			← no(next(b1=6))	
8			no(next(a1=7)) →	
9			← no(next(b1=8))	
10			no(next(a1=10)) →	
11			← ok((10,1,...), next(b1=12))	
12	(10,19,...,10,1,...)		no(next(a1=15)) →	
13			← ok((15,8,...), next(b1=17))	
14	(15,17,...,15,8,...)		no(next(a1=18)) →	
15			← no(next(b1=20))	
16			no(next(a1=23)) →	
17			← no(next(b1=24))	
18			no(next(a1=27)) →	
19			← no(next(b1=29))	
20			no(next(a1=31)) →	
21			← ok((31,12,...),(31,19,...),(31,22,...), next(b1=33))	
22	(31,3,...,31,12,...)			
23	(31,3,...,31,19,...)			
24	(31,3,...,31,22,...)		ok(next(a1=33)) →	
25			← ok((33,11,...), next(b1=34))	
26	(33,2,...,33,11,...)		no(next(a1=35)) →	
27			← no(next(b1=36))	
28			end →	

Abb. 6-15: Durchführung des Sort-Merge-Join

Bezeichnen wir die Nachrichten ohne Übertragung von Tupeln als „Synchronisations-Nachrichten" (i.w. sind das die start-, no- und next-Nachrichten)[48] und die Nachrichten, in denen „Treffer-Tupel" von K_B nach K_A übertragen

---

[48] Die „end-Nachricht" in Zeile 28 brauchen wir hier nicht mitzurechnen, da bei der Sort-Merge-Durchführung hierauf nicht gewartet werden muß.

werden als „Treffer-Nachrichten", so zählen wir im obigen Beispiel 19 Synchronisations-[49] und 5 Treffer-Nachrichten.

Es ergeben sich somit folgende Übertragungszeiten:

- 19 Synchronisations-Nachrichten à 0,2 s = 3,8 s

- Treffer-Nachricht 1 (Zeile 2): $0,2\,s + \dfrac{2*800}{800}\,s = 2,2\,s$

- Treffer-Nachricht 2 (Zeile 11): $0,2\,s + \dfrac{800}{800}\,s = 1,2\,s$

- Treffer-Nachricht 3 (Zeile 13): analog: 1,2 s

- Treffer-Nachricht 4 (Zeile 21): $0,2\,s + \dfrac{3*800}{800}\,s = 3,2\,s$

- Treffer-Nachricht 5 (Zeile 25): 1,2 s

Insgesamt also 12,8 s   □

6.8.4 Verbundberechnung mittels Semi-Join

Dieser Form der Join-Berechnung liegt folgende Überlegung zugrunde: Angenommen, es soll A $\mathbf{JN}_{a1\,=\,b1}$ B berechnet werden und Relation A ist an Knoten K_A und Relation B an Knoten K_B gespeichert. Im Join-Resultat werden nur solche Tupel von A (bzw. deren Attributwerte) auftauchen, die in Relation B ein entsprechendes „Partner-Tupel" gefunden haben, so daß a1 = b1 gilt. Ob ein solches „Partner-Tupel" gefunden wird oder nicht, hängt bzgl. Relation A nur vom Wert des Attributs a1 ab, die restlichen Attribute von A sind hierfür ohne Belang.[50] Umgekehrt gilt, daß nur diejenigen Tupel von B an K_A übertragen werden müssen, für die es einen korrespondierenden Attributwert in a1 gibt (also a1=b1 gilt). Die Ausprägungen von Attribut a1 von A wirken also wie eine Art „Filter" für die Tupel der Relation B bzgl. der Ergebnisrelation. Diese Filterfunktion wird formal über die Semi-Join-Operation realisiert. Man spricht deshalb manchmal auch vom *Semi-Join-Verbund*.

Semi-Join-
Verbund

Ein möglicher Ablauf für die Berechnung von A $\mathbf{JN}_{a1=b1}$ B wäre wie folgt:

1. Projektion von A auf a1: $A' := \mathbf{PJ}_{\{a1\}}A$

2. Übertragung von A' nach K_B

3. Berechnung der Treffer-Tupel von B mit Hilfe des Semi-Joins mit A':
   $B_{reduziert} := B\ \mathbf{SJ}_{a1=b1}\ A'$

---

[49] Zeilen 1, 4, 5, 6, 7, 8, 9, 10, 12, 14, 15, 16, 17, 18, 19, 20, 24, 26, 27

[50] Wir hatten sowohl beim Nested-Loop- als auch beim Sort-Merge-Join diesbezüglich schon „optimiert" und nicht das ganze Tupel, sondern – wo möglich – nur das Join-Attribut von K_A nach K_B übertragen (siehe Beispiel 6-4 und Beispiel 6-5).

4. Übertragung von $B_{reduziert}$ nach K_A

5. Berechnung des Joins an K_A auf Basis von A und B':
   $R := A \; \mathbf{JN}_{a1=b1} \; B_{reduziert}$

Beispiel 6-6:

Wir legen wieder die Relationen aus Abb. 6-14 sowie die „Eckdaten" aus
Beispiel 6-4 zugrunde. Ein möglicher Ablauf für die Durchführung der Ver-

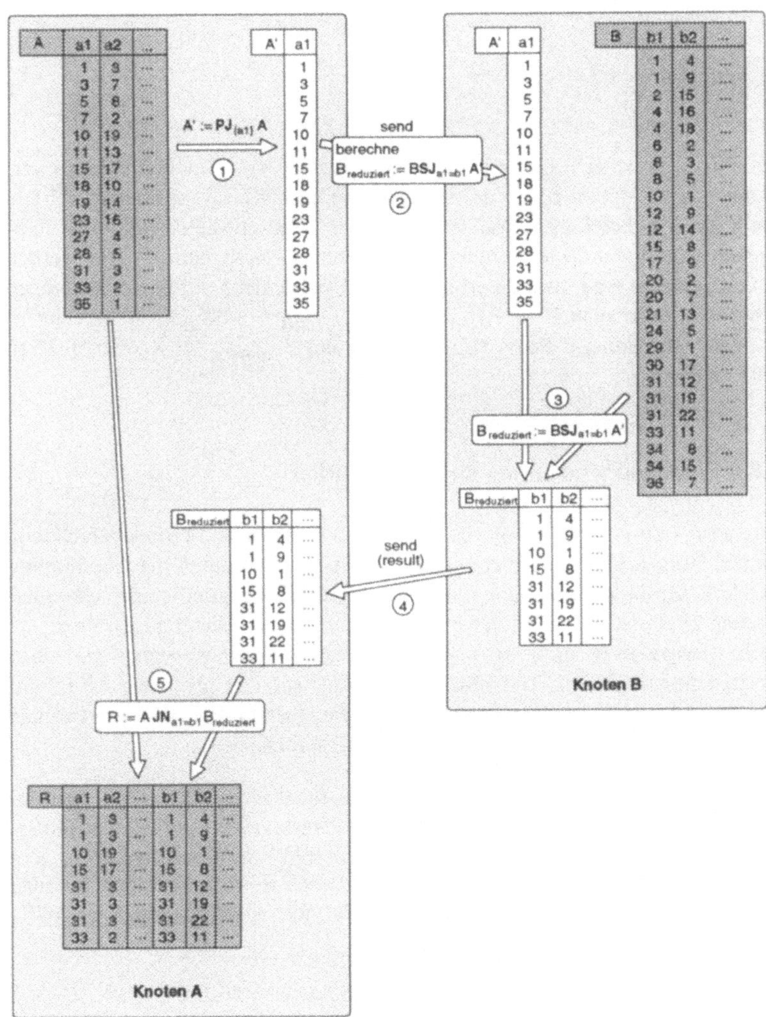

Abb. 6-16: Verbundberechnung mittels Semi-Join

bundberechnung unter Verwendung eines Semi-Joins ist in Abb. 6-16 illustriert. Für eine Abschätzung der Ausführungskosten wollen wir annehmen, daß die Attributwerte von a1 jeweils 4 Bytes lang sind und daß für den „Auftrag" in Schritt 2 noch 200 Bytes Overhead hinzukommen.

Damit erhalten wir folgende Werte:

1. Übertragungsdauer für A' + SJ-Auftrag in Schritt 2:
$$0,2\,s + \frac{15*4+200}{800}\,s \approx 0,5\,s$$

2. Übertragungsdauer für $B_{reduziert}$ in Schritt 4: $0,2\,s + \frac{8*800}{800} = 8,2\,s$

Insgesamt also 8,7 s.   □

Im obigen Beispiel haben wir das „Join-Attribut" von Relation A dazu verwendet, um Relation B vor der Übertragung nach K_B zu „verkleinern", d. h. nicht am Join beteiligte Tupel von B vorher herauszufiltern. Hätte das Join-Resultat an einem dritten Knoten, sagen wir K_C, verfügbar gemacht werden sollen, so hätte man dieses Verfahren auch symmetrisch auf beide Relationen anwenden (also auch $B' := \mathbf{PJ}_{\{b1\}}B$ und $A_{reduziert}:= A\,\mathbf{SJ}_{a1=b1}\,B'$ berechnen) können, um dann auf Basis von $A_{reduziert}$ und $B_{reduziert}$ an K_C den Join zu berechnen.

6.8.5 Verbundberechnung mittels Hashfilter

Wie man sich leicht überlegt, ist die oben beschriebene Verbundberechnung mittels Semi-Join insbesondere dann vorteilhaft, wenn durch die Übertragung der Join-Attribute die andere Relation vor der Übertragung stark verkleinert werden kann. Ist dies nicht der Fall (unter Umständen findet sogar überhaupt keine Reduzierung statt), so verursacht diese Vorgehensweise sogar einen zusätzlichen Aufwand. Hat das Join-Attribut, auf das projiziert wird, sehr viele verschiedene Ausprägungen, so kann die Übertragung der Join-Attribute einen signifikanten Kommunikationsaufwand verursachen.

Hashfilter-Join

Die Verbundberechnung mittels Hashfilter (auch *Hashfilter-Join* genannt) versucht nun, die (potentiellen) Vorteile der Verbundberechnung mittels Semi-Join (also die Verkleinerung der „Partner-Relation") beizubehalten, aber den erforderlichen Kommunikationsaufwand doch so stark zu reduzieren, daß der Mehraufwand auch im schlechtesten Fall (viele Attributwerte, keine Filterung) tolerabel bleibt.

Bitvektor

Der Ansatz ist, nicht mehr die echten Attributwerte zu übertragen, sondern einen *Bitvektor*, in den die Attributwerte mittels einer Hashfunktion abgebildet werden. Auf der „Gegenseite" wird nun für jedes Tupel die entsprechende Hashfunktion auf das dortige Join-Attribut angewandt. Ist das entsprechende

Bit im Bitvektor gesetzt, dann ist das Tupel potentiell im Join-Ergebnis enthalten und muß übertragen werden. Ist das entsprechende Bit hingegen nicht gesetzt, so gehört das Tupel nicht zur „Treffermenge".

Als Hashfunktion kann z. B. das *Divisionsrest-Verfahren* herangezogen werden, wobei der Attributwert (ggf. nimmt man direkt das Bitmuster) als Integerwert dargestellt werden muß. Die Länge des Bitvektors ist im Prinzip frei wählbar. Er sollte jedoch nicht zu kurz gewählt werden, damit noch eine hinreichend hohe Selektivität gegeben ist.

Divisionsrest-Verfahren

Das nachfolgende Beispiel 6-7 veranschaulicht den Ablauf einer Verbundberechnung mittels Hashfilter. Wie man sieht, können sich in diesem Fall bei der Verbundberechnung „*Pseudotreffer*" ergeben, welche die zu übertragende Relation vergrößern und damit die Übertragungskosten erhöhen. „Fehler" gibt es hierdurch allerdings nicht, da diese Tupel bei der eigentlichen Join-Berechnung wieder eliminiert werden. In Beispiel 6-7 ergibt sich hierdurch sogar eine Verschlechterung gegenüber der Semi-Join-Variante. Hätten wir bei der Länge des Bitvektors nicht so gegeizt und hätten z. B. 37 als Primzahl gewählt, so hätten wir keine Pseudo-Treffer erhalten. Die Güte dieses Verfahrens hängt also nicht unwesentlich von der Wahl einer geeigneten Hashfunktion (und damit auch von der Größe des Bitvektors) ab.

Pseudotreffer

Beispiel 6-7:

Wir legen wieder unsere Relationen aus Abb. 6-14 sowie die „Eckdaten" aus Beispiel 6-4 zugrunde. Wir gehen wieder wie im vorangegangenen Beispiel davon aus, daß Knoten K_A die Koordination vornimmt und auch dort das Ergebnis verfügbar gemacht werden soll. Als Länge unseres Bitvektors[51] wählen wir 17, d. h. wir haben die Bitpositionen 0,1,2,...,16 zur Verfügung. Unsere Hashfunktion h(x) ist damit **h(x) = x mod 17**, d. h. h(x) ergibt sich aus dem ganzzahligen Rest bei Division des Attributwertes durch 17. Damit ergibt sich für $A' := \mathbf{PJ}_{\{a1\}}A$ der folgende Bitvektor:

al	1	3	5	7	10	11	15	18	19	23	27	28	31	33	35
h(al)	1	3	5	7	10	11	15	1	2	6	10	11	14	16	1

h(A') (0 1 1 1 0 1 1 1 0 0 1 1 0 0 1 1 1)

Bitposition   0 1 2 3 4 5 6 7 8 9 10 11 12 13 14 15 16

h(A') wird an Knoten K_B geschickt, wo nun für jedes Tupel in B geprüft wird, ob h(A') an Position h(b1) eine '1' aufweist. Dies ist für die in Abb. 6-17 dargestellten Tupel aus B (= $B_{reduziert}$) der Fall.

---

[51] Man wählt im allgemeinen eine Primzahl, um eine „gute" Verteilung der Funktionswerte zu erhalten.

$B_{reduziert}$	b1	b2	...	Zeile
	1	4	...	1
	1	9	...	2
	2	15	...	3
	6	2	...	4
	10	1	...	5
	15	8	...	6
	17	9	...	7
	20	2	...	8
	20	7	...	9
	24	5	...	10
	31	12	...	11
	31	19	...	12
	31	22	...	13
	33	11	...	14
	36	7	...	15

Abb. 6-17: Mittels Hashfilter verkleinerte Relation

$B_{reduziert}$ wird nun an K_A übertragen und dort die Berechnung des Joins A $JN_{a1=b1}$ $B_{reduziert}$ durchgeführt. Als Übertragungskosten fallen an: 0,2 s für die Übertragung des Bitvektors und 15,2 s für die Übertragung der Tupel von $B_{reduziert}$, insgesamt also 15,4 s. ☐

6.8.6 Abschließende Bemerkungen zur Join-Berechnung

Die Erarbeitung „optimaler" Strategien für die Berechnung von Joins ist immer noch ein Gegenstand intensiver Forschungsbemühungen. Insbesondere die Verbundberechnung mittels Semi-Joins hat eine große Anzahl von Forschungsarbeiten stimuliert und viel zur wissenschaftlichen Durchdringung des Gebietes *Anfrageoptimierung* beigetragen. Aus Platzgründen können wir dies hier nicht weiter vertiefen. Wer mehr darüber nachlesen möchte, der findet eine vertiefte Behandlung dieses Themas u. a. in /CePe84/, /JaKo84/, /MaLo86/, /MeEi92/, /Sege86/, /VaGa84/, /YuCh84/.

Übungsaufgabe 6-9: Join-Berechnung

Es soll der **NJN** zweier Relationen $R_1(\underline{A}, B, C)$ und $R_2(\underline{A}, \underline{D}, E)$, die an den Knoten K_1 bzw. K_2 gespeichert sind, berechnet werden. Das Resultat ist an K_1 verfügbar zu machen. Relation R_1 umfaßt 20.000 Tupel mit einer Tupelgröße von 200 Bytes und Relation R_2 60.000 Tupel mit einer Tupelgröße von 100 Bytes. Attribut A sei 10 Bytes groß. Es wird erwartet, daß ca. 1/3 der Tupel von R_2 das Join-Prädikat erfüllen.

Angenommen, die eingesetzte Hashfunktion beim Hashfilter-Join würde bei einem Bitvektor von 200.000 Bit Länge 1% Pseudo-Treffer erzeugen und diese Rate würde sich bei einer Halbierung der Bitvektorgröße etwa jeweils vervierfachen. Wie groß (in Bits) muß man den Bitvektor mindestens wählen, damit der Hashfilter-Join günstiger als der Semi-Join-Verbund ist?

6.9 Bestimmung einer optimalen Ausführungsstrategie

Bei der Ermittlung der *optimalen Ausführungsstrategie* müssen – zumindest im Prinzip – alle möglichen Ausführungsvarianten unter Berücksichtigung serieller und paralleler Phasen bei der Bearbeitung von Teilanfragen bewertet und miteinander verglichen werden. Wie bereits in Abschnitt 6.7 erwähnt, sind die wichtigsten Faktoren bei der *Bewertung* einer Ausführungsalternative im allgemeinen die anfallenden *Übertragungskosten* sowie die *Übertragungsdauer*. Wir werden uns deshalb in den folgenden Abschnitten vor allem auf diese beiden Größen und die sie beeinflussenden Faktoren konzentrieren.

Für die Berechnung der Übertragungskosten und der Übertragungszeit für eine bestimmte Ausführungsalternative benötigt man im allgemeinen Informationen über die Größe der zu übertragenden Partitionen bzw. Relationen. Wir wollen in den nächsten beiden Abschnitten daher zunächst auf das sog. *Relationsprofil* und seine Berechnung für Zwischenergebnisrelationen eingehen.

Anmerkung:

In Abschnitt 6.3 haben wir Anfragen gegen globale Relationen durch (ggf. sukzessives) Einsetzen der Definition der darin angesprochenen globalen Relationen auf *gespeicherte Partitionen* (Basis-Partitionen) zurückgeführt. Im folgenden wollen wir annehmen, daß es sich bei allen auftretenden Partitionen bereits um *Basis-Partitionen* handelt, daß sie also in dieser Form tatsächlich auch (redundant oder nicht-redundant) physisch gespeichert (allokiert) sind.

6.9.1 Relationsprofil

Das *Relationsprofil* (vgl. /CePe84/) enthält Angaben, die eine Abschätzung der Relationsgröße sowie Abschätzungen der Größe der Ergebnisrelationen nach Anwendung einer algebraischen Operation ermöglichen. (Wenn wir im folgenden von *Relation* sprechen, so meinen wir, sofern nicht explizit etwas anderes gesagt wird, stets entweder eine *Partition* oder eine *Zwischenergebnisrelation*, nie jedoch eine nur virtuell existierende *globale* Relation.) Wir wollen annehmen, daß wir für jede Relation R über folgende Angaben verfügen:

card(R)

1. die Anzahl der Tupel in R ($\rightarrow$ *card(R)*)

2. die Attribute von R

size(A[R])

size(R)

3. die Attributgröße (Feldlänge) eines jeden Attributes A von R in Bytes ($\rightarrow$ *size(A[R])* bzw. *size(A)*, falls eindeutig); (*Anmerkung:* die Tupelgröße ($\rightarrow$ *size(R)*) ergibt sich aus der Summe der Attributgrößen von R)

val(A[R]), val(A)

4. die Anzahl der verschiedenen Werte (Ausprägungen) für jedes Attribut A von R ($\rightarrow$ *val(A[R])* bzw. *val(A)* wenn klar ist, welche Relation gemeint ist)

allocation(R)

5. den Speicherungsort der Relation ($\rightarrow$ *allocation(R)*)

Natürlich werden viele dieser Werte im allgemeinen nicht exakt, sondern (mehr oder weniger grobe) Schätzungen sein, die von Zeit zu Zeit mit Hilfe von Dienstprogrammen aktualisiert werden. Die Attributgrößen können bei Attributen konstanter Länge aus dem Katalog entnommen werden, bei variabel langen Attributwerten müssen diese ebenfalls statistisch abgeschätzt werden (soweit es sich lohnt). Aus der Länge der Attributwerte sowie der Anzahl der Tupel läßt sich die Gesamtgröße einer Relation bestimmen.

Beispiel 6-8:

Gegeben seien die globalen Relationen

TEILE (<u>TeileNr</u>, <u>LiefNr</u>, Preis)
LIEFERANT (<u>LiefNr</u>, LiefName, Stadt)
---

mit folgenden Partitionierungen:

$\text{Teile}_1 := \mathbf{SL}_{0 \leq \text{TeileNr} \leq 5000}\ \text{TEILE}$
$\text{Teile}_2 := \mathbf{SL}_{5000 < \text{TeileNr} \leq 8000}\ \text{TEILE}$
$\text{Teile}_3 := \mathbf{SL}_{8000 < \text{TeileNr} \leq 9999}\ \text{TEILE}$

$\text{Lieferant}_1 := \mathbf{SL}_{\text{Stadt}='\text{Ulm}'}\ \text{LIEFERANT}$
$\text{Lieferant}_2 := \mathbf{SL}_{\text{Stadt}='\text{Hagen}'}\ \text{LIEFERANT}$
$\text{Lieferant}_3 := \mathbf{SL}_{\text{Stadt} \neq '\text{Ulm}' \,\wedge\, \text{Stadt} \neq '\text{Hagen}'}\ \text{LIEFERANT}$

Die Relationsprofile könnten in diesem Fall etwa wie folgt aussehen:

a) Relationsprofile der *globalen (virtuellen) Relationen*:

TEILE		
card	10.000	
size	32	
allocation	virtuell	
Attribut	**size**	**val**
TeileNr	16	7.999
LiefNr	8	300
Preis	8	2.100

LIEFERANT		
card	300	
size	88	
allocation	virtuell	
Attribut	**size**	**val**
LiefNr	8	300
LiefName	50	270
Stadt	30	142

b) Relationsprofile der *Partitionen/Allokationen* von TEILE und
LIEFERANT:

$TEILE_1$		
card	3.500	
size	32	
allocation	2	
Attribut	**size**	**val**
TeileNr	16	3.500
LiefNr	8	160
Preis	8	1.600

$LIEFERANT_1$		
card	100	
size	88	
allocation	2	
Attribut	**size**	**val**
TeileNr	8	100
LiefNr	50	95
Preis	30	1

$TEILE_2$		
card	2.500	
size	32	
allocation	1	
Attribut	**size**	**val**
TeileNr	16	2.500
LiefNr	8	170
Preis	8	1.900

$LIEFERANT_2$		
card	40	
size	88	
allocation	1	
Attribut	**size**	**val**
TeileNr	8	40
LiefNr	50	38
Preis	30	1

<table>
<tr><td colspan="3" align="center">TEILE$_3$</td></tr>
<tr><td>card</td><td colspan="2" align="center">4.000</td></tr>
<tr><td>size</td><td colspan="2" align="center">32</td></tr>
<tr><td>allocation</td><td colspan="2" align="center">3</td></tr>
<tr><td>Attribut</td><td>size</td><td>val</td></tr>
<tr><td>TeileNr</td><td>16</td><td>1.999</td></tr>
<tr><td>LiefNr</td><td>8</td><td>155</td></tr>
<tr><td>Preis</td><td>8</td><td>1.700</td></tr>
</table>

<table>
<tr><td colspan="3" align="center">LIEFERANT$_3$</td></tr>
<tr><td>card</td><td colspan="2" align="center">160</td></tr>
<tr><td>size</td><td colspan="2" align="center">88</td></tr>
<tr><td>allocation</td><td colspan="2" align="center">3</td></tr>
<tr><td>Attribut</td><td>size</td><td>val</td></tr>
<tr><td>LiefNr</td><td>8</td><td>160</td></tr>
<tr><td>LiefName</td><td>50</td><td>150</td></tr>
<tr><td>Stadt</td><td>30</td><td>140</td></tr>
</table>

(Tabelle TEILE$_3$, Eintrag val(TeileNr) = 1.999 [52])

6.9.2 Berechnung des Relationsprofils von Ergebnisrelationen

Im folgenden wollen wir – im Sinne einer Formelsammlung – angeben, wie sich das Profil einer Ergebnisrelation R (card(R), size(R) und val(A[R])) in Abhängigkeit von der angewandten Operation abschätzen läßt. Hierbei werden wir gelegentlich auch die Größe *dom(A)* verwenden, welche die Menge der möglichen (verschiedenen) Werte angibt, die ein gegebenes Attribut A annehmen kann. Entsprechend gibt dann val(dom(A)) die Anzahl dieser (verschiedenen) Werte (= Kardinalität von dom(A)) an. Wir folgen dabei im wesentlichen der Darstellung in /CePe84/.

dom(A)

Bezeichne im folgenden *R* die *Ergebnisrelation* und *B* die *Basisrelation*, auf welche die Operation angewendet wird.

6.9.2.1 Selektion

card(R):

Sei σ ($0 \leq \sigma \leq 1$) die *Selektivität* einer geg. Selektion, dann gilt:

card(R) := σ * card(B)

Für einfache Selektionsbedingungen der Form A = α (α = const) und Gleichverteilung der Werte von A, kann σ wie folgt approximiert werden:

$$\sigma = \frac{1}{\text{val}(A[B])}$$

Bei gleichen Voraussetzungen und Selektionsbedingungen der Form $\alpha_1 \leq A < \alpha_2$ kann σ wie folgt approximiert werden:

$$\sigma = \frac{\alpha_2 - \alpha_1}{\text{val}(\text{dom}(A))}$$

Falls min(dom(A)) und max(dom(A)) bekannt sind, so ist eine bessere Abschätzung möglich:

---

[52] val(TeileNr) $\leq$ 1.999 wegen 8.000 < TeileNr $\leq$ 9.999; Schlüssel ist (TeileNr, LiefNr)!

$$\sigma = \frac{\alpha_2 - \alpha_1}{\max(\mathrm{dom}(A)) - \min(\mathrm{dom}(A)) + 1}$$

size(R):

size(R) = size(B)

val(A[R]):

Fall 1: A tritt in der Selektionsbedingung nicht auf

Das Problem kann zurückgeführt werden auf das kombinatorische Problem, daß man n Bälle in m (n $\geq$ m) verschiedenen Farben hat. Wieviele verschiedene Farben erhält man unter der Annahme, daß die Farben gleichverteilt sind, wenn man r (r $\leq$ n) Bälle zufällig herausgreift?

In unserem Fall entspricht n der Größe der Ausgangsrelation, also n = card(B), m entspricht den verschiedenen Ausprägungen des Attributes A in der Ausgangsrelation B, also m = val(A[B]), und r entspricht der (geschätzten) Kardinalität der Ergebnisrelation R, also r = card(R).

Mit diesen Parametern kann man val(A[R]) wie folgt approximieren: [53,54]

$$\mathrm{val}(A[R]) = \begin{cases} r, & \text{falls } r < \dfrac{m}{2} \\[2mm] \dfrac{r+m}{3}, & \text{falls } \dfrac{m}{2} \leq r < 2*m \\[2mm] m, & \text{falls } r \geq 2*m \end{cases} \qquad \text{[Formel 6.9-1]}$$

Sind die Attributwerte von A nicht unabhängig von den Werten des in der Selektionsformel angesprochenen Attributes verteilt oder gilt die Annahme der Gleichverteilung der Attributwerte von A nicht, so müssen bzw. sollten andere Abschätzungen verwendet werden.

Fall 2: A tritt in der Selektionsbedingung auf

Für den wichtigen Spezialfall, daß nach A = α (α = const) selektiert wird, gilt: val(A[R]) = 1

6.9.2.2 Projektion [55]

card(R): Drei Fälle sind zu unterscheiden:

Fall 1: Projektion auf ein einzelnes Nichtschlüssel-Attribut A

Hier gilt: card(R) = val(A[B])

---

[53] Vgl. /CePe84/, ..., S. 133, eine Herleitung der Formel findet sich ebenfalls in /CePe84/
[54] **Zu beachten:** die Formel setzt *Gleichverteilung* der Attributwerte von A voraus
[55] mit Duplikateliminierung

Fall 2: Projektion auf mehrere Nichtschlüssel-Attribute A_i

$$\text{Sei } d = \prod_{A_i \in \text{Attr(R)}} \text{val}(A_i[B])$$

card(R) kann damit wie folgt abgeschätzt werden:

$$\text{card(R)} = \min(\,d,\,\text{card(B)}\,)$$

Fall 3: Projektion enthält einen Schlüssel von B:

In diesem Fall gilt: card(R) = card(B)

size(R):

Summe der Attributgrößen von R

val(A[R]):

Hier gilt: val(A[R]) = val(A[B]), für alle $A \in \text{Attr(R)}$

6.9.2.3 Vereinigung

Seien B1 und B2 die beiden Ausgangsrelationen, R die Ergebnisrelation

card(R):

Es gilt: card(R) $\leq$ card(B1) + card(B2) [56]

size(R):

Hier gilt stets: size(R) = size(B1) = size(B2) [57]

val(A[R]):

Es gilt stets: val(A[R]) $\leq$ val(A[B1]) + val(A[B2])

6.9.2.4 Differenz

Es gelte für das Folgende: R := B1 **DF** B2

card(R):

Die Kardinalität von R kann wie folgt abgeschätzt werden:

$$\max(\,0,\,\text{card(B1)} - \text{card(B2)}\,) \;\leq\; \text{card(R)} \;\leq\; \text{card(B1)}$$

---

[56] ohne Duplikateliminierung gilt "=" anstelle von "$\leq$"
[57] Bei Attributen variabler Länge arbeitet man mit Durchschnittsgrößen.

size(R):

Auch hier gilt stets: $\text{size}(R) = \text{size}(B1) = \text{size}(B2)$ [58]

val(A[R]):

$$\max(\,0,\, \text{val}(A[B1]) - \text{val}(A[B2])\,) \;\leq\; \text{val}(A[R]) \;\leq\; \text{val}(A[B1])$$

6.9.2.5 Kartesisches Produkt

Es gelte für das Folgende: R := B1 **CP** B2

card(R):

$$\text{card}(R) = \text{card}(B1) * \text{card}(B2)$$

size(R):

$$\text{size}(R) = \text{size}(B1) + \text{size}(B2)$$

val(A[R]):

Die Anzahl der verschiedenen Ausprägungen je Attribut ändert sich gegenüber den Ausgangsrelationen nicht.

6.9.2.6 Verbund

Es gelte für das Folgende: $R := B1 \; \mathbf{JN}_{X=Y} \; B2$

card(R):

Eine genaue Abschätzung ist relativ schwierig. Eine grobe obere Schranke
erhält man durch:

$$\text{card}(R) \;\leq\; \text{card}(B1) * \text{card}(B2)$$

Falls fast alle Werte von X auch in Y vorkommen und umgekehrt und außerdem jeweils Gleichverteilung gilt, so kann man card(R) wie folgt
approximieren:

$$\text{card}(R) = \frac{\text{card}(B1)}{\text{val}(X[B1])} * \text{card}(B2)$$

Ist eines der am Verbund beteiligten Attribute, also z. B. X, ein Schlüssel,
so gilt unter diesen Annahmen:

$$\text{card}(R) = \text{card}(B2)$$

size(R):

Hier gilt stets: $\text{size}(R) = \text{size}(B1) + \text{size}(B2)$

val(A[R]):

Fall 1: A ist Verbundattribut

Falls X identisch mit A, gilt folgende Abschätzung:

val(X[R]) $\leq$ min(val(X[B1]), val(Y[B2]))

Fall 2: A ist kein Verbundattribut (und sei Attribut von B1)

Es gilt wieder Formel 6.9-1 mit m = val(A[B1]) und r = card(R).

6.9.2.7 Semi-Join

card(R):

Es besteht eine enge Verwandtschaft zur Selektion. Wir betrachten den Semi-Verbund R := B1 $\mathbf{SJ}_{X=Y}$ B2

Die Selektivität eines einzelnen Wertes, also die Wahrscheinlichkeit, daß z. B. $x \in X$ bzw. $y \in Y$ gilt, kann für B1 bzw. B2 jeweils wie folgt geschätzt werden:

$$\sigma_1 = \frac{val(X)}{val(dom(X))} \quad \text{bzw.} \quad \sigma_2 = \frac{val(Y)}{val(dom(Y))}$$

Falls dom(X) = dom(Y) gilt, so kann σ wie folgt abgeschätzt werden:

$$\sigma = \sigma_1 * \sigma_2$$

Damit kann card(R) wie folgt abgeschätzt werden:

$$card(R) = \sigma_1 * \sigma_2 * card(B1)$$

size(R):

size(R) = size(B1)

val(A[R]):

Fall 1: A tritt nicht in der Semi-Verbund-Bedingung auf

In diesem Fall kann val(A[R]) wieder mit Formel 6.9-1 abgeschätzt werden, wobei m = val(A[B1]) und r = card(R) zu setzen ist

Fall 2: A tritt in der Semi-Verbund-Bedingung auf

Sei σ_2 wieder die Selektivität wie bei card(R) definiert, dann kann val(A[R]) grob wie folgt abgeschätzt werden:

$$val(A[R]) = \sigma_2 * val(A[B1])$$

Beispiel 6-9:

Gegeben seien die globalen Relationen TEILE und LIEFERANT mit der in
Beispiel 6-8 angegebenen Partitionierung sowie den dort angegebenen Relationsprofilen. wir nehmen für das Folgende gleichverteilte Attributwerte an und
schätzen wie folgt ab:

a) Für $\boxed{R_1 := SL_{Preis=200}\ TEILE_1}$

$$card(R_1) = \frac{1}{val(Preis[TEILE_1])} * card(TEILE_1)$$

$$= \frac{1}{1.600} * 3.500 \approx 2$$

$$size(R_1) = size(TEILE_1) = 16 + 8 + 8 = 32$$

val(...[R1]):

    TeileNr: Bezogen auf die angegebene Abschätzungsformel gilt:

$$r = card(R_1) = 2, \quad m = val(TeileNr[TEILE_1]) = 3.500,$$

$$r < \frac{m}{2} \rightarrow \mathbf{val(TeileNr[R_1]) = 2}$$

    LiefNr: $\mathbf{val(LiefNr[R_1]) = 2}$

        (analog zu oben, jedoch mit $m = val(LiefNr[Teile_1]) = 160$)

    Preis: $\mathbf{val(Preis[R_1]) = 1}$ (aufgrund der Selektionsbedingung)

Insgesamt erhalten wir also:

R_1		
card	2	
size	32	
allocation	output	
Attribut	**size**	**val**
TeileNr	16	2
LiefNr	8	2
Preis	8	1

b) Für $\boxed{R_2 := TEILE_1\ \mathbf{NJN}\ LIEFERANT_1}$

card(R₂):

Wir wollen annehmen, daß die Lieferantennummern bzgl. der Teile
gleichverteilt sind und schätzen daher wie folgt ab:

$$\text{card(R2)} \;=\; \frac{\text{card(TEILE}_1)}{\text{val(LiefNr[TEILE}_1])} \; * \; \text{card(LIEFERANT}_1)$$

$$=\; \frac{3.500}{160} * 100 \;=\; 2.188$$

$$\text{\textbf{size(R}}_2\textbf{)} \;=\; \text{size(TEILE}_1) + \text{size(LIEFERANT}_1) - \text{size(LiefNr)}$$

$$=\; 32 + 88 - 8 \;=\; 112$$

val(...):

TeileNr, Preis, LiefName und Stadt sind keine Verbundattribute, somit kommt für alle die Abschätzung mittels Formel 6.9-1 zur Anwendung.

val(TeileNr[R_2]):

$m = \text{val(TeileNr[TEILE}_1]) = 3.500, \; r = \text{card(R}_2) = 2.188$

$$\frac{m}{2} \leq r < 2*m \;\rightarrow\; \text{val(TeileNr[R}_2]) = \frac{r+m}{3} = 1.896$$

val(Preis[R_2]):

$m = \text{val(Preis[TEILE}_1]) = 1.600, \; r = \text{card(R}_2) = 2.188$

$$\frac{m}{2} \leq r < 2*m \;\rightarrow\; \text{val(Preis[R}_2]) = \frac{r+m}{3} = 1.263$$

val(LiefName[R_2]):

$m = \text{val(LiefName[LIEFERANT}_1]) = 95, \; r = \text{card(R}_2) = 2.188$

$r \geq 2*m \;\rightarrow\; \text{val(LiefName[R}_2]) = m$

$\rightarrow\; \text{val(LiefName[R}_2]) = 95$

val(Stadt[R_2]):

$m = \text{val(Stadt[LIEFERANT}_1]) = 1, \; r = \text{card(R}_2) = 2.188$

$r \geq 2*m \;\rightarrow\; \text{val(Stadt[R}_2]) = m$

$\rightarrow\; \text{val(Stadt[R}_2]) = 1$

LiefNr ist ein Verbundattribut, daher schätzen wir wie folgt ab:

val(LiefNr[R_2]):

$\text{val(LiefNr[R}_2])$

$\leq \min(\text{val(LiefNr[TEILE}_1]), \text{val(LiefNr[LIEFERANT}_1]))$

$\leq \min(160, 100) = 100$

Insgesamt erhalten wir also:

R$_2$		
card	2.188	
size	112	
allocation	output	
Attribut	**size**	**val**
TeileNr	16	1.896
LiefNr	8	100
Preis	8	1.263
LiefName	50	95
Stadt	30	1

Übungsaufgabe 6-10: Abschätzung der Kardinalität

Gegeben sei die Partition TEILE$_1$ aus Beispiel 6-8. Überlegen Sie sich eine geeignete Abschätzung für die Kardinalität von

$$R := \mathbf{SL}_{3000 \,\leq\, \text{TeileNr} \,\leq\, 4000}\, \text{TEILE}_1.$$

Übungsaufgabe 6-11: Relationsprofil

Gegeben seien wieder die globalen Relationen TEILE und LIEFERANT sowie ihre Partitionen (einschl. Relationsprofile) aus Beispiel 6-8. Berechnen Sie das Relationsprofil der Ergebnisrelationen für die folgenden Anfragen:

a) $R_1 :=$ TEILE$_1$ **NSJ** LIEFERANT$_2$,
  wobei gelten soll: Wertebereich von LiefNr $= 0..999$.

b) $R_2 :=$ TEILE$_2$ **UN** TEILE$_3$

c) $R_3 :=$ **PJ**$_{\{\text{LiefNr, Preis}\}}$TEILE$_3$

6.10 Bewertung und Vergleich von Ausführungsplänen

In Abschnitt 6.3 haben wir gesehen, daß es für eine Anfrage in der Regel mehrere äquivalente Ausführungsmöglichkeiten gibt. Welche davon die günstigste ist, kann mit Hilfe der Techniken, die wir in den Abschnitten 6.7 bis 6.9 kennengelernt haben, abgeschätzt werden. Hierzu zwei Beispiele.

Beispiel 6-10:

Gegeben: Globale Relation TEILE(TeileNr, LiefNr, Preis) mit der Partitionierung in $TEILE_1$ .. $TEILE_3$ mit den entsprechenden Allokationen mit $TEILE_1$ an Knoten 2, $TEILE_2$ an Knoten 1 und $TEILE_3$ an Knoten 3 aus Beispiel 6-8 sowie

$$D_0 = 0{,}2\ s \quad \text{und} \quad D_1 = \frac{1}{1.300}\left[\frac{s}{Bytes}\right]\ {}^{58}$$

Anfrage: $\boxed{Q := SL_{Preis\,>\,7000}\ TEILE}$ (Ergebnis an Knoten 4)   [A]

Gesucht: Optimale Ausführungsstrategie

Durch Einsetzen der Definition von TEILE ergibt sich aus [A]: [59]

$$Q := \quad SL_{Preis>7.000}$$
$$(TEILE_1\ UN\ TEILE_2\ UN\ TEILE_3) \qquad\qquad [A\text{-}1]$$

bzw.

$$Q := \quad (SL_{Preis>7.000}\ TEILE_1)$$
$$UN\ (SL_{Preis>7.000}\ TEILE_2)$$
$$UN\ (SL_{Preis>7.000}\ TEILE_3) \qquad\qquad [A\text{-}2]$$

Die Ausführungspläne für die Anfragen A-1 und A-2 sind in Abb. 6-18 bzw. Abb. 6-19 angegeben. Wir versuchen, die Ausführungsstrategie mit der kürzesten Antwortzeit (diese sei bestimmt durch die Übertragungsdauer) zu ermitteln.

Berechnung von TD_{gesamt} für Plan 1:

$$TD_1 = \quad D_0 + size(TEILE_2) * card(TEILE_2) * D_1\ [s]\ {}^{60}$$
$$= \quad 0{,}2 + \frac{32*2.500}{1.300}\ s \quad = 61{,}74\ s$$

$$TD_2 = \quad 86{,}35\ s \quad (analog\ berechnet)$$

---

[58] Bedeutung von D_0 und D_1 wie in Definition 6-2 in Abschnitt 6.7 eingeführt.
[59] vgl. Abschnitt 6.3
[60] Für die Werte von $size(TEILE_1)$ und $card(TEILE_1)$ usw. siehe Beispiel 6-8.

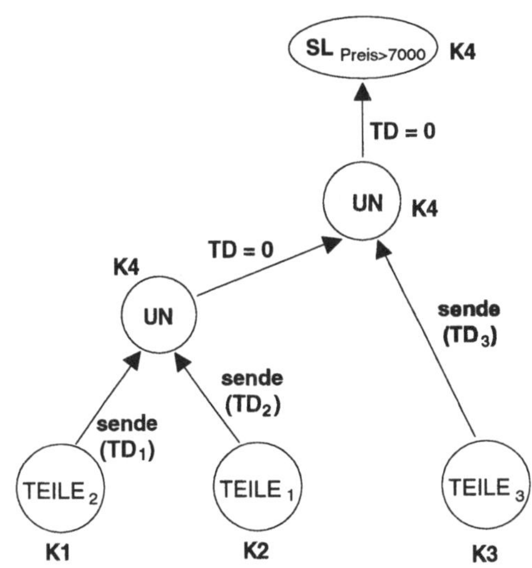

Abb. 6-18: Plan 1: Möglicher Ausführungsplan für A-1

TD_3 = 98,66 s (analog berechnet)

Falls TEILE$_1$, TEILE$_2$ und TEILE$_3$ *parallel* nach K4 übertragen werden können, so ergibt sich für Plan 1:

$$\mathbf{TD_{gesamt,P}} \; = \; \max(\, TD_1, TD_2, TD_3\,) \; = \; \mathbf{98{,}66\,s}$$

Falls die Übertragung *seriell* stattfinden muß, so ergibt sich für Plan 1:

$$\mathbf{TD_{gesamt,S}} \; = \; TD_1 + TD_2 + TD_3 \; = \; \mathbf{246{,}75\,s}$$

Berechnung von TD$_{gesamt}$ für Plan 2:

Zunächst müssen wir die Größe der Zwischenergebnisrelationen ZER$_1$, ...,
ZER$_3$ abschätzen. Der Einfachheit halber nehmen wir an, daß PREIS einen
Wertebereich von 0..9999 hat und daß die Werte darin gleichverteilt seien.

Mit "Preis > 7000" fragen wir somit nach einem Anteil α von

$$\alpha \; = \; \frac{9.999 - 7.000}{10.000} \approx 0{,}3$$

Unter der Annahme, daß die Preise bzgl. TEILE$_1$ ... TEILE$_3$ gleichverteilt
sind, ergibt sich:

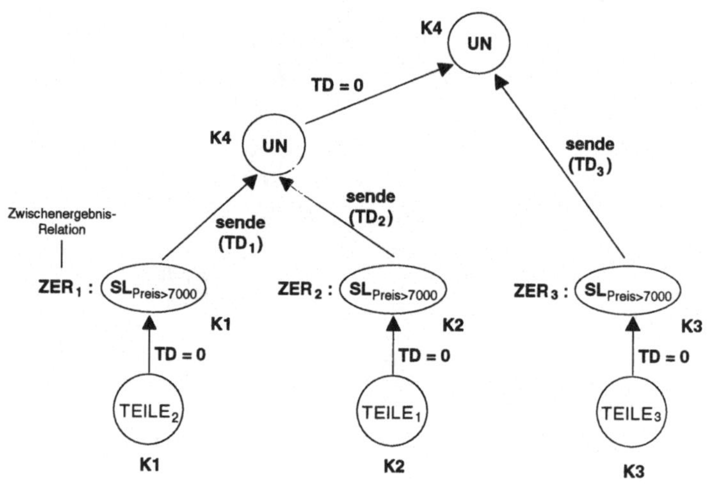

Abb. 6-19: Plan 2: Möglicher Ausführungsplan für A-2

$\text{card}(ZER_j) = \alpha * \text{card}(Teile_j)$, $j = 1,2,3$, also

$\text{card}(ZER_1)$	=	750	$\Rightarrow$	Größe von ZER_1 = 24.000 Byte
$\text{card}(ZER_2)$	=	1.050	$\Rightarrow$	Größe von ZER_2 = 33.600 Byte
$\text{card}(ZER_3)$	=	1.200	$\Rightarrow$	Größe von ZER_3 = 38.400 Byte

Somit ergeben sich für TD_1 bis TD_3 folgende Werte:

$$TD_1 = 0,2\,s + \frac{24.000}{1.300}\,s = 18,66\,s$$

$$TD_2 = 26,05\,s$$

$$TD_3 = 29,74\,s$$

Somit ergibt sich bei *paralleler* Übertragung:

$$TD_{gesamt,P} = \max(\,TD_1, TD_2, TD_3\,) = \mathbf{29,74\,s}$$

und bei *serieller* Übertragung:

$$TD_{gesamt,S} = TD_1 + TD_2 + TD_3 = \mathbf{74,45\,s}$$

Übertragungsdauern der beiden Pläne im Vergleich:

	serielle Übertragung	parallele Übertragung
Plan 1	246,75 s	98,66 s
Plan 2	74,45 s	29,74 s

Wie man sieht, kann Anfrageoptimierung ein lohnendes Geschäft sein. □

Beispiel 6-11:

Gegeben seien die beiden Relationen ANGEST und ABT mit den folgenden Relationsprofilen:

ANGEST		
card	15.000	
size	146	
allocation	1	
Attribut	**size**	**val**
PersNr	8	15.000
AngName	50	14.700
Gehalt	4	8.200
AbtNr	4	800
Anschrift	80	15.000

ABT		
card	800	
size	34	
allocation	2	
Attribut	**size**	**val**
AbtNr	4	800
AbtName	20	800
Bereich	2	10
MgrPersNr	4	800
Budget	4	600

Gegeben sei folgende Anfrage, deren Resultat am Knoten 3 verfügbar gemacht werden soll:

$$Q := \mathbf{PJ}_{\{PersNr, AngName, Gehalt, AbtNr, AbtName\}}$$
$$\mathbf{SL}_{Gehalt > 8.000 \,\wedge\, Bereich = 10} \,(\text{ANGEST } \mathbf{NJN} \text{ ABT})$$

Für diese Anfrage wollen wir die beiden in Abb. 6-20 und Abb. 6-21 dargestellten Ausführungspläne hinsichtlich der Übertragungsdauer bewerten, wobei wir wieder von $D_0 = 0{,}2$ s und von

$$D_1 = \frac{1}{1.300 \text{ Byte / s}} \text{ ausgehen.}$$

Ausführungsplan 1:

$$TD_{1,1} = 0{,}2 + \frac{15.000 * 146}{1.300} \text{ s} = \mathbf{1.684{,}82 \text{ s}}$$

$$TD_{1,2} = \mathbf{21{,}12 \text{ s}} \quad (\text{analog berechnet})$$

Damit ergibt sich bei *serieller Übertragung* eine Gesamtübertragungszeit von 1.705,94 Sekunden für Ausführungsplan 1.

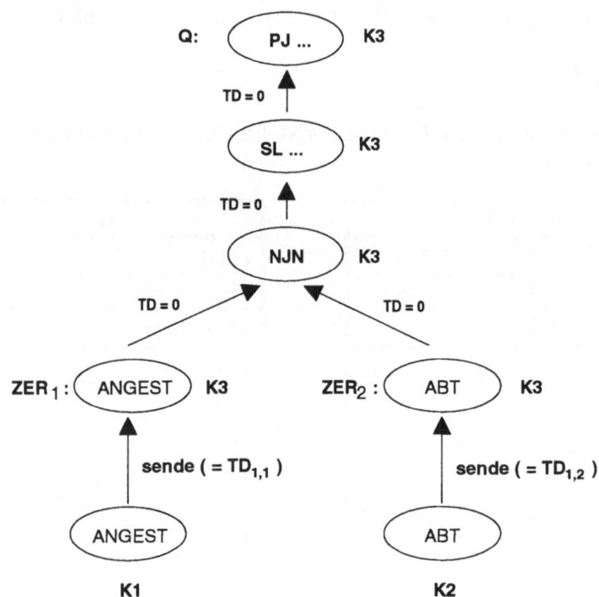

Abb. 6-20: Anfrage Q - Ausführungsplan 1

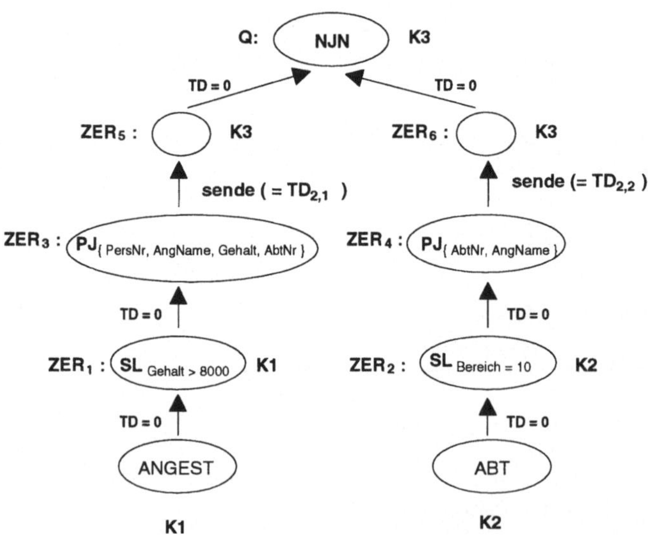

Abb. 6-21: Anfrage Q - Ausführungsplan 2

Ausführungsplan 2:

ZER_1:

Wir wollen annehmen, daß die Selektions-Bedingung für 15% aller Gehälter zutrifft.

$\Rightarrow$ card(ZER_1) = 0,15 x card(ANGEST) = 2.250

ZER_2:

Wir nehmen eine Gleichverteilung des Attributwertes 'Bereich' an und schätzen daher wie folgt ab:

$$\text{card}(ZER_2) = \frac{1}{\text{val(Bereich)}} * \text{card(ABT)}$$

$\Rightarrow$ card(ZER_2) = 0,1 x 800 = 80

ZER_3:

Da PersNr ein Schlüsselattribut ist, gilt

card(ZER_3) = card(ZER_1) = 2.250

Für die Größe eines Tupels in ZER_3 ergibt sich: size(ZER_3) = 66 Byte

Damit ist die Größe von ZER_3: 66 * 2.250 Byte = 148.500 Byte

$\Rightarrow$ **$TD_{2,1}$ = 114,43 s**

ZER_4:

card(ZER_4) = card(ZER_2) = 80

size(ZER_4) = 24 Byte

Die Größe von ZER_4 ist damit: 1.920 Byte

$\Rightarrow$ **$TD_{2,2}$ = 1,68 s**

Damit ergibt sich bei *serieller Übertragung* eine Gesamtübertragungszeit von 116,11 Sekunden für Ausführungsplan 2. $\Box$

Anmerkung:

Die direkte Ausführung der nicht-optimierten Anfrage Q im obigen Beispiel würde also – schon aufgrund der Übertragungszeiten – mehr als 28 Minuten benötigen, während die optimierte Anfrage Q, nach Ausführungsplan 2 ausgeführt, Übertragungszeiten von knapp 2 Minuten benötigen würde. Auch dies ist wieder ein eindrucksvolles Beispiel für die Wichtigkeit einer wirksamen Anfrageoptimierung.

7. Globale Transaktionen

7.1 Begriff der Transaktion

Der *Transaktion* als Zusammenfassung logisch zusammengehörender Einzel-
operationen (auch *Aktionen* genannt) kommt sowohl in zentralen als auch in
verteilten DBMSen eine sehr große Bedeutung zu. Wie in zentralen DBMSen
wird auch in verteilten DBMSen gefordert, daß Transaktionen die folgenden
Eigenschaften aufweisen, die auch als die *ACID-Eigenschaften* einer Transaktion bezeichnet werden /GrRe93/:

- Atomarität (<u>a</u>tomicity)

- Konsistenz (<u>c</u>onsistency)

- Isolierte Zurücksetzbarkeit (<u>i</u>solation)

- Dauerhaftigkeit (<u>d</u>urability)

Unter *Atomarität* versteht man, daß die gesamte zu einer Transaktion gehö-
rende Operationsfolge als *eine* logische Einheit angesehen wird und nur
komplett ausgeführt werden darf. Kann eine bereits begonnene Transaktion
nicht komplett ausgeführt werden, so müssen alle von ihr evtl. bereits vorgenommenen Änderungen wieder rückgängig gemacht werden. Man spricht in
diesem Zusammenhang auch vom *Zurücksetzen einer Transaktion*.

Mit *Konsistenz* ist die Zusicherung gemeint, daß eine vollständig ausgeführte
Transaktion die Konsistenz bzw. Integrität der Datenbank nicht verletzt. Wir
werden hierauf in Abschnitt 7.4 noch ausführlicher eingehen.

Isolierte Zurücksetzbarkeit bedeutet, daß von einem Zurücksetzen einer
Transaktion keine anderen Transaktionen in der Weise betroffen sind, daß sie
ebenfalls zurückgesetzt werden müssen. Die Forderung nach isolierter Zurücksetzbarkeit geht meist[61] einher mit der Forderung nach *Serialisierbarkeit*
(serializability) der parallel bzw. überlappt ausgeführten Operationen verschiedener Transaktionen. Die Forderung nach Serialisierbarkeit bedeutet, daß
das bei paralleler (überlappter) Ausführung einer Menge von Transaktionen
erzeugte Resultat auch durch mindestens eine serielle (also nicht-überlappte)

---

[61] In speziellen Fällen verzichtet man zugunsten eines höheren Durchsatzes auf Serialisierbarkeit und nimmt temporäre Inkonsistenzen innerhalb gewisser Toleranzgrenzen in Kauf. Wir
werden im Zusammenhang mit der Behandlung von Replikationsverfahren in Kapitel 9 hierauf
nochmals zu sprechen kommen.

logischer
Einbenutzer-
betrieb

Ausführungsreihenfolge dieser Transaktionen erzeugbar sein muß. Serialisierbarkeit gewährleistet somit den *logischen Einbenutzerbetrieb*.

Dauerhaftigkeit

Unter *Dauerhaftigkeit* versteht man, daß die von einer erfolgreich abgeschlossenen Transaktion vorgenommenen Änderungen auch tatsächlich in der
Datenbank wirksam werden und nicht mehr – z. B. als Folge eines Systemzusammenbruchs – einfach verlorengehen können.

7.2 Globale und lokale Transaktionen

lokale
Transaktionen

Auch in verteilten DBMSen gibt es Transaktionen, die zu ihrer Ausführung
nur auf die lokal vorhandenen Daten zugreifen müssen und sonst keine Abstimmung mit Transaktionen an anderen Knoten (z. B. wegen der Aktualisierung eventueller Kopien) erforderlich machen. Solche rein lokal ausführbaren
Transaktionen bezeichnet man oft als *lokale Transaktionen* (*local transactions*). Im Gegensatz hierzu stehen Transaktionen, die knoten-übergreifend
ausgeführt werden müssen. Diese bezeichnet man als *globale Transaktionen*
(*global transactions*) oder auch als *verteilte Transaktionen* (*distributed transactions*).

globale
Transaktionen
verteilte
Transaktionen

Teiltransaktionen

Globale Transaktionen werden an irgendeinem Knoten gestartet und breiten
sich von dort – je nach Bedarf – auf weitere Knoten aus. Die globale Transaktion zerfällt also in mehrere *Teiltransaktionen*, die bestimmte Teilaufgaben
übernehmen. In den meisten Fällen übernimmt die Teiltransaktion des Knotens, an dem die globale Transaktion gestartet wurde, die Koordination für den

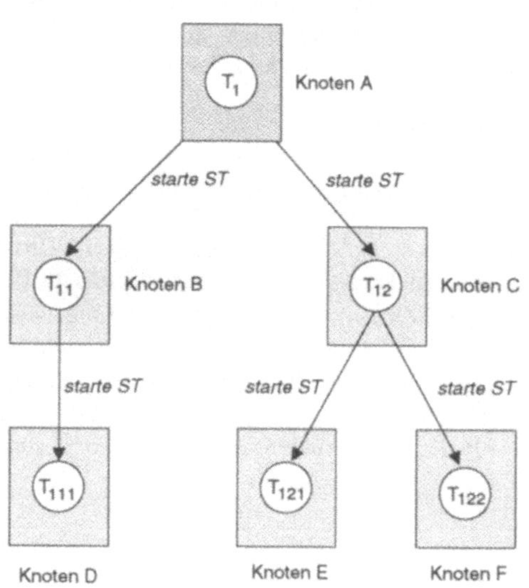

Abb. 7-1: Beispiel für eine globale Transaktion

Ablauf der globalen Transaktion, also die Initiierung von Subtransaktionen und das „Aufsammeln" der Vollzugsmeldungen bzw. der Ergebnisse, die Durchführung des Zweiphasen-Commit (siehe Abschnitt 7.6), die Durchführung eines eventuell notwendigen Transaktionsabbruchs bzw. die Durchführung von Recoverymaßnahmen. Man bezeichnet sie daher oft als *Primärtransaktion* (*primary transaction, master transaction*) und spricht analog vom *Primärknoten* (*primary site, master site*). Erzeugt eine Teiltransaktion T eine weitere Teiltransaktion T', so bezeichnet man T' als *Subtransaktion* (*sub transaction*) von T (siehe Abb. 7-1).

Primärtransaktion

Subtransaktionen

Die in Abb. 7-1 dargestellte globale Transaktion könnte z. B. eine Kontenumbuchung vornehmen, wobei das eine Konto (Konto 1) am Knoten B und das andere Konto (Konto 2) am Knoten C gespeichert ist. Die Knoten D, E und F könnten z. B. Kopien dieser Konten verwalten, die bei Änderungen simultan mitgeändert werden müssen; und zwar würde in diesem Fall Knoten D eine Kopie von Konto 1 und die Knoten E und F jeweils eine Kopie von Konto 2 verwalten.

7.3 Formen entfernter Programm- und Transaktionsausführung

7.3.1 Entfernter Programmaufruf

Die einfachste Form der entfernten Programmausführung ist der Aufruf *eines* entfernten Programms, etwa in Form eines entfernten Prozeduraufrufs (remote procedure call), bei der jeder Aufruf jeweils isoliert betrachtet wird. Die Behandlung von Fehlerfällen am Knoten A oder Knoten B muß hierbei in der Regel beim Programmentwurf explizit festgelegt werden, da der Zustand der Daten am Knoten B im Fehlerfall von Programm zu Programm verschieden sein kann. Der entfernte Knoten (Zielknoten) wird hierbei im Programm des Knotens A in der Regel *explizit* durch Angabe eines physischen oder logischen Knotennamens spezifiziert. D. h. das Programm am Knoten A „sieht", daß es mit einem Programm an einem anderen Knoten korrespondiert. Eine

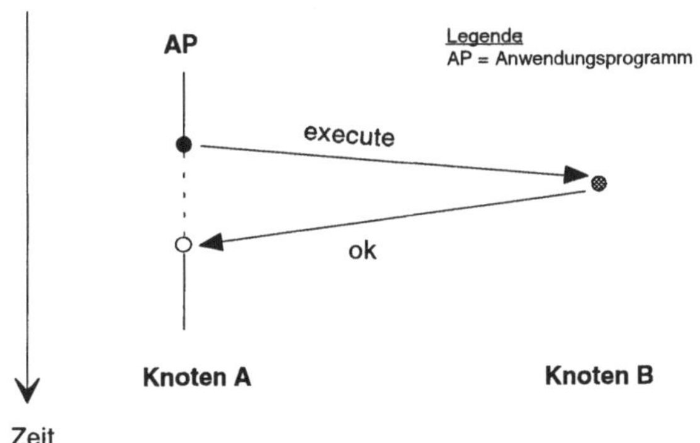

Abb. 7-2: Entfernter Programmaufruf

systemseitige Ausbreitung des Aufrufs vom Zielknoten an andere Knoten findet nicht statt. Eine schematische Darstellung dieser Aufrufform findet sich in Abb. 7-2.

7.3.2 Entfernte Ausführung einer Transaktion

Das Szenario bei dieser Ausführungsform ist ähnlich zu dem beim entfernten Programmaufruf (Abschnitt 7.3.1), nur wird jetzt von dem Programm am Knoten A eine *Transaktion* T an einem entfernten Knoten B ausgeführt. D. h. Knoten A übermittelt eine oder mehrere Anweisungen an Knoten B und entscheidet zu gegebener Zeit, ob die Änderungen am Knoten B permanent gemacht werden sollen oder nicht, ob die Transaktion am Knoten B also mit Commit oder Abort beendet wird. Dies bedeutet, daß sich das Programm am Knoten A nicht um Maßnahmen zur Fehlerbehandlung am Knoten B zu kümmern braucht, da Knoten B nach dem „Alles-oder-Nichts-Prinzip" verfährt.

Der Zielknoten wird hier ebenfalls explizit im Anwendungsprogramm spezifiziert und auch hier findet eine systemseitige Ausweitung der Transaktionsausführung auf andere Knoten nicht statt. Ferner gehen wir bei dieser Variante davon aus, daß ein Programm am Knoten A jeweils nur *eine* entfernte Transaktion ausführt (auf den Fall mehrerer Transaktionen an mehreren Knoten kommen wir anschließend zu sprechen). Eine schematische Darstellung dieser Ausführungsform findet sich in Abb. 7-3.

Eine Variante dieser Ausführungsform findet sich in DBMSen, die in Client/ Server-Architektur realisiert sind. Aus Sicht des Anwendungsentwicklers

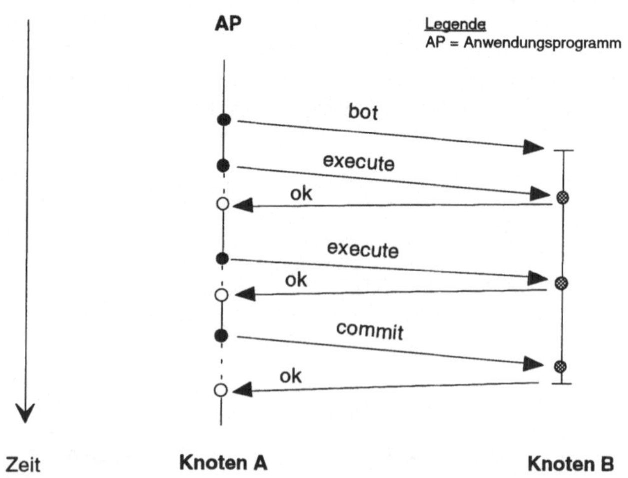

Abb. 7-3: Entfernte Ausführung einer Transaktion

handelt es sich um eine gewöhnliche (zentrale) Datenbankanwendung, die z. B. auf konventionelle Art (also ohne explizite Aufrufe an einen entfernten Knoten) mittels eingebettetem SQL (embedded SQL) realisiert wird. Tatsächlich wird aber nur der normale Anwendungscode „vor Ort" (auf dem Client) ausgeführt, während die Ausführung der Datenbankanweisungen auf dem (mehr oder weniger) entfernten Datenbankserver stattfindet.[62] Die Auswahl der Datenbank sowie der Aufbau der Verbindung wird in relationalen DBMSen typischerweise mittels der SQL-Anweisung CONNECT durchgeführt.

7.3.3 Entfernt ausgeführte Teiltransaktionen

Diese Ausführungsform unterscheidet sich von der soeben besprochenen dadurch, daß eine Transaktion nicht mehr als Ganzes nur auf einem Knoten, sondern auf zwei oder mehr Knoten auszuführen ist. Ein solches Szenario ist in Abb. 7-4 und Abb. 7-5 exemplarisch dargestellt. Abb. 7-4 könnte z. B. eine Anwendung am Knoten A darstellen, die das Gesamtgehalt, bestehend aus Grundgehalt und Umsatzbeteiligung zu berechnen hat, wobei die Gehaltsdaten an Knoten B und die Umsatzzahlen an Knoten C gespeichert sind.

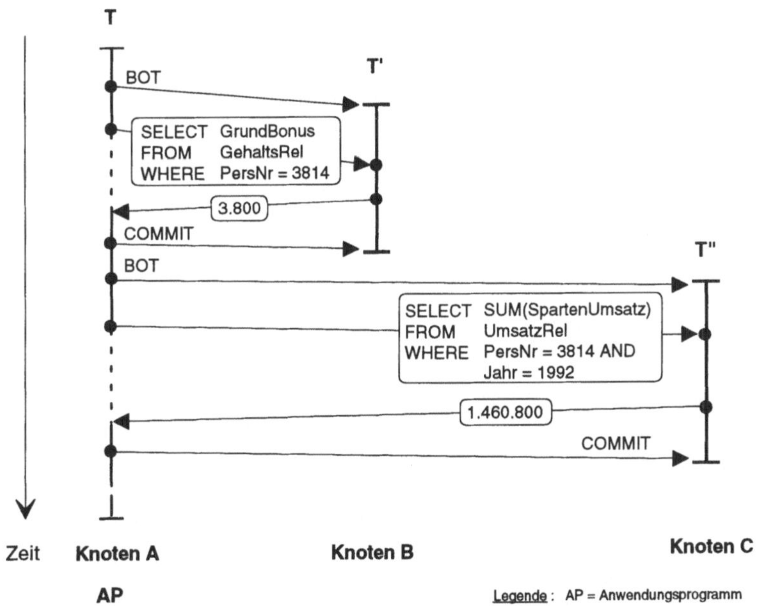

Abb. 7-4: Entfernter Lesezugriff auf zwei Datenbanken

---

[62] Wir werden hierauf in Kapitel 11 nochmals zu sprechen kommen.

Die Transaktion aus Anwendungssicht muß daher explizit je eine Transaktion
T' an Knoten B und T'' an Knoten C starten, um die gewünschten Angaben zu
erhalten. Würde die Ausführung der Transaktion T' an Knoten B z. B. wegen
eines Zugriffskonfliktes fehlschlagen, so könnte gesamte Anweisungsfolge,
beginnend mit Ausführung der Transaktion T' an Knoten B, einfach nochmals
ausgeführt werden, da weder T' noch T'' die (lokale) Datenbank verändert haben.[63]

Einhaltung einer
globalen
Integritäts-
bedingung

Betrachten wir nun das in Abb. 7-5 illustrierte Szenario. Hier ist von Knoten
A aus ein Update an den Knoten B und C so durchzuführen, daß nach der Änderung das Objekt x an beiden Knoten denselben Wert aufweist. Wir versuchen dies wieder mit zwei Transaktionen, analog zum vorherigen Fall, zu lösen. Mittels Transaktion T_1' setzen wir den Wert von x an Knoten B auf 5 und

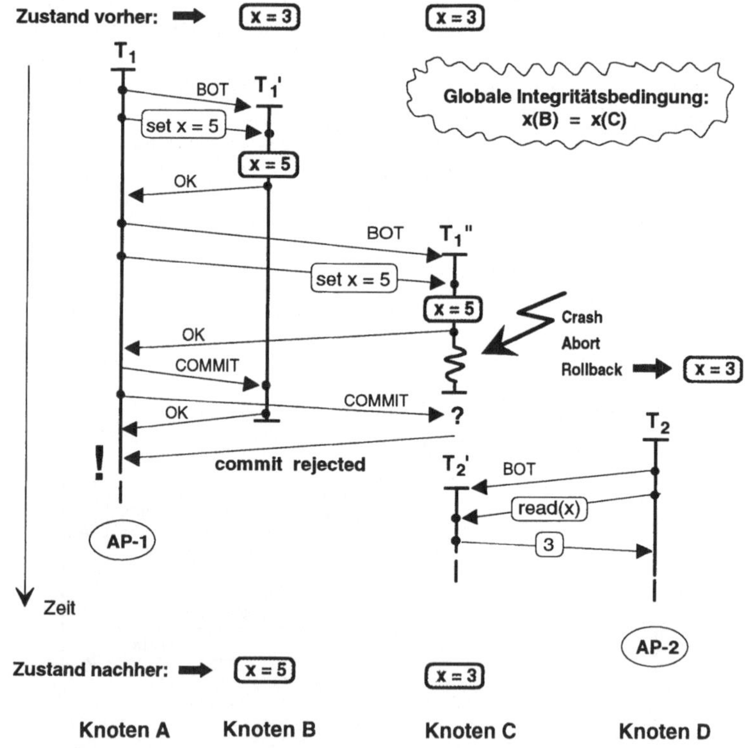

Abb. 7-5: Gleichzeitige Änderung auf zwei Datenbanken

---

[63] Wir wollen hierbei der Einfachheit halber unterstellen, daß das Anwendungsprogramm am
Knoten A keine vorzeitigen Änderungen vornimmt, die dieser Verfahrensweise im Wege stehen würden.

mittels Transaktion T_1'' tun wird dasselbe an Knoten C. Danach liegt von beiden Transaktionen die Bestätigung vor, daß die Änderung vollzogen wurde, so daß jetzt nur noch verbleibt, die Änderungen an beiden Knoten auch persistent zu machen. Dies tun wir, indem wir beide Transaktionen mittels Commit abschließen. Unglücklicherweise, kann das Commit aber nur an Knoten B ausgeführt werden. Knoten C hatte mittlerweile einen Systemzusammenbruch und beim Wiederanlauf wurde die nicht vollständig ausgeführte Transaktion T_1'' von der Recoverykomponente des lokalen DBS zurückgesetzt. Da nach dem Wiederanlauf sofort wieder neue Transaktionen zugelassen wurden, hat mittlerweile bereits eine Anwendung AP-2 auf den Wert x zugegriffen und somit einen inkonsistenten Wert von x gelesen.

Wir halten fest: Wird ein Update, der synchron an mehreren Knoten ausgeführt werden muß, mittels mehrerer Transaktionen in der skizzierten Weise realisiert, so kann es also geschehen, daß nicht alle Transaktionen ihr Commit erreichen. In ungünstigen Fällen kann es daher vorkommen, daß die globale Datenbank in einen inkonsistenten Zustand gerät (in Abb. 7-5 z. B. weist x anschließend an Knoten B und C unterschiedliche Werte auf), wodurch Anwendungen u. U. mit falschen Werten operieren können (siehe AP-2 bzw. T_2/T_2' in Abb. 7-5).

Die Konsistenthaltung des Wertes x steht hier natürlich nur stellvertretend (und vereinfachend) für das in verteilten Informationssystemen relativ häufig auftretende Problem der Notwendigkeit eines simultanen Updates. Verursacht wird dieses Problem z. B. durch redundant gespeicherte Daten, die synchron

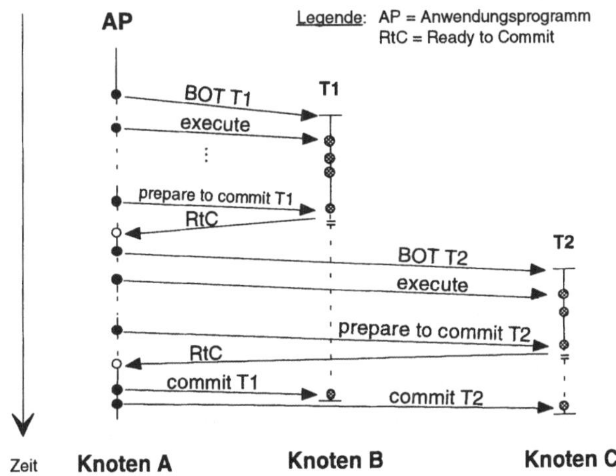

Abb. 7-6: Durchführung des 2PC-Protokolls durch das AP

aktualisiert werden müssen,[64] oder durch inhaltlich miteinander in Beziehung stehende Datenbestände, wie etwa durch die verteilte Speicherung von Konten oder statistischen Größen, die bei Änderung der Basisdaten synchron aktualisiert werden müssen.

Probleme dieser Art lassen sich mit dem einfachen Transaktionskonzept nicht mehr bewältigen, da hierbei nicht gewährleistet werden kann, daß wirklich beide Transaktionen ihr Commit auch tatsächlich ausführen. Um Probleme dieser Art meistern zu können, wurde das sog. *Zwei-Phasen-Commit-Protokoll* (*2PC-Protokoll*) eingeführt, das hier nur kurz skizziert werden soll, da wir in Abschnitt 7.6 noch ausführlicher darauf eingehen werden.

Beim 2PC-Protokoll nimmt die (Sub-)Transaktion vor dem eigentlichen Commit einen Zwischenzustand, den *Ready-to-Commit*-Zustand (RtC-Zustand), ein. Im RtC-Zustand garantiert die (Sub-)Transaktion, daß das Commit – falls vom Koordinator gewünscht – garantiert ausgeführt werden wird (selbst wenn zwischendurch ein „Systemabsturz" stattfand), daß aber auch noch Abort akzeptiert und die (Sub-)Transaktion zurückgesetzt wird. Eine Transaktion, die sich im RtC-Zustand befindet, wird also im Falle eines Systemzusammenbruchs und anschließendem Recovery nicht als abgebrochene Transaktion behandelt und zurückgesetzt. Die Transaktion wird vielmehr beim Wiederanlauf des Datenbanksystems wieder in den RtC-Zustand gebracht. Eine schematische Darstellung von Transaktionen, die mittels des 2PC-Protokolls koordiniert werden, findet sich in Abb. 7-6.

Wie in Abb. 7-6 skizziert, steuert das Anwendungsprogramm die koordinierte Freigabe der Änderungen (also die Durchführung des Commit an den Knoten B und C) in drei Stufen:

1. Alle beteiligten Transaktionen werden durch eine „Prepare-to-Commit"-Anweisung aufgefordert, den Ready-to-Commit-Zustand einzunehmen.

2. Abwarten der Bestätigung von allen beteiligten Knoten.

3. Commit an alle Knoten (oder Abort, falls nicht alle „ok" senden).

Wir halten fest, daß

a) das Anwendungsprogramm (AP) „sieht", daß am Update verschiedene Knoten beteiligt sind und

b) es Sache des APs ist, das Zwei-Phasen-Commit-Protokoll korrekt zu handhaben (siehe aber nachstehende Anmerkung).

---

[64] Wir werden auf dieses Thema bei der Besprechung der Replikationsverfahren in Kapitel 9 nochmals zu sprechen kommen.

Anmerkung:

Durch Einsatz eines geeigneten *Transaktionsmonitors* vereinfacht sich die Durchführung des 2PC-Protokolls (also Aspekt b) für das Anwendungsprogramm in ganz erheblichem Maße, die Sichtbarkeit des verteilten Updates (Aspekt a) bleibt allerdings bestehen. Wir werden hierauf in Kapitel 11 („Client/Server-Anwendungen") noch ausführlicher zu sprechen kommen.

Transaktions-monitor

7.3.4 Verteilte Transaktionen

Verteilte Transaktionen verhalten sich gegenüber den Anwendungsprogrammen wie eine gewöhnliche Transaktion gegen eine zentrale Datenbank. Voraussetzung hierfür ist, daß das verteilte DBMS gegenüber den Anwendungsprogrammen, mittels entsprechender *Verteilungstransparenz* der Relationen bzw. Partitionen, die *logische Sicht einer zentralen Datenbank* realisiert.[65] Die Anwendungsprogramme bzw. die Benutzer spezifizieren ihre Anfragen hierbei ausschließlich gegen globale Relation, nie jedoch gegen lokal allokierte Partitionen globaler Relationen. Anfragen gegen lokale Relationen des Knotens, an dem die Anfrage gestellt wird, treten nur auf, wenn diese Relationen nur lokal verfügbar gemacht werden, also nicht in irgendeiner Weise Teil des globalen Schemas sind.[66]

Realisierung der Verteilungs-transparenz

Alle Anfragen gegen die globalen Relationen werden mit den in Kapitel 6 beschriebenen Mechanismen systemseitig in Anfragen gegen die gespeicherten Teilrelationen (Partitionen bzw. Allokationen) transformiert und mittels

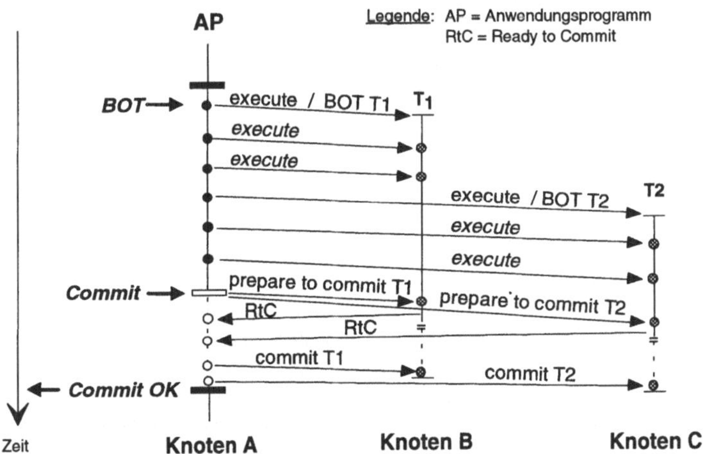

Abb. 7-7: Durchführung des 2PC-Protokolls durch das vDBMS

---

[65] Unter welchen Vorbedingungen und ggf. unter welchen Einschränkungen dies möglich ist, haben wir Kapitel 5 ausführlich besprochen.

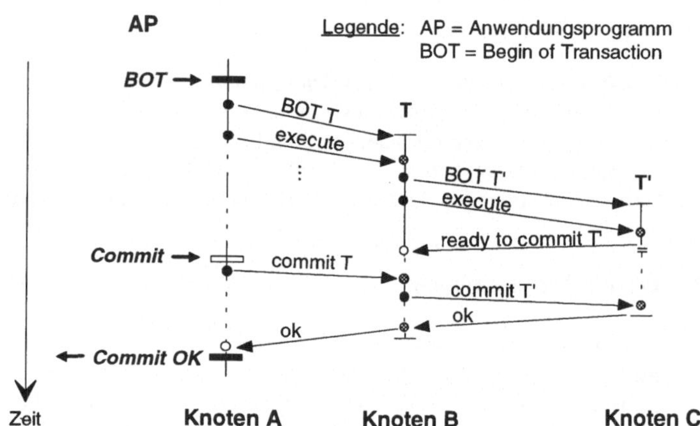

Abb. 7-8: Verteilte Transaktion mit „fortgeplanzter" Subtransaktion

entsprechender Subtransaktionen an den betroffenen Knoten zur Ausführung gebracht. Diese *Subtransaktionen* können sich gegenüber der initialen Anfragezerlegung ggf. noch *auf weitere Knoten ausbreiten*, falls dies zur vollständigen Bearbeitung der Anfrage notwendig ist (siehe Abb. 7-8; in welchen Fällen dies auftritt, werden wir in Abschnitt 7.5 näher betrachten).

vDBMS handhabt 2PC

Die Transaktion wird aus Sicht des Anwendungsprogramms wie eine gewöhnliche Transaktion mittels Commit oder Abort abgeschlossen. Im Commit-Fall führt das verteilte DBMS, sofern Updates durchgeführt wurden, selbständig das Zwei-Phasen-Commit mit allen beteiligten Subtransaktionen durch und bestätigt dem Anwendungsprogramm anschließend ggf. die erfolgreiche Ausführung der Commit-Anweisung (siehe „Commit OK" in Abb. 7-8). Im Abort-Fall kümmert sich das verteilte DBMS um die Zurücksetzung der Transaktion[67] mitsamt aller beteiligten Subtransaktionen. Das Anwendungsprogramm „sieht" hiervon in beiden Fällen nichts.

7.4 Korrekte parallele Ausführung globaler Transaktionen

Probleme nicht-synchronisierter Schreib-/Lese-Zugriffe

Greifen zur gleichen Zeit mehrere Transaktionen lesend und schreibend auf denselben Datenbestand zu, so müssen in zentralen wie auch in verteilten Datenbanken systemseitig gewisse Vorkehrungen getroffen werden, um *inkonsistentes Lesen* (inconsistent reads), *verlorengegangene Änderungen* (lost updates) und – damit einhergehend – *Verletzungen der Konsistenz* der Daten zu vermeiden. Ein Beispiel hierfür haben wir bereits in Abschnitt 7.3.3 kennengelernt.

---

[66] Siehe hierzu Abschnitt 1.3.3.3 („Föderierte, verteilte DBMSe").
[67] Bei reinen Lesetransaktionen beschränkt sich dies, wie im zentralen Fall, auf den Abbruch der (Sub-)Transaktion und Freigabe der durch sie ggf. belegten Ressourcen.

Wir wollen im folgenden zunächst nochmals kurz die Vorgehensweisen bzw. angewandten Prinzipien im zentralen Fall rekapitulieren und dann analysieren, wie sich diese auf den verteilten Fall übertragen lassen.[68]

7.4.1 Korrekte Transaktionsausführung im zentralen Fall

Das ganze Theoriengebäude hinsichtlich korrekter Transaktionsausführungen basiert auf den folgenden beiden Axiomen:

Axiom 1: Korrektheit einer Transaktion

Jede vollständig ausgeführte Transaktion ist korrekt.

Axiom 2: Konsistenzbewahrende Änderung des Datenbankzustandes

Eine einzeln und vollständig ausgeführte Transaktion, angewandt auf einen konsistenten Datenbankzustand S, überführt die Datenbank in einen wiederum konsistenten Datenbankzustand S'.

Axiom 1 ist so zu verstehen, daß wenn eine Transaktion alle Integritäts- und Konsistenzprüfungen des Anwendungsprogramms und des DBMS erfolgreich bestanden hat und auch nicht anderweitig daran gehindert wurde, alle Aktionen komplett auszuführen, dann *muß* das DBMS annehmen (es bleibt ihm gar nichts anderes übrig), daß diese Transaktion bzw. die Folge ihrer Aktionen aus Anwendungssicht korrekt ist.

Axiom 2 besagt, daß eine einzeln (und vollständig) ausgeführte Transaktion stets die *Konsistenz* der Datenbank bewahrt.

Gemäß Axiom 2 bewirkt jede einzeln (d. h. isoliert) ausgeführte Transaktion eine konsistente Änderung des Datenbankzustandes. Werden nun mehrere Transaktionen gleichzeitig initiiert, so wäre eine einfache Methode, die Konsistenz der Datenbank zu gewährleisten, diese Transaktionen *seriell* auszuführen. Also zunächst z. B. alle Aktionen von Transaktion T_1, dann alle Aktionen von Transaktion T_2 usw. Als *Aktionen* betrachtet man hierbei üblicherweise die *elementaren Lese- und Schreiboperationen* der Transaktion auf der Datenbank. Die Liste S dieser Aktionen wird als *Schedule* bezeichnet. Werden die Transaktionen T_1, T_2, ..., T_n z. B. in dieser Reihenfolge seriell ausgeführt, dann stehen in diesem Fall in der Schedule S zunächst alle Aktionen von T_1, dann diejenigen von T_2 usw. Man bezeichnet S dann auch als *serielle Schedule*.

Aktion =
elementare Lese-/
Schreiboperation

serielle Schedule

---

[68] Die infolge inkorrekter Synchronisation auftretenden Konsistenzprobleme bei zentralen Datenbanken setzen wir als bekannt voraus. Näheres hierzu findet sich in fast jedem Datenbanklehrbuch.

Anmerkung:

nur vollständig
ausgeführte
Transaktionen
werden betrachtet

Bei den Betrachtungen hinsichtlich korrekter Transaktionsausführungen im Kontext von Synchronisationsverfahren geht man, sofern nicht explizit etwas anderes gesagt wird, immer von *vollständig ausgeführten Transaktionen* aus. Kommt eine Transaktion nicht zu Ende, so wird sie zurückgesetzt. Es ist Aufgabe des Synchronisationsverfahrens (im Zusammenwirken mit der Recoverykomponente) sicherzustellen, daß dies seiteneffektfrei geschieht (siehe ACID-Eigenschaft: „isolierte Zurücksetzbarkeit" in Abschnitt 7.1). Wir werden dies im folgenden daher nicht immer explizit erwähnen.

Aufgabe der
Synchronisations-
komponente

Scheduler

Die serielle Ausführung von Transaktionen ist in der Regel nicht sehr effektiv und man führt in den DBSen deshalb eine überlappte Ausführung der Transaktionen durch, d. h. es werden in der Regel Schedules erzeugt, in denen die Aktionen der Transaktionen in gewisser Weise vermischt auftreten. Es ist Aufgabe der *Synchronisationskomponente* des DBMS (*Scheduler*) dafür zu sorgen, daß nur solche Schedules erzeugt werden, welche die Konsistenz der Datenbank im obigen Sinne nicht verletzen. Eine solche nicht-serielle Schedule mit Aktionen abgeschlossener Transaktionen wird genau dann als konsistenzerhaltend bzw. als korrekt bezeichnet, wenn diese *serialisierbar* ist.

Definition 7-1: Serialisierbarkeit einer Schedule

Eine Schedule S heißt *serialisierbar* genau dann, wenn es zu S eine äquivalente *serielle Schedule* S' gibt, die, angewandt auf denselben Ausgangszustand der Datenbank, zu denselben Ausgaben und zu demselben Endzustand wie S führt.

Anmerkungen:

- Natürlich muß S' in Definition 7-1 dieselbe Menge von Aktionen wie S aufweisen und die zu einer Transaktion gehörenden Aktionen müssen jeweils in derselben relativen Reihenfolge in beiden Schedules auftreten. Wenn also z. B. die Aktionen ... $r_1[x]$ ... $w_1[x]$ ... in dieser Reihenfolge in S auftreten, so müssen diese auch in S' in dieser Reihenfolge vorkommen. Hierbei steht $r_1[x]$ für „Lesezugriff (read) von Transaktion T_1 auf Objekt x" und $w_1[x]$ steht entsprechend für den schreibenden Zugriff (write).

- Die Forderung, daß auch „dieselben Ausgaben" erzeugt werden sollen, stellt sicher, daß auch Nur-Lesetransaktionen (die ja nichts am Datenbankzustand ändern und von daher „beliebig" serialisierbar wären), mit erfaßt werden. Vereinfachend nimmt man hierbei an, daß jeder Lesezugriff auch zu einer Ausgabe führt.

Die vollständige Ausführung aller Aktionen einer serialisierbaren Schedule überführt die Datenbank daher stets von einem konsistenten Zustand S in einen (ggf. neuen) konsistenten Zustand S'.

Hinter diesem Konsistenzbegriff steht letztlich die Vorstellung der Gewähr-leistung des *logischen Einbenutzerbetriebs* durch das DBMS. Man betrachtet nur solche überlappten Transaktionsausführungen bzw. deren Resultate als korrekt, die auch im echten Einbenutzerbetrieb, in dem alle Transaktionen seriell ausgeführt werden, erzeugbar wären. Man benutzt deshalb oft auch eine andere, äquivalente Definition der Serialisierbarkeit, die dies unmittelbar zum Ausdruck bringt:

> **Definition 7-2: Korrektheit paralleler Transaktionsausführungen**
>
> Eine überlappte Ausführung von Transaktionen ist dann und nur dann korrekt, wenn es mindestens eine serielle Ausführungsreihenfolge dieser Trans-aktionen gibt, die, angewandt auf denselben Ausgangszustand, zu denselben Ausgaben und zum selben Endzustand der Datenbank führt.

Wir halten also fest, daß im zentralen Fall die Konsistenz der Datenbank da-durch gewährleistet wird, daß die Synchronisationskomponente *nur solche Schedules* erzeugt bzw. zuläßt, *die serialisierbar* sind. Würde die weitere Aus-führung einer Transaktion T dazu führen, daß gegen dieses Prinzip verstoßen würde, so wird T abgebrochen und zurückgesetzt. *Wie* die Serialisierbarkeit im laufenden Betrieb durch die Synchronisationskomponente konkret gewähr-leistet wird, ist von Synchronisationsverfahren zu Synchronisationsverfahren verschieden. Hierauf werden wir in Kapitel 8 noch zu sprechen kommen.

Übungsaufgabe 7-1: Serialisierbarkeit von Schedules (1)

Gegeben seien die folgenden Schedules der Transaktionen T_1 und T_2. Prüfen Sie, ob diese serialisierbar sind.

S_1: $< r_1[x]\ r_2[x]\ w_1[x]\ w_2[y]\ w_1[y] >$

S_2: $< r_1[x]\ r_2[x]\ w_1[x]\ w_2[x]\ w_2[y] >$

S_3: $< r_1[x]\ r_2[y]\ w_1[x]\ r_2[x]\ w_1[y]\ r_2[y]\ w_2[x] >$

7.4.2 Korrekte Transaktionsausführung im verteilten Fall

Es ist naheliegend, die Prinzipien bzgl. korrekter Transaktionsausführungen für den zentralen Fall auf den verteilten Fall zu übertragen, also insbesondere den Korrektheitsbegriff entsprechend Definition 7-2 auch hier sinngemäß wieder zur Anwendung zu bringen. Hierzu muß man jedoch den Begriff der „Korrektheit paralleler Transaktionsausführungen" (vgl. Definition 7-2) etwas

logischer
Einbenutzer-
betrieb

Synchronisations-
komponente läßt
nur serialisierbare
Schedules zu

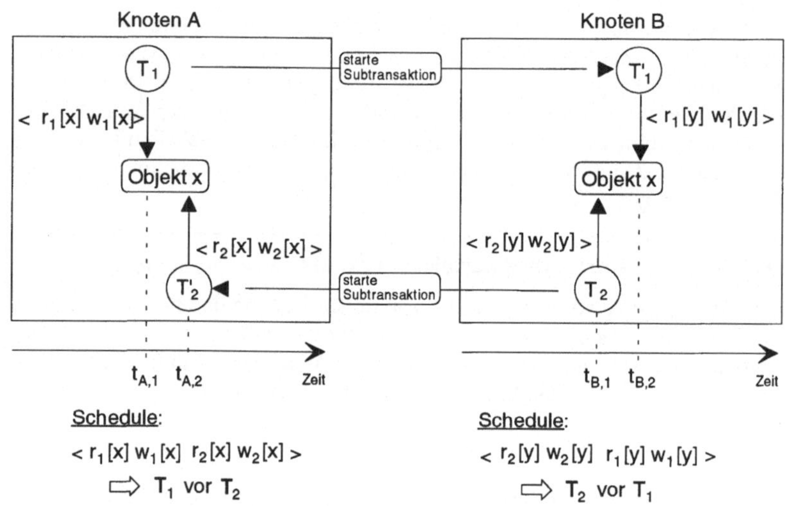

Abb. 7-9: Nicht-serialisierbare globale Transaktionen

anders fassen, um der verteilten, parallelen Ausführung der Teiltransaktionen einer globalen Transaktion geeignet Rechnung zu tragen.

Definition 7-3: Korrektheit globaler Transaktionsausführungen

Eine überlappte Ausführung einer Menge T_g globaler Transaktionen, die an den Knoten K_1, K_2, ... K_n ausgeführt werden, ist dann und nur dann korrekt, wenn

1. die sich an K_1, K_2, ..., K_n ergebenden lokalen Schedules jeweils serialisierbar sind

2. sich aus der Menge der äquivalenten seriellen Schedules an K_1, K_2, ..., K_n eine widerspruchsfreie serielle Ausführungsreihenfolge für die in T_g enthaltenen globalen Transaktionen ableiten läßt.

---

lokales DBMS
gewährleistet
lokale Serialisier-
barkeit

Es bietet sich an, daß im verteilten Fall jedes lokale DBMS bzw. jede DBMS-Komponente für alle lokal auszuführenden Transaktionen, und zwar sowohl für die „rein lokalen" (sofern vorhanden) als auch für die Teiltransaktionen globaler Transaktionen, jeweils die *lokale Serialisierbarkeit* sicherstellt. Dies allein reicht aber nicht aus, wie sich an dem folgenden einfachen Beispiel in Abb. 7-9 leicht demonstrieren läßt.

Wie wir bereits gesehen haben (und in Abschnitt 7.6 noch vertiefter behandeln werden), wird in verteilten Systemen, wenn globale Konsistenz- bzw. Integritätsbedingungen zu beachten sind, die Freigabe der Änderungen (also das globale Commit) mittels dem Zwei-Phasen-Commit-Protokoll realisiert. Globale (und lokale) Transaktionen können deshalb die Änderungen anderer globaler Transaktionen erst dann „sehen", wenn diese das globale Commit abgeschlossen haben. Findet also das globale Commit einer Transaktion T_1 zeitlich *vor* dem globalen Commit einer anderen Transaktion T_2 statt, dann müßte in einer äquivalenten seriellen Ausführungsreihenfolge T_1 *vor* T_2 ausgeführt werden.

Lemma 1:

Erreichen zwei Transaktionen zum exakt gleichen Zeitpunkt ihren globalen Commit-Zustand, so können sie (korrekte Synchronisation vorausgesetzt), keine wechselseitigen Zugriffskonflikte haben und können daher untereinander in beliebiger Reihenfolge serialisiert werden.

Wir halten fest:

Satz 7-1: Serialisierbarkeit globaler Transaktionen

Bei Anwendung des Zwei-Phasen-Commit-Protokolls (und unter Anwendung von Lemma 1) definieren die globalen Commit-Zeitpunkte eine äquivalente serielle Ausführungsreihenfolge der globalen Transaktionen.

Anmerkung:

Satz 7-1 impliziert, daß es so etwas wie eine *systemweit eindeutige Zeit* in einem verteilten System gibt. Tatsächlich ist dies jedoch ein nicht-triviales Problem, da die (System-)Zeit in der Regel natürlich jeweils durch die lokal eingesetzten Uhren bzw. Zeitgeber in den Rechnern realisiert wird und diese Uhren natürlich voneinander abweichen können. Sofern zur Durchführung eines korrekten Zwei-Phasen-Commit im konkreten Fall (d. h. abhängig vom eingesetzten Synchronisationsverfahren) die Commit-Zeit als „Zahl" bekannt sein muß, ist entweder eine entsprechende *Synchronisation der lokalen Uhren* erforderlich oder es muß eine Art von *globalem Zähler* implementiert werden, der bei jedem globalen Commit hochgesetzt wird. Wir werden hierauf in Kapitel 8 nochmals zu sprechen kommen.

Übungsaufgabe 7-2: Serialisierbarkeit von Schedules (2)

Gegeben seien die folgenden lokalen Schedules S_A und S_B der globalen Transaktionen T_1 und T_2 an den Knoten A und B. Prüfen Sie jeweils, ob globale Serialisierbarkeit gegeben ist.

a) S_A: $< r_1[a]\ r_2[a]\ w_1[a]\ w_2[b]\ r_3[a]\ r_3[b]\ w_3[b] >$
   S_B: $< r_2[c]\ w_2[c]\ r_3[d]\ w_3[d]\ r_1[e]\ w_1[e] >$

b) S_A: $< r_1[a]\ r_2[a]\ w_2[a]\ r_3[b]\ w_3[b]\ w_1[a] >$
   S_B: $< r_1[c]\ w_1[c]\ r_2[d]\ w_2[d]\ r_3[e]\ w_3[e] >$

c) S_A: $< r_1[a]\ r_3[b]\ w_1[a]\ w_3[b]\ r_2[a]\ w_2[a] >$
   S_B: $< r_3[c]\ w_3[c]\ r_2[d]\ w_2[d]\ r_1[d]\ w_1[d] >$

7.5 Transaktionsaufrufstrukturen

Wie bereits in Abschnitt 7.2 skizziert, sieht der typische Ablauf bei Ausführung einer globalen Transaktion im allgemeinen Fall wie folgt aus:

1. Eine Anfrage (Transaktion) T_i wird an einem Knoten A initiiert.

2. Knoten A leitet die Anfrage an den nächsten *Anfragebearbeiter* (*query processor*) des vDBMS weiter, der die Zerlegung der Anfrage in lokal ausführbare Teilanfragen vornimmt. Nehmen wir an, dieser Anfragebearbeiter sei an Knoten B (natürlich kann A = B gelten).

3. Knoten B leitet die zerlegte Anfrage an den nächsten geeigneten *Transaktionsmanager* des vDBMS weiter; z. B. also an Knoten C (es kann natürlich B = C gelten).

4. Knoten C startet die *Primärtransaktion* $T_{i,0}$ und sendet – soweit erforderlich – weitere, von $T_{i,0}$ *abhängige Subtransaktionen* $T_{i,1}$, $T_{i,2}$ ..., $T_{i,k}$ an die Transaktionsmanager der betroffenen Knoten.

5. Die Primärtransaktion $T_{i,0}$ bzw. der für sie zuständige Transaktionsmanager übernimmt im wesentlichen die

   - *Ablaufsteuerung* (Aufsammeln der Vollzugsmeldungen und ggf. Entgegennahme der Ergebnisse)

   - *Abwicklung des 2PC-Protokolls* mit allen beteiligten Subtransaktionen bzw. den für sie zuständigen Transaktionsmanagern (im Update-Fall)

   - *Fehlerbehandlung* bei Abbruch der globalen Transaktion (soweit erforderlich)

   - *Protokollierung* der globalen Transaktion

und schickt das Resultat bzw. die Vollzugsmeldung an Knoten A (wo die Anfrage gestartet wurde).

Bei diesem allgemeinen Ablaufmodell wurde unterstellt, daß es Knoten verschiedener Funktionalität geben kann, wie z. B. reine Zugangsknoten, ohne eigene global relevante Datenhaltung, und daß nicht jede Art von Transaktion von jedem Knoten koordiniert wird, sondern daß bestimmte Transaktionsmanager für bestimmte Transaktionsklassen und/oder für bestimmte Partitionen zuständig sind.

In Abb. 7-10 haben wir versucht, diese Vielfalt an Realisierungsmöglichkeiten an einem Beispiel zu illustrieren. Knoten A ist in diesem Beispiel ein reiner Zugangsknoten, der keine bzw. nur rudimentäre Komponenten (zur Weiterleitung und „Buchführung" hierüber) des vDBMS besitzt. Die Knoten B und C sind voll ausgebaute Knoten mit allen globalen Komponenten (hiervon jeweils nur der globale Query Processor und der globale Transaktionsmanager sowie die lokale DBMS-Komponente dargestellt), während Knoten D ein typischer „Server-Knoten" ist, der von außen nicht direkt zugänglich ist (und hier im Beispiel auch keine Komponente zur Anfragebearbeitung aufweist). Knoten E ist im wesentlichen auch ein Zugangsknoten, der jedoch zumindest die Anfragebearbeitung (also die Zerlegung der globalen Anfrage) durchführen kann.

Hinsichtlich der konkreten Implementierung dieses Ausführungsschemas sind natürlich im Detail noch weitere Varianten möglich. So kann z. B. in Schritt 3 eine Primärtransaktion an Knoten C gestartet werden, unabhängig davon, ob

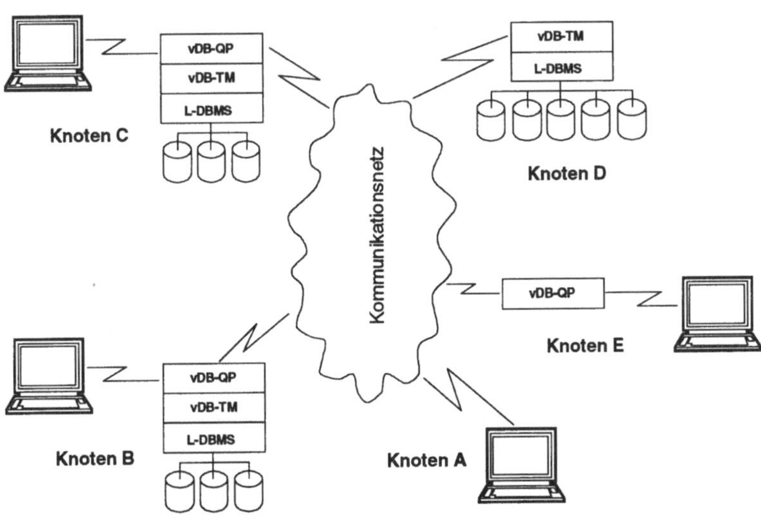

Abb. 7-10: Komponenten eines vDBMS

Knoten C tatsächlich aktiv (mittels seiner Daten) an der globalen Transaktion beteiligt ist, oder Knoten C leitet die Anfrage an den Transaktionsmanager eines Knotens weiter, der aktiv an der Transaktionsausführung beteiligt ist, und dieser startet dort erst die Primärtransaktion. Entsprechende Hinweise auf die eventuelle „Weiterreichung" der Transaktion bzw. eine Art von „Rumpftransaktion" müssen natürlich sowohl an Knoten A als auch an den Knoten B und C verwaltet werden.

Fehlerbehandlung
erfolgt i. w. lokal

Die *Fehlerbehandlung* bei Abbruch einer verteilten Transaktion wird von den beteiligten lokalen DBMSen weitgehend selbständig durchgeführt (analog zum zentralen Fall). Allerdings muß (zumindest im Falle von Update-Transaktionen) eine gewisse „globale Buchführung" existieren, um Knoten, die z. B. infolge eines Systemzusammenbruchs nicht über Commit oder Abbruch der globalen Transaktion informiert werden konnten, bei deren Wiederanlauf entsprechend instruieren zu können. Wir werden hierauf in Abschnitt 7.6 sowie in Kapitel 10 nochmals zu sprechen kommen.

In Abschnitt 7.3.4 hatten wir schon erwähnt, daß Subtransaktionen einer globalen Transaktion unter Umständen selbst wieder Subtransaktionen zur Bearbeitung starten können bzw. müssen. Wir hatten allerdings noch offen gelassen, wann dies geschieht und wie komplex diese Transaktionsaufrufstrukturen ggf. werden können. Um es vorweg zu nehmen, diese können im allgemeinen Fall (fast) beliebig komplex werden; es kann sogar sein, daß Subtransaktionen von Subtransaktionen derselben globalen Transaktion wieder an demjenigen Knoten gestartet werden, der die globale Transaktion initiiert hat (siehe Abb. 7-12).

vollständiges
Verteilungswissen
ermöglicht flache
Aufrufstrukturen

Die sich ergebende Transaktionsaufrufstruktur hängt in ganz entscheidendem Maße davon ab, wieviel Wissen der die Anfrage initial bearbeitende globale Query Processor über Partitionierung und Allokationen hat. Verfügt er diesbezüglich über *vollständige Kenntnisse*, so kann er weitgehend „*flache*" Auf-

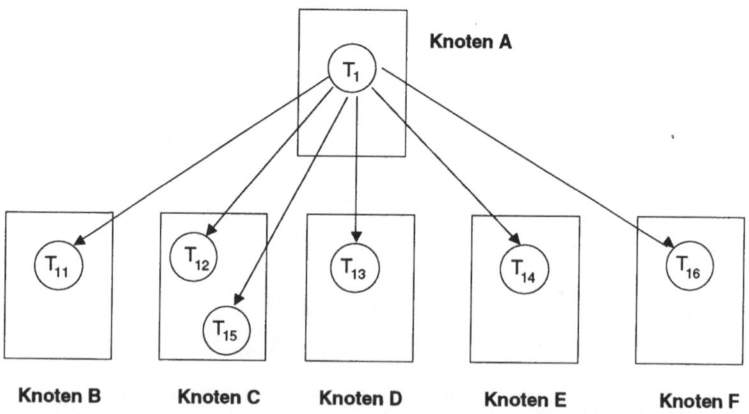

Abb. 7-11: Aufrufstruktur bei vollständigem Verteilungswissen

rufstrukturen, wie in Abb. 7-11 illustriert, erzeugen, da er alle globalen Relationen durch ihre Partitionen bzw. Allokationen ersetzen und die entsprechenden Subtransaktionen den betroffenen Knoten direkt zuleiten kann.

Allerdings ist die vollständige Abbildung auf Partitionen und Allokationen nicht immer in einem Schritt möglich, da sich die konkrete Partition evtl. erst während der Ausführung der Anfrage ergibt. Dies ist z. B. bei abgeleiteten horizontalen Partitionierungen, aber auch bei vielen globalen Joins der Fall, wo sich die konkreten „Join-Partner-Partitionen" erst während der Auswertung ergeben. In solchen Fällen müssen entweder zunächst innerhalb der Primärtransaktion durch entsprechende Teilanfragen die noch nicht bestimmten Partitionen festgelegt werden oder es findet auch hier ggf. zur Laufzeit eine Ausweitung der globalen Transaktion auf weitere Knoten bzw. Partitionen statt.

Die in Abb. 7-12 dargestellte, *geschachtelte Aufrufstruktur* ergibt sich typischerweise, wenn bei der Zerlegung der globalen Anfrage nur *begrenztes*

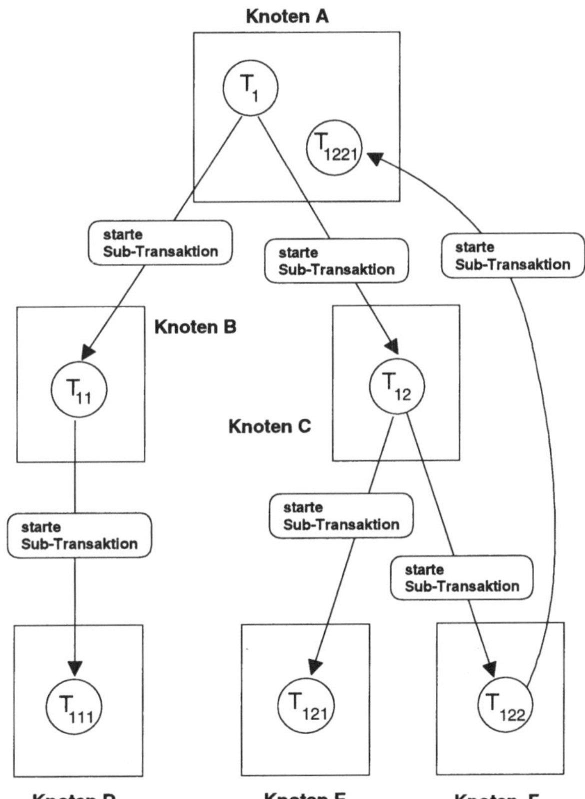

Abb. 7-12: Aufrufstrukturen bei begrenztem Verteilungswissen

partielles
Verteilungswissen
führt zu
geschachtelten
Aufrufstrukturen

Wissen zur Verfügung steht. Den Fall, daß sich einige der benötigten Partitionen erst zur Laufzeit ergeben, haben wir bereits kennengelernt. Andere Fälle sind hierarchisch aufgebaute Kataloge, in denen teilweise nur Verweise auf weitere (Detail-)Kataloge stehen, wie z. B. „Cluster-Kataloge" (siehe Abschnitt 5.7), die den Datenbestand eines Clusters u.U. als zentrale Sicht nach außen anbieten, oder eine Verwaltung von Kopien mittels einer sog. Primärkopie[69], welche dann selbständig die Aktualisierung der Replikate vornimmt. In diesen Fällen werden u.U. Teilanfragen, welche noch globale Relationen enthalten, an die betroffenen Knoten geschickt, um dort weiter zerlegt und bearbeitet zu werden. Hierdurch könnte sich z. B. das in Abb. 7-12 dargestellte, komplexe „Aufrufgeflecht" ergeben.

Beispiel 7-1:

Der Abb. 7-12 zugrundeliegende Sachverhalt könnte z. B. sein, daß T_1 einen Update einer globalen Relation durchführt, deren Partitionen (aus Sicht von T_1) an den Knoten B und C allokiert sind. Die an Knoten B gespeicherte Partition hat allerdings ein Replikat an Knoten D, das beim Update „mitversorgt" werden muß, während die Partition an Knoten C dort nur „virtuell gespeichert" ist. Diese Partition spaltet sich nochmals in zwei weitere Partitionen auf, die an den Knoten E und F allokiert sind, wobei die F-Partition nochmals an Knoten A repliziert wurde und ebenfalls beim Update mitgeändert werden muß.

Ähnliche Aufrufstrukturen können in Verbindung mit Joins bzw. der Auswertung von Existenzbedingungen (z. B. mittels Subqueries in SQL) auftreten. □

Übungsaufgabe 7-3: Transaktionsaufrufstrukturen

Gegeben seien die Knoten A, B, ..., E sowie die globalen Relationen

BESTAND(<u>TeileNr</u>, Menge)

LAGERORT(<u>TeileNr</u>, LagerNr)

die wie folgt partitioniert und allokiert seien: <u>Allokation</u>

$BESTAND_1 := BESTAND \text{ } \mathbf{NSJ} \text{ } (\mathbf{SL}_{LagerNr = 1} \text{ } LAGERORT)$ C und A

$BESTAND_2 := BESTAND \text{ } \mathbf{NSJ} \text{ } (\mathbf{SL}_{LagerNr = 2} \text{ } LAGERORT)$ B und D

$BESTAND_3 := BESTAND \text{ } \mathbf{NSJ} \text{ } (\mathbf{SL}_{LagerNr = 3} \text{ } LAGERORT)$ C und E

$LAGERORT_1 := \mathbf{SL}_{TeileNr < 3000} \text{ } LAGERORT$ C

$LAGERORT_2 := \mathbf{SL}_{TeileNr \geq 3000} \text{ } LAGERORT$ B

Auszuführen sei die folgende Update-Operation, die an Knoten A gestartet werde:

---

[69] Wir werden hierauf in Kapitel 9 noch genauer eingehen.

```
UPDATE    BESTAND
SET       Menge = Menge + 100
WHERE     TeileNr = 3822
```

Überlegen Sie sich für die beiden unten angegebenen Fälle jeweils eine Ausführungsstrategie für diese Update-Operation, so daß möglichst wenig Daten bewegt werden, und zeichnen Sie die resultierende Transaktionsaufrufstruktur. Gehen Sie in beiden Fällen davon aus, daß die Primärtransaktion jeweils an Knoten A ausgeführt wird, daß $LAGERORT_2$ das Tupel (3822, 1) aufweist[70] und daß redundant gespeicherte Daten innerhalb derselben globalen Update-Transaktion aktualisiert werden.

a) Knoten A über alle Partitionierungen und deren Allokationen voll informiert ist

b) Knoten A (und nur Knoten A) über die Partitionierung von BESTAND informiert ist. Knoten A ist allerdings nicht über alle Allokationen der Partitionen von BESTAND informiert, sondern kennt jeweils nur den Knoten mit der Primärallokation einer BESTAND-Partition (dies sei der oben jeweils zuerst genannte Knoten). Ob und wo ggf. weitere Allokationen einer Partition von BESTAND existieren, weiß jeweils nur der Knoten mit der Primärallokation der Partition. Bzgl. LAGERORT ist an Knoten A nur bekannt, daß die Partitionierungsinformation an Knoten C gespeichert ist.

7.6 Freigabe von Änderungen, Commit-Protokolle

Wie wir bereits in Abschnitt kennengelernt haben, reicht es für einen konsistenten Update, der mehrere Knoten gleichzeitig betrifft, in einem verteilten DBS nicht aus, diesen Update mittels gewöhnlicher lokaler Transaktionen auf die betroffenen Knoten zu verteilen. Der Grund hierfür ist, daß bei der Ausführung dieser lokalen Transaktionen i. a. nicht sichergestellt werden kann, daß diese ihr Commit auch tatsächlich durchführen können. Hierbei wird „normale" Transaktionsverwaltung unterstellt, die im Fehlerfall unvollständig ausgeführte Transaktionen zurücksetzt. Dieses Problem tritt übrigens nicht nur im echt verteilten Fall auf, sondern kommt auch im zentralen Fall vor, wenn Updates systemübergreifend durchzuführen sind, z. B. in heterogenen, prä-integrierten DBSen (siehe Abschnitt 5.3), in post-integrierten DBSen (siehe Abschnitte 5.5 und 5.6) oder auch in miteinander verbundenen Anwendungssystemen.

Die „Fehlerfälle", die zum Zurücksetzen einer Transaktion führen, sind hierbei nicht notwendigerweise nur Systemabstürze. Eine Transaktion kann z. B. auch (unschuldiges) Opfer einer Deadlockbehandlung werden (siehe Ab-

viele Gründe für Abbruch einer Transaktion

---

[70] Aus der Partitionierungsinformation kann natürlich nur gefolgert werden, daß $LAGERORT_2$ das Tupel mit der TeileNr 3822 enthalten muß. Daß dieses Tupel im Attribut LagerNr den Wert 1 aufweist, kann nur durch einen Zugriff auf dieses Tupel ermittelt werden.

schnitt 8.2) oder kann abgebrochen werden, weil sie z. B. Systemressourcen
länger als erlaubt belegt.

Anmerkung:

Falls mit Sicherheit nur ein „Systemabsturz" oder ein Stromausfall zum Abbruch einer unmittelbar vor dem Commit stehenden Transaktion führen kann,
dann könnte man sich im Prinzip ein Verfahren überlegen, bei dem diese nicht
ausgeführten lokalen Transaktionen von dem Transaktionsmanager, der für
die globale Transaktion zuständig ist, nochmals an dem betroffenen Knoten
initiiert werden. Hierbei müßte allerdings sichergestellt sein, daß lokal solange
keine Transaktionen zugelassen werden, bis die nachzuholenden Transaktionen ausgeführt worden sind. Der damit verbundene Aufwand, insbesondere
die u. U. relativ lange Blockierung des lokalen DBS, dürfte in der Regel allerdings so hoch sein, daß diese Vorgehensweise in den meisten Fällen keinen
Vorteil gegenüber der Anwendung des Zwei-Phasen-Commit-Protokolls
bringen würde.

7.6.1 Zwei-Phasen-Commit-Protokoll (2PC-Protokoll)

Das 2PC-Protokoll basiert auf dem Grundgedanken, daß alle an der Ausführung einer globalen Transaktion T beteiligten Knoten darüber abstimmen,
ob T global „committed" oder „aborted" wird. Hierzu dienen die folgenden
beiden Phasen (daher der Name) und die in ihnen durchgeführten Aktionen:

Phase 1: „*Prepare to Commit*":

       Der Koordinator[71] fordert die anderen Teilnehmer auf, das Commit
       von T vorzubereiten (d. h. die gemachten Änderungen zu sichern),
       und fordert das Abstimmungsergebnis an.

Phase 2: „*Commit/Abort*":

       Falls der Koordinator von allen Knoten Zustimmung erhält
       („Commit-Fall"), dann meldet der Koordinator „Commit". Falls je-
       doch mind. ein Knoten seine Zustimmung verweigert, dann meldet
       der Koordinator „Abort" an alle Beteiligten. Anschließend geben
       der Koordinator und die anderen Teilnehmer die Sperren auf den
       Objekten von T frei.

Beim Zwei-Phasen-Commit-Protokoll genügt also eine einzige Ablehnung,
um den globalen Abort der Transaktion auszulösen. Abb. 7-13 zeigt, in Anlehnung an /ÖzVa91/, den Ablauf des 2PC-Protokolls sowie die jeweils statt-
findenden Aktionen. Wie man sieht, verzweigt der Teilnehmerknoten bei einer
Verweigerung seiner Zustimmung sofort zum lokalen Abort. Er trifft diese
Entscheidung autonom.

---

[71] der Transaktionsmanager, der die Durchführung von T koordiniert (meist der Knoten, an dem
T initiiert wurde)

Eine weitere wichtige Eigenschaft bzw. Voraussetzung für das Funktionieren des 2PC-Protokolls ist, daß jeder Teilnehmerknoten, der Ready-to-Commit (RtC) gemeldet hat (sich also im „RtC-Zustand" befindet), das Commit oder das Abort, je nach Entscheidung des Koordinators, dann auch tatsächlich auszuführen vermag; und zwar selbst dann, wenn zwischendurch ein lokaler Systemabsturz oder ähnliches aufgetreten sein sollte. Insbesondere darf ein Teilnehmer seine Zustimmung nicht wieder zurücknehmen bzw. die lokale Transaktion nach der RtC-Meldung aus eigener Entscheidung abbrechen und zurücksetzen. Das RtC ist also eine Art „einseitige Verpflichtung" des Teilnehmers, die globale Entscheidung abzuwarten.

7.6.2 Verhalten bei Knotenausfällen

Der wichtigste Aspekt beim 2PC-Protokoll ist natürlich die Gewährleistung eines konsistenten verteilten Updates. Aus praktischer Sicht jedoch ebenfalls sehr wichtig ist, ob infolge von Knotenausfällen u. U. lange globale Blockierungszustände auftreten können, während denen die von der globalen Transaktion bzw. deren Teiltransaktionen belegten Ressourcen blockiert bleiben. Wir wollen deshalb im folgenden analysieren, wie sich das 2PC-Protokoll im Kontext von Knotenausfällen oder Kommunikationsunterbrechungen verhält. Wir wollen hierzu annehmen, daß jegliche Kommunikation zwischen den Knoten dergestalt zeitüberwacht ist, daß der auf eine Antwort wartende Transaktionsmanager eines Knotens nach Ablauf der für eine Antwort vorgegebenen Zeit (*time out*) automatisch wieder aktiv wird.

Betrachten wir zunächst die Zustände, die der *Koordinator* einnehmen kann:

Zustände des Koordinators

- Vor der Initialisierungsphase (INITIAL) startet er die Subtransaktionen an den anderen Knoten. Gelingt dies nicht, so bricht er die globale Transaktion ab und sendet eine entsprechende Nachricht an alle Knoten.

- Wird die INITIAL-Phase erreicht, dann sendet er PREPARE-Nachrichten an alle Teilnehmerknoten und wartet auf Antwort (WAIT). Trifft von einem Knoten in der vorgegebenen Zeit keine Antwort ein, so entscheidet der Koordinator auf GLOBALES-ABORT (und teilt dies dem betroffenen Knoten ggf. später mit, wenn dieser sich melden sollte (siehe hierzu auch Abschnitt 7.6.3)).

- Erhält der Koordinator im Falle von globalem Commit (COMMIT-Zustand) oder globalem Abort (ABORT-Zustand) keine Bestätigung von einem Knoten, so kann die globale Transaktion dennoch entsprechend beendet werden. Es muß lediglich sichergestellt sein, daß der betroffene Knoten sich nach Wiederanlauf vom Koordinator die getroffene Entscheidung auch noch nachträglich holen kann (siehe auch hierzu wieder Abschnitt 7.6.3).

Wir können also zusammenfassend festhalten, daß der Koordinator in keinem Zustand des 2PC-Protokolls dauerhaft blockiert ist. Betrachten wir nun die Zustände, die ein *Teilnehmer* einnehmen kann.

Zustände eines Teilnehmers am 2PC

- Gerät eine Subtransaktion noch vor Eintreffen der Prepare-to-Commit-Nachricht (PREAPARE in Abb. 7-13) in Schwierigkeiten, so wird sie abgebrochen und dies dem Koordinator (entweder sofort oder bei Eintreffen der PREPARE-Nachricht) mitgeteilt (STIMME-ABORT).

- Kann die STIMME-COMMIT-Nachricht dem Koordinator nicht zugestellt werden[72], so kann sich der Knoten auf Abbruch entscheiden und dies dem Koordinator bei Wiederherstellung des Kontakts mitteilen (STIMME-ABORT).

- Hat der lokale Knoten seine Zustimmung abgegeben, so muß er die globale Entscheidung abwarten (WAIT). Er kann diese Entscheidung nicht aus eigener Entscheidung wieder rückgängig machen, ohne die Konsistenz der Datenbank zu gefährden (siehe nachfolgende Anmerkungen).

- Kann die Bestätigung des Commit oder Aborts (ACK in Abb. 7-13) nicht zugestellt werden, so kann die Subtransaktion dennoch beendet werden. Allerdings muß sichergestellt sein, daß der Koordinator bei Anfrage die korrekte Antwort erhält (siehe auch hierzu wieder Abschnitt 7.6.3).

Subtransaktionen können dauerhaft blockiert werden

Zusammenfassend können wir festhalten, daß nach Absetzen der STIMME-COMMIT-Nachricht bei Ausfall des Koordinators[73] die betroffene Subtransaktion (zunächst einmal) dauerhaft blockiert ist. Dies ist der einzige Punkt, wo das 2PC-Protokoll zu einem globalen Blockierungszustand (da alle beteiligten Subtransaktionen in gleicher Weise davon betroffen sein können) führen kann.

Anmerkungen:

Möglichkeiten, die Blockierung aufzuheben

Durch „Rundfrage" bei den anderen an der globalen Transaktion beteiligten Subtransaktionen (sofern bekannt oder z. B. über eine globale Transaktions-ID identifizierbar) kann evtl. etwas über den Zustand der globalen Transaktion in Erfahrung gebracht werden:

- Hat eine der Subtransaktionen mit STIMME-ABORT abgestimmt, so wird die gesamte globale Transaktion abgebrochen[74], die lokale Subtransaktion kann daher das ABORT bereits vorwegnehmen.

- Hat eine der beteiligten Subtransaktionen die Nachricht GLOBALES-COMMIT erhalten, so befindet sich die globale Transaktion in der COMMIT-Phase (auch der Koordinator kann eine einmal getroffene COMMIT-/ABORT-Entscheidung dann nicht mehr zurücknehmen). Die lokale Subtransaktion kann also ebenfalls im Vorgriff auf das Eintreffen dieser Nachricht das COMMIT durchführen.

- Hat eine der beteiligten Subtransaktionen die Nachricht GLOBALES-ABORT erhalten, so kann entsprechend auf ABORT entschieden werden.

---

[72] dies muß natürlich zweifelsfrei feststehen
[73] bzw. der Verbindung zu ihm
[74] Dies geht natürlich nur, wenn sich die Primärtransaktion strikt an diese „Spielregeln" des 2PC-Protokolls hält. Bei weiterführenden Transaktionskonzepten (siehe Abschnitt 7.7) ist dies möglicherweise nicht gewährleistet.

Diese potentielle Schwachstelle des 2PC-Protokolls hat zu einer Reihe von Varianten (3PC-Protokoll; siehe hierzu z. B. /ÖzVa91/) oder zu speziellen Implementierungen, etwa in Form hochverfügbarer Commit-Koordinatoren (siehe hierzu z. B. /GrRe93/), geführt. Wir wollen dies aber hier nicht weiter vertiefen.

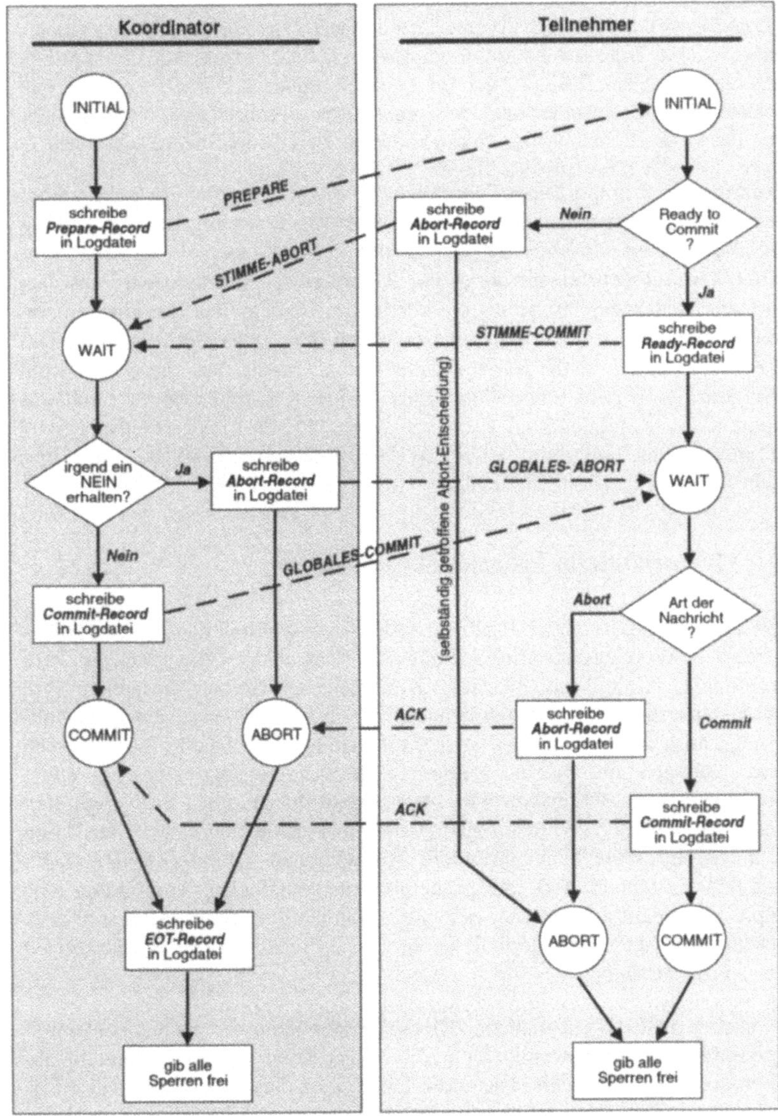

Abb. 7-13: Ablauf des 2PC-Protokolls

7.6.3 Presumed-Abort- / Presumed-Commit-2PC-Protokoll

Bei dem oben beschriebenen 2PC-Protokoll schreibt der Koordinator einen
Eintrag in der Logdatei, egal ob die globale Transaktion erfolgreich abgeschlossen oder abgebrochen wurde („schreibe Commit-Record in Logdatei"
bzw. „schreibe Abort-Record in Logdatei" in Abb. 7-13). Jeder dieser Einträge in die Logdatei muß physisch in die Logdatei durchgeschrieben werden
(*forced write*) und ist deshalb eine „teure" Operation. In Datenbanksystemen,
die eine hohe Transaktionslast zu bewältigen haben, kann dies leicht zum Flaschenhals werden. Deshalb wurden zwei Varianten des 2PC-Protokolls entwickelt, die i.w. entweder nur den Commit-Record schreiben (oder zumindest
nur diesen im „forced write"-Modus) oder nur den Abort-Record schreiben.

Presumed-Abort-
2PC

Wird nur der Commit-Record geschrieben, so wird bei späteren Anfragen aus
dem Nichtvorhandensein eines Commit-Eintrages in der Logdatei des Koordi-
natorknotens auf das Abort dieser Transaktion geschlossen (*Presumed-Abort-
2PC*). Wird umgekehrt nur der Abort-Record protokolliert, so wird aus dem
Nichtvorhandensein des Abort-Records in der Logdatei des Koordinators auf
das Commit dieser Transaktion geschlossen (*Presumed-Commit-2PC*). Das
Presumed-Commit-2PC-Protokoll bietet sich an, wenn man überwiegend mit

Presumed-
Commit-2PC

erfolgreichen Transaktionsausführungen rechnet (da dann mehr Commit- als
Abort-Records anfallen), das Presumed-Abort-2PC-Protokoll ist entsprechend
im umgekehrten Fall vorteilhafter (näheres zu diesen Protokollen und einiges
mehr findet sich z. B. in /GrRe93/).

7.7 Weiterführende Transaktionskonzepte

Das Transaktionskonzept mit seinen ACID-Eigenschaften hat sich in der Praxis sehr bewährt und die Entwicklung von (Datenbank-)Anwendungen stark
vereinfacht, da die datenbankseitige Konsistenzsicherung (insbesondere Syn-
chronisationsaufgaben im Mehrbenutzerbetrieb und Zurücksetzen nicht vollständig ausgeführter Transaktionen) vollständig vom DBMS übernommen
wird. Dennoch gibt es eine Reihe von Anwendungsfällen, wo ein etwas
mächtigeres Transaktionskonzept, insbesondere im verteilten Fall, vorteilhaft
wäre. So wäre es z. B. in einigen Fällen angenehm, aus einer Transaktion
(„*Vater-Transaktion*") heraus andere Transaktionen („*Kind-Transaktionen*")
anstoßen zu können, z. B. um asynchron zur eigentlichen Transaktion eine
Kopie zu aktualisieren oder etwas anderes Sinnvolles zu tun. Man spricht in

geschachtelte
Transaktionen

diesem Zusammenhang deshalb auch von „*geschachtelten*" Transaktionen
(*nested transactions*).

In machen Fällen wird man die Kind-Transaktionen nur dann mit Commit
abschließen wollen, wenn auch die Vater-Transaktion erfolgreich abgeschlossen werden kann, in anderen Fällen mag dies wiederum nicht erforderlich sein. Dementsprechend gibt es Ansätze zu erweiterten Transaktionskonzepten, in denen die Kind-Transaktionen ihre Änderungen nur zusammen
mit der Vater-Transaktion sichtbar machen, und es gibt andere Ansätze, in

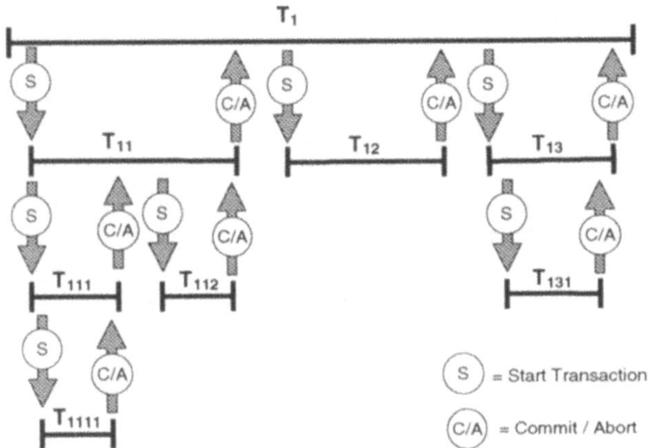

Abb. 7-14: Geschlossen geschachtelte Transaktionen

dem die Kind-Transaktionen ihre Änderungen (aus Sicht der Vater-Transaktion) u. U. vorzeitig frei geben und sind deshalb auch nicht mehr im klassischen Sinne zurücksetzbar sind.

7.7.1 Geschlossen-geschachtelte Transaktionen

Geschlossen-geschachtelte Transaktionen benutzen die oben erwähnten *Kind-Transaktionen* lediglich als internes Strukturierungskonzept. Nach außen sind diese Kind-Transaktionen nicht sichtbar. Kind-Transaktionen werden durch die *Vater-Transaktion* gestartet und geben bei Commit ihre Objekte bzw. die darauf erworbenen Sperren an die Vater-Transaktion zurück. Dieser Sachverhalt ist in Abb. 7-14 graphisch veranschaulicht.

Kind-Transaktionen nach außen nicht sichtbar

In einfachen Varianten dieses Verfahrens unterliegen die Kind-Transaktionen einem gewöhnlichen 2PC-Protokoll mit dem Vater-Knoten und sind daher, bis zum gemeinsamen Commit mit der Vater-Transaktion, zurücksetzbar wie gehabt. In weitergehenden Ansätzen können die Kind-Transaktionen bereits vor dem Commit der Vater-Transaktion erfolgreich terminieren und ihre Änderungen (aus ihrer Sicht) permanent machen. Die Objekte (bzw. Sperren) der Kind-Transaktion gehen dabei in den „Besitz" der Vater-Transaktion über. Eventuelle Updates der Kind-Transaktion sind deshalb für andere Transaktionen bis zum Commit der Vater-Transaktion nicht sichtbar. Im Falle des Abbruchs der Vater-Transaktion können die Effekte der Kind-Transaktion (da abgeschlossen) nicht mehr mittels normalem „Transaktions-Rollback" rückgängig gemacht werden, sondern dies muß jetzt durch geeignete „*Gegen-Transaktionen*" oder „*Kompensations-Transaktionen*" (wiederum als Kind-Transaktionen ausgeführt) geschehen (siehe hierzu z. B. /Elma92/).

Zurücksetzen abgeschlossener Kind-Transaktionen

Kompensations-Transaktion

7.7.2 Offen-geschachtelte Transaktionen

Die Kind-Transaktionen bei den offen-geschachtelten Transaktionen weisen auf den ersten Blick eine sehr ähnliche Struktur wie bei den geschlossen-geschachtelten Transaktionen auf. Im Gegensatz zu diesen können die Kind-Transaktionen nunmehr jedoch auch länger als die Vater-Transaktionen dauern und man kann mit ihnen auch regelrechte „Transaktionsketten" bilden (bei Beendigung einer Transaktion wird die nächste angestoßen). Den anderen Unterschied, daß die Freigabe (und das Sichtbarmachen nach „außen") eventueller Änderungen u. U. unabhängig vom Commit und Commit-Zeitpunkt der Vater-Transaktion erfolgt, wurde schon erwähnt.

Von besonderem Interesse sind offen geschachtelte Transaktionen bzw. (zukünftige) Transaktionssysteme, die ein solches Konzept unterstützen, bei *förderierten verteilten Datenbanken* und bei *offenen Multidatenbanken*[75], die sich aus (lokalen) Verfügbarkeits- oder sonstigen Gründen keinem globalen 2PC-Protokoll unterwerfen wollen, ansonsten jedoch Update-Transaktionen unterstützen. Typische Beispiele hierfür sind die diversen Reservierungssysteme für Flugbuchungen, Hotelreservierung, Mietwagen, etc.

Interessant für föderierte DBSe und Multi-DBSe

Die „globale Transaktion" wird hier auf eine Folge einzelner (isolierter) lokaler Transaktionen abgebildet, die in gewisser Weise mit einander „verkettet" werden (in /GaSa87/, /Garc91/ „*Sagas*" genannt). Muß die globale Transaktion zurückgesetzt werden, so wird die gerade aktive lokale Transaktion abgebrochen und wie gehabt zurückgesetzt (falls noch nicht abgeschlossen); für die anderen, bereits abgeschlossenen lokalen Transaktionen werden entsprechende „Kompensations-Transaktionen" ausgeführt.

Sagas

Eine globale „Transaktion" T_i in diesem Sinne ist also eine Folge von Einzel-Transaktionen T_{i1}, T_{i2}, ..., T_{in}, also $T_i := < T_{i1}, T_{i2}, ..., T_{in} >$, wobei zu jeder Teiltransaktion T_{ij}, $j \in 1, 2, ..., n$, eine *Kompensations-Transaktion* C_{ij} existiert. T_i wird dadurch ausgeführt, daß zunächst T_{i1} ausgeführt wird, dann T_{i2}, usw. Schlägt die Ausführung von T_i (als Ganzes) fehl, etwa durch Abbruch der Teiltransaktion T_{ik}, $k \in 2, ..., n$, so wird T_{ik} auf konventionelle Weise zurückgesetzt, während für die anderen, bereits ausgeführten Teiltransaktionen die entsprechenden Kompensations-Transaktionen (in umgekehrter Reihenfolge) ausgeführt werden.

Kompensations-Transaktion

Diese Vorgehensweise ist in Abb. 7-15 veranschaulicht. Die globale Transaktion kann nicht vollendet werden, weil Teiltransaktion T_3 nicht vollständig ausgeführt werden kann. Da T_3 noch nicht abgeschlossen war, wird sie vom lokalen DBS (wie üblich) zurückgesetzt. Für T_2 und T_1 hingegen müssen die zuvor definierten Kompensations-Transaktionen C_2 und C_1 (in dieser Reihenfolge) ausgeführt werden.

---

[75] siehe hierzu Abschnitte 1.3.3.3 und 1.3.3.4

Natürlich ist für „Transaktionen" dieser Art *isolierte Zurücksetzbarkeit* im Sinne der ACID-Eigenschaften und *Serialisierbarkeit* (siehe hierzu Kapitel 8) nicht mehr gegeben. Sie sind also nur für Anwendungen geeignet, die auf diese Eigenschaften nicht unbedingt angewiesen sind und auch mit „etwas weniger Konsistenz" noch zurechtkommen. Näheres hierzu und zu anderen, z. T. noch viel weitergehenden Transaktionskonzepten findet sich in /Elma92/.

Isolierte Zurücksetzbarkeit und Serialisierbarkeit nicht mehr gegeben

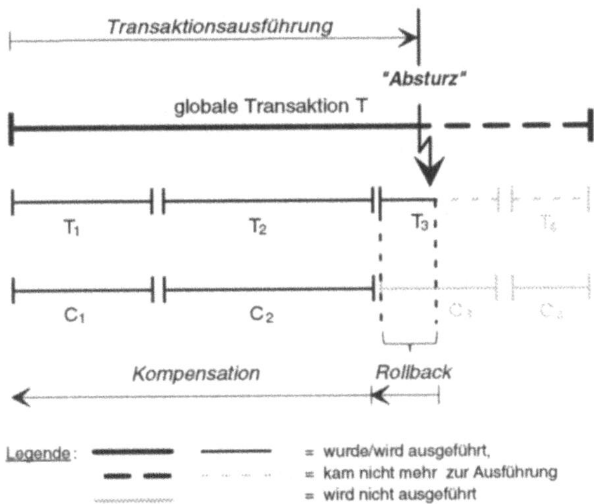

Abb. 7-15: Transaktionsausführung und Zurücksetzen mit Sagas

8. Synchronisationsverfahren

Die verschiedenen Synchronisationsverfahren unterscheiden sich i. w. dadurch,

- *wie* sie die Einhaltung des Serialisierbarkeitsprinzips gewährleisten,
- *wann* die Prüfung auf Serialisierbarkeit vorgenommen wird und
- *was* die äquivalente serielle Ausführungsreihenfolge bestimmt.

Wir wollen im folgenden im wesentlichen auf Sperrverfahren (genauer: das Zwei-Phasen-Sperrprotokoll) und auf die sog. „optimistischen Verfahren" eingehen.

8.1 Sperrverfahren

Bei den Sperrverfahren wird jedes Datenobjekt, bevor darauf zugegriffen wird, mit einer geeigneten Sperre (z. B. einer Lesesperre oder einer Schreibsperre) belegt. Kann eine Sperre aufgrund eines Sperrkonflikts mit einer anderen Transaktion nicht gewährt werden[76], so wird die anfordernde Transaktion blockiert. Dies alleine reicht allerdings noch nicht aus. Voraussetzung für die Serialisierbarkeit der resultierenden Schedules ist die Einhaltung des Zwei-Phasen-Sperrprotokolls beim Anfordern und Freigeben von Sperren.

Definition 8-1: Zwei-Phasen-Sperrprotokoll (2PL-Protokoll)

Eine Transaktion beachtet das 2PL-Protokoll genau dann, wenn sie

1. jedes Datenbankobjekt, das sie zur erfolgreichen Ausführung benötigt, vor dem Zugriff mit einer (geeignete) Sperre belegt.

2. keine Sperren mehr anfordert, sobald sie einmal eine Sperre freigegeben hat.

Eine *nicht serialisierbare Ausführungsreihenfolge* für eine Menge $\mathcal{J} := \{ T_1, T_2, ..., T_n \}$ von Transaktionen wird bei Einhaltung des 2PL-Protokolls dadurch erkannt bzw. verhindert, daß mehrere Transaktionen $T \in \mathcal{J}$ jeweils zyklisch auf die Freigabe der Sperren einer anderen Transaktion $T' \in \mathcal{J}$ warten

Erkennung nicht-serialisierbarer Schedules

---

[76] Lesesperren sind untereinander verträglich, während Schreibsperren mit keiner anderen Sperre verträglich sind

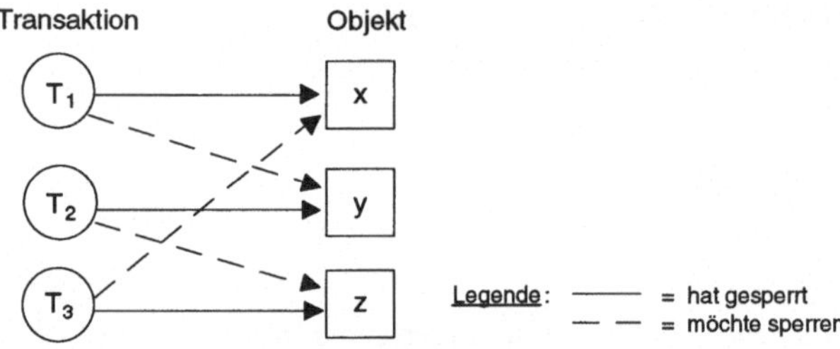

Abb. 8-1: Verklemmung

(siehe Abb. 8-1). Eine (für andere Transaktionen sichtbare) Konsistenzverletzung der Datenbank ist hierdurch noch nicht eingetreten, weil die betroffenen Transaktionen einerseits durch die Blockierung zunächst einmal an der Fortsetzung gehindert sind und andererseits alle gemachten Änderungen durch die Sperren anderer Transaktionen nicht zugänglich sind. Die Blockierung kann nur durch Abbruch von mindestens einer der beteiligten Transaktionen aufgelöst werden.

äquivalente serielle Ausführungsreihenfolge

Die *äquivalente serielle Ausführungsreihenfolge* wird beim 2PL durch den Punkt definiert, an dem es einer Transaktion gelingt, alle benötigten Objekte zu sperren bzw. wenn sie anfängt, ihre Sperren wieder freizugeben(t_{unlock}). Da sie nach Freigabe einer Sperre bei Einhaltung des Zwei-Phasen-Sperrprotokolls keine weiteren Sperren mehr anfordern darf, ist dieser Zeitpunkt pro Transaktion eindeutig bestimmt. Zwei Transaktionen, die zum selben Zeitpunkt t_{unlock} erreichen, wie z. B. T_4 und T_5 in Abb. 8-2, haben keine unverträglichen Sperren (und damit keine Zugriffskonflikte) und können deshalb untereinander in beliebiger Reihenfolge serialisiert ausgeführt werden. In Abb. 8-2 ergeben sich daher zwei äquivalente serielle Schedules:
$< T_2,T_1, T_4,T_5,T_3 >$ und $< T_2,T_1,T_5,T_4,T_3 >$.

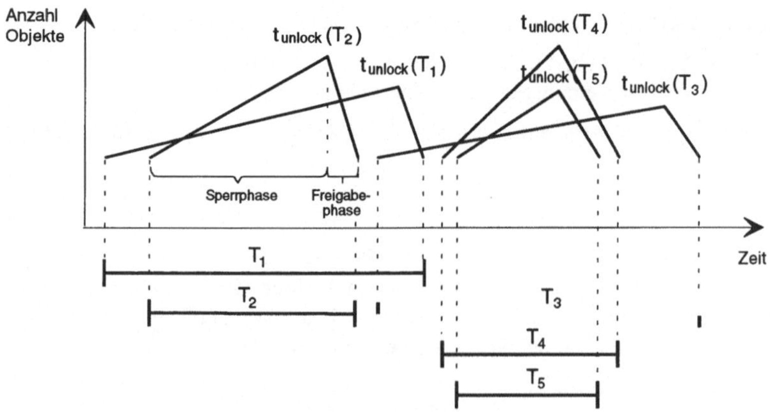

Abb. 8-2: Zwei-Phasen-Sperren

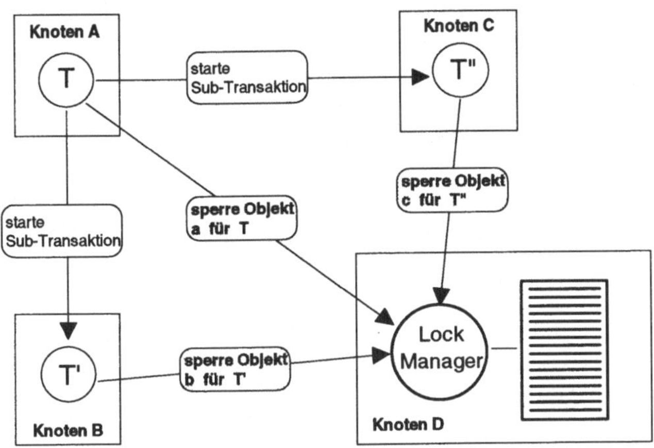

Abb. 8-3: Sperren mittels globaler Sperrtabelle

Implementiert werden Sperrverfahren in der Regel durch eine *Sperrtabelle*, in der alle gewährten Sperren und alle Sperranforderungen eingetragen werden (Eintrag: welche Transaktion, welches Objekt, welcher Sperrmodus). Das Ein- und Austragen von Sperren in dieser Tabelle muß hierbei exklusiv in einem *kritischen Abschnitt* erfolgen (nähere Details hierzu finden sich in /GrRe93/). Die effiziente Implementierung der Sperrverwaltung ist daher für die Performanz eines DBMS von sehr großer Bedeutung.

Implementierung mittels Sperrtabelle

Eine Möglichkeit, das Zwei-Phasen-Sperrprotokoll im verteilten Fall einzusetzen, wäre die Implementierung einer *zentralen Sperrtabelle* an einem ausgewählten Knoten, wie in Abb. 8-3 dargestellt. Alle Knoten würden ihre Sperranforderungen an diesen „Zentralknoten" richten. Damit würde sich das verteilte System bzgl. der Synchronisation konkurrierender Transaktionen wie ein zentrales System verhalten. Das Serialisierbarkeitsproblem wäre damit ebenfalls auf den zentralen Fall zurückgeführt. Wie man sich leicht überlegt, ist für diese „Vereinfachung" ein hoher Preis zu bezahlen: jeder Knoten muß wegen jeder Sperranforderung (und das können sehr viele sein!) mit dem Zentralknoten kommunizieren. Somit kommt diese Lösung in der Regel allenfalls in Mehrrechner-DBMSen, die hierfür ggf. spezielle, sehr schnelle Hardwareimplementierungen bereitstellen können, in Betracht.

Möglichkeit: Zentrale Sperrtabelle

Im *verteilten Fall* wird man deshalb auch *verteilt* (also lokal) *sperren*, wie in Abb. 8-4 illustriert. Man nutzt die Fähigkeiten der lokalen DBMSe aus, indem man sich der dort vorhandenen Sperrverwalter bedient. Die Gewährleistung der korrekten Transaktionsausführung gemäß Definition 7-3 wirft beim 2PL-Protokoll keine zusätzlichen Probleme auf, da jede Teiltransaktion der globalen Transaktion, jeweils alle von ihr benötigten Objekte aktuell gesperrt haben muß, um den Ready-to-Commit-Zustand erreichen zu können (siehe Abschnitt 7.6.1).

Verwendung der lokalen Sperrverwalter

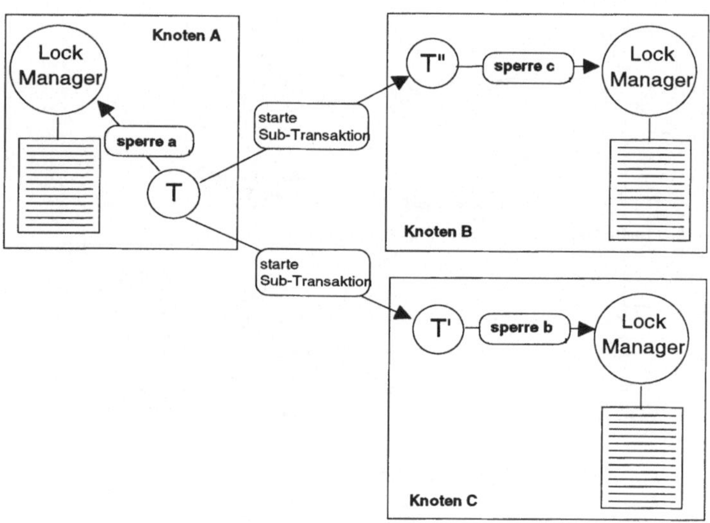

Abb. 8-4: Sperren mittels dezentraler Sperrtabellen

Typischerweise (da nicht im voraus bekannt), werden die Sperren sukzessive angefordert. Hierdurch kann die bereits oben erwähnte zyklische „Wartet-auf"-Situation (siehe Abb. 8-1), *Verklemmung* oder *Deadlock* genannt, auftreten. Deshalb muß bei Einsatz dieser Synchronisationsmethode auch eine Behandlung von Verklemmungen vorgesehen werden. Hierauf werden wir in Abschnitt 8.4 eingehen.

Gefahr von Verklemmungen

8.2 Optimistische Synchronisationsverfahren

In den letzten Jahren sind auch die sog. *optimistischen Synchronisationsverfahren* (*optimistic concurrency control* /KuRo81/) populär geworden. Sie gehen von der (optimistischen) Annahme aus[77], daß

a) Zugriffskonflikte selten sind,

b) Transaktionen relativ kurz sind,

c) eine Wiederholung der Transaktion deshalb im Zweifelsfall billiger ist, als eine Blockierung (wie bei den Sperrverfahren) und eine eventuelle Analyse auf Verklemmungen.

Bei diesen Verfahren muß eine Transaktion T stets drei Phasen durchlaufen, sofern sie nicht bereits in der zweiten Phase abgebrochen wird: eine Lesephase, eine Validationsphase und eine Schreibphase. In der *Lesephase* liest T alle für ihre Ausführung benötigten Objekte, und zwar ungeschützt (!), d.h.

Lesephase

---

[77] bzw. empfehlen sich (nur) für den Einsatz in solchen Umgebungen

ohne Setzen irgendwelcher Sperren[78]. Die hierbei gelesenen Objekte definieren das sog. *Read-Set* von T. In dieser Phase werden auch bereits alle Änderungsoperationen ausgeführt, jedoch ausschließlich auf Kopien im privaten Adreßbereich (Workspace) von T. Die hierbei geänderten, gelöschten und erzeugten Objekte definieren das sog. *Write-Set* von T.

In der *Validationsphase*, die exklusiv (als sog. „*kritischer Abschnitt*" im Betriebssystem-Sinne) durchlaufen wird, wird geprüft, ob T möglicherweise inkonsistente Daten (Daten auf verschiedenen Aktualitätsniveaus in diesem Fall) gelesen hat. Hierzu wird geprüft, ob andere Transaktionen (bezeichnen wir die Menge dieser Transaktionen mit *TS*), die während der Lesephase von T in ihre Schreibphase eingetreten sind, Objekte aus dem *Read-Set* von T verändert haben. Dies ist der Fall, falls für ein T' $\in$ *TS* gilt:

$$\text{readset(T)} \cap \text{writeset(T')} \neq \varnothing$$

Ist dies der Fall, so wird T abgebrochen und zurückgesetzt.

Damit können bei optimistischen Verfahren *keine Verklemmungen* auftreten. Man braucht daher, im Gegensatz zu den Sperrverfahren, auch keine Verfahren zur Behandlung von Verklemmungen zu implementieren. (Allerdings werden aufgrund des relativ groben Konflikttests unter Umständen mehr Transaktionen abgebrochen als an sich notwendig, und speziell langlaufende Transaktionen[79] laufen Gefahr, nie erfolgreich validieren zu können.)

Hat T die Validationsphase erfolgreich überstanden, so tritt sie in die *Schreibphase* ein, in der sie alle von ihr geänderten oder neu erzeugten Objekte in die Datenbank einbringt und ggf. auch Objekte löscht.

Schon in der Originalarbeit /KuRo81/ wurden drei verschiedene Implementierungsvarianten für optimistische Verfahren vorgestellt, die sich dadurch unterscheiden, welche Prüfungen und Aktionen (z. B. die Schreibphase) die Transaktion im kritischen Abschnitt (und damit exklusiv) ausführt. In den Folgejahren sind eine ganze Reihe weiterer Varianten entwickelt sowie das Leistungsverhalten im Vergleich zu Sperrverfahren untersucht worden, siehe hierzu z. B. /HaDo91/ und /Rahm88/.

Der erfolgreiche Austritt aus der Validationsphase (hierbei wird der Transaktion eine Art „Commit-Transaktions-Nummer" zugeordnet) definiert bei

Read-Set

Write-Set

Validationsphase
kritischer
Abschnitt

Verfahren ist
verklemmungsfrei

Schreibphase

Lesephase   Validationsphase   Schreibphase

Abb. 8-5: Lese-, Validations- und Schreibphase

---

[78] Es bietet sich deshalb an, ganze Seiten als Zugriffs- und „Synchronisationsgranulat" zu nehmen, sonst müßten zumindest noch Kurzzeitsperren zur Absicherung des Tupelzugriffs gesetzt werden.
[79] hierfür muß man dann „Sonderbehandlungen" vorsehen

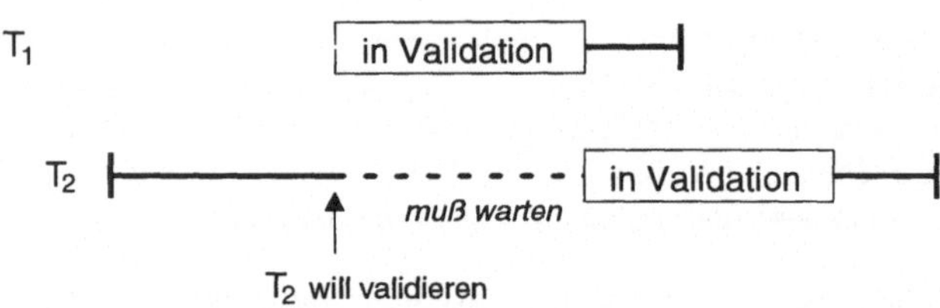

Abb. 8-6: Exklusive Validation

äquivalente
serielle
Ausführungs-
reihenfolge

diesem Verfahren im zentralen Fall die *äquivalente serielle Ausführungs-reihenfolge* der vollständig ausgeführten Transaktionen.

Im *verteilten Fall* muß die Freigabe der lokalen Änderungen, also der Eintritt in die Schreibphase, mit dem Zwei-Phasen-Commit koordiniert werden, sonst besteht die Gefahr nicht-serialisierbarer globaler Schedules. Analog zu den Sperrverfahren muß auch hier sichergestellt werden, daß die Teiltransaktionen keine Änderungen vorzeitig anderen Transaktionen sichtbar machen. Dieses „Sichtbarmachen" geschieht bei optimistischen Verfahren durch Verlassen der Validationsphase, da dann die Schreibphase[80] einsetzt, in der die Änderungen in die Datenbank eingebracht und damit anderen Transaktionen sichtbar gemacht werden.

lokale
Validationsreihen-
folgen müssen
übereinstimmen

Dies hat zur Folge, daß im verteilten Fall der Eintritt in die und/oder der Austritt aus der Validationsphase zwischen den beteiligten Teiltransaktionen synchronisiert werden muß. Es muß sichergestellt sein, daß alle in Konflikt stehenden globalen Transaktionen lokal jeweils in exakt derselben Reihenfolge (erfolgreich) validieren. Da man Konflikte erst in der Validationsphase erkennt, läuft es praktisch darauf hinaus, daß der Eintritt in die lokalen Validationsphasen durch ein *globales Zeitstempelschema* oder einen *globalen Zähler* (siehe Anmerkung zu Satz 7-1 in Abschnitt 7.4.2) auf eindeutige Weise geregelt wird.

8.3 Andere Synchronisationsmethoden

Im Kontext verteilter Datenbanken wurden eine ganze Reihe von Synchronisationsverfahren entwickelt, auf die wir hier jedoch nicht im Detail eingehen wollen. Einige von ihnen werden wir bei der Behandlung von Replikationsverfahren in Kapitel 9 noch kennenlernen. Bei den meisten Verfahren stand der Wunsch Pate, globale Verklemmungen zwischen Transaktionen zu vermeiden bzw. eine Auflösung von Verklemmungen ohne explizite Analyse (siehe hierzu Abschnitt 8.3) durchzuführen.

---

[80] Innerhalb oder außerhalb des kritischen Abschnitts, je nach Verfahrensvariante; siehe /KuRo81/ für Details

Viele dieser Verfahren verwenden hierzu den BOT-Zeitstempel[81], der damit gleichzeitig auch das Serialisierbarkeitskriterium festlegt. Geraten zwei Transaktionen miteinander in Konflikt, so gewinnt – je nach angewendetem Verfahren – entweder stets die „ältere" oder stets die „jüngere" Transaktion. Hierbei kann der eigentliche Objektzugriff entweder mittels Sperrverfahren abgesichert werden, dann dient der Zeitstempel nur zur Auflösung von Konflikten bei unverträglichen Sperren /RSL78/, oder die Datenbankobjekte erhalten selbst Zeitstempel, dann verliert in der Regel die ältere Transaktion, weil sie einen „veralteten" Zeitstempel aufweist. Ein bekannter Vertreter der letzten Kategorie ist der „Majority Consensus"-Ansatz, auf den wir bei der Behandlung der Replikationsverfahren noch eingehen werden.

8.4 Erkennung und Auflösung von Verklemmungen

Wie bereits in Abschnitt 8.1 angesprochen, können bei sukzessivem Sperren Verklemmungen (Deadlocks) zwischen Transaktionen auftreten. In zentralen Datenbanken begegnet man diesem Problem auf zwei Arten:

- Durch *Vorgabe von Zeitschranken*, die eine Transaktion zur Ausführung maximal benötigen oder sie maximal auf die Gewährung einer Sperre warten darf. Nach Ablauf dieser Zeitvorgabe *(time out)* wird die Transaktion abgebrochen.

  Zeitschranken (time out)

- Durch *explizite Analyse auf Verklemmungen (Deadlocksuche, deadlock detection)*, entweder in regelmäßigen Abständen oder immer dann, wenn eine Blockierung einer Transaktion auftritt (Sperre wird nicht gewährt) oder diese eine vorgegebene Zeitdauer überschreitet.

  Deadlocksuche

Die erste Variante, also die *Vorgabe von Zeitschranken* und der Abbruch von Transaktionen bei Zeitüberschreitung „auf Verdacht", hat den Vorzug der einfachen Implementierbarkeit. Sie ist im praktischen Betrieb jedoch nicht unkritisch. Wird die Zeitschranke nämlich zu groß gewählt und es tritt tatsächlich eine Verklemmung ein, dann bleiben sowohl alle an der Verklemmung beteiligten als auch die hierdurch nur einfach blockierten Transaktionen für eine relativ lange Zeit blockiert. Wird hingegen die Zeitschranke zu klein gewählt, dann kann es bei *Systemüberlastung* geschehen, daß Transaktionen nur aufgrund der Überlast die Zeitvorgabe überziehen und deshalb abgebrochen werden. Das Zurücksetzen und erneute Starten dieser Transaktionen vergrößert hierbei die Systemlast noch mehr.

Zeitschranken kritisch bei Systemüberlastung

In *verteilten Systemen* kommt mit der *Kommunikationsverbindung* zwischen den Systemen ein *weiterer Unsicherheitsfaktor* in Bezug auf die Abschätzbarkeit von maximalen Transaktionsausführungszeiten hinzu. Bei Verfahren wie CSMA/CD und verwandten Ansätzen (siehe Kapitel 2 für Details) ist dieses Problem ganz besonders ausgeprägt.

---

[81] BOT = Begin of Transaction

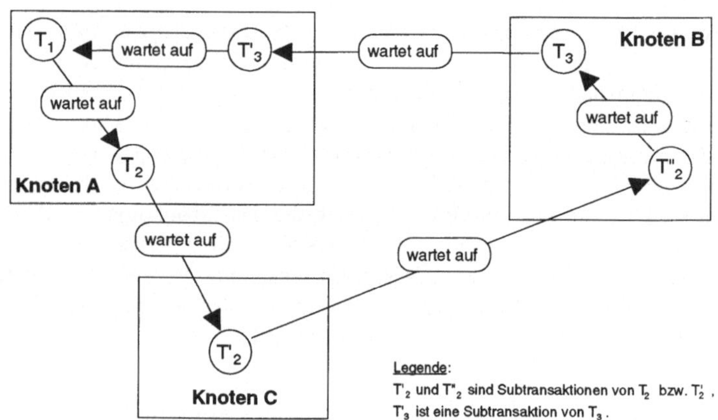

Abb. 8-7: Globale Verklemmung

Wartet-auf-Graph (WAG)

In zentralen Systemen wird die *Deadlocksuche* durch Aufbau und Analyse eines „*Wartet-auf-Graphen*" (*wait-for graph, WAG*) durchgeführt. Für den Aufbau des WAG wird die Sperrtabelle herangezogen. Sie gibt Auskunft darüber, welche Transaktionen z. Zt. welche Objekte gesperrt haben und welche Transaktionen ggf. auf deren Freigabe warten. Diese Transaktionen werden durch die Knoten im WAG repräsentiert, die „Wartet-auf"-Beziehungen (WA-Beziehungen) werden durch gerichtete Kanten (Pfeile) repräsentiert. Wartet eine Transaktion T_i auf Freigabe einer Sperre durch Transaktion T_j, so wird dem WAG eine gerichtete Kante (Pfeil) $T_i \rightarrow T_j$ hinzugefügt. Enthält der WAG Zyklen, so liegt eine Verklemmung vor. (Wie man diese Zyklen algorithmisch ermitteln kann, haben wir in Anhang D angegeben.)

Auf den ersten Blick könnte man vermuten, daß im verteilten Fall die Deadlockfreiheit des globalen Systems dadurch nachgewiesen werden kann, daß man die Deadlockfreiheit aller beteiligten lokalen Systeme zeigt. Wie man jedoch aus Abb. 8-7 ersehen kann, genügt dies nicht. In der dort dargestellten globalen Verklemmung liegt an keinem der beteiligten Knoten eine lokale Verklemmung vor, und dennoch befinden sich die Transaktionen T_1 bis T_3 in einer zyklischen „Wartet-auf"-Beziehung. Dies bedeutet, daß in eine Analyse auf globale Verklemmungen die Information über globale WA-Beziehungen mit einfließen muß.

In den nächsten beiden Abschnitten wollen wir betrachten, wie sich die *Deadlocksuche* gestaltet, wenn man sie *zentral* durchführt und wie man sie *verteilt* durchführen kann.

8.4.1 Zentralisierte Suche nach Verklemmungen

Bei der zentralisierten Suche führt ein ausgewählter Knoten die Analyse auf
Verklemmungen für das gesamte verteilte System durch. Hierzu muß er über
Informationen über alle

1. lokalen WA-Beziehungen

2. globalen WA-Beziehungen

verfügen. Für den Fall, daß im verteilten System eine *globale Sperrtabelle*
eingesetzt wird (siehe Abb. 8-3), gestaltet sich Punkt 1 sehr einfach, da diese
Informationen bereits an dem Knoten, der die Sperrtabelle verwaltet, vorliegen. Die Knoten müßten in diesem Falle nur noch nachreichen, ob sie auf ir-
gendwelche Subtransaktionen oder Primärtransaktionen warten (z. B. auf
Ready-to-Commit-Bestätigung oder globales Commit / Abort).

Wird *keine globale Sperrtabelle* eingesetzt, so muß ein Knoten (im folgenden
kurz: *Analyseknoten* genannt) für die Deadlocksuche bestimmt und die lokalen
und globalen WA-Informationen an diesen geschickt werden. Nach Aufbau
des WA-Graphen untersucht der Analyseknoten dann den (globalen) WA-
Graphen auf Zyklen (siehe Anhang D) und informiert die Knoten ggf. über
diejenigen globalen Transaktionen, welche als „Opfer" ausgewählt wurden,
um einen oder mehrere gefundene Zyklen aufzubrechen.

Um den Umfang der zum Analyseknoten zu übertragenden Daten zu reduzieren, kann man die lokal vorhanden WA-Beziehungen zwischen rein lokalen
Transaktionen und Teiltransaktionen globaler Transaktionen auf direkte und
indirekte (transitive) WA-Beziehungen zwischen Teiltransaktionen globaler
Transaktionen „verdichten". Eine Abhängigkeit etwa der Form $T_{1,global} \rightarrow$
$T_{2,lokal} \rightarrow T_{3,lokal} \rightarrow T_{4,global}$ wird hierdurch auf $T_{1,global} \rightarrow T_{4,global}$
reduziert. Durch diese Vereinfachung handelt man sich allerdings die Gefahr
von *Pseudo-Verklemmungen* ein. Es werden hierdurch möglicherweise Ver-   Pseudo-
klemmungen „erkannt", die in Wirklichkeit gar keine sind. Deshalb werden   Verklemmungen
u. U. mehr Transaktionen als „Opfer" ausgewählt und zurückgesetzt als tatsächlich notwendig wäre.

Es ist im Prinzip nicht notwendig, daß während der Deadlocksuche die
globale Transaktionsverarbeitung im verteilten System ruht. Allerdings kann
es dann geschehen, daß sich während der Deadlocksuche bereits wieder neue
Verklemmungen bilden, von denen der „Analyseknoten" jedoch (zunächst)
nichts mitbekommt. Man kann somit nicht sicher sein, zu einem gegebenen
Zeitpunkt tatsächlich alle vorhandenen Zyklen gefunden und aufgelöst zu
haben.

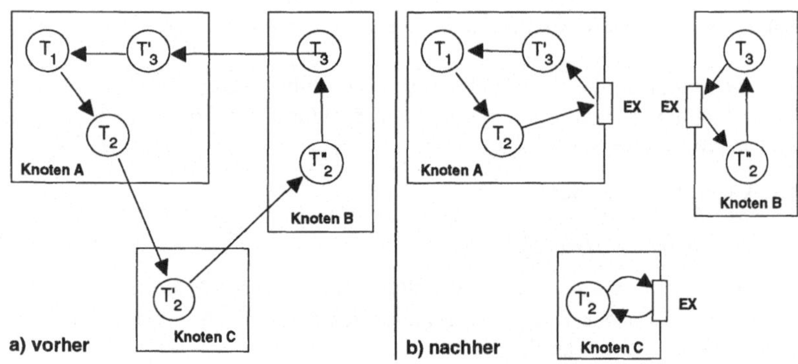

Abb. 8-8: Lokale WA-Graphen

8.4.2 Dezentrale Suche nach Verklemmungen

Bei dem nachfolgend beschriebenen Verfahren (in Anlehnung an /Ober82/)
nehmen im Prinzip alle Knoten aktiv am Suchprozeß teil. Jeder Knoten konstruiert aufgrund der eigenen sowie der von den anderen Knoten erhaltenen
WA-Informationen einen eigenen WAG und sucht darin nach Zyklen. Findet
er einen Zyklus, so wählt er selbständig ein geeignetes „Opfer" aus und teilt
den anderen Knoten den Abbruch dieser Transaktion mit.

Um lokale und globale WA-Beziehungen homogen darstellen zu können, enthält jeder lokale WAG einen (und zwar genau einen) *externen Ein-/Ausgang*,
der im folgenden mit *EX* bzw. als *EX-Knoten* bezeichnet wird. Wartet eine
lokale Teiltransaktion T_i an Knoten A auf eine Teiltransaktion an einem anderen Knoten, so enthält der WAG von Knoten A die gerichtete Kante $T_i \to EX$.
Wartet hingegen eine externe Teiltransaktion auf T_i, so enthält der WAG den
Eintrag $EX \to T_i$ (siehe Abb. 8-8). Zyklen der Form $EX \to \ldots \to EX$ deuten
auf eine mögliche globale Verklemmung hin.

EX-Knoten

Analog zu /Ober82/ wollen wir im folgenden annehmen, daß ein Zyklus der
Form $EX \to T_1 \to T_7 \to T_5 \to EX$ als *String* "EX, 1, 7, 5" codiert wird. Um
die Anzahl der zwischen den Knoten zu versendenen Strings möglichst klein
zu halten (insbesondere um Mehrfachversendungen derselben Information zu
vermeiden), werden wir im folgenden den String

- nur dann versenden, wenn die Zykluslänge incl. EX größer als 2 ist *und*
  außerdem die Transaktionsnummern der daran beteiligten Transaktionen
  gewisse Bedingungen erfüllen (siehe Regel 9 in Algorithmus 8-1),

- nur an den Knoten versenden, auf dessen Nachricht die letzte Transaktion
  im String wartet.

Nachstehend nun der komplette Algorithmus zur verteilten Erkennung von
Verklemmungen.

Algorithmus 8-1: „Distributed Deadlock Detection" (DDD)

1. Konstruiere den lokalen WAG (mit EX-Knoten, wie eben beschrieben). Gehe zu Schritt 5.

2. Falls Strings und Deadlock-Information von anderen Knoten eintreffen, so werden sie im lokalen WAG wie folgt berücksichtigt:

   a. Alle Knoten und Kanten von Deadlock-Opfern werden aus dem WAG entfernt (siehe hierzu Anmerkung 3).

   b. Alle Strings, die ein bereits bekanntes Deadlock-Opfer enthalten, werden ignoriert.

   c. Noch nicht bekannte Transaktionen werden eingefügt.

   d. Für die im String enthaltenen Nachfolger-Transaktionen werden im WAG ggf. Pfeile hinzugefügt.

3. Füge für jede Transaktion T im WAG, auf deren Nachricht eine nicht-lokale Transaktion wartet, dem WAG eine EX $\rightarrow$ T - Kante hinzu (sofern noch nicht vorhanden).

4. Füge für jede Transaktion T' im WAG, die auf eine Nachricht einer nicht-lokalen Transaktion wartet, dem WAG eine T' $\rightarrow$ EX - Kante hinzu (sofern noch nicht vorhanden).

5. Analysiere den WAG und erstelle eine Liste aller *elementaren Zyklen* (im folgenden kurz *Zyklenliste* genannt).

Die nachfolgenden Schritte beziehen sich nur noch auf die *Zyklenliste*:

6. Ermittle alle Zyklen in der Zyklenliste, die *nicht* den Knoten EX enthalten, und wähle daraus jeweils eine Transaktion T_V als Deadlock-Opfer aus.

7. Entferne T_V (falls vorhanden) aus dem WAG (siehe Anmerkung 3) sowie alle Kanten, die von T_V ausgehen oder in T_V einmünden. Ignoriere alle eintreffenden Strings (und die darauf basierenden Zyklen), die T_V enthalten.

8. Informiere (falls T_V eine globale Transaktion war) die anderen Knoten über das Zurücksetzen von T_V.

In der Zyklenliste sind jetzt nur noch Zyklen mit EX enthalten:

9. Ermittle die Zyklen EX $\rightarrow$ T_i $\rightarrow$ ... $\rightarrow$ T_j $\rightarrow$ EX in der Zyklenliste für die gilt: Zykluslänge > 2 und TransID(T_i) > TransID(T_j)

   a. Transformiere diese Zyklen in einen *String* (wie oben beschrieben),

   b. Sende den String zu dem Knoten, auf dessen Nachricht die *letzte* Transaktion im String wartet.

Gehe zu Schritt 2.

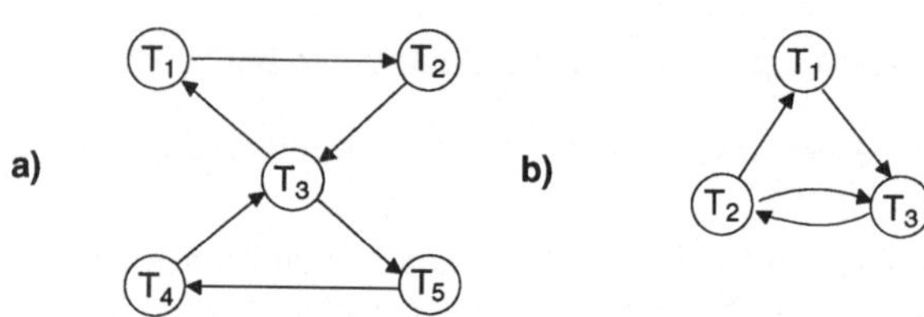

Abb. 8-9: Zusammengesetzte Zyklen

Anmerkungen zu Algorithmus 8-1:

elementare Zyklen

1. *Elementare Zyklen* (siehe Schritt 5) sind Zyklen, in denen bis auf den Anfangs- und den Endknoten kein Knoten zweimal (oder mehrmals) auftritt.

   Bezogen auf Abb. 8-9.a wäre z. B. $T_1 \rightarrow T_2 \rightarrow T_3 \rightarrow T_5 \rightarrow T_4 \rightarrow T_3 \rightarrow T_1$ *kein* elementarer Zyklus, da T_3 darin mehrfach vorkommt. Die elementaren Zyklen sind hier $T_1 \rightarrow T_2 \rightarrow T_3 \rightarrow T_1$ und $T_3 \rightarrow T_5 \rightarrow T_4 \rightarrow T_3$.

   Aus demselben Grund wäre $T_1 \rightarrow T_3 \rightarrow T_2 \rightarrow T_3 \rightarrow T_2 \rightarrow T_1$, bezogen auf Abb. 8-9.b, oder auch $T_3 \rightarrow T_2 \rightarrow T_3 \rightarrow T_2 \rightarrow T_1 \rightarrow T_3$ kein elementarer Zyklus. Elementare Zyklen sind hier $T_1 \rightarrow T_3 \rightarrow T_2$ und $T_3 \rightarrow T_2 \rightarrow T_3$.

2. Ein *„echter" Zyklus* ist erkannt (siehe Schritt 6), wenn im lokalen WAG ein Zyklus ohne EX-Knoten gefunden wird. In diesem Fall wird ein „Opfer" ausgewählt, um den Zyklus zu brechen.

3. Schritt 9 dient dazu, die Anzahl der zu versendenden Nachrichten zu reduzieren. Es werden nur die Nachrichten weitergeleitet, für die gilt, daß die erste TransaktionsID im String lexikographisch größer als die letzte im String ist. – Ein weiterer Aspekt ist, daß andernfalls dieselbe Information an mehrere Knoten geschickt würde, die dann ggf. unabhängig voneinander denselben Zyklus erkennen und u. U. durch Wahl verschiedener Opfer auflösen, was wiederum eine erhöhte Zahl von Transaktionsabbrüchen zur Folge hätte.

Beispiel 8-1:

Gegeben sei die in Abb. 8-10 dargestellte globale WA-Situation. Hierbei sei angenommen, daß T_7'' bereits den RtC-Zustand erreicht habe und nun auf die COMMIT- oder ABORT-Meldung von T_7' warte. Außerdem müsse T_2' ein Objekt exklusiv sperren und warte auf die Freigabe der von T_3 und T_7'' gehaltenen Lesesperren für dieses Objekt (analoges gilt für T_4' bzgl. T_2 und T_6 sowie für T_7' bzgl. T_3' und T_8).

Damit besteht zwischen den globalen Transaktionen die in Abb. 8-11 „verdichtet" dargestellte WA-Situation, in der die folgenden elementaren Zyklen sichtbar sind, die von dem DDD-Algorithmus erkannt werden müssen:

$$T_2 \rightarrow T_3 \rightarrow T_4 \rightarrow T_2 \qquad (Z1)$$

$$T_2 \rightarrow T_7 \rightarrow T_3 \rightarrow T_4 \rightarrow T_2 \qquad (Z2)$$

$$T_7 \rightarrow T_8 \rightarrow T_7 \qquad (Z3)$$

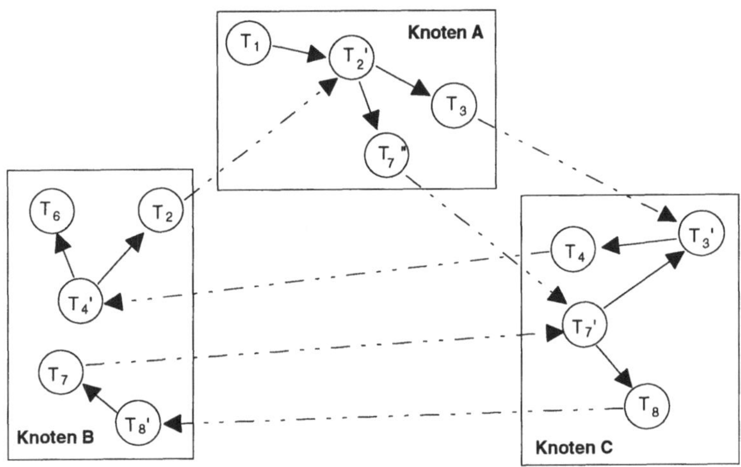

Abb. 8-10: „Echte" globale WA-Situation

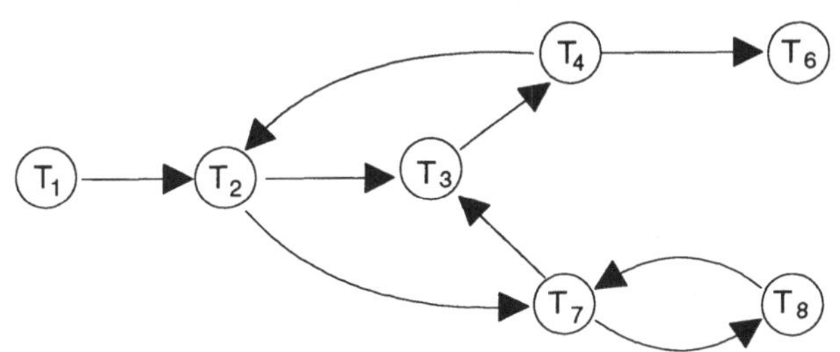

Abb. 8-11: Globale WA-Situation („verdichtete" Darstellung)

Die verteilte Deadlocksuche wird ausgelöst durch eine entsprechende Nachricht eines Knotens an die anderen Knoten. Der „Auslöserknoten" wird hierbei sinnvollerweise seinen WA-Graphen gemäß den Regeln des DDD-Algorithmus' bereits konstruiert haben (es kann ja auch ein rein lokaler Deadlock vorliegen) und kann deshalb seiner Initiierungsnachricht seine „Strings" bereits beipacken. Die weitere Suche und Kommunikation erfolgt völlig asynchron. D. h. sobald ein Knoten aufgrund empfangener Strings einen EX...EX-

Zyklus erkennt, informiert er den Knoten, auf den die letzte Transaktion der Liste wartet. Er wartet also nicht ab, bis er Strings bzw. eine Fehlanzeige von allen Knoten erhalten hat.

Um den Ablauf des Verfahrens besser illustrieren zu können, wollen wir im folgenden dennoch so tun, als ob es so etwas wie eine synchronisierte Vorgehensweise gäbe, d. h. die Knoten empfangen i. w. zeitgleich ihre „Input-Strings" und versenden anschließend dann auch zeitgleich ihre „Output-Strings". – Wir werden deshalb auch von einer „1. Iteration", „2. Iteration" usw. sprechen. Abb. 8-12 ff. zeigt (in diesem Sinne) schrittweise den Ablauf der verteilten Deadlocksuche. Wir tun zur Vereinfachung dabei so, also ob alle Knoten gleichzeitig von irgendwo her die Aufforderung zur Deadlocksuche erhalten.

	Knoten A	Knoten B	Knoten C
1.	**Input:** „Deadlocksuche!"	**Input:** „Deadlocksuche!"	**Input:** „Deadlocksuche!"
	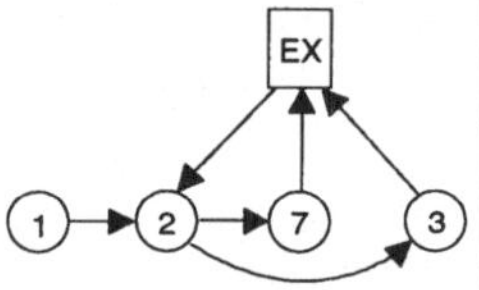	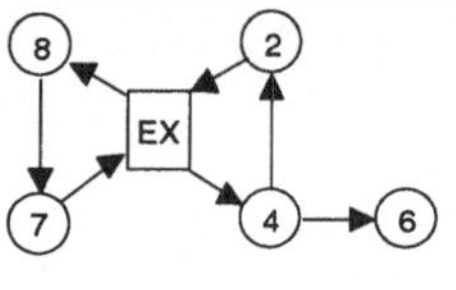	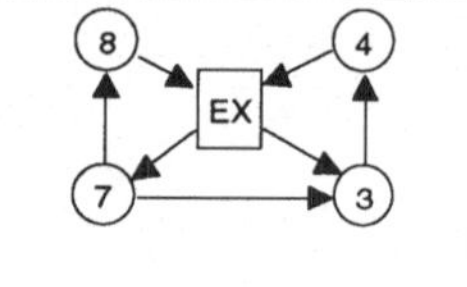
	Analyse: EX,2,3,EX EX,2,7,EX	**Analyse:** EX,4,2,EX EX,8,7,EX	**Analyse:** EX,3,4,EX EX,7,8,EX EX,7,3,4,EX
	Output: -- [82]	**Output:** EX,4,2 $\Rightarrow$ A EX,8,7 $\Rightarrow$ C	**Output:** EX,7,3,4 $\Rightarrow$ B

Abb. 8-12: Deadlockerkennung 1. Iteration

Anmerkung zur 1. Iteration:

In der 1. Iteration werden die lokalen WAGen aufgebaut. Alle drei Knoten finden Zyklen in ihrem WAGen, jedoch enthalten alle diese Zyklen jeweils den Knoten EX, können also noch nicht aufgelöst werden. Knoten B und C senden die entsprechenden Strings an den Knoten der letzten Transaktion im String.

---

[82] Wird nicht verschickt, da $\text{TransID}_{first} < \text{TransID}_{last}$ (siehe Regel 9 des DDD-Algorithmus').

	Knoten A	**Knoten B**	**Knoten C**
2.	**Input:** B: EX,4,2	**Input:** C: EX,7,3,4	**Input:** B: EX,8,7
	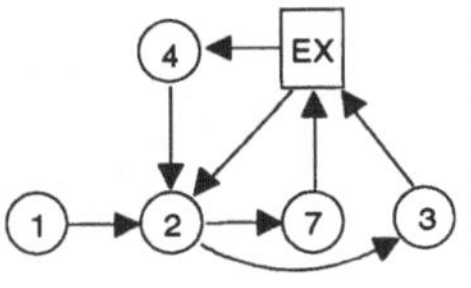 *(WAG-Graph)*	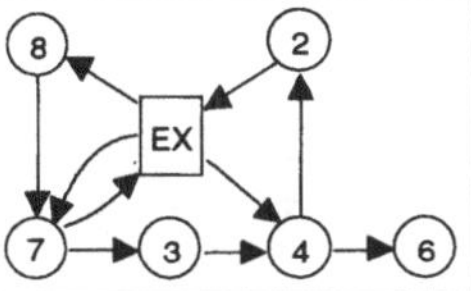 *(WAG-Graph)*	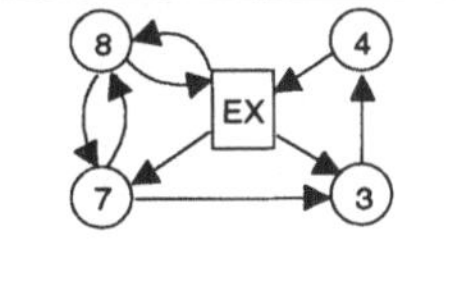 *(WAG-Graph)*
	Analyse: EX,2,3,EX EX,2,7,EX EX,4,2,3,EX EX,4,2,7,EX	**Analyse:** EX,4,2,EX EX,7,EX EX,7,3,4,2,EX EX,8,7,EX EX,8,7,3,4,2,EX	**Analyse:** EX,3,4,EX (EX,7,8,EX)[83] EX,7,3,4,EX (EX,8,EX) (EX,8,7,3,4,EX) (7,8,7) $\Leftarrow$ *Zyklus!* Opfer = 8
			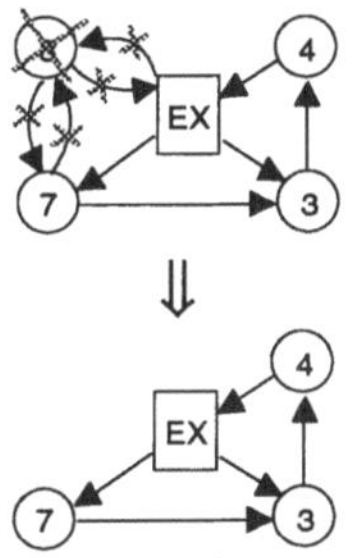 *(WAG-Graph)* $\Downarrow$ *(WAG-Graph)*
	Output: EX,4,2,3 $\Rightarrow$ C	**Output:** EX,4,2 $\Rightarrow$ A $\checkmark$[84] EX,7,3,4,2 $\Rightarrow$ A EX,8,7,3,4,2 $\Rightarrow$ A EX,8,7 $\Rightarrow$ C $\checkmark$	**Output:** EX,7,3,4 $\Rightarrow$ B $\checkmark$ Opfer = 8 $\Rightarrow$ A, B

Abb. 8-13: Deadlockerkennung 2. Iteration

Anmerkung zur 2. Iteration:

In der 2. Iteration werden die lokalen WAGen aufgrund der empfangenen
Strings ergänzt. Es kommen hierdurch in den WAGen neue Knoten und Kanten hinzu. Knoten C entdeckt eine „echte Verklemmung" und löst diese durch
Wahl von Transaktion 8 als Opfer auf. Knoten C informiert die anderen Knoten über das Zurücksetzen von Transaktion 8.

---

[83] ( ) steht für: „Zyklus durch Wahl eines Opfers für Transaktionsabbruch aufgelöst."
[84] $\checkmark$ steht für: „Braucht nicht mehr verschickt zu werden, da bereits schon einmal verschickt."

	Knoten A	Knoten B	Knoten C
3.	**Input:** B: EX,7,3,4,2 ~~B: EX,8,7,3,4,2~~ [85] C: Opfer = 8	**Input:** C: Opfer = 8	**Input:** A: EX,4,2,3
	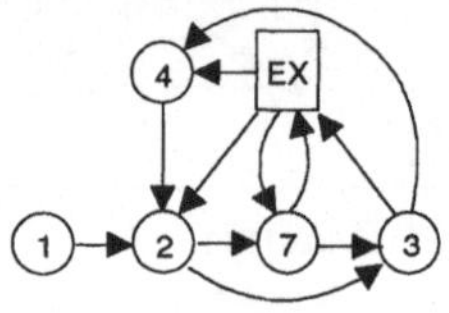	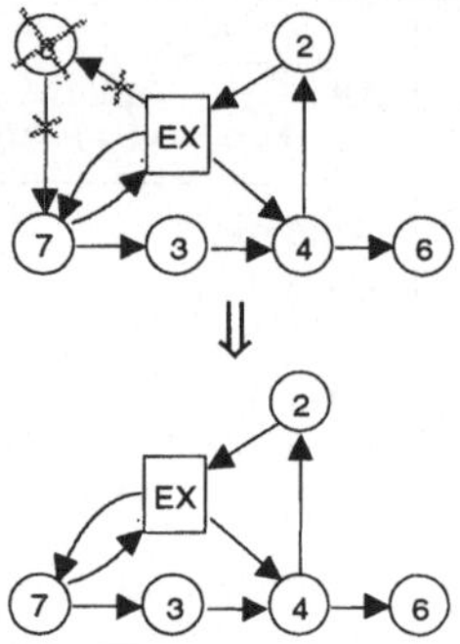	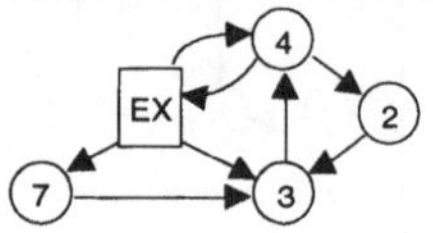
	Analyse: (EX,2,3,EX) EX,2,7,EX (EX,2,7,3,EX) (EX,4,2,3,EX) EX,4,2,7,EX (EX,4,2,7,3,EX) (EX,7,3,EX) EX,7,EX (2,3,4,2) ⇐ *Zyklus!* (2,7,3,4,2) ⇐ *Zyklus!* Opfer = 3	**Analyse:** EX,4,2,EX EX,7,EX EX,7,3,4,2,EX	**Analyse:** (EX,3,4,EX) EX,4,EX (EX,7,3,4,EX) (2,3,4,2) ⇐ *Zyklus!* Opfer = 3
	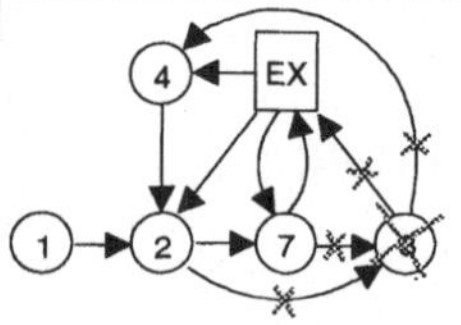		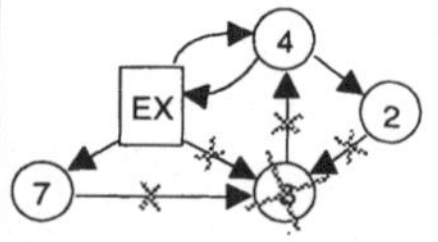
	Output: Opfer = 3 ⇒ B, C	**Output:** EX,7,3,4,2 ⇒ A ✓ EX,4,2 ⇒ A ✓	**Output:** Opfer = 3 ⇒ A, B

Abb. 8-14: Deadlockerkennung 3. Iteration

---

[85] ~~EX,...~~ steht für „Input-String wird ignoriert, da Deadlock-Opfer darin enthalten."

Anmerkung zur 3. Iteration:

In der 3. Iteration wird in den WAGen von Knoten A und B das Zurücksetzen von Transaktion 8 berücksichtigt Knoten A und C entdecken jeweils eine „echte" Verklemmung und lösen diese durch Wahl der Transaktion 3 als „Opfer" auf. Natürlich hätten die beiden Knoten auch verschiedene Transaktionen als Opfer auswählen können (siehe hierzu Abschnitt 8.4.3).

	Knoten A	**Knoten B**	**Knoten C**
4.	**Input:** C: Opfer = 3	**Input:** A: Opfer = 3 C: Opfer = 3	**Input:** A: Opfer = 3
	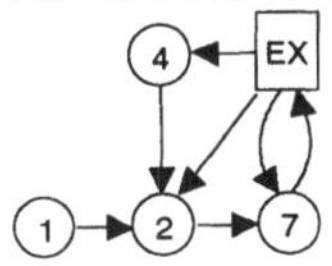	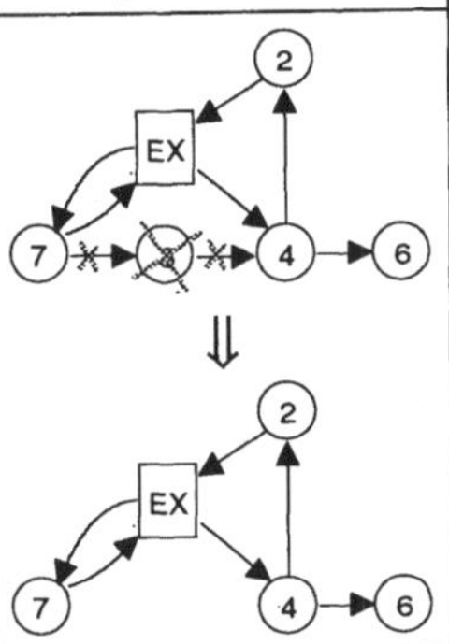	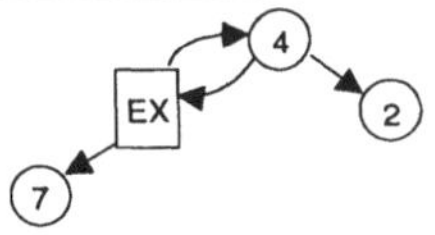
	Analyse: EX,2,7,EX EX,4,2,7,EX EX,7,EX	**Analyse:** EX,4,2,EX EX,7,EX	**Analyse:** EX,4,EX
	Output: --	**Output: --**	**Output: --**

Abb. 8-15: Deadlockerkennung 4. Iteration

Anmerkung zur 4. Iteration:

In der 4. Iteration findet keiner der Knoten mehr einen zu versendenden String und die Deadlocksuche ist damit beendet.

In /Ober82/ wird gezeigt, daß der oben beschriebene Algorithmus einen Zyklus, in dem N Knoten involviert sind, in maximal $\dfrac{N*(N-1)}{2}$ Schritten findet.

8.4.3 Abschließende Bemerkungen zur verteilten Deadlocksuche

Evtl. mehr
Transaktions-
abbrüche als
erforderlich

Bestimmen die an der Deadlocksuche beteiligten Knoten das Opfer zur Auflösung eines erkannten Zyklus' jeweils unabhängig voneinander, so kann es
vorkommen, daß mehr Transaktionen abgebrochen werden, als an sich notwendig. Ein Beispiel hierfür findet sich in Abb. 8-14. Hier hatten wir angenommen, daß sowohl Knoten A als auch Knoten C jeweils Transaktion 3 als
Opfer auswählen. Hätte anstelle dessen z. B. Knoten C Transaktion 2 als Opfer bestimmt, so wäre eine Transaktion mehr als notwendig zurückgesetzt
worden.

Wird die Transaktionsausführung während der Deadlockerkennung fortgesetzt, so kann es aufgrund der dezentralen Analyse und dezentralen Opfer-
auswahl vorkommen, daß Transaktionen als „Deadlockopfer" ausgewählt und
zurückgesetzt werden, obwohl diese aktuell in keine Verklemmung (mehr)
involviert sind. Dies ist z. B. dann der Fall, wenn derselbe Zyklus in etwa
zeitgleich an zwei verschiedenen Knoten erkannt wird, jedoch jeweils verschiedene Transaktionen als Opfer ausgewählt werden.

Da die „Wartet-auf"-Beziehungen stets „Momentaufnahmen" sind, die an andere Knoten weitergemeldet werden, kann es in Verbindung mit *Kurzzeitsperren* (z. B. beim Seitenzugriff, bei Zugriffen auf Systemdienste, den Katalog etc.), die nicht dem Zwei-Phasen-Sperrprotokoll unterliegen, durchaus
vorkommen, daß temporär zu einem Zeitpunkt t_1 an einem Knoten A eine
WA-Beziehung $T_1 \rightarrow \dots \rightarrow T_2$ und an einem anderen Knoten B zu einem
Zeitpunkt t_2 temporär $T_2 \rightarrow \dots \rightarrow T_1$ gilt. Beim Zusammenführen dieser Information an einem Knoten C zu einem Zeitpunkt t_3, mit $t_3 > \max(t_1, t_2)$, an
dem diese WA-Beziehungen an den Knoten A und B aber gar nicht mehr be-

falscher Deadlock

stehen, würde an Knoten C fälschlicherweise auf einen Deadlock (*false
deadlock, phantom deadlock*) geschlossen und eine dieser Transaktionen abgebrochen und zurückgesetzt werden. Will man diese Situation vermeiden, so
ist zusätzliche Kommunikation zwischen den Knoten erforderlich, die Zeitaufwand und Kosten verursacht.

Übungsaufgabe 8-1: Deadlocksuche

Gegeben seien die folgenden Transaktionen mit den dargestellten WA-Beziehungen. Führen Sie eine Deadlocksuche mit dem DDD-Algorithmus durch.

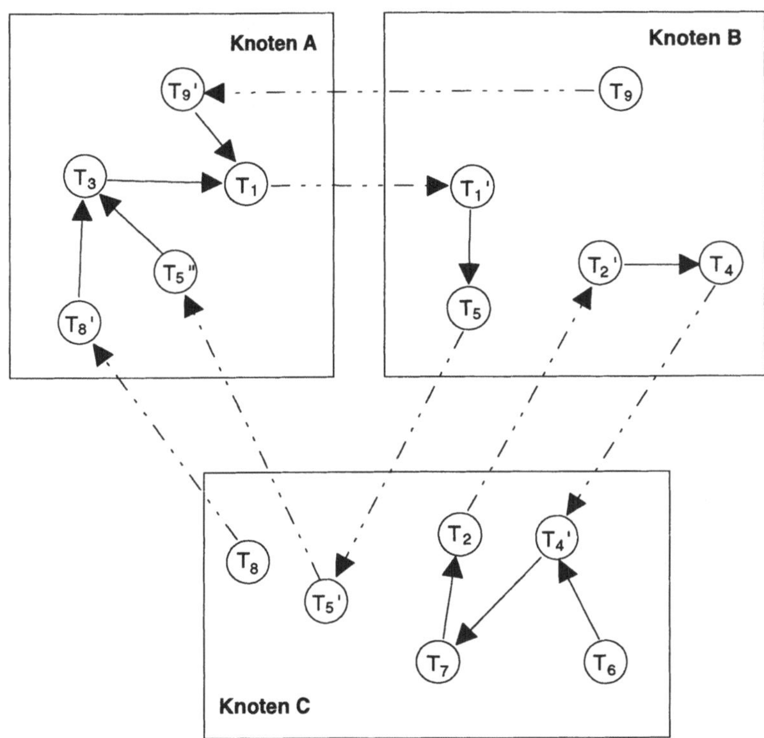

Abb. 8-16: Globale WA-Situation

9. Replikationsverfahren

9.1 Motivation

Ein verteiltes System ist, bedingt durch die größere Anzahl von Komponenten, bei gleicher Güte der Komponenten, inhärent anfälliger gegen Ausfälle als ein zentrales System. Werden stets alle Komponenten des verteilten Systems benötigt, dann addieren sich im wesentlichen die Ausfallwahrscheinlichkeiten. Bei einer entsprechend großen Anzahl von Komponenten ist das Gesamtsystem dann praktisch so gut wie nicht mehr einsatzfähig.

Diese Gesetzmäßigkeit gilt natürlich auch für verteilte Informationssysteme. Der Ausweg heißt hier (und auch allgemein bei verteilten Systemen) gezielte Verwendung von redundanten Komponenten, um im Fehlerfall, möglichst transparent für die Anwendungen, die Verarbeitung mit der „Ersatzkomponente" durchführen zu können. Bei verteilten Informationssystemen ist in der Regel eine *hohe Verfügbarkeit der Daten das* zentrale Anliegen. Deshalb heißt hier die Lösung *redundante Speicherung von Daten*; nicht notwendigerweise aller Daten, aber doch zumindest der bzgl. Verfügbarkeit sehr kritischen Daten. Wie wir im folgenden noch sehen werden, reicht allerdings eine *simple Mehrfachspeicherung* der kritischen Daten, insbesondere in Verbindung mit einer *simplen Updatestrategie* nicht aus, um die Verfügbarkeit eines verteilten Informationssystems zu erhöhen. Im Gegenteil, man kann hierdurch sogar leicht den gegenteiligen Effekt erzielen. Der Wahl eines geeigneten, für die Anwendungen passenden *Replikationsverfahrens* kommt in diesem Zusammenhang daher eine große Bedeutung zu.

Eine andere potentielle Schwachstelle verteilter (Informations-)Systeme ist der zu treibende *Kommunikationsaufwand*, der additiv zu den lokal entstehenden Zugriffs- und Verarbeitungskosten hinzukommt. Bei besonders zeitkritischen Anwendungen wird man daher bestrebt sein, den Kommunikationsaufwand dadurch zu reduzieren oder sogar ganz zu vermeiden, daß man die Daten (Partitionen) so allokiert, daß möglichst häufig ein *lokaler Zugriff* möglich ist und dadurch die Antwortzeit verkürzt wird (siehe Kapitel 3, insbesondere Abschnitt 3.8). Wird der Zugriff von mehreren Knoten auf dieselben Daten benötigt und ist dieser Zugriff (zumindest von einigen dieser Knoten) überwiegend lesend, so wird man eine *redundante Speicherung* (Allokation) dieser Daten in Erwägung ziehen. Damit stellt sich dann aber ebenfalls das *Problem der Aktualisierung bzw. Konsistenthaltung* dieser redundant gespeicherten Daten. Auch hier ist die Wahl des richtigen *Replikationsverfahrens* sehr ent-

Ziel: Hohe Verfügbarkeit der Daten

Problem: Evtl. Verschlechterung der Verfügbarkeit

Ziel: Verkürzung der Antwortzeiten durch lokalen Zugriff

Problem: Konsistenthaltung

scheidend dafür, ob der beabsichtigte Performanzgewinn auch tatsächlich realisiert werden kann.

Im nächsten Abschnitt wollen wir zunächst einmal die grundsätzlichen Problemstellungen und Vorgehensweisen näher betrachten, bevor wir dann im darauffolgenden Abschnitt auf einige Verfahren konkreter eingehen.

9.2 Grundsätzliche Problemstellungen und Vorgehensweisen

Kopie

In den folgenden Unterabschnitten wollen wir die verschiedenen Problemstellungen und Lösungsansätze zunächst allgemein betrachten. In Abschnitt 9.3 werden wir dann ausgewählte, für eine bestimmte Richtung wegweisende bzw. charakteristische Verfahren kennenlernen. Mit einer Ausnahme, auf die wir dann explizit hinweisen werden, wird im folgenden der Begriff *Kopie* als Synonym für *redundante Allokation* eines Datenelementes (Tupel, Relation / Partition, ...) verwendet. Es gibt also kein speziell ausgewiesenes „Original", sondern die „Kopien" sind gewissermaßen alle (replizierte) Originale.

9.2.1 Read-One-Write-All-Verfahren (ROWA-Verfahren)

Im Idealfall sollte sich für die Anwendungen bzw. Benutzer eine eventuelle Replikation der Daten nur durch eine Verbesserung der Antwortzeit (lokaler Zugriff) bemerkbar machen. Im Fehlerfall sollte das System im Prinzip eine beliebige andere *Kopie* der benötigten Daten zur Weiterarbeit nutzen können. Dies impliziert natürlich, daß alle Kopien stets auf dem gleichen Stand sind.

Positiv: Alle
Kopien auf
demselben Stand

Wie man sich leicht überlegt, läßt sich das am einfachsten dadurch erreichen, daß bei Änderungen stets *alle Kopien* der betroffenen Daten innerhalb derselben Update-Transaktion geändert werden. Dies ist auch implementierungstechnisch einfach: man braucht nur die Update-Anweisung entsprechend der Anzahl der Kopien zu vervielfachen. Bei dieser Vorgehensweise sind stets *alle Kopien auf demselben Stand.* Da beim Update alle Kopien gleichzeitig gesperrt sind, kann auch keine Lesetransaktion „versehentlich" einen veralteten oder gar inkonsistenten Zustand lesen. Eine Lesetransaktion (und in diesem Fall natürlich auch eine Updatetransaktion) kann sich also im Prinzip eine beliebige Kopie auswählen (man bezeichnet dieses Verfahren daher auch als *Read-One-Write-All-Verfahren (ROWA-Verfahren)).* Die Dauer einer Updateanweisung, insbesondere die Durchführung des 2PC-Protokolls (siehe Abschnitt 7.6), wird hierbei durch die „langsamste" Kopie bestimmt.

geringe
Verfügbarkeit des
Gesamtsystems

Für Lesetransaktionen ist damit der ROWA-Ansatz ideal. Leider gilt dies *nicht für Updatetransaktionen.* Ist nur eine der Kopien nicht erreichbar, sind keine Updates auf dem betroffenen Datenbestand mehr möglich. (Nicht alle Subtransaktionen erreichen ihren RtC-Zustand[86], der globale Update schlägt

---

[86] siehe Abschnitt 7.6

damit fehl.) Die Verfügbarkeit des Systems für Updatetransaktionen sinkt also mit jeder (zusätzlichen) Kopie. Damit ist das *ROWA-Verfahren in der reinen Form* für den praktischen Einsatz in der Regel *nicht geeignet*.

ROWA-Verfahren in der reinen Form ungeeignet

In den letzten Jahren wurde eine sehr große Anzahl von Replikationsverfahren entwickelt (siehe /BeDa95/ für einen Überblick) und jedes Jahr kommen neue Vorschläge hinzu. Wir wollen im folgenden schrittweise eine gewisse Kategorisierung für die verschiedenen Ansätze entwickeln, um die Einordnung der verschiedenen Verfahren zu erleichtern .

Bei der Diskussion von Replikationsverfahren kann man im wesentlichen vier Punkte unterscheiden:

1. Kopien-Update-Strategie:
   Vorgehensweise im Normalfall, d. h. Anzahl und Auswahl der Kopien, die zur Durchführung eines Updates benötigt werden.

2. Fehlerbehandlung:
   Vorgehensweise im Fehlerfall, insbesondere bei Netzpartitionierungen.

3. Synchronisation konkurrierender Zugriffe:
   Eingesetztes Synchronisationsverfahren und Gewährleistung der globalen Serialisierbarkeit von Transaktionen.

4. Behandlung von Lesetransaktionen.

Auf diese Punkte wollen wir in den folgenden Abschnitten nun nacheinander eingehen.

9.2.2 Kopien-Update-Strategien

Bis auf das in Abschnitt 9.2.1 besprochene ROWA-Verfahren gehen alle anderen Verfahren davon aus, daß für die Durchführung eines Updates eines Datenelementes nur eine Teilmenge der hierzu existierenden Kopien benötigt werden. Die Verfahren unterscheiden sich darin, wieviele Kopien benötigt werden und wie diese bestimmt werden. Abb. 9-1 zeigt die verschiedenen Verfahren im Überblick und gibt eine Einordnung derjenigen Verfahren, die wir in Abschnitt 9.3 näher behandeln werden.

Update nur auf Teilmenge der Kopien

9.2.2.1 Verfahren mit vorbestimmter Kopie

Bei den Verfahren dieser Kategorie, deren bekanntester (und ältester) Vertreter das *Primary-Copy-Verfahren* /Ston79/ ist, wird eine bestimmte Kopie als *Primärkopie* oder *Masterkopie* festgelegt. Sie ist die *Originalversion*, alle anderen sind von dieser abgeleitete Kopien. Ein Update erfolgt bei diesem Verfahren zweistufig: Die Updatetransaktionen sperren und ändern im wesentlichen nur die Primärkopie. Die Aktualisierung der anderen Kopien übernimmt dann die Primärkopie in eigener Regie, nach Commit der jeweiligen

Primärkopie

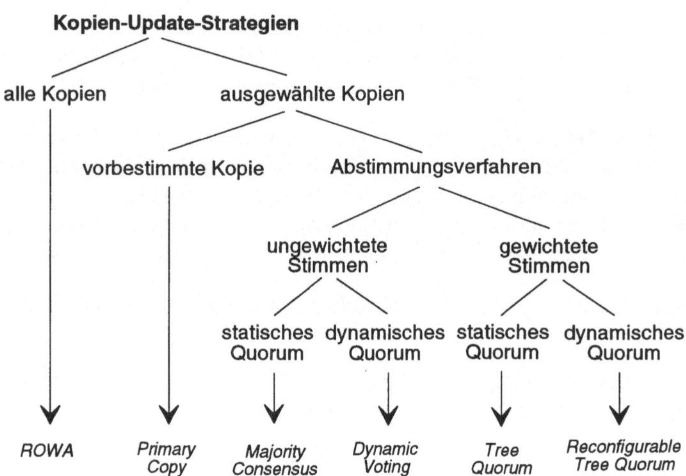

Abb. 9-1: Kopien-Update-Strategien im Überblick

Updatetransaktion. Für Updatetransaktionen gestaltet sich die Durchführung von Updates damit relativ einfach.

Etwas problematischer gestaltet sich das konsistente und aktuelle lokale Lesen sowie die Fehlerbehandlung bei Ausfall der Primärkopie. Wir werden hierauf in Abschnitt 9.3.1 noch näher eingehen.

9.2.2.2 Abstimmungsverfahren

Bei den Verfahren dieser Kategorie wird ein Update auf einer Kopie dann durchgeführt, wenn die entsprechende Transaktion in der Lage ist, eine Mehrheit von Kopien hierfür zu gewinnen (also z. B. geeignet zu sperren). Die Verfahren unterscheiden sich zum einen darin, ob alle Kopien bzgl. dieser Abstimmung gleich behandelt werden (*ungewichtete Stimmen*) oder ob den Kopien in gewisser Weise unterschiedliche Stimmgewichte zugeordnet werden (*gewichtete Stimmen*), und zum anderen darin, ob die jeweilige Anzahl von Stimmen zum Erreichen einer Mehrheit fest vorgegeben ist (*statisches Quorum*) oder ob dies erst zur Laufzeit bestimmt wird (*dynamisches Quorum*).

gewichtete vs. ungewichtete Stimmen

statisches vs. dynamisches Quorum

Statisches vs. dynamisches Quorum

Bei den *quorumbasierten Ansätzen* wird über einen Lesezugriff bzw. über einen Update in gewisser Weise durch die beteiligten Kopien „abgestimmt". Erreicht ein entsprechender „Antrag" eine genügend große Anzahl von Stimmen, so ist er angenommen und der Zugriff wird durchgeführt, ansonsten wird er abgelehnt. Eine „genügend große" Anzahl von Stimmen kann im einfachsten Fall bedeuten, daß jeweils mehr als die Hälfte der betroffenen Kopien zustimmen muß (also $n \div 2 + 1$ bei n Kopien[87]). Es sind jedoch auch eine andere Quorumseinteilung denkbar. Um etwa Lesetransaktionen gegenüber Updatetransaktionen zu bevorzugen, könnte man festlegen, daß eine Lesetransaktion lediglich 1/3 der Stimmen benötigt, während eine Updatetransaktion mehr als 2/3 der Stimmen auf sich vereinigen muß. Um Serialisierbarkeit zu gewährleisten, muß das Quorum für Lesetransaktionen und Updatetransaktionen so gewählt werden, daß weder eine Lese- und eine Updatetransaktion noch zwei Updatetransaktionen gleichzeitig die Zustimmung erhalten können.

Etwas formaler ausgedrückt:

Sei Q das Gesamtquorum (also die Gesamtanzahl der erreichbaren Stimmen), sei Q_L das für einen Lesezugriff benötigte Quorum und sei Q_U das für einen Update benötigte Quorum, dann müssen Q_L und Q_U so gewählt werden, daß stets gilt:

1. $Q_L + Q_U > Q$ (Behandlung Lese-Schreib-Konflikte)

2. $Q_{U_1} + Q_{U_2} > Q$ (Behandlung Schreib-Schreib-Konflikte)

Beim *statischen Quorum* wird die Anzahl der benötigten Stimmen von der Anzahl der beim Systemstart vorhandenen Kopien dieses Datenelementes abgeleitet. Sind also z. B. 10 Kopien bei Systemstart vorhanden und werden $n \div 2 + 1$ Zustimmungen (also mind. 6 Stimmen) für einen Zugriff benötigt, so kann bei Ausfall von 5 Knoten keine Mehrheit für einen Zugriff mehr erreicht werden.

Beim *dynamischen Quorum* versucht man dieses Problem dadurch zu vermeiden, daß man das Lese-/Schreibquorum dynamisch an die *Anzahl der aktuell verfügbaren Knoten* anpaßt. Dies gewährleistet in der Regel bei Knotenausfällen eine höhere Verfügbarkeit des Gesamtsystems, verursacht allerdings auch im Normalbetrieb einen erhöhten Buchführungs- und Koordinationsaufwand. Wir werden hierauf in den Abschnitten 9.3.3 und 9.3.5 noch eingehen.

Ungewichtete vs. gewichtete Stimmen

Bei der ersten Kategorie (*ungewichtete Stimmen*) werden alle Kopien gleich behandelt. D. h. sie werden bei Bedarf im Prinzip in beliebiger Reihenfolge angefragt und um Stimmabgabe gebeten. Bei einem Updatequorum Q_U werden somit mindestens Q_U Kopien angefragt. Um die Anzahl der Nachrichten zur Erlangung des benötigten Quorums zu reduzieren, wurden eine Reihe von Verfahren vorgeschlagen. Diese versuchen, durch eine strukturierte Vorgehensweise bei der Abstimmung bzw. durch die Einführung *verschiedener Stimmengewichte*, die Anzahl der im Mittel anzufragenden Kopien möglichst

---

[87] Das Zeichen $\div$ steht für *ganzzahlige Division*. Es gilt also z. B. $7 \div 2 = 3$.

klein zu halten, also weniger als n ÷2 + 1 Kopien im Updatefall anfragen zu müssen.

Ein sehr einfaches Beispiel eines solchen gewichteten Quorums wäre z. B. bei 7 Kopien einer „Hauptkopie" 5 Stimmen und den restlichen 6 Kopien je eine Stimme zuzuordnen. Das Gesamtquorum beträgt damit 11 Stimmen. Die benötigte Mehrheit von 6 Stimmen kann damit entweder mit der Hauptkopie plus einer weiteren Stimme oder mit allen 6 Einzelstimmen erreicht werden. In Abschnitt 9.3.4 werden wir ein Verfahren kennenlernen, das Hierarchie von Stimmgewichten einsetzt und damit zu einer baumartigen Abstimmungsstruktur kommt.

9.2.3 Strategien für den Fehlerfall

Das ROWA-Verfahren ausgenommen, haben alle anderen Verfahren Maßnahmen zur „Fehlertoleranz" integriert. Bei der Diskussion der vorgesehenen Konzepte bietet es sich an, zwischen dem Verhalten bei *Ausfall einzelner Kopien* und dem Verhalten bei *Netzpartitionierung* (das Rechnernetz zerfällt durch Kommunikationsunterbrechungen temporär in isolierte Teilnetze) zu unterscheiden.

9.2.3.1 Ausfall einzelner Knoten

Vorbestimmte Kopie

Wird beim Update mit einer vorbestimmten Kopie wie beim Primary-Copy-Verfahren gearbeitet, so ist diese Hauptkopie dafür zuständig, ausgefallene Kopien beim Wiederanlauf mit der aktuellen Version zu versorgen. Fällt die Primärkopie selbst aus, so ist es im Prinzip möglich, eine der anderen Kopien zur Primärkopie zu „küren", wobei unter Umständen allerdings ein gewisser Aktualitätsverlust, je nach Update-Propagations-Strategie der Primärkopie, in Kauf genommen werden muß. Bei der *Erzeugung einer neuen Primärkopie* muß sichergestellt sein, daß die Primärkopie tatsächlich ausgefallen ist und nicht etwa nur durch eine Netzpartitionierung für einige Knoten unerreichbar geworden ist.[88, 89]

Abstimmungsverfahren

Bei den Abstimmungsverfahren führt – je nach Verfahren – ohnehin nur ein Teil der Knoten den Update synchron durch, die anderen Knoten werden ggf. asynchron aktualisiert. Der Ausfall einzelner Knoten ist deshalb hinsichtlich

----

[88] Dies ist ein Beispiel dafür, warum ein verteiltes DBMS in gewissem Umfang Einblick in und Kontrolle über das zugrundeliegende Kommunikationssystem haben sollte. Wir hatten dies bereits in Abschnitt 2.7 erwähnt.
[89] Wir werden auf diesen Punkt bei der Behandlung des Primary-Copy-Verfahrens in Abschnitt 9.3.1 nochmals zu sprechen kommen.

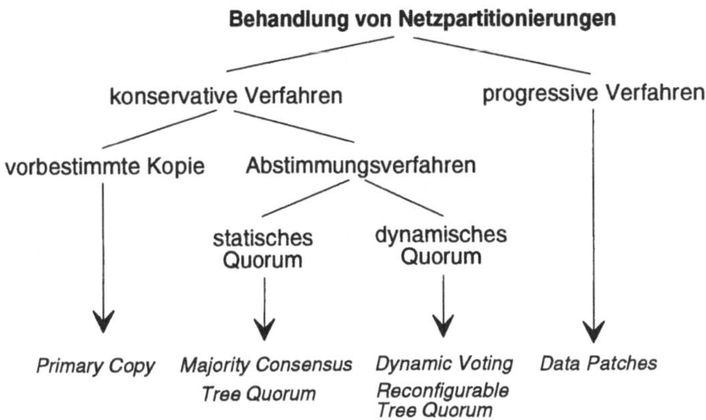

Abb. 9-2: Verhalten bei Netzpartitionierung

der Behandlung der verbliebenen Knoten relativ ähnlich zum Normalfall (verzögerte Aktualisierung), nur daß in diesem Fall die Updateinformation länger aufbewahrt werden muß.

9.2.3.2 Netzpartitionierung

Hinsichtlich des Verhaltens bei Netzpartitionierung kann man die in Abb. 9-2 dargestellten Fälle unterscheiden. Die Einordnung der Verfahren, die wir in Abschnitt 9.3 besprechen werden, ist dort ebenfalls wieder angegeben. Bezüglich des Verhaltens bei Netzpartitionierung kann man zwei Gruppen von Verfahren unterscheiden: *konservative* und *progressive* Verfahren.

Konservative Verfahren

In der Gruppe der konservativen Verfahren, der die meisten Verfahren zuzurechnen sind, hat die Erhaltung der *Konsistenz* der Datenbank die *höchste Priorität*. Hierfür nimmt man ggf. auch Performanzeinbußen oder auch die temporäre Nichtverfügbarkeit des Systems in Kauf. Typisch für diese Gruppe von Verfahren ist, daß im Falle einer Netzpartitionierung, bei der Kopien desselben Datenelements in getrennten Teilnetzen liegen, nur in einem Teilnetz – im folgenden *Hauptpartition* genannt – Updates auf diesem Datenelement durchgeführt werden dürfen. Die Unterschiede zwischen den einzelnen Verfahren bestehen vor allem darin, wie die Hauptpartition bestimmt wird und bis zu welchem Grad an Netzpartitionierung die Hauptpartition noch bestimmbar bzw. arbeitsfähig ist.

höchste Priorität: Konsistenz der Datenbank

Wird bzgl. Update-Koordination mit einer *vorbestimmten Kopie* gearbeitet, wie etwa beim Primary-Copy-Verfahren, so bestimmt die *Zugehörigkeit der Primärkopie* im Falle einer Netzpartitionierung die Hauptpartition. Das Teilnetz, das die Primärkopie enthält, ist uneingeschränkt arbeitsfähig, während

Primärkopie bestimmt Hauptpartition

die anderen Teilnetze allenfalls noch lesenden Zugriff auf die vorhandenen Kopien gestatten.

Bestimmung der
Hauptpartition
durch
Abstimmung

Bei den *Abstimmungsverfahren* wird die Hauptpartition über die Mehrheit der Kopien definiert. Das Teilnetz, das über die Mehrheit der Kopien eines Datenelements verfügt, wird bezüglich dieses Datenelements zur Hauptpartition. Verfahren mit statischer und dynamischer Quorumsbildung unterscheiden sich im wesentlichen in der Behandlung mehrfacher Netzpartitionierungen. Während bei den statischen Verfahren an dem einmal vorgegebenen Quorum festgehalten wird, wird dies bei den dynamischen Verfahren bei Netzpartitionierung ggf. verkleinert und bei der Behebung der Störung ggf. wieder vergrößert. Wir werden hierauf bei der Behandlung des Dynamic-Voting-Verfahrens in Abschnitt 9.3.3 nochmals zu sprechen kommen.

Progressive Verfahren

Höchste Priorität:
hohe System-
verfügbarkeit

Bei den progressiven Verfahren wird der *Verfügbarkeit* des Gesamtsystems die *höchste Priorität* eingeräumt. Bei Auftreten einer Netzpartitionierung darf in allen Teilnetzen uneingeschränkt weitergearbeitet, also auch Updates durchgeführt werden. Hierfür nimmt man ggf. temporäre Inkonsistenzen der Datenbank in Kauf und vertraut darauf, daß diese bei der Wiedervereinigung erkannt und beseitigt werden können. Ein interessanter Vertreter dieser Kategorie ist das Verfahren *Data Patches* /Garc83/, auf das wir in Abschnitt 9.3.6 noch näher eingehen werden.

9.2.4 Synchronisation von Updatetransaktionen

In diesem Abschnitt werden wir uns vor allem mit der Bewahrung der Konsistenz des verteilten Informationssystems bzw. der verteilten Datenbank im Kontext von *Updates* befassen. Mit Lesetransaktionen werden wir uns gezielt in Abschnitt 9.2.5 auseinandersetzen.

9.2.4.1 Korrektheitsaspekte

Die Verwendung von Replikaten soll, wie bereits eingangs dieses Kapitels erwähnt, lediglich zur Verbesserung der Systemverfügbarkeit und/oder zur Verbesserung des Durchsatzes für lesende Zugriffe dienen. Ansonsten soll sich das (verteilte) System „nach außen" wie ein (verteiltes) System ohne Kopien verhalten. Man sagt deshalb auch, daß das Verfahren aus Sicht der Anwendung *1-Kopie-äquivalent* (1-copy equivalent) sein soll und erweitert dazu den Serialisierbarkeitsbegriff entsprechend zur *1-Kopie-Serialisierbarkeit*:

1-Kopie-
Äquivalenz

> **Definition 9-1: 1-Kopie-Serialisierbarkeit**
>
> Eine Schedule S von (abgeschlossenen) Transaktionen, die auf einer repliziert gespeicherten verteilten Datenbank ausgeführt wurden, heißt dann und nur dann *1-Kopie-serialisierbar*, wenn es mindestens eine serielle Ausführung der Transaktionen aus S auf einer verteilten Datenbank ohne Replikate gibt, welche, angewandt auf denselben Ausgangszustand, die gleiche Ausgabe sowie denselben Endzustand erzeugt.

Definition 9-1 besagt letztlich, daß in einem verteilten System mit Kopien dieselben Korrektheitsprinzipien wie in einem System ohne Kopien gelten. Mit entsprechenden Synchronisationsverfahren, die dies beachten, wollen wir uns nun in den nächsten Abschnitten befassen.

9.2.4.2 Konventionelle Verfahren

Bei Einsatz des ROWA-Verfahrens oder bei Verfahren, die eine vorbestimmte Hauptkopie kennen, kann jedes der konventionellen Synchronisationsverfahren (*Sperrverfahren, optimistische Verfahren*) für die Durchführung des Updates verwendet werden, um die 1-Kopie-Serialisierbarkeit zu gewährleisten. Beim ROWA-Verfahren sind für die Updatetransaktion alle Kopien in gewisser Weise normale Datenelemente, die im Gültigkeitsbereich der Transaktion geändert werden. Bei Verfahren mit Hauptkopie gibt es aus Sicht der Updatetransaktion ohnehin nur eine Kopie.

Etwas komplizierter wird es bei den Abstimmungsverfahren, die für die Entscheidung über die Durchführung eines Updates jeweils nur eine Teilmenge der Kopien heranziehen. Um die 1-Kopie-Serialisierbarkeit zu gewährleisten, reicht es nicht aus, daß man durch die Quorumsregelung verhindert, daß zwei in Konflikt stehende Updatetransaktionen gleichzeitig das Änderungsrecht eingeräumt bekommen. Da die *Aktualisierung der restlichen Kopien* in der Regel *asynchron* erfolgt, muß man zudem noch die beiden folgenden Punkte beachten:

asynchrone Aktualisierung der anderen Kopien

1. Es muß gewährleistet sein, daß der Update stets auf einer *aktuellen Kopie* basiert.

2. Durch Aktualisierungen, die in falscher Reihenfolge bei den restlichen Kopien eintreffende, dürfen keine „*lost updates*" auftreten.

Herausforderungen:
1. Update stets auf aktueller Kopie

2. Vermeidung von „lost updates"

Die lokal eingesetzten Synchronisationsverfahren bzw. die dort verwalteten Datenobjekte müssen daher in der einen oder anderen Weise noch um den Aspekt *Zeit* ergänzt werden, um diese Probleme lösen zu können. Praktisch alle Abstimmungsverfahren bedienen sich hierzu transaktions- und objektbezogener *Zeitstempel* oder *Versionsnummern*. Um die in Abschnitt 9.3 vorgestellten Verfahren besser einordnen zu können, sollen im nächsten Abschnitt zunächst einmal die grundsätzlichen Vorgehensweisen *zeitstempelbasierter Synchronisationsverfahren* rekapituliert bzw. erläutert werden.

9.2.4.3 Zeitstempelbasierte Synchronisationsverfahren

Ziel der Zeitstempelverfahren ist, die Entscheidung über die Zulässigkeit einer Datenbankoperation jeweils rein lokal entscheiden zu können. Hierfür nimmt man billigend in Kauf, daß u. U. einmal fälschlicherweise Serialisierbarkeitsprobleme zwischen Transaktionen angenommen werden und eine Transaktion ggf. unnötigerweise abgebrochen und zurückgesetzt wird.

Bei reinen *zeitstempelbasierten Synchronisationsverfahren* definiert der BOT-Zeitstempel[90], der systemweit eindeutig[91] sein muß, die Serialisierbarkeitsreihenfolge der Transaktionen. Typischerweise tragen hierbei dann alle Datenbankobjekte einen Zeitstempel, der anzeigt, von welcher (erfolgreich abgeschlossenen) Updatetransaktion das Objekt zuletzt geändert wurde. Eine Updatetransaktion wird nur dann zum Update zugelassen, wenn ihr Transaktionszeitstempel größer ist als alle Objektzeitstempel der von ihr benötigten Datenbankobjekte. Lesetransaktionen werden hierbei entweder wie (Pseudo-) Updatetransaktionen behandelt, d. h. sie verändern ebenfalls den Objektzeitstempel, oder es werden zwei Zeitstempel je Objekt verwendet, um zwischen Lese- und Schreibzugriffen unterscheiden zu können. Der Zeitstempel hilft auch, in vertauschter Reihenfolge eintreffende Aktualisierungen der lokalen Kopie zu erkennen und ggf. zu verwerfen.

Zum „Einstieg" stellen wir zunächst eine einfache Version eines Zeitstempelverfahrens vor:

Einfaches Zeitstempelverfahren

Es werden zwei Zeitstempel je Objekt x verwaltet: Ein Lesezeitstempel $TSR(x)$ und ein Schreibzeitstempel $TSW(x)$. Ebenso führt jede Transaktion T einen Transaktionszeitstempel $TS(T)$. Für jedes Objekt x gilt:

$$TSR(x) := max\{ TS(T) \mid \text{Transaktion T hat lesend auf x zugegriffen} \}$$
$$TSW(x) := max\{ TS(T) \mid \text{Transaktion T hat schreibend auf x zugegriffen} \}.$$

Bei jedem Zugriff einer Transaktion T auf ein Objekt x wird die Prüfung gemäß Algorithmus 9-1 durchgeführt.

Das „einfache Verfahren" gewährleistet zum einen, daß Lesetransaktionen keine „zu neuen" Objekte lesen, und zum anderen, daß „veraltete" Updates durchgeführt werden können. Allerdings ist es in dieser einfachen Form praktisch nicht einsetzbar, da alle Änderungen einer Transaktion T mit Zeitstempel t für andere Transaktionen mit Zeitstempel t' > t sofort sichtbar werden, ohne daß sichergestellt ist, daß Transaktion T tatsächlich erfolgreich abgeschlossen werden kann (Gefahr von *dirty reads*). Dies entspricht einer vorzeitigen Freigabe von Sperren beim Zwei-Phasen-Sperrprotokoll und bringt das von dort bekannte Problem des *kaskadierenden Zurücksetzens* (*cascading rollback*)

Problem des
„cascading
rollback"

Algorithmus 9-1: Einfaches Zeitstempelverfahren

```
CASE action OF
    read:   IF TS(T) < TSW(x) THEN reject read
                ELSE
                    BEGIN
                    führe read aus;
                    TSR(x) := max{ TSR(x), TS(T) }
                    END;
    write:  IF TS(T) < max{ TSR(x), TSW(x) } THEN reject write
                ELSE
                    BEGIN
                    führe write aus;
                    TSW(x) := TS(T)
                    END;
    END CASE;
```

---

derjenigen Transaktionen mit sich, die bei einem Abbruch von T möglicherweise inkonsistente Daten gelesen haben.

Das „einfache Verfahren" ist daher nur dann einsetzbar, wenn die Änderungen einer Transaktion erst am Transaktionsende atomar („en bloc") eingebracht werden. Dies kann man z. B. dadurch erreichen, daß man dieses Verfahren mit einem (Zwei-Phasen-)Sperrverfahren kombiniert und den Zeitstempelmechanismus lediglich zur Vermeidung von Verklemmungen, wie in Abschnitt 8.3 erwähnt, einsetzt. Allerdings ist dieses Verfahren hinsichtlich Durchsatz nicht sehr effizient, da Updatetransaktionen durch Lesetransaktionen zum Abbruch gezwungen werden können (ein einfacher Lesezugriff mit höherem Transaktionszeitstempel genügt bereits), ohne daß tatsächlich ein Konsistenzproblem bzw. eine Verklemmung vorliegt.

Das nachfolgend beschriebene, „erweiterte Verfahren" sichert die Transaktionen gegen *dirty reads* sowie gegen Lesen auf unterschiedlichen Aktualitätsniveaus ab.

Erweitertes Zeitstempelverfahren [92]

Gegenüber dem „einfachen Verfahren" besteht beim erweiterten Zeitstempelverfahren (siehe Algorithmus 9-2) die Transaktion aus drei Phasen, etwa vergleichbar mit den optimistischen Verfahren (siehe Abschnitt 8.2): In der *Lesephase* werden alle Objektzugriffe getätigt und dabei durch Zeitstempelvergleich bezüglich Zulässigkeit validiert. In der *Sperrphase* werden die gewünschten Schreibaktionen angemeldet und ebenfalls durch Zeitstempelver-

---

[92] Es gibt viele mögliche Varianten von Zeitstempelverfahren. Eine ausführlichere Diskussion dieser und anderer Synchronisationsverfahren findet sich in /BeGo81/.

gleich bezüglich Zulässigkeit validiert. Kann die Sperrphase erfolgreich abgeschlossen werden, so tritt die Transaktion in ihre Schreibphase ein.

Im Gegensatz zum „einfachen Verfahren", können die Änderungen (abgesichert durch die Sperrphase) jetzt sukzessive eingebracht werden. Lese- und Schreibzugriffe anderer Transaktionen werden bei Bedarf verzögert, wenn die Aktualisierung des betroffenen Datenelements noch aussteht.

Das erweiterte Verfahren arbeitet mit Sperraktionen. *lock(x)* entspricht hierbei einer exklusiven Sperre auf Objekt x. Während der Sperrung von Objekt x eintreffende Lese-, Schreib- und Sperraktionen für x werden – sofern sie nicht abgewiesen werden – blockiert bzw. gepuffert. Je Objekt x werden hierzu drei Warteschlangen verwendet: *read_queue(x)*, *write_queue(x)*, *lock_queue(x)*.

Algorithmus 9-2: Erweitertes Zeitstempelverfahren

```
CASE action OF
    read:   IF  TS(T) < TSW(x)  THEN  reject read
                ELSE
                    IF  lock_queue ≠ ∅
                        ∧ TS(T) > min{ TS(T') | T' ∈ lock_queue(x) }
                        THEN füge read in read_queue(x) ein
                    ELSE
                        BEGIN
                        führe read aus;
                        TSR(x) := max{ TSR(x), TS(T) }
                        END;
    lock:   IF  TS(T) < max{ TSR(x), TSW(x) }  THEN  reject lock
                ELSE füge lock in lock_queue(x) ein;
    write:  lock_read_queue(x) ::=  lock_queue(x) ∪ read_queue(x);
            IF  TS(T) > min{ TS(T') | T' ∈ lock_read_queue(x) } THEN
                füge write in write_queue(x) ein
            ELSE
                BEGIN
                führe write aus;
                entferne korrespondierende Sperre aus lock_queue(x);
                TSW(x) := TS(T);
                teste read_queue(x) und write_queue(x) auf ausführbare
                    Aktionen;
                END;
END CASE;
```

Anmerkungen:

- Zur Read-Aktion

    * Der Transaktionszeitstempel der Read-Aktion muß grundsätzlich aktuell in bezug auf den Schreibzeitstempel des Objektes sein (wie beim einfachen Verfahren).

    * Ob die Read-Aktion sofort oder verzögert ausgeführt wird, hängt davon ab, ob für dieses Objekt bereits eine Sperranforderung mit niedrigerem Zeitstempel vorliegt. Ist dies der Fall, so wird das Lesen verzögert (und die Leseanforderung in die read_queue eingefügt), andernfalls wird das Lesen sofort ausgeführt.

- Zur Lock-Aktion

    * Einer Write-Aktion geht stehts eine entsprechende Lock-Aktion voraus.

    * Wie der Schreibzeitstempel beim einfachen Verfahren, muß der Transaktionszeitstempel der Lock-Aktion in bezug auf beide Objektzeitstempel aktuell sein.

    * Analog zu einer echten Sperre führt die Lock-Aktion keine Objektveränderungen durch, sondern wird lediglich beim Objekt eingetragen. Die lock_queue entspricht damit einer Sperrwarteschlange beim Zwei-Phasen-Sperren.

- Zur Write-Aktion

    * Da – analog zum exklusiven Sperren – die entsprechende Write-Aktion vom Scheduler stets akzeptiert wird, sofern der entsprechende Lock-Request akzeptiert wurde, geht es hier nur noch darum, ob das Schreiben sofort ausgeführt werden kann oder verzögert werden muß. Das Schreiben wird stets dann verzögert, wenn noch locks oder reads mit kleinerem Zeitstempel vorliegen, die zuvor noch abgearbeitet werden müssen.

    * Nach Ausführung der Write-Aktion wird die exklusive Sperre durch Entfernung aus der lock_queue aufgehoben. Hierdurch werden evtl. andere, bislang blockierte Aktionen ausführbar.

Das nachfolgende Beispiel illustriert die Transaktionssynchronisation mittels des erweiterten Zeitstempelverfahrens.

Beispiel 9-1:

Gegeben seien die folgenden Transaktionen:

T_1: $read_1[x]$ $lock_1[x]$ $write_1[x]$ mit $TS(T_1) = 1$

T_2: $read_2[x]$ $lock_2[x]$ $write_2[x]$ mit $TS(T_2) = 2$

T_3: $read_3[y]$ $lock_3[x]$ $write_3[x]$ mit $TS(T_3) = 3$

Es ergebe sich die in Abb. 9-3 dargestellte Schedule.

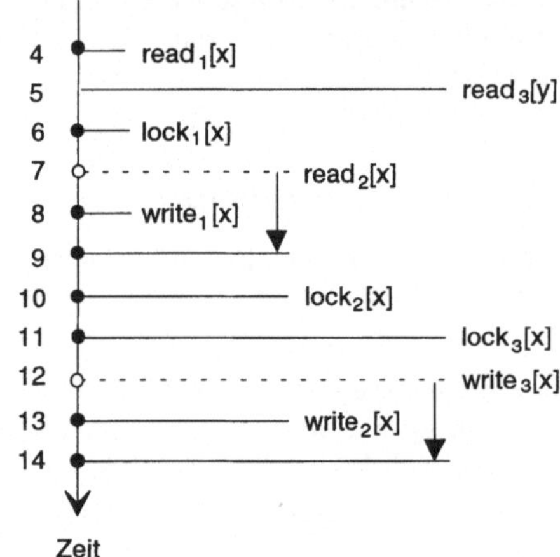

Abb. 9-3: Mögliche Schedule der Aktionen von T_1 .. T_3

Entwicklung der Zeitstempelwerte für **Objekt x**:

Zeitpunkt	TSR	read_queue	lock_queue	TSW	write_queue
	0	∅	∅	0	∅
4	1				
6			{ 1 }		
7		{ 2 }			
8			∅	1	
9	2	∅			
10			{ 2 }		
11			{ 2, 3 }		
12					{ 3 }
13			{ 3 }	2	
14			∅	3	∅

□

9.2.4.4 Semantische Synchronisationsverfahren

Auch für zentrale DBMSe gab es in der Vergangenheit immer wieder Versuche, durch Einbeziehung von Anwendungswissen bessere Synchronisationsverfahren zu erhalten. Bei allen diesen Ansätzen läuft es darauf hinaus, daß man „semantisch höhere", *kommutative Datenbankoperationen* einführt und dieses Wissen beim Scheduling der Transaktionen ausnutzt. Bezüglich *Benutzerdaten*[93] bleiben diese Verfahren damit fast immer auf Anwendungen beschränkt, in denen lediglich Operationen der Art „erhöhe(T,O,x)" oder „vermindere(T,O,x)" auftreten und temporäre Inkonsistenzen infolge „out of order"-Ausführung von Datenbankoperationen innerhalb gewisser Grenzen tolerabel sind (siehe hierzu z. B. /Reut82/ oder /GrRe93/, Abschnitt 7.12 „Exotics"). Beispiel 9-2 zeigt eine derartige Anwendung.

(Randnotiz: kommutative Operationen)

Mit semantischen Verfahren lassen sich konsistenzbewahrende Schedules erzeugen, welche mit den konventionellen Synchronisationsverfahren, die Serialisierbarkeit lediglich anhand der Abfolge von elementaren Lese- und Schreiboperationen überprüfen, nicht erzeugbar sind (siehe Beispiel 9-2). Somit läßt sich mit semantischen Verfahren, sofern sie einsetzbar sind, potentiell ein höherer Durchsatz als mit konventionellen Verfahren erreichen.

Beispiel 9-2:

Zwei Kontobuchungen auf den Konten K_1 und K_2 durch die Transaktionen T_1 und T_2, die kommutative Operationen „erhöhe um x" und „vermindere um x" verwenden, könnten z. B. in den Reihenfolgen

Schedule S_1	Schedule S_2
1. erhöhe(T_1,K_1,x_1)	1. erhöhe(T_1,K_1,x_1)
2. vermindere(T_1,K_2,x_1)	2. erhöhe(T_2,K_1,x_2)
3. erhöhe(T_2,K_1,x_2)	3. vermindere(T_1,K_2,x_1)
4. vermindere(T_2,K_2,x_2)	4. vermindere(T_2,K_2,x_2)

ausgeführt werden. Schedule S_1 wäre auch mit rein syntaktischen Verfahren erzeugbar:

$$< \underbrace{r_1[K_1]\, w_1[K_1]}_{\text{erhöhe}(T_1,K_1,x_1)}\ \ \underbrace{r_1[K_2]\, w_1[K_2]}_{\text{vermindere}(T_1,K_2,x_1)}\ \ \underbrace{r_2[K_1]\, w_2[K_1]}_{\text{erhöhe}(T_2,K_1,x_2)}\ \ \underbrace{r_2[K_2]\, w_2[K_2]}_{\text{vermindere}(T_2,K_2,x_2)} >.$$

Schedule S_2 wäre hingegen mit rein syntaktisch arbeitenden Verfahren nicht erzeugbar. □

---

[93] Hinsichtlich interner Datenstrukturen, wie Listen oder (Index-)Bäume, hat man in der Regel etwas größere Freiheiten, was man noch als „kommutativ" betrachten will.

Bei den semantischen Synchronisationsverfahren geben die Transaktionen die mittels kommutativer Operationen veränderten Objekte sofort wieder „frei". Im Falle eines Transaktionsabbruchs wird deshalb – ähnlich zu den in Abschnitt 7.7.2 erwähnten „Sagas" – eine entsprechende (wiederum kommutative) Kompensationsaktion ausgeführt. Somit können bei diesen Verfahren temporär inkonsistente (und für andere Transaktionen „sichtbare") Datenbankzustände auftreten. Die Konsistenz bzw. globale Serialisierbarkeit ist jedoch nach der vollständigen Ausführung aller Aktionen der Schedule (wieder) gegeben.

Für verteilte Systeme sind semantische Verfahren im Prinzip besonders attraktiv, da – infolge der semantisch höheren Operationen – potentiell auch der erforderliche Kommunikationsaufwand reduziert werden kann. Es gibt daher immer wieder Versuche, „neue" semantische Verfahren für verteilte Systeme zu entwickeln. Besonders originell ist diesbezüglich das in /KuSt88/ vorgestellte Verfahren. Bei dem dort vorgestellten Ansatz stellt man sich u. a. auch dem Problem, daß in Anwendungsumgebungen nicht nur durchgängig kommutative Operationen, sondern auch kommutative und nicht-kommutative Operationen bzgl. desselben Datenbankobjektes gemischt auftreten können. Wir werden auf dieses Verfahren in Abschnitt 9.3.7 noch näher eingehen.

Übungsaufgabe 9-1: Semantische Verfahren

Überlegen Sie sich ein „semantisches" Verfahren für die Manipulation eines Kontos. Aus Durchsatzgründen sollen Zu- und Abbuchungen von Transaktionen auf dem Konto in beliebiger Folge und ohne die üblichen Transaktionssperren o. ä. ausgeführt werden, solange hierdurch der Kontostand nicht kleiner Null oder größer einem vorgegebenen Maximalwert wird. Es sollen die folgenden Operationen implementiert werden:

```
tent_inc(const)      /* erhöht den Wert des Kontos tentativ um const */
commit_inc(const)    /* macht ein früheres tent_inc permanent */
abort_inc(const)     /* macht ein früheres tent_inc rückgängig */
tent_dec(const)      /* vermindert den Wert des Kontos tentativ um const */
commit_dec(const)    /* macht ein früheres tent_dec permanent */
abort_dec(const)     /* macht ein früheres tent_dec rückgängig */
```

Skizzieren Sie die Implementierung dieser Operationen (CASE action OF ...). Geben Sie insbesondere den Entscheidungsalgorithmus an, der prüft, ob eine eintreffende tent_inc- bzw. tent_dec-Anweisung zugelassen werden kann oder nicht (unter den obigen Randbedingungen).

Der Ausgangswert des Kontos sei 10 und der maximal zulässige Wert sei 25. Prüfen Sie anhand Ihres Algorithmus', ob die beiden folgenden Schedules als zulässig akzeptiert würden und verfolgen Sie schrittweise die Werteentwicklung.

$S_1 :=$ < tent_inc(5), tent_inc(8), tent_dec(7), tent_dec(3),
commit_inc(5), commit_inc(8), commit_dec(7), commit_dec(3) >

$S_2 :=$ < tent_inc(7), tent_dec(11), tent_inc(5), commit_inc(7), tent_dec(5),
commit_dec(11), commit_inc(5), commit_dec(5) >

Tip:
Man braucht keine Listen für die „tentativen" Operationen zu verwalten. Man kommt, neben dem Kontostand, im wesentlichen mit zwei zusätzlichen Werten aus, um die korrekte Ausführung zu überwachen.

9.2.5 Behandlung von Lesetransaktionen

Bei der Behandlung reiner Lesetransaktionen kann man bezüglich der Anforderungen an das, was eine Lesetransaktion lesen darf („Input"), im Prinzip drei Fälle unterscheiden:

- der Input muß stets aktuell *und* konsistent sein,

- der Input muß konsistent sein, darf aber „etwas" veraltet sein, oder

- „etwas" inkonsistenter Input ist tolerabel.

Die Forderung im ersten Fall, nach einem stets *aktuellen und konsistenten Input* einer Lesetransaktion bedeutet, daß an Lesetransaktionen dieselben Konsistenz- und Aktualitätsforderungen wie an Updatetransaktionen gestellt werden. Bis auf die ggf. unterschiedlichen Sperrmodi oder unterschiedliche Quorumseinteilungen bei Abstimmungsverfahren (siehe Abschnitt 9.2.2.2) werden Update- und Lesetransaktionen im wesentlichen gleich behandelt. Hierdurch entsteht ein relativ hohes Konfliktpotential zwischen Lese- und Updatetransaktionen, was sich tendenziell negativ auf den Systemdurchsatz auswirkt.

Forderung:
Input stets aktuell
und konsistent

Im zweiten Fall wird gefordert, daß Lesetransaktionen bzw. eine gewisse Kategorie von Lesetransaktionen zwar *konsistenten Input* erhalten, es wird jedoch zugelassen, daß dieser evtl. *nicht mehr ganz aktuell* ist. Es bietet sich an, dieses Verfahren mit einen *Versionskonzept* zu kombinieren, so daß diese Kategorie von Lesetransaktionen praktisch ohne Synchronisation gegenüber Updatetransaktionen ausgeführt werden kann (siehe hierzu z. B. /MPL92/). Da diese Lesetransaktionen quasi einen „Schnappschuß" (snapshot) eines (etwas veralteten) konsistenten Datenbankzustandes zu sehen bekommen, kann man diese Verfahren auch als *Snapshot-Versionsverfahren* bezeichnen.

Etwas veralteter
Input tolerabel

Snapshot-
Versionsverfahren

Diese Variante wird in praktisch allen kommerziell verfügbaren Replikationsverfahren unterstützt. Man kann hierbei in der Regel wählen, in welchen Intervallen (Zeitspanne, Anzahl Updates, etc.) die Snapshot-Version aktualisiert werden soll.

Gewisse
Inkonsistenz
tolerabel

Im dritten Fall kommt man *ohne Versionen* aus. Man definiert hier eine *Differenz* ε (Epsilon), welche die *maximal zulässige Abweichung* vorgibt, die der Input einer Lesetransaktion vom aktuellen konsistenten Datenbankzustand haben darf. Eine Lesetransaktion gilt dann noch (in diesem Sinne) gegenüber parallelen Updatetransaktionen als serialisierbar, wenn ihr Input innerhalb der vorgegebenen ε-Abweichung bleibt. In /PuLe91/ wurde hierfür der Begriff der ε-*Serialisierbarkeit* geprägt.

ε-Serialisierbarkeit

Für die Wahl einer konkreten ε-Differenz gibt es verschiedene Möglichkeiten: Man kann z. B. die Anzahl der noch nicht durchgeführten Updates[94] (missed updates) oder die maximale zeitliche Distanz zum letzten Update nehmen, wie z. B. bei Börsenkursen, die im Minutenabstand aktualisiert werden (eine ausführlichere Diskussion hierzu findet sich in /WYP92/). Da in der Regel jedoch *kein konsistenter Input* garantiert werden kann, ist dieses Verfahren nur für solche Anwendungen einsetzbar, wo der Zugriff auf Daten verschiedener Aktualitätsstufen im Rahmen der vorgegebenen maximalen Abweichung kein Problem darstellt. Hierfür kommen z. B. statistische Anwendungen oder Realzeitanwendungen in Frage, in denen Werte kontinuierlich aktualisiert werden.

9.3 Ausgewählte Verfahren

Einige der zuvor allgemein beschriebenen Prinzipien und Vorgehensweisen sollten nun anhand ausgewählter Verfahren exemplarisch veranschaulicht werden. Wir konzentrieren uns bei der Behandlung dieser Verfahren in der Regel nur auf bestimmte Aspekte. Die folgende Darstellung spricht daher oftmals nur einen Teilaspekt dieser Verfahren an.

9.3.1 Primary Copy

Das Primary-Copy-Verfahren wurde Ende der 70er Jahre im Rahmen des Distributed-Ingres-Projektes /Ston79/ entwickelt und stand Pate für eine Reihe heute kommerziell verfügbarer Replikationsprodukte.

Ziel 1:
Vereinfachte
Konsistenthaltung
der Kopien

Dem Verfahren liegt die Idee zugrunde, die *Aktualisierung* der Kopien *zweistufig* durchzuführen. Die Updatetransaktion ändert im Prinzip nur eine besonders ausgezeichnete Kopie, die *Primärkopie* (*primary copy*). Die (*asynchrone*) *Aktualisierung* der weiteren Kopien wird anschließend von der Primärkopie in eigener Regie durchgeführt.

Ziel 2:
Lokales Lesen
möglich machen

Ein weiteres Ziel war (da durch diesen „Trick" die Konsistenthaltung von Kopien relativ „billig" gemacht wird), möglichst viele *Lesezugriffe* mittels lokaler Kopien *rein lokal durchführen* zu können.

---

[94] Hier wird man sich, in Abhängigkeit von der Art der Anwendungen, jeweils überlegen müssen, ob und wie man dies effizient feststellen kann.

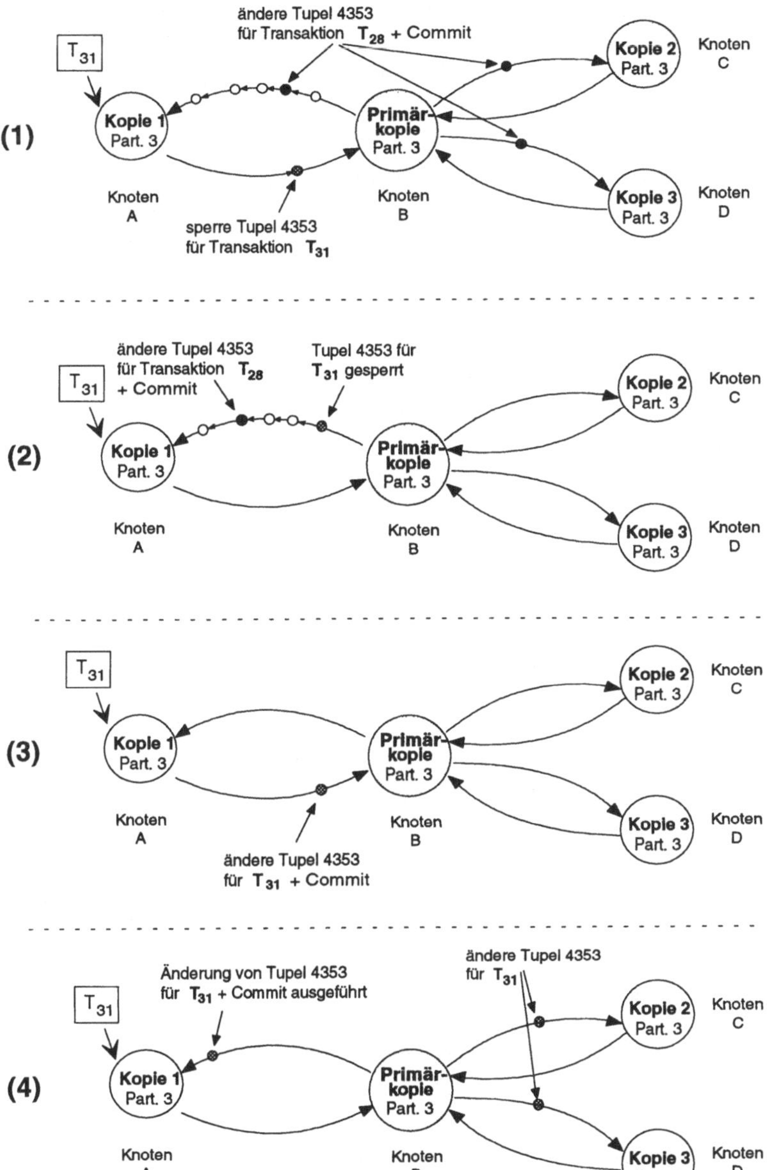

Abb. 9-4: Ablauf eines Updates beim Primary Copy Verfahren

Beim Primary-Copy-Verfahren sind (logisch gesehen) alle Kopien durch je einen Sende- und Empfangskanal, die nach dem FIFO-Prinzip[95] verwaltet werden, mit ihrer Primärkopie verbunden. Abb. 9-4 zeigt exemplarisch den Ablauf einer Updatetransaktion.

Erläuterungen zu Abb. 9-4:

(1) An Knoten A wird eine Transaktion T_{31} gestartet, die Tupel 4353 ändern will. Während die Sperranforderung über den Sendekanal an die Primärkopie geleitet wird, befindet sich im Empfangskanal an Knoten A ein Aktualisierungsauftrag für dieses Tupel, das von Transaktion T_{28} geändert worden ist.

(2) Knoten A wartet auf die Antwort auf die Sperranforderung und arbeitet dabei die im Empfangskanal liegenden Nachrichten und Änderungsaufträge sukzessive ab.

(3) Knoten A hat, einschließlich der Bestätigung der Sperrgewährung, alle Nachrichten im Empfangskanal abgearbeitet. Die lokale Kopie ist jetzt bzgl. Tupel 4353 auf demselben Stand wie die Primärkopie. Knoten A überträgt den geänderten Wert an die Primärkopie und fordert zum Commit auf.

(4) Die Primärkopie bestätigt Update und Commit und beginnt die anderen Kopien zu aktualisieren.

Während das skizzierte Verfahren hinsichtlich der Durchführung von Updates problemlos funktioniert (Ziel 1), ist konsistentes lokales Lesen nicht möglich, da eine Kopie aufgrund der sukzessive eintreffenden Änderungen praktisch nie weiß, wann ein konsistenter Zustand erreicht worden ist.

Problematisch ist auch die in der Originalarbeit vorgeschlagene Vorgehensweise beim Ausfall der Primärkopie. In diesem Fall sollte unter den verbliebenen Kopien diejenige mit der höchsten Knotennummer die neue Primärkopie werden. Übersehen wurde dabei, daß die Nichterreichbarkeit der Primärkopie auch durch Netzpartitionierung verursacht sein kann, wobei in diesem Fall dann zwei Primärkopien unabhängig voneinander Updates durchführen würden, was u. U. gravierende Konsistenzverletzungen des globalen Datenbestandes nach sich ziehen kann.

Trotz dieser Mängel hat dieses Verfahren viele Nachfolgevorschläge inspiriert und ist heute, in abgewandelter Form, Bestandteil fast jedes kommerziell verfügbaren Replikationsverfahrens. Anstelle der sukzessiven Übermittlung der Änderungen wird allerdings meist die in Abschnitt 9.2.5 beschriebene Snapshot-Semantik angewandt.

---

[95] First-In-First-Out

9.3.2 Majority Consensus

Das Majority-Consensus-Verfahren /Thom79/ war das erste Replikationsverfahren, bei dem ein *Abstimmungsverfahren* eingesetzt wurde und das viele Nachfolgevorschläge inspirierte. Updates werden durchgeführt, wenn der den Update betreibende Knoten die Mehrheit (Majorität) der Knoten/Kopien zur Zustimmung bewegen kann.

Verwendet ein Abstimmungsverfahren

Das Verfahren wurde ursprünglich für eine *voll replizierte verteilte Datenbank* entwickelt, d. h. alle Daten sind an allen Knoten vorhanden. Wir werden für die folgende Beschreibung diese Annahme ebenfalls zugrunde legen. Bei diesem Verfahren sind alle Kopien gleichwertig. Ziel war, die Verfügbarkeit des Systems auch dann zu gewährleisten, wenn einzelne Knoten/Kopien ausfallen.

Voll replizierte verteilte DB

Ziel: Hohe Verfügbarkeit

Verfahren/Vorgehensweise:

1. Jede *Transaktion* ist mit einem global eindeutigen Zeitstempel versehen.

2. Jedes *Datenbankobjekt* ist mit einem Zeitstempel[96] versehen, welcher den Zeitpunkt der letzten erfolgreich durchgeführten Änderung ($\rightarrow$ Commit) wiedergibt.

3. Die Knoten sind untereinander durch einen *logischen Ring* verbunden, entlang dessen die Entscheidung vorangetrieben wird. Jeder Knoten ist damit über die Entscheidung seiner Vorgängerknoten informiert.

4. Jede *Updatetransaktion*

   * führt alle Änderungen zunächst rein lokal durch, macht diese aber anderen Transaktionen noch nicht sichtbar

   * erstellt eine Liste aller Ein- und Ausgabeobjekte mit den jeweiligen Zeitstempeln

   * schickt diese Liste zusammen mit ihrem Transaktionszeitstempel entlang des Rings an alle anderen Knoten

   * darf die Änderungen permanent machen, wenn die Mehrheit der Knoten (*Quorum* also n ÷ 2 + 1) dem Update zustimmt.

5. Jeder Knoten *stimmt* über eingehende Änderungsaufträge *wie folgt ab* und reicht sein Votum zusammen mit den anderen Voten an den nächsten Knoten weiter:

   a) Er stimmt mit ABGELEHNT, wenn einer der übermittelten Objektzeitstempel veraltet ist.

---

[96] Es wird hier nur mit *einem* Zeitstempel je Objekt gearbeitet.

b) Er stimmt mit OK und markiert den Auftrag als *schwebend* (*pending*), wenn alle übermittelten Objektzeitstempel aktuell sind und der Auftrag *nicht in Konflikt* mit einem anderen Auftrag steht.

c) Er stimmt mit PASSIERE, wenn alle Objektzeitstempel zwar aktuell sind, der Antrag aber mit einem anderen schwebenden Antrag mit höherem Zeitstempel in Konflikt steht. Falls durch PASSIERE keine Mehrheit mehr zustandekommen kann, so stimmt er mit ABGELEHNT.

d) Er *verzögert seine Abstimmung* über den Antrag, wenn der Antrag in Konflikt mit einem Antrag mit niedrigerem Zeitstempel steht oder wenn einer der übermittelten Objektzeitstempel einen aktuelleren Wert als das korrespondierende lokale Objekt aufweist.[97]

6. Annahme / Ablehnung:

a) Der Knoten, dessen Zustimmung (OK) dem Antrag die *Mehrheit* verschafft hat, erzeugt die *globale Commit-Meldung*[98] für diese Updatetransaktion.

b) Jeder Knoten, der mit ABGELEHNT stimmt, löst ein *globales Abort*[98] dieser Updatetransaktion aus.

c) Wird eine *Updatetransaktion abgelehnt*, so werden die „verzögerten Abstimmungen" je Knoten daraufhin überprüft, ob jetzt eine Entscheidung möglich ist.

d) Bei Ablehnung muß die Transaktion komplett wiederholt werden, einschließlich des Lesens der Objekte.

Anmerkungen:

- Lesetransaktionen müssen bei diesem Verfahren für konsistentes Lesen wie (Pseudo-)Updatetransaktionen behandelt werden.

- Das Verfahren läßt zu, daß sich genehmigte Updates unterwegs „überholen". Beim Eintreffen eines Updates werden deshalb zunächst die Objektzeitstempel gelesen und veraltete Updates ggf. ignoriert.

- Die Knoten dürfen ein einmal getroffenes Votum nicht mehr ändern.

- Die Regeln 5c und 5d dienen dazu, mögliche Verklemmungen zu vermeiden:

Angenommen, ein Knoten K_1 hat einen Updateantrag mit Transaktionszeitstempel $TS(T_1) = 6$ gestartet, über den aber global noch nicht entschieden wurde. Währenddessen geht von einem anderen Knoten K_2 ein Updateantrag mit Transaktionszeitstempel $TS(T_2) = 5$ ein, der sich auf dasselbe Objekt x und auch auf dieselbe Objektversion (z. B. $TS(x) = 4$) bezieht. Da

---

[97] Dann muß ein bereits beschlossener Update „unterwegs" sein.
[98] Commit- und Abort-Meldungen werden jeweils direkt an alle Knoten geschickt („broadcast")

der Updateantrag von K_1 noch kein Commit erhalten hat, ist die alte Objektversion x mit Zeitstempel 4 nach wie vor gültig, der eintreffende Updateantrag von K_2 somit also nicht veraltet.

Würde in einem solchen Fall stets gewartet (d. h. die Abstimmung verzögert) werden, so könnte eine Verklemmung eintreten, wenn T_1 und T_2 bislang je n/2 OK's erhalten haben. Die beiden Regeln helfen eine Verklemmung in einem solchen Fall zu vermeiden: K_1 verzögert seine Abstimmung nur dann, wenn der Zeitstempel des eintreffenden Antrages größer ist, und enthält sich andernfalls der Stimme (Votum: PASSIERE). Wenn n/2 Knoten mit PASSIERE stimmen, ist der Antrag abgelehnt.

Übungsaufgabe 9-2: Majority Consensus

Gegeben sei die in Abb. 9-5 dargestellte Ausgangssituation. Wir wollen zur Vereinfachung annehmen, daß es einen globalen Zeittakt gibt und daß an jedem Knoten jeweils innerhalb eines Taktschrittes evtl. eingehende Anforderungen geprüft, eine Entscheidung herbeigeführt und ggf. eine Nachricht an den nachfolgenden Knoten weitergeleitet wird, die dieser dann im nächsten Taktschritt verarbeitet. Commit- und Abort-Nachrichten werden parallel an alle Knoten verschickt und dort ebenfalls im nächsten Taktschritt verarbeitet. Zu Beginn haben alle Objektzeitstempel den Wert 0.

Zum Zeitpunkt t = 1 wird am Knoten C eine Updatetransaktion T_1 gestartet, die Objekt x verändern möchte. Über diese Anforderung wird dann Knoten D zum Zeitpunkt t = 2 entscheiden. Zum selben Zeitpunkt (t =2) wird an Knoten A eine Updatetransaktion bzgl. Objekt x und zum Zeitpunkt t = 3 eine entsprechende Transaktion an Knoten F gestartet.

Verfolgen Sie schrittweise, d. h. für t = 1, 2, 3, ..., den Ablauf des Abstimmungsverfahrens gemäß dem Majority-Consensus-Verfahren. Protokollieren

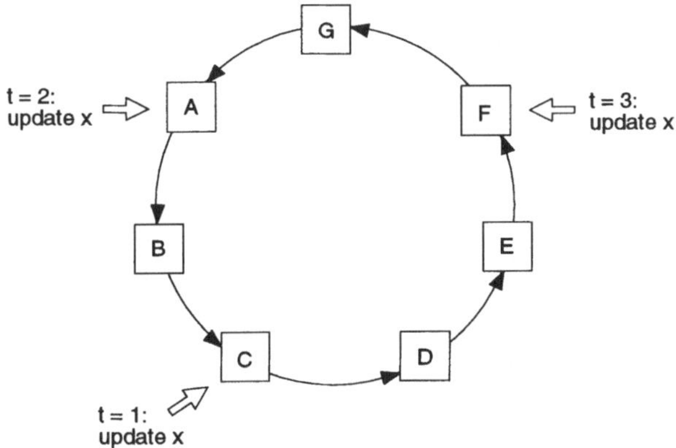

Abb. 9-5: Ausgangssituation

Sie dabei zu jedem Zeitpunkt für jeden Knoten, der aktiv an der Abstimmung beteiligt ist:

- seinen aktuellen Abstimmungsstatus,

- den „Input", den er vom Vorgängerknoten erhält,

- seine Entscheidung,

- ggf. den „Output", den er an den nächsten Knoten weiterreicht.

9.3.3 Dynamic Voting

Eine Schwachstelle des Majority-Consensus-Ansatzes ist, daß die Anzahl der Kopien, die für eine Mehrheitsentscheidung benötigt wird, statisch festgelegt wird. In Netzen mit instabilen Kommunikationsverbindungen kann es daher bei Nichterreichbarkeit einiger Knoten vorkommen, daß das vorgegebene Quorum von $n \div 2 + 1$ in keinem Teilnetz mehr erreicht werden kann.

Ansatz: Quorum dynamisch anpassen

Das Dynamic-Voting-Verfahren /JoMu90/ versucht dieses Manko dadurch zu vermeiden, daß die Quorumgröße dynamisch an die noch verfügbare Gesamtstimmenzahl angepaßt wird. Es handelt sich also um ein *Majority-Consensus-Verfahren mit dynamischer Quorumeinteilung*. Die *Kernidee* dieses Ansatzes ist, daß nur noch diejenigen Knoten ein Stimmrecht besitzen, die beim letzten Update mit beteiligt waren.

Versionsnummer (VN) aktuelle Gesamtstimmenzahl (SK)

Um dies zu realisieren, werden je Knoten zusätzliche Verwaltungsinformationen benötigt: eine *Versionsnummer* (*VN*) und die Anzahl der Knoten (*SK*), die beim letzten Update dieser Kopie beteiligt waren (= gegenwärtige Gesamtstimmenzahl). Wir erläutern das Verfahren anhand eines Beispiels. Hierbei beschränken wir uns auf das Verfolgen der VN- und SK-Werte.

Beispiel 9-3:

Gegeben seien 5 Kopien desselben Datenelements, die alle am letzten Update (von insgesamt 9 Updates) teilgenommen haben. Somit weisen alle Kopien für VN den Wert 9 und für SK den Wert 5 auf:

	①	②	③	④	⑤
VN	9	9	9	9	9
SK	5	5	5	5	5

Nun trete eine Netzpartitionierung dergestalt auf, daß zwei Teilnetze mit den Knoten 1 und 2 sowie mit den Knoten 3, 4 und 5 entstehen. In dem zweiten Teilnetz liegt an Knoten 3 eine Updateanforderung an:

	(1)	(2)	(3)	(4)	(5)
VN	9	9	9	9	9
SK	5	5	5	5	5

Analyse:

- Für den Update wird eine Mehrheit von $SK_3 \div 2 + 1$ benötigt, also 3 Stimmen.

- Der Update wird genehmigt, da insgesamt 3 Knoten (Knoten 3, 4 und 5) zustimmen. (Man beachte: im anderen Teilnetz käme das erforderliche Quorum nicht zusammen.)

- Knoten 3 führt den Update durch. Hierdurch ergeben sich für die Knoten 3, 4 und 5 (neben den neuen Objektwerten) neue Werte für VN und SK: $VN = 10$ und $SK = 3$ (da nur 3 Knoten am Update beteiligt waren).

	(1)	(2)	(3)	(4)	(5)
VN	9	9	10	10	10
SK	5	5	3	3	3

Angenommen, es tritt – während diese Netzpartitionierung noch besteht – eine weitere Netzpartitionierung auf, wodurch das zweite Teilnetz in zwei Teilnetze mit den Knoten 3 und 4 einerseits und Knoten 5 andererseits zerfällt:

	(1)	(2)	(3)	(4)	(5)
VN	9	9	10	10	10
SK	5	5	3	3	3

Angenommen, an Knoten 4 liegt eine Updateanforderung an.

Analyse:

- Für den Update wird eine Mehrheit von $SK_4 \div 2 + 1$ benötigt, also $3 \div 2 + 1 = 2$ Stimmen.

- Knoten 4 kann das erforderliche Quorum erhalten und führt den Update durch. Hierdurch entstehen für Knoten 3 und 4 neue Werte für VN und SK: $VN = 11$ und $SK = 2$:

	①	②	③	④	⑤
VN	9	9	11	11	10
SK	5	5	2	2	3

Anmerkung: Das „normale" Majority-Consensus-Verfahren würde hier solange blockieren bzw. die Anforderung zurückweisen (da ein Quorum der Größe 3 benötigt würde), bis die (zweite) Netzpartitionierung wieder beseitigt ist.

Angenommen, die zuletzt eingetretene Netzpartitionierung ist wieder beendet und es liege je eine Updateanforderung an den Knoten 2 und 4 an:

	①	②	③	④	⑤
VN	9	9	11	11	10
SK	5	5	2	2	3

Sammlung eines Quorums für Knoten 2:

1. Anfrage von Knoten 2 an alle erreichbaren Knoten.

2. Knoten 1 meldet sich (mit VN und SK).

3. Beide Knoten sind auf demselben Stand (und aus ihrer Sicht auch aktuell), erreichen jedoch nicht das notwendige Quorum von $5 \div 2 + 1$ Stimmen.

4. Der Update kann nicht durchgeführt werden.

Sammlung eines Quorums für Knoten 4:

1. Anfrage von Knoten 4 an alle erreichbaren Knoten.

2. Knoten 3 und 5 melden sich (jeweils mit VN und SK)

3. Knoten 3 besitzt Stimmrecht (VN und SK sind aktuell) und stimmt der Updateanforderung zu.

4. Der Update kann durchgeführt werden, da das (immer noch) notwendige Quorum von 2 erreicht wird. Damit ergeben sich neue Werte für das betroffene Datenobjekt sowie für VN und SK: VN = 12, SK = 3 (da an diesem Update jetzt 3 Knoten beteiligt sind).

5. Der Update mit VN = 12 und SK = 3 wird an Knoten 3 und 5 verschickt:

	①	②	③	④	⑤
VN	9	9	12	12	12
SK	5	5	3	3	3

Anmerkung:

Ein „deaktivierter" Knoten kann durch einen „Null-Update" eine Aktualisierung seiner Kopie sowie Erlangung des Stimmrechts (für den nächsten Update) von sich aus initiieren.

9.3.4 Tree Quorum

Das Tree-Quorum-Protokoll /AgAb92/ gehört zu der Klasse von Replikationsverfahren, die durch *Quorumbildung entlang einer logischen Struktur* die Anzahl der Nachrichten reduzieren, die im Mittel für die Quorumsbildung erforderlich sind. Bei dem hier exemplarisch vorgestellten Verfahren wird hierfür eine Baumstruktur gewählt.

Die Kernidee dieses Ansatzes läßt sich, bezogen auf ein Schreibquorum, wie folgt charakterisieren:

- Alle Knoten sind bezüglich des Entscheidungsprozesses logisch in einer Baumstruktur angeordnet. (Bezeichne im folgenden h, $h \geq 1$, die *Höhe* und v, $v \geq 2$, den *Verzweigungsgrad* des Baumes.)

- Anstelle nun die Mehrheit aller Knoten des Baumes zu erhalten, muß nun die *Mehrheit der Ebenen* erreicht werden.

  Beispiel: Wenn ein solcher „*Abstimmungsbaum*" 3 Ebenen aufweist und eine Transaktion T_1 eine Mehrheit von 2 Ebenen erhält, kann keine andere Transaktion T_2, die mit T_1 in Konflikt steht, gleichzeitig dieses Quorum erreichen. Damit ist Serialisierbarkeit gewährleistet.

- Die Zustimmung einer Ebene e wird erreicht, wenn die Mehrheit der Knoten auf Ebene e dem Antrag zustimmt.

- Wird ein Knoten auf Ebene e angefragt und antwortet dieser nicht innerhalb einer vorgegebenen Zeitspanne (time out), so kann seine Zustimmung durch die Zustimmung der Mehrheit seiner Kindknoten ersetzt werden (rekursive Definition).

Das jeweilige Lese- und Schreibquorum bei diesem Protokoll ist also durch zwei Parameter Q(e,a) definiert:

- die Anzahl der erforderlichen Ebenen (e) und

- die Anzahl (a) von erforderlichen Zustimmungen je Teilebene (Teilbaum).

e und a sind abhängig von der Höhe (h) und dem Verzweigungsgrad (v) des Abstimmungsbaumes.

Die Parameter von Schreibquorum $Q_w(e_w,a_w)$ und Lesequorum $Q_r(e_r,a_r)$ müssen den folgenden Nebenbedingungen genügen:

Q_w: $2 * e_w > h,$ $2 * a_w > v$ (Behandlung Schreib-Schreib-Konflikte)

Q_r: $e_r + e_w > h,$ $a_r + a_w > v$ (Behandlung Lese-Schreib-Konflikte)

Wir illustrieren das Verfahren anhand von zwei Beispielen:

Beispiel 9-4:

Gegeben sei der in Abb. 9-6 dargestellte Entscheidungsbaum. Für diesen Baum gilt: h = 3 und v = 3. Das Quorum für Schreibzugriffe muß hier so gewählt werden, daß auf mindestens 2 Teilbaumebenen jeweils mindestens 2 Knoten[99] zustimmen. Also könnte man $Q_w = Q_w(2,2)$ wählen. In diesem Fall folgt dann für das Lesequorum ebenfalls $Q_r = Q_r(2,2)$.

Diese Bedingung wäre z. B. mit der Zustimmung der folgenden Knoten erfüllt:

{ 1, 2, 3 } oder { 1, 2, 4 } oder { 2, 3, 5, 6, 8, 9 } oder { 2, 3, 5, 7, 8, 9 } ...

(siehe Abb. 9-7).

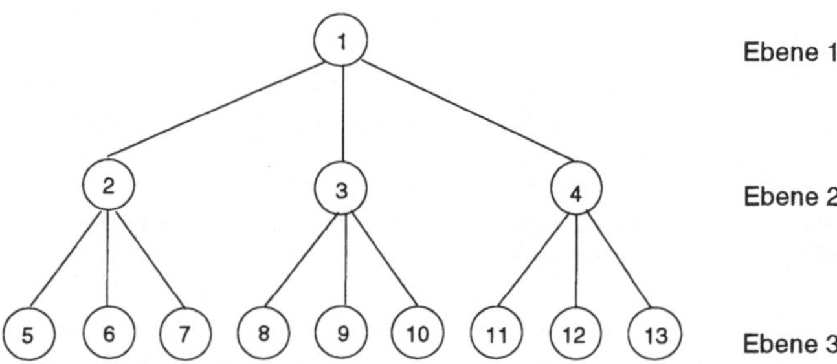

Abb. 9-6: Entscheidungsbaum beim Tree-Quorum-Protokoll

---

[99] bzw. alle Knoten dieser Ebene, wenn nicht so viele Knoten vorhanden (wie z. B. im Fall der Wurzel) sind.

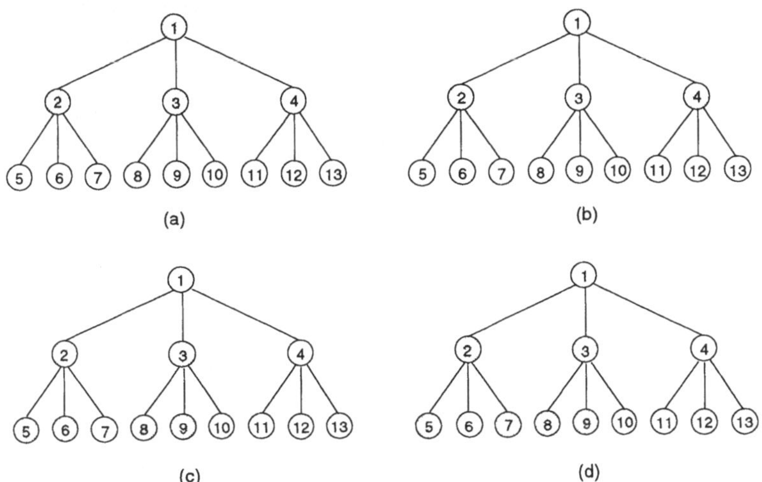

Abb. 9-7: Auswahl möglicher Konstellationen für ein Schreibquorum

Beispiel 9-5:

Gegeben sei der in Abb. 9-8 dargestellte Baum mit $v = 3$ und $h = 5$. Für ein Schreibquorum Q_w müssen in diesem Fall mindestens 3 Ebenen und je Ebene mindestens 2 Zustimmungen erreicht werden. Es gilt also:

$$Q_w = Q_w(3,2)$$

Ebene 1: Keine Stimme, muß daher ersetzt werden durch 2 Stimmen auf Ebene 2.

Ebene 2: Eine Stimme auf dieser Ebene durch Knoten 2, zweite Stimme auf dieser Ebene wird nicht direkt erreicht, wird ersetzt durch 2 Stimmen auf Ebene 3, und zwar durch die Kinder von Knoten 4.

usw. (siehe schwarz markierte Knoten in Abb. 9-8).

Wir analysieren anhand von Abb. 9-8, ob es einer zweiten Transaktion gelingen könnte, ebenfalls ein Schreibquorum zu erreichen:

Angenommen, sie erhält die Zustimmung von Knoten 1 sowie von Knoten 3 und 4, dann benötigt sie noch je 2 weitere Stimmen auf der nächst tieferen Ebene, also in den Teilbäumen mit den Wurzeln 3 und 4.

Im Teilbaum mit Wurzel 3 könnte es gelingen, eine dieser Stimmen zu erhalten: z. B. indem Knoten 3 sowie Knoten 8 und 10 zustimmen. Anders sieht es hingegen im Teilbaum mit Wurzel 4 aus. Hier ist nur noch der Teilbaum mit der Wurzel 13 „übrig" (die anderen beiden würden nicht zustimmen, falls ein Konflikt vorliegt). Die zweite Transaktion würde also das benötigte Quorum an Zustimmungen nicht erhalten können.

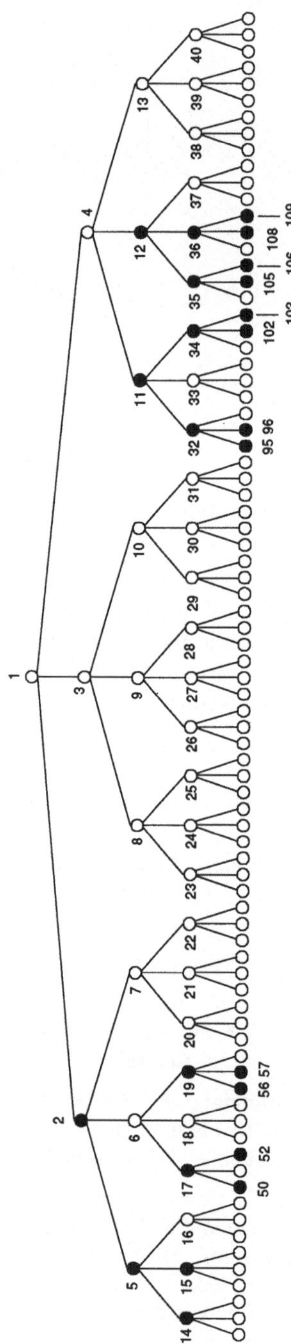

Abb. 9-8: Tree Quorum (Beispiel 2)

Anmerkungen:

Wie man an diesen Beispielen eindrucksvoll sieht, kann ein strukturiertes Abstimmungsverfahren, wie z. B. das Tree-Quorum-Protokoll, helfen, die Anzahl der für eine Abstimmung erforderlichen Nachrichten in Netzen mit vielen Knoten/Kopien stark zu reduzieren. In dem in Abb. 9-8 illustrierten Fall von 121 Knoten würde das Majority-Consensus-Verfahren die Zustimmung von (mindestens) 61 Knoten erfragen müssen. Im dargestellten Fall wurden anstatt dessen 24 Stimmen benötigt. Wäre die Wurzel mit beteiligt gewesen, so hätten im optimalen Fall sogar nur 7 Stimmen ausgereicht.

Man erkauft sich diesen Vorteil allerdings mit einer stark vergrößerten Anfragelast an die im Abstimmungsbaum weiter oben stehenden Knoten, insbesondere natürlich der Wurzel, die hierdurch leicht zum Flaschenhals werden kann, wenn diese (einschließlich der Kommunikationswege) nicht für das erhöhte Lastaufkommen hinreichend ausgelegt wurde. Bei Ausfall der Wurzel oder Knoten auf höheren Ebenen werden mehr Stimmen benötigt, auch addieren sich dann ggf. die „Time-out"-Zeiten, die abgewartet werden, bis bei den Kindknoten angefragt wird.

Übungsaufgabe 9-3: Tree Quorum

a) Listen Sie die möglichen „optimalen" Zustimmungskonstellationen für das in Abb. 9-8 dargestellte Szenario auf, wenn alle Knoten erreichbar sind.

b) Gegeben sei ein Baum mit Verzweigungsgrad 4 und Höhe 3. Definieren Sie das Lese- und das Schreibquorum so, daß Lesetransaktionen gegenüber Updatetransaktionen bevorzugt behandelt werden. Wählen Sie hierbei jeweils das kleinstmögliche (korrekte) Quorum.

c) Wie Teilaufgabe b), jedoch sollen Lesetransaktionen gegenüber Schreibtransaktionen nicht bevorzugt behandelt werden.

9.3.5 Reconfigurable Tree Quorum

Knotenausfälle können beim oben beschriebenen (statischen) Tree Quorum-Verfahren dazu führen, daß kein Schreibquorum mehr erreicht werden kann. Hierfür wurden in /AgAb92a/ für dieses (und auch für andere strukturierte Abstimmungsverfahren) Vorschläge für eine *dynamische Rekonfiguration* vorgestellt. Für die Durchführung der Rekonfiguration muß ein entsprechendes *Rekonfigurations-Quorum* erreicht werden, das (sinnvollerweise) kleiner als das Schreibquorum ist, sich mit diesem aber überschneiden muß, um sicherzustellen, daß darin mindestens eine aktuelle Kopie enthalten ist. Für nähere Einzelheiten siehe /AgAb92a /.

Rekonfigurations-
quorum

9.3.6 Data Patches

höchste Priorität:
Systemverfügbarkeit

Bei dem Verfahren *Data Patches* /Garc83/, das im folgenden skizziert werden soll, geht man davon aus, daß die *Verfügbarkeit des Gesamtsystems*, einschließlich der Möglichkeit von Updates, *höchste Priorität* hat. Hierfür nimmt man ggf. auch gewisse Konsistenzprobleme in Kauf, die dann nach der „Wiedervereinigung" auf die eine oder andere Weise (siehe unten) beseitigt werden müssen. Die Kernidee des Verfahrens ist, daß man beim Datenbankentwurf für repliziert gespeicherte Relationen bereits festlegt, welche

Strategien zur
Konfliktauflösung

Strategie zur Auflösung von Konflikten im Falle einer Netzpartitionierung und anschließender Wiedervereinigung jeweils angewandt werden soll. Hierbei werden i. w. zwei Fälle unterschieden:

- Tupel, die während der Netzpartitionierung in eine der Allokationen *eingefügt* wurden

- Tupel, die während der Netzpartitionierung *verändert* wurden

Dementsprechend muß für jede Relation je eine Regel angegeben werden, wie mit solch „einseitig" eingefügten Tupeln verfahren werden soll (*Tupel-Einfügeregel*), und wie mit Tupeln verfahren werden soll, die sich aufgrund der Netzpartitionierung unterschiedlich entwickelt haben (*Tupel-Integrationsregel*). In /Garc83/ wurden hierfür die folgenden alternativen Regeln vorgeschlagen (je Relation und Kategorie muß man sich für eine davon entscheiden). Wir bezeichnen der Einfachheit halber die beiden Allokationen einer Relation R mit A_1 bzw. A_2:

Tupel-Einfügeregeln:

Annahme: das Tupel sei nur in A_1 eingefügt worden:

- KEEP   Tupel einfügen in A_2

- REMOVE   Tupel löschen in A_1

- PROGRAM   Aufruf eines Programms mit Tupel als Parameter

- NOTIFY   Systemadministrator benachrichtigen, manuelle Konfliktauflösung

Tupel-Integrationsregeln:

Annahme: Tupel wurde in A_1 und/oder A_2 geändert

- LATEST   zuletzt eingebrachte Änderung gilt

- PRIMARY k Tupel an Knoten k gilt

- ARITHMETIK   neuer Wert := $Wert_1$ + $Wert_2$ - alter Wert

- PROGRAM   wie oben

- NOTIFY   wie oben

Vorgehen bei Wiedervereinigung:

1. Bestimme alle Tupel, die nur in einer Netzpartition eingefügt wurden:
   $\Rightarrow$ wende *Tupel-Einfügeregel* an

2. Bestimme alle Tupel, die in beiden Partitionen vorkommen und geändert
   wurden: $\Rightarrow$ wende *Tupel-Integrationsregel* an.

Beispiel 9-6:

Wir betrachten eine Kontoverwaltung einer Bank. Die Konto-Relation sei wie
folgt definiert:

KontoNr	Name	KontoStand	Einfügungsregel	Integrationsregel
			KEEP	ARITHMETIC

Die Konto-Relation sei repliziert an den Knoten A und B gespeichert.

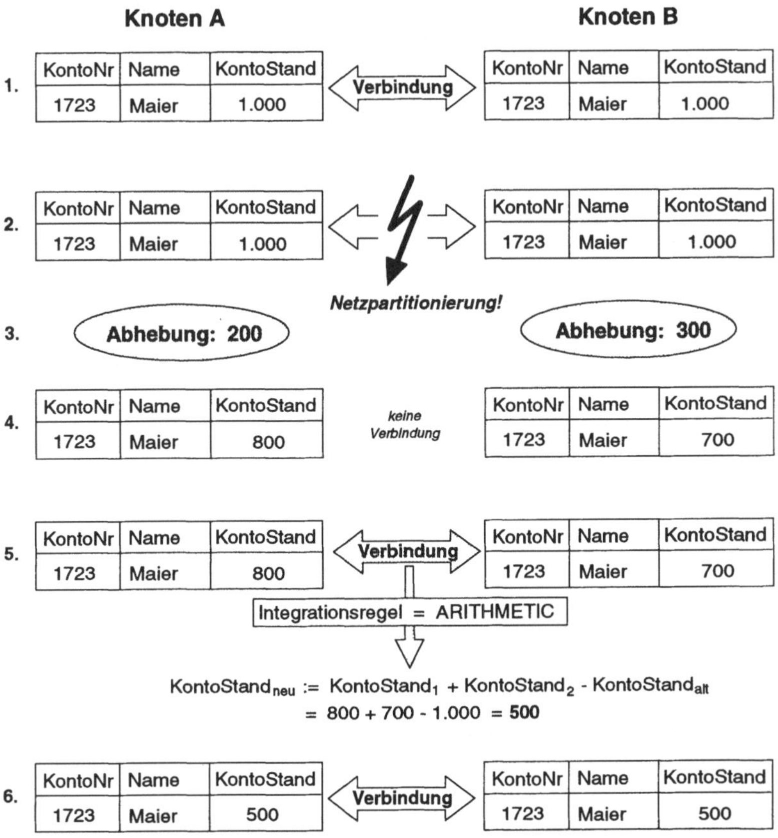

Knoten A   **Knoten B**

1.

KontoNr	Name	KontoStand
1723	Maier	1.000

Verbindung

KontoNr	Name	KontoStand
1723	Maier	1.000

2.

KontoNr	Name	KontoStand
1723	Maier	1.000

KontoNr	Name	KontoStand
1723	Maier	1.000

Netzpartitionierung!

3. **Abhebung: 200**   **Abhebung: 300**

4.

KontoNr	Name	KontoStand
1723	Maier	800

keine Verbindung

KontoNr	Name	KontoStand
1723	Maier	700

5.

KontoNr	Name	KontoStand
1723	Maier	800

Verbindung

KontoNr	Name	KontoStand
1723	Maier	700

Integrationsregel = ARITHMETIC

$$\text{KontoStand}_{neu} := \text{KontoStand}_1 + \text{KontoStand}_2 - \text{KontoStand}_{alt}$$
$$= 800 + 700 - 1.000 = \textbf{500}$$

6.

KontoNr	Name	KontoStand
1723	Maier	500

Verbindung

KontoNr	Name	KontoStand
1723	Maier	500

9.3.7 Semantikbasiertes Replikationsmanagement

Zum Abschluß der Verfahrensvorstellungen soll noch ein etwas „exotisches" Verfahren vorgestellt werden, das jedoch aufzeigen soll, daß man bezüglich Replikationsverwaltung auch einmal in eine „andere Richtung" denken kann. Wie bereits in Abschnitt 9.2.4.4 erwähnt, setzen semantische Verfahren immer voraus, daß die Anwendungen hierfür „passend" sind, daß sich also geeignete kommutative Operationen überhaupt identifizieren lassen.

Selbst wenn man solche Anwendungen in bezug auf eine bestimmte Objektmenge identifiziert hat, diese aber nicht alleine auf diese Objektmenge zugreifen, so stellt sich möglicherweise das Problem, daß kommutative und nicht-kommutative Operationen vermischt auftreten können. Dies wiederum vereitelt dann entweder die Anwendung eines semantischen Verfahrens oder erschwert sie zumindest, weil die verschiedenen Anwendungsarten auf organisatorische Weise entflochten und zu verschiedenen Zeiten ausgeführt werden müssen.

kommutative und
nicht-
kommutative
Transaktionen

In dem in /KuSt88/ vorgestellten Verfahren wird im Kontext einer verteilten Datenbank mit Replikaten versucht, ein semantisches Verfahren auch in einem „gemischten Betrieb" anwendbar zu machen. Bei diesem Verfahren werden die Transaktionen in *kommutative Transaktionen* (C-TA) und *nicht-kommutative Transaktionen* (NC-TA) eingeteilt.

C-TA's:

Die Ausführung von C-TA's ist auf verschiedenen Kopien in beliebiger (also auch unterschiedlicher) Reihenfolge möglich. Hierbei wird zunächst ein (rein) lokaler Update einer C-TA einschließlich Commit durchgeführt, dann erfolgt asynchron eine Aktualisierung der anderen Kopien.

NC-TA's:

Die NC-TA's werden durch „äquivalente" C-TA's ersetzt und diese dann als normale C-TA's ausgeführt.

Wir wollen die Grundidee zunächst anhand eines Beispiels veranschaulichen, bevor wir uns dann mit den Aspekten der konkreten Ausführung befassen.

Beispiel 9-7:

Gegeben sei wieder eine Konto-Relation, die auf Knoten A und B repliziert gespeichert ist. Es gebe folgende Transaktionsarten (TA's):

Einzahlung (TA_E)   : $TA_E(x, e) = x + e$: erhöht Konto x um e

Auszahlungs-TA (TA_A) : $TA_A(x, e) = x - e$: vermindert Konto x um e

Zinszahlungs-TA (TA_Z) : $TA_Z(x,p) = x + p\%$: erhöht Konto x um p%

C-TA's: TA_E, TA_A **NC-TA's:** TA_Z

Ausführung der NC-TA TA_Z (für $x_1 = 200$ und $p = 10$):

1. Berechnung der Zinsen z (hier: $z = 20$) auf Kopie x_1 und Aktualisierung dieser Kopie (Commit).

2. Übermittlung der Zinsgutschrift als normale (kommutative) Einzahlung-TA $TA_E(x,z)$ (hier: $TA_E(x,20)$) an alle anderen Kopien von x_1. $\square$

Um den Aktualitätsstand einer Kopie in bezug auf durchgeführte Updates beurteilen zu können, werden je Knoten zwei Zähler verwaltet. $Count_{C,i}$ gibt an, wieviele C-TA's auf Knoten i ausgeführt wurden, und $Count_{NC,i}$ gibt die entsprechende Anzahl von NC-TA's an.

Der Ablauf einer **NC-TA** ist wie folgt:

1. Die NC-TA sammelt ein *Schreibquorum* von Stimmen durch Sperren einer entsprechenden Anzahl (z. B. der Mehrheit) von Kopien.

2. Von diesen Kopien wählt sie diejenige mit dem höchsten $Count_{NC,i}$-Wert aus (= aktuellste Kopie bzgl. NC-TA's).

3. Durchführung des Updates auf dieser Kopie (noch ohne Commit).

4. Bestimmung der „äquivalenten" C-TA für den Update der aktuell nicht gesperrten Kopien.

5. Synchroner Update der Quorum-Kopien mittels C-TA und Aktualisierung des $Count_{NC,i}$-Wertes an allen diesen Knoten (einschließlich des Knotens, der das Update durchführt).

6. (Two-Phase-)Commit der Änderungen und Übergabe der C-TA an ein *Spoolprogramm* (siehe unten) zum asynchronen Update der restlichen Kopien.

Der Ablauf einer **C-TA** ist wie folgt:

1. Der Update wird auf der lokalen Kopie einschließlich Commit durchgeführt und der $Count_{C,i}$ aktualisiert.

2. Übergabe der C-TA an ein Spoolprogramm (siehe unten) zum asynchronen Update der anderen Kopien.

Aufgabe des **Spoolprogramms**:

- Annahme von C-TA's des lokalen Knotens und Weiterleitung/Verteilung an andere Knoten.

- Empfang von C-TA's anderer Knoten, Durchführung des entsprechenden lokalen Updates und Aktualisierung des lokalen $Count_{C,i}$-Wertes.

Anmerkungen:

- Durch die asynchrone Ausführung der C-TA's sind vorübergehend nicht alle Kopien eines Objektes auf demselben Stand.

Problem:
Input für NC-TA
evtl. nicht aktuell

- Es ist nicht sichergestellt, daß im Schreibquorum einer NC-TA eine Kopie enthalten ist, die alle C-TA's widerspiegelt. Damit muß die Anwendung bei diesem Verfahren leben!! [100]

- Durch Ausführung des Spoolprogramms mit entsprechend hoher Priorität läßt sich zwar die Wahrscheinlichkeit, daß dieser Fall eintritt, herabsetzen, aber ganz vermeiden läßt er sich nicht.

- Eine andere mögliche Maßnahme, die in dieselbe Richtung zielt, ist den Kopienupdate in periodischen Abständen zu synchronisieren. Hierdurch kann vermieden werden, daß die Kopien zu stark divergieren. Allerdings tritt hierdurch ein Verlust an Parallelität auf.

9.4 Abschließende Bemerkungen

Replikationsverfahren sind bereits seit einigen Jahren ein sehr aktuelles Forschungs- und Entwicklungsgebiet. Dieses Thema wird durch den Trend zur Dezentralisierung sowie durch die aktuellen Entwicklungen im Bereich mobiler Systeme (*mobile computing*) sicherlich auch in den nächsten Jahren nicht an Aktualität verlieren.

mobile Computing

Aufgrund der raschen Entwicklung in diesem Gebiet und die bereits existierende Vielzahl von Vorschlägen (in /BeDa95/ haben wir knapp 60 Papiere aufgearbeitet) macht es im Rahmen dieses Kurses keinen Sinn, hier nun alle Entwicklungen in allen Verästelungen im Detail nachzuvollziehen. Bei den hier konkreter vorgestellten Verfahren handelt es sich jeweils um (subjektiv ausgewählte) markante Vertreter einer bestimmten Gruppe von Verfahren, um das Grundkonzept zu erläutern. Viele Varianten mußten hierbei zwangsweise unerwähnt bleiben, insbesondere viele weitere Vorschläge für Abstimmungs-

Grid-Protokoll

verfahren, wie etwa das *Grid-Protokoll* /CAA90/ um nur eines dieser Verfahren exemplarisch zu nennen, das anstelle einer Baumstruktur des Tree-Quorum-Verfahrens (siehe Abschnitt 9.3.4), eine *gitterförmige Abstimmungsstruktur* verwendet. Die hier vorgestellten Verfahren stellen nicht immer den allerletzten Stand der Technik dar. Für konkrete Forschungs- oder Entwicklungsvorhaben ist deshalb eine weitergehende Vertiefung dieses Gebietes anhand der aktuellen Literatur sehr anzuraten. /BeDa95/, /Borg91/, /DaGa85/ oder /HySo88/ können hierbei als Einstieg evtl. nützlich sein.

---

[100] und dies schränkt natürlich die praktische Anwendbarkeit stark ein

10. Recovery

Unter *Recovery* (im weiteren Sinne) versteht man die Gesamtheit der Maßnahmen eines DBMS zur Gewährleistung bzw. zur Wiederherstellung der
Konsistenz der Datenbank im Fehlerfall. In der Regel unterscheidet man zwischen Recoverymaßnahmen, die zeitlich „nahe" zur Ausführung der Transaktionen liegen (*Kurzzeit-Recovery*), und solchen, die mehr der längerfristigen
Sicherung der Daten dienen (*Langzeit-Recovery*). Die Maßnahmen der *Kurzzeit-Recovery* zielen hierbei insbesondere auf die Gewährleistung der *Atomarität* von Transaktionen („Alles-oder-Nichts-Prinzip"), während die Maßnahmen der *Langzeit-Recovery* schwerpunktmäßig auf die Gewährleistung der
Dauerhaftigkeit von Transaktionen abzielen[101]. In beiden Kategorien kann
man jeweils zwischen *vorbereitenden* und *vollziehenden Maßnahmen* (= Recovery im engeren Sinne) unterscheiden.

10.1 Kurzzeit-Recovery (Crash-Recovery)

Zu dieser Kategorie gehören alle Maßnahmen, die verhindern helfen, daß die
Effekte nicht vollständig ausgeführter Transaktionen dauerhaft in die Datenbank gelangen bzw. in der Datenbank verbleiben. Sie sind also von Bedeutung im Kontext von Transaktionsabbrüchen durch das Anwendungsprogramm oder das DBMS (z. B. wegen Deadlock) oder im Kontext von Systemzusammenbrüchen, nach denen die Datenbank eventuell von unvollständig ausgeführten Transaktionen „gesäubert" werden muß.

Im *lokalen* bzw. *zentralen Fall* wird hierzu als *vorbereitende Maßnahme* eine
Protokolldatei, das sog. *Logfile* geschrieben. Das Logfile enthält u. a. Informationen über den Beginn (BOT-Record) und das Ende einer Transaktion
(ABORT-Record, COMMIT-Record) sowie die sog. *Before-Image-Einträge
(Undo-Information)* und/oder *After-Image-Einträge (Redo-Information)* von
Updatetransaktionen. Mit Hilfe des Logfiles kann das lokale bzw. zentrale
DBMS im Fehlerfall eine unvollständig ausgeführte Transaktion zurücksetzen
(d. h. deren Effekte ggf. wieder aus der Datenbank entfernen) sowie durch
Systemausfall verlorengegangene Änderungen bereits abgeschlossener Transaktionen wieder in die Datenbank einspielen.

Im *verteilten Fall* kommt hinzu, daß das Erreichen des *Ready-to-Commit-
(RtC-)Zustandes* (siehe Abschnitt 7.6) sowie die zum RtC-Zeitpunkt gesperrten Objekte (dies kann im Prinzip auch aus den After-Image-Einträgen abge-

Logfile (margin note)

*verteilter Fall:
RtC-Zustand* (margin note)

---

[101] siehe Abschnitt 7.1

leitet werden) aus dem Logfile ableitbar sein müssen, da dieser Zustand im Fehlerfall wiederherstellbar sein muß. (Ähnliches gilt in Client/Server-Umgebungen im Kontext von „langen Transaktionen" und „langen Sperren", auf die wir im nächsten Kapitel eingehen werden.) Bei Beachtung des *Zwei-Phasen-Commit-Protokolls* reichen diese Maßnahmen bereits aus, um auch im verteilten Fall die *Atomarität von Transaktionen* auch im Fehlerfall gewährleisten zu können.

Wichtig:
Beachtung des
2PC-Protokolls

10.2 Langzeit-Recovery (Media-Recovery)

Die Maßnahmen zur Langzeit- bzw. Media-Recovery dienen dem Schutz der Daten gegen Hardwarefehler (z. B. Block, Spur oder Platte nicht mehr lesbar) und gegen Katastrophen wie Feuer, Wasser oder Erdbeben. Ohne geeignete Vorkehrungen würden durch solche Ereignisse die Daten in Teilen oder zur Gänze verlorengehen. Die Möglichkeiten, sich gegen solche Fehler zu schützen, sind vielfältig, und die konkreten Maßnahmen hängen auch davon ab, wie hoch man die Wahrscheinlichkeit solcher Fehler einschätzt und wie schnell das DBS nach Auftreten eines solchen Fehlers wieder operational sein muß. Oft werden auch verschiedene Maßnahmen miteinander kombiniert.

Die *kürzesten Wiederanlaufzeiten* werden sicherlich durch redundante Hardware wie Spiegelplatten (helfen aber nicht bei Feuer, falls im selben Raum installiert) oder komplett redundant (und ggf. physisch entfernt) installierte Systeme erreicht, wie man sie z. B. bei Fluggesellschaften oder in der Flugsicherung häufig findet. Beides sind natürlich relativ teuere Lösungen, insbesondere wenn es darum geht, sehr große Datenbestände zu verwalten. Eine der ältesten und immer noch sehr häufig (ggf. ergänzend) eingesetzten Methoden ist, von Zeit zu Zeit die Datenbankplatten zu kopieren (*Backup*). Dies geschieht entweder außerhalb des Benutzerbetriebs als *Offline-Backup* oder während des laufenden Betriebs (*Online-Backup*). Beim Online-Backup werden, insbesondere bei performanzkritischen Anwendungen, häufig lediglich diejenigen Plattenblöcke gesichert, die sich seit der letzten Sicherung geändert haben. Man spricht deshalb auch von *inkrementellem Backup (incremental backup)*.

Offline-Backup
Online-Backup

inkrementelles
Backup

Wenn bei einem *zentralen DBMS* der Katastrophenfall eintritt, so befindet sich das System nach Wiederanlauf und Einspielen des Backups (sofern vorhanden) in einem zwar veralteten, jedoch konsistenten Datenbankzustand. Wie dies im verteilten Fall aussieht, wollen wir uns in den nächsten Abschnitten etwas näher ansehen.

Hierbei wollen wir im folgenden etwas davon abstrahieren, was zum Sicherungszeitpunkt tatsächlich gemacht wird (Offline-Backup, inkrementelles Backup oder eine andere Variante) und deshalb etwas neutraler von einem

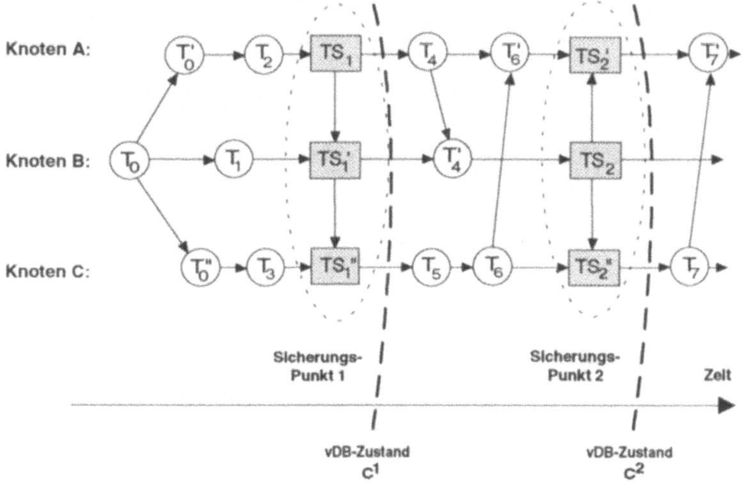

Abb. 10-1: Strikt synchronisierte lokale Sicherungspunkte

Sicherungspunkt (*checkpoint*)[102] sprechen. Wichtig ist für das Folgende nur, daß der Sicherungspunkt (*SP*) einen logischen Zeitpunkt definiert, an dem sich das lokale System in einem konsistenten Zustand befunden hat und in den es auf Anforderung wieder zurückgehen kann.

Sicherungspunkt
(checkpoint)

10.2.1 Strikt-synchronisierte lokale Sicherungspunkte

Bei diesem Ansatz werden die SPe jeweils zeitgleich an allen Systemen erzeugt. Damit existiert auf natürliche Weise ein *globaler SP*. Angestoßen werden könnte die Erzeugung des SPs z. B. durch eine verteilte „*Sicherungs-Transaktion*" (*TS*), die an allen Knoten jeweils die ganze Datenbank exklusiv sperrt. Sobald alle Sperren erfolgreich gesetzt wurden, können die lokalen Sicherungen angestoßen und lokale Logeinträge mit der Nummer des SPs geschrieben werden (siehe Abb. 10-1).

Im Katastrophenfall könnte dann vom betroffenen Knoten der aktuellste lokal verfügbare Sicherungspunkt bestimmt und den anderen Knoten mitgeteilt werden. Durch Zurücksetzen auf diesen Punkt würde sich die Datenbank wieder in einem global konsistenten (Ausgangs-)Zustand befinden.

---

[102] Das periodische Durchschreiben (forced write) der geänderten Seiten des Systempuffers in die Datenbank wird manchmal auch als *Sicherungspunkt* (*checkpoint*) bezeichnet. Diese Art von Sicherungspunkt ist hier aber nicht gemeint.

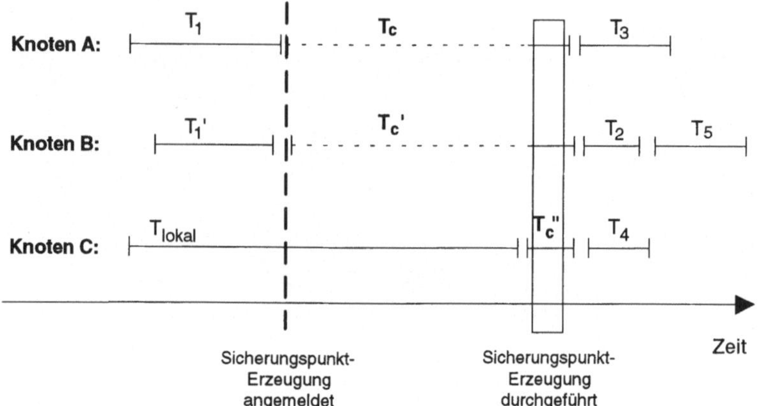

Abb. 10-2: Lose synchronisierte Sicherungspunkte

10.2.2 Lose-synchronisierte lokale Sicherungspunkte

Die obige Vorgehensweise kann zu Problemen führen, wenn es nicht möglich ist, zeitgleich an allen Systemen die Datensicherung anzustoßen. Dies kann z. B. in hochbelasteten Systemen der Fall sein, wo immer ein Teil des Systems uneingeschränkt operational sein muß, oder weil das System geographisch verteilt in verschiedenen Zeitzonen betrieben wird, so daß es u. U. immer einen Zeitpunkt gibt, wo irgendwo gerade Hochbetrieb herrscht, so daß dort zu diesem Zeitpunkt keine gemeinsame Datensicherung betrieben werden kann. Um dennoch ein einfaches Zurücksetzen auf einen gemeinsamen Sicherungspunkt wie im vorherigen Ansatz zu ermöglichen, könnte das nachfolgend beschriebene Sicherungspunktverfahren /ScDa80/ eingesetzt werden. Dieses Verfahren beruht auf den folgenden Überlegungen:

1. Ob eine *rein lokale* Transaktion (wie z. B. T_{lokal} in Abb. 10-2) im globalen Sicherungspunkt (definiert durch { T_C, $T_C{}'$, $T_C{}''$ }) enthalten ist oder nicht, ist für die *globale Konsistenz*[103] unerheblich.

2. Teiltransaktionen globaler Transaktionen (wie z. B. T_1 und $T_1{}'$ in Abb. 10-2) müssen entweder vollständig oder gar nicht im globalen Sicherungspunkt enthalten sein.

Erzeugen der lokalen Sicherungspunkte:

- Die globalen Sicherungspunkte (SPe) werden aufsteigend durchnumeriert, etwa C^1, C^2, C^3, ...

- Alle lokalen SPe, die zusammen einen globalen SP bilden, haben dieselbe SP-Nummer.

---

[103] im Sinne von „knotenübergreifenden Konsistenzbedingungen"

- Ein Knoten initiiert das Erzeugen eines globalen SPs durch Versenden einer entsprechenden Nachricht, z. B. „Erzeugung Sicherungspunkt C^i" an alle anderen Knoten.

- Jeder Knoten k

  ◊ erzeugt einen lokalen SP C^i_k, sobald es ihm möglich ist (d. h. keine Transaktionen mehr offen sind),

  ◊ fährt mit der Verarbeitung von Transaktionen unmittelbar nach Erzeugung seines SPs wieder fort.[104]

Ausführen globaler Transaktionen:

- Eine Primärtransaktion T an einem Knoten A erzeugt eine Subtransaktion T' an einem Knoten B durch die Nachricht (T',i) an den Knoten B, wobei gilt:

  T' = nähere Spezifikation der Subtransaktion

  i = Nummer des zuletzt an Knoten A erzeugten SPs

- Sei C^j_B der zuletzt am Knoten B erzeugte SP.

  Nach Empfang der Nachricht (T',i) prüft Knoten B die Ausführbarkeit der Subtransaktion wie folgt:

  <u>if</u> j = i <u>then</u> führe T' aus <u>else</u>

  <u>if</u> j < i <u>then</u> verzögere die Ausführung von T' bis j = i

  <u>else</u> weise T' zurück (da T auf veraltetem SP basiert).

Das Verfahren erlaubt auf einfache Weise (analog zu dem in Abb. 10-1 vorgestellten Verfahren) das globale Zurücksetzen auf einen gemeinsamen Sicherungspunkt. Hierbei ist es im allgemeinen nicht so teuer wie das strikte Verfahren, da es etwas mehr Spielraum für die Erzeugung der lokalen Sicherungspunkte läßt. Wie man sich leicht überlegt, funktioniert das Verfahren am besten bei einem hohen Anteil rein lokaler Transaktionen. Bei einem hohen Anteil an globalen Transaktionen ist das Verhalten allerdings de facto wie bei dem in Abschnitt 10.2.1 vorgestellten Verfahren. Abb. 10-2 skizziert das Erzeugen eines „globalen" SPs bei diesem Verfahren.

10.2.3 Nicht-synchronisierte lokale Sicherungspunkte

Die Erzeugung strikt oder lose synchronisierter Sicherungspunkte bedeutet, daß zur normalen Laufzeit des Systems ein gewisser Aufwand getrieben wird, um im Fehlerfall dann ggf. relativ rasch einen global konsistenten Zustand wiederherstellen zu können. Man antizipiert damit einen großen Teil des möglichen globalen Recoveryaufwandes. Eine Alternative hierzu ist, zur normalen Laufzeit diesbezüglich praktisch keinen Aufwand zu treiben, und den

---

[104] wartet also nicht auf das Erzeugen der SPe durch die anderen Knoten

gesamten Aufwand ggf. in die globale Recoveryphase zu verlagern. Dies wird man natürlich nur dann tun, wenn man diesen globalen Recoveryfall als sehr selten bzw. unwahrscheinlich betrachtet (z. B. weil man, wie eingangs erwähnt, lokal jeweils geeignete Vorkehrungen getroffen hat) und man gewillt ist, bei Eintreten des Katastrophenfalls längere Recoveryzeiten zu akzeptieren.

Recoveryverfahren dieser Kategorie (siehe z. B. /DaSc80/, /Kuss82/) gehen davon aus, daß durch Analyse der lokalen Logfiles beim Zurücksetzen eines Knotens X auf einen „alten" Sicherungspunkt C_X global festgestellt werden kann, welche globalen Transaktionen durch dieses lokale Zurücksetzen unvollständig geworden sind und deshalb aus den lokalen Datenbanken ggf. entfernt werden müssen, um wieder zu einem global konsistenten Datenbankzustand zu gelangen.

Übungsaufgabe 10-1: Recovery

Gegeben sei das folgende Transaktionsszenario:.

Zeitpunkt 0:

- SP C^1 an Knoten A, B und C abgeschlossen.

Zeitpunkt 1:

- Die globale Transaktion T_{1A} startet an Knoten A.
- Nach 2 ZE [105]: T_{1A} initiiert eine Subtransaktion T_{1B} an Knoten B mit Dauer 5 ZE.
- Nach dem Ende von T_{1B} benötigt T_{1A} noch 5 ZE bis EOT [106].

Zeitpunkt 5:

- Knoten C initiiert SP-Erzeugung C^2. Dauer einer lokalen SP-Erzeugung: 5 ZE

Zeitpunkt 10:

- Knoten A initiiert Transaktion T_{2A}.
- Nach 1 ZE: T_{2A} initiiert eine Subtransaktion T_{2C} mit Dauer 5 ZE an Knoten C.
- Nach dem Ende von T_{2C} benötigt T_{2A} noch 2 ZE bis EOT.

Zeitpunkt 11:

- Eine lokale Transaktion T_C mit Dauer 7 ZE wird an Knoten C gestartet.
- Eine globale Transaktion T_{3C} wird an ebenfalls an Knoten C gestartet.

---

[105] ZE = Zeiteinheit
[106] EOT = Transaktionsende (End of Transaction)

- Nach 2 ZE: T_{3C} initiiert eine Subtransaktion T_{3A} mit Dauer 3 ZE an Knoten A.
- T_{3C} benötigt nach dem Ende von T_{3A} noch 3 ZE bis EOT.

Hinweise/Annahmen:

1. Die angegebenen Zeitdauern sind jeweils *Nettozeiten*, d. h. ohne Berücksichtigung von synchronisationsbedingten Verzögerungen.

2. Wenn die Erzeugung eines SPs „angemeldet" wurde, werden lokal keine neuen Transaktionen gestartet.

3. Zur Vereinfachung wollen wir annehmen, daß das Ende einer Subtransaktion soll gleichbedeutend mit ihrem Commit ist. Die Primärtransaktion läuft nach dem Ende der Subtransaktion unter Umständen noch (etwas) weiter.

4. Die einzelnen Transaktionen stehen nicht in Konflikt zu einander.

Aufgaben:

a) Die Erzeugung von C^2 erfolge strikt synchronisiert.

b) Die Erzeugung von C^2 erfolge lose synchronisiert.

Prüfen bzw. zeigen Sie für beide Varianten:

- Wann ist die Erzeugung von C^2 abgeschlossen?
- Wann sind die einzelnen Transaktionen (incl. die zum Zeitpunkt 11 gestarteten) jeweils abgeschlossen?

Veranschaulichen Sie die Situation bzw. Ihre Lösung graphisch.

11. Client/Server-Anwendungen

11.1 Allgemeines

„Client/Server" ist zu einem *der* Modeworte in den 90er Jahren geworden. Es ist in aller Munde, und alle Anwender und Hersteller machen „irgendwie" etwas in dieser Richtung. Auf den ersten Blick scheint es sich also um einen allgemein akzeptierten und wohldefinierten Begriff zu handeln. Bei genauerer Betrachtung stellt man jedoch relativ schnell fest, daß fast jeder etwas anderes darunter versteht. Vielfach meint man damit die *Ablösung von Zentralrechnern* und den darauf laufenden Anwendungen durch kleinere, dezentral organisierte und dediziert für bestimmte Aufgabengebiete zuständige (Server-) Systeme. Hierfür haben die Marketingleute die Schlagworte „*Downsizing*" und „*Rightsizing*" erfunden.

Downsizing, Rightsizing

Manchmal wird damit aber auch die Vorstellung verknüpft, daß Anwendungen nicht (mehr) direkt auf die Daten zugreifen sollen, sondern über anwendungsbezogene „Dienste" („Services"). Man verfolgt hier also den Ansatz einer Art von *Datenkapselung*. Hiermit rückt man, zumindest bezüglich dieses Aspekts, in die Nähe der *objektorientierten Softwareentwicklung*.

Datenkapselung, objektorientierte SW-Entwicklung

In eine ähnliche Richtung, allerdings anders motiviert, gehen wiederum Bemühungen, die Informationsbereitstellung in den Unternehmen zu verbessern. Der direkte Zugriff auf die *operativen Datenbanken* (also solchen, die unter Transaktionslast das Tagesgeschäft unterstützen) verbietet sich jedoch meist; und zwar zum einen, weil die Gefahr besteht, daß sich die Antwortzeiten für die kritischen operativen Anwendungen (*mission critical applications*) zu stark verschlechtern würden, und zum andern, weil die Entwicklung auf diesen Systemplattformen (meist handelt es sich hierbei noch um Datenbanksysteme der ersten Generation mit hierarchischem oder Netzwerk-Datenmodell oder um dateibasierte Systeme) zu aufwendig wäre. Deshalb werden aus den operativen Datenbanken Daten bzw. Informationen in *Informations-Server* übernommen, die auf relationalen DBSen basieren. Diese Informationen stehen dann, geeignet aufbereitet, im Sinne eines „Informations-Warenhauses" allen Stellen im Unternehmen mit entsprechendem Informationsbedarf zur *Entscheidungsunterstützung* zur Verfügung. Für diesen Ansatz haben die Marketingleute den Begriff des „*Information Warehouse*" geprägt.

Informationsserver

Information Warehouse

11.2 Das Client/Server-Modell

C/S-Modell ein
Software-
Architektur-
Modell

Das *Client/Server-Modell* (C/S-Modell) ist vor allem ein *Software-Architekturmodell*. Auch wenn in vielen Fällen auf der Clientseite PCs und auf der Serverseite PC-, Unix- oder Mainframeserver eingesetzt werden, so ist doch die jeweilige Anwendung das bestimmende Element. So kann es im Prinzip z. B. durchaus vorkommen, daß bzgl. einer Anwendung A_1 Rechner R_1 als Client und Rechner R_2 als Server eingesetzt werden und bzgl. einer anderen Anwendung A_2 diese Rollen genau vertauscht sind. Das C/S-Modell beschreibt das folgende Grundschema der Kooperation[108]:

Initiative geht
immer vom Client
aus

- Die Initiative zu einer Interaktion geht stets vom Klienten (*Client*) aus.

- Der Client formuliert Aufträge und schickt diese zur Ausführung an einen Dienstanbieter (*Server*).

- Für jeden Server ist festgelegt bzw. bekannt, welche Arten von Diensten (*Services*) er anbietet.

Asymmetrie der
Rollen

Typisch für das C/S-Modell ist die *Asymmetrie der Rollen bzw. Funktionen.* Das Modell legt die Rolle der Beteiligten (Client oder Server) sowie die zeitliche Abfolge der Interaktionsschritte zwischen diesen fest. Abb. 11-1 veranschaulicht diese Abfolge. Ein Client kann im Laufe einer Verarbeitung auf mehrere Server zugreifen und ein Server kann verschiedene Clients bedienen.

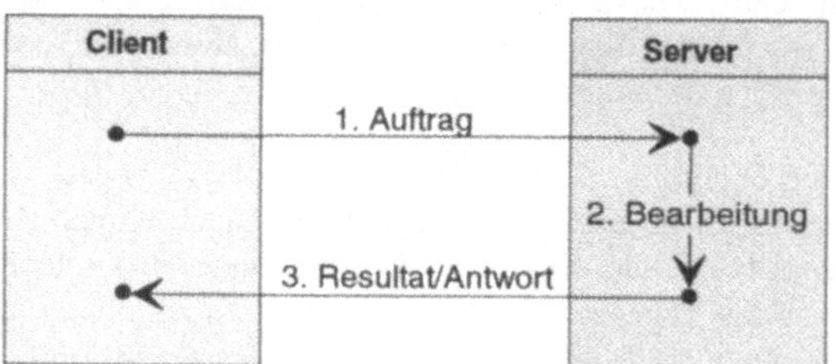

Abb. 11-1: Interaktionen im Client/Server-Modell

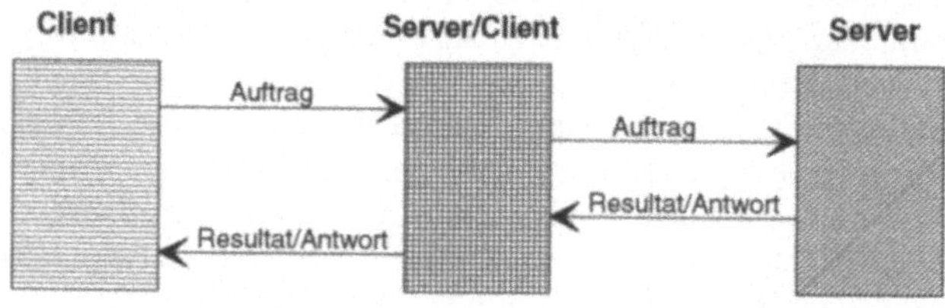

Abb. 11-2: Verschiedene Rollen bei Auftragsausführung

---

[108] Im folgenden lehnen wir uns teilweise an die Ausführungen in /Geih95/ an.

Unter Umständen muß ein Server zur Bearbeitung eines Auftrages einen Auftrag an einen anderen Server erteilen. Ein Server kann somit im Rahmen einer Auftragsbearbeitung selbst auch wieder Client sein.

Server kann selbst wieder Client sein

Abb. 11-2 veranschaulicht diesen Sachverhalt.

11.3 Architekturaspekte

Die verschiedenen Realisierungsformen von C/S-Systemen unterscheiden sich im wesentlichen darin, wie sie die Funktionen eines Anwendungssystems[109] (im folgenden kurz *Applikation* genannt) zwischen Client- und Serversystem aufteilen. Wie in Abb. 11-3 illustriert, kann man bei den Komponenten einer Applikation drei Kategorien unterscheiden:

Applikation

- Präsentationsfunktionen

- Applikationsfunktionen

- Datenverwaltungsfunktionen

Den *Präsentationsfunktionen* werden alle Aufgaben zugeordnet, die mit der Eingabe von Informationen via Tastatur und Maus sowie mit deren Ausgabe auf Bildschirm und Drucker in Zusammenhang stehen. Hierzu gehören u. a. die Verwaltung von Bildschirmmasken, das Füllen dieser Masken mit Ausgabewerten, die Entgegennahme von Maus- und Tastatureingaben etc.

Präsentationsfunktionen

Die *Applikationsfunktionen* repräsentieren die gesamte anwendungsspezifische Programm- und Ablauflogik. Sie rufen für die dialogorientierte Ein- und Ausgabe Präsentationsfunktionen und für den Zugriff auf gespeicherte Daten entsprechende Datenverwaltungsfunktionen (z. B. in die Wirtssprache eingebettete SQL-Anweisungen) auf.

Applikationsfunktionen

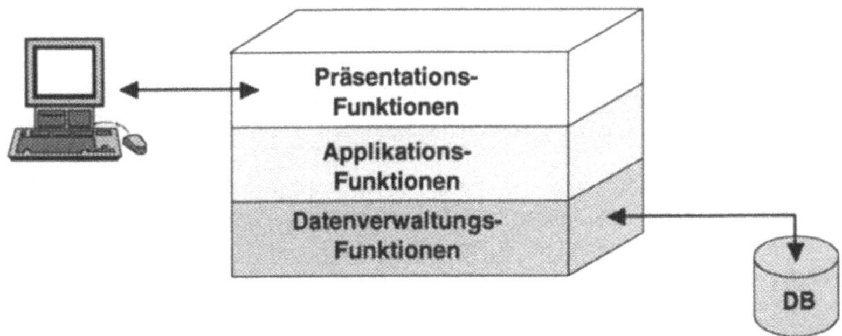

Abb. 11-3: Komponenten eines Anwendungssystems

---

[109] Wir beschränken uns hier auf die für diese Anwendungsdomäne typischen *dialogorientierten* Anwendungssysteme.

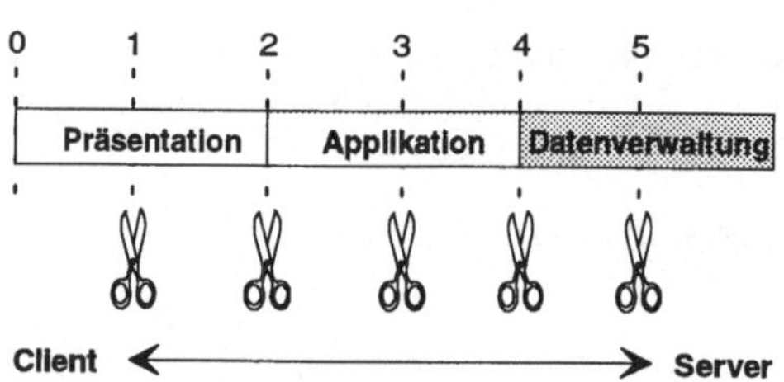

Abb. 11-4: Mögliche Funktionsverteilungen

Daten-
verwaltungs-
funktionen

Die *Datenverwaltungsfunktionen* realisieren den physischen Zugriff auf die in Datenbank- oder Dateisystemen gespeicherten Daten und stellen diese ggf. an den entsprechenden Schnittstellen bereit.

Wie in Abb. 11-4 schematisch dargestellt, läßt sich eine Applikation im Prinzip an fünf Stellen in eine Client- und eine Serverkomponente zerlegen:

Schnitt 0 (also keine Zerlegung) charakterisiert die typische *Zentralrechneranwendung*: vom Datenzugriff über die Applikationslogik bis zum Bildschirmaufbau wird alles vom Zentralsystem erledigt.

verteilte
Präsentation

Schnitt 1 führt zu einer *verteilten Präsentation*. Die Präsentationsfunktion wird hierbei in eine Server- und eine Client-Komponente aufgespalten (siehe Abschnitt 11.3.1).

entfernte
Präsentation

Schnitt 2 realisiert die *entfernte Präsentation*. Sie entspricht vom Grundgedanken her der traditionellen Terminal-Host-Konfiguration. Die Applikation steuert, im Gegensatz zur verteilten Präsentation, den Bildschirm durch entsprechende Kommandosequenzen unmittelbar selbst. Ein Terminalemulationsprogramm auf einem PC, das mit einem Hostsystem verbunden ist, wäre ein Beispiel für eine solche C/S-Variante.

verteilte
Applikations-
funktion

Schnitt 3 zerlegt die *Anwendung* in zwei Komponenten, wobei ein Teil auf der Client- und der andere Teil auf der Serverseite zur Ausführung kommt. Schnitt 3 realisiert damit eine *verteilte Applikationsfunktion* (siehe Abschnitt 11.3.3).

entfernter Daten-
bankzugriff

Schnitt 4 beschreibt eine C/S-Variante mit *entferntem Datenbankzugriff* (*remote database access; RDA*), der über eine semantisch hohe Schnittstelle (wie z. B. SQL) realisiert wird (siehe Abschnitt 11.3.2).

Dateiserver /
Pageserver

Schnitt 5 beschreibt eine C/S-Variante, bei welcher der Server auf einen reinen *Dateiserver (file server)* bzw. *Pageserver* reduziert wird. Ein typisches Beispiel für diese Form der Funktionsverteilung sind die weit verbreiteten LAN-Netzbetriebssysteme, bei denen ein Dateiserver gemeinsame Daten speichert. Die gesamte Zugriffslogik auf die Datensätze, wie z. B. die Umsetzung von assoziativen

Anfragen in Satzadressen, findet – im Gegensatz zur Funktionsaufteilung gemäß Schnitt 4 – hierbei auf der Clientseite statt (siehe
hierzu auch die Ausführungen in Abschnitt 1.3.5).

11.3.1 Verteilte Präsentation

Das bekannteste und am weitesten verbreitete System zur verteilten Präsen-   X-Windows
tation (Schnitt 1 in Abb. 11-4) ist das *X-Windows-System* /ScGe86/, /ScGe90/,
das 1984 am MIT[110] entwickelt wurde und dessen Version 11 aus dem Jahre
1987 sich als X11-Standard in der Unixwelt (und mittlerweile auch darüber
hinaus) etabliert hat. Das X-Windows-System besteht im wesentlichen aus
zwei Komponenten: einem X-(Display-)Server und einem oder mehreren
X-Clients.

Der *X-Display-Server* (meist kurz *X-Server* genannt) läuft auf dem Rechner   X-Server
des Benutzers und verwaltet die Fenster seiner Clients. Er bietet den X-Clients
Ein- und Ausgabedienste an, mittels derer diese die gewünschte Anwen-
dungsfunktionalität (bzgl. Ein-/Ausgaben) realisieren. Der X-Display-Server
stellt auf seinem Bildschirm die Fenster (X-Windows) dar und registriert
Maus- und Tastatureingaben.

Die *X-Clients* können auf demselben, aber auch auf einem anderen Rechner   X-Clients
als der X-Display-Server laufen (siehe Abb. 11-5.a bzw. Abb. 11-5.b). Dies
hat auf die Realisierung der Anwendung keinen Einfluß. Anwendungen, welche die Ein-/Ausgabe mittels X-Windows durchführen, sind somit hinsichtlich
dieses Aspekts *ortsunabhängig*.

Ein Benutzer kann auf seinem Bildschirm gleichzeitig mit mehreren Anwendungen arbeiten und kann zwischen diesen mittels Cut-and-Paste (unterstützt

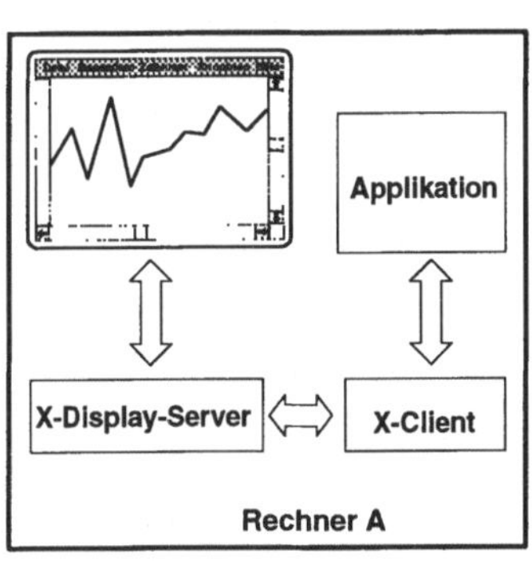

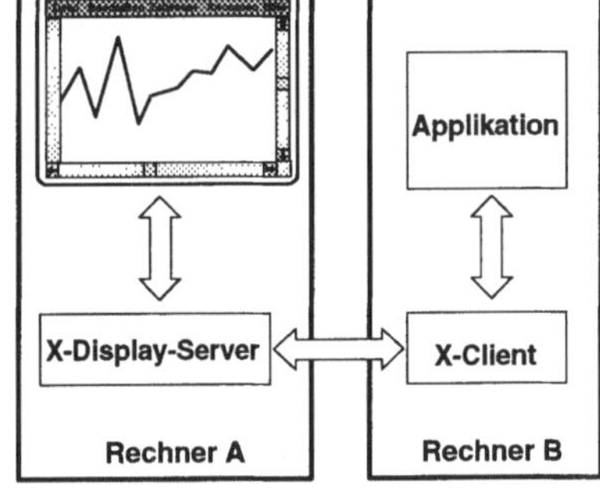

Abb. 11-5: Applikation basierend auf X-Windows-System

[110] Massachusetts Institute of Technology

durch den X-Display-Server) Daten austauschen. Die Programmierschnittstelle zwischen X-Display-Server und X-Client ist durch die in der *X-Bibliothek* zusammengefaßten Funktionsaufrufe realisiert. Die zulässigen Funktionsaufrufe und deren Semantik sind durch das *X-Protokoll* geregelt.

X-Protokoll

Anmerkung:

Gelegentlich stiftet die Architektur des X-Windows-Systems etwas begriffliche Verwirrung. In Abb. 11-5.b wird man *Rechner A* aus Sicht des Anwenders als *Clientsystem* und *Rechner B* als *Serversystem* bezeichnen. Die Komponenten des X-Windows-Systems sind jedoch genau anders herum installiert. Der *„Anwendungsclient"* (Rechner A) wird durch den *X-Server* bedient, während der *„Anwendungsserver"* (Rechner B) mit dem *X-Client* kommuniziert.

11.3.2 Entfernter Datenbankzugriff

gesamte Datenverwaltungsfunktionalität auf (DB-)Server

Beim entfernten Datenbankzugriff (Schnitt 4 in Abb. 11-4) wird die gesamte *Datenverwaltungsfunktionalität* auf dem *Serversystem* bereitgestellt, während die gesamte *Applikationsfunktionalität* auf dem *Clientsystem* realisiert ist. Der Client bedient sich hierbei einer semantisch „hohen" Schnittstelle, wie z. B. SQL oder eines objektorientierten Pendants. Die physischen Aspekte des Zugriffs, insbesondere der gezielte Zugriff auf Datenbankseiten, Indexe u. ä. bleiben hierdurch vor dem Client verborgen.

Im einfachsten Fall bedient sich das Clientsystem der „normalen" Datenbankschnittstelle des eingesetzten DBMS, wie z. B. Embedded SQL. Für die Anwendung ist es in diesem Fall völlig transparent, ob die Datenverwaltungsfunktionalität auf demselben Rechner oder auf einem entfernten Rechner angeboten wird oder ob es sich um den Zugriff auf ein verteiltes DBMS handelt. Viele DBMSe bieten über diese Schnittstelle auch den transparenten Zugriff auf Daten anderer Datenbanken desselben oder anderer Hersteller an, die sich dann – zumindest bezogen auf lesenden Zugriff – der Anwendung gegenüber wie Daten des lokalen Datenbanksystems verhalten. Das eigene Server-DBMS fungiert dabei quasi als Vermittler[111]. Damit ergeben sich die in Abb. 11-2 skizzierten Aufrufstrukturen. Auf diese oft als *„Database Gateway"*

Database Gateway

bezeichnete Funktionalität sowie die damit verbundenen prinzipiellen Möglichkeiten und Grenzen eines transparenten Zugriffs sind wir bereits in den Abschnitten 5.5 und 5.6 eingegangen.

Obwohl diese Lösung aus Sicht der Anwendungsentwicklung sicherlich am bequemsten ist, hat sie doch den gravierenden Nachteil, daß die hierbei verwendeten Schnittstellen proprietär sind, wodurch eine eventuelle Migration zu einem späteren Zeitpunkt auf ein anderes (Server-)DBMS möglicherweise

---

[111] Beim Zugriff auf eine „entfernte" Relation muß diese in der Regel als solche entsprechend kenntlich gemacht werden, etwa in der Form *tablename@databaselink*. Durch Definition geeigneter Aliase oder Synonyme kann man diese externe Referenz in der Regel vor den Anwendungen „verstecken".

erschwert wird. Man sollte deshalb zumindest in Erwägung ziehen, ob man für den Zugriff auf entfernte Datenbanken nicht auf „offene" Schnittstellen setzen will. Auf diese werden wir in Abschnitt 11.4.6 noch näher eingehen.

Wird diese Gateway-Funktionalität nicht oder nicht in der notwendigen Güte angeboten oder wird ändernder Zugriff auf mehrere (Server-)Datenbanken benötigt, so muß von seiten des Clients explizit auf mehrere Datenbankserver zugegriffen werden. Es treten damit die bereits in Abschnitt 7.6 beschriebenen Problemstellungen bei der koordinierten Freigabe von Änderungen auf. Wir werden hierauf in Abschnitt 11.4.7 noch näher eingehen.

11.3.3 Verteilte Applikationsfunktion

Die Realisierung von C/S-Systemen mittels entferntem Datenbankzugriff, wie im vorangegangenen Abschnitt beschrieben, kann dazu führen, daß zur Durchführung einer bestimmten Anwendungsfunktion viele (entfernte) Datenbankaufrufe notwendig werden. Dies sei an einem kleinen Beispiel illustriert.

Beispiel 11-1:

Gegeben sei ein Informationssystem, das Bestellungen verwaltet. Im zugrundeliegenden relationalen DBMS wurden hierfür die in Abb. 11-6 dargestellten Relationen eingerichtet. In der *Lieferanten-Relation* gibt das Attribut *AnzBestGesamt* die Anzahl der aktuell noch offenen Bestellungen bei diesem Lieferanten und das Attribut *BestSummeGesamt* den (ggf. restlichen) Gesamtwert dieser Bestellungen an. *Bestellungen* enthält jeweils die relevanten Gesamtdaten einer Bestellung und *BestellPositionen* die einzelnen Positionen der Bestellungen. Das Attribut *AnzPosten* in Bestellungen enthält die aktuelle Anzahl der (ggf. restlichen) Bestellpositionen dieser Bestellung und *BestSumme* den (ggf. restlichen) Gesamtwert dieser Positionen (= Summe über alle BestWert-Attribute einer Bestellung).

Lieferanten	LiefNr	LiefName	...	AnzBestGesamt	BestSummeGesamt

Bestellungen	BestNr	LiefNr	...	AnzPosten	BestSumme

BestellPositionen	BestNr	PosNr	ArtNr	...	BestWert

Abb. 11-6: Relationen für Bestell-Informationssystem

Betrachten wir nun die für die Implementierung der Teilfunktion „Verbuchung Warenzugang" im Anwendungsprogramm erforderlichen Datenzugriffe. Wir wollen hierzu annehmen, daß nach Eingabe der Lieferantennummer zunächst alle offenen Bestellungen dieses Lieferanten und dann, nach Auswahl, die noch offenen Bestellpositionen angezeigt werden, von denen dann die entsprechende ausgewählt und der Zugang verbucht wird. Unter der Annahme, daß mit dem Warenzugang die entsprechende Bestellposition erledigt ist (und das zugehörige Tupel gelöscht werden kann), aber noch weitere Positionen dieser Bestellung offen sind, ergeben sich folgende (entfernte) Datenbankaufrufe:

1. SELECT-Zugriff auf *Lieferant*: über LiefNr oder LiefName.

2. SELECT-Zugriff auf *Bestellungen*: über LiefNr.

3. SELECT-Zugriff auf *BestellPositionen*: über BestNr.

4. DELETE-Zugriff auf *BestellPositionen*: ein Tupel wird gelöscht.

5. UPDATE-Zugriff auf *Bestellungen*: Aktualisierung von AnzPosten und BestSumme.

6. UPDATE-Zugriff auf *Lieferanten*: Aktualisierung von BestSummeGesamt.

7. COMMIT für alle Änderungsoperationen.

Bei dieser Vorgehensweise sind für die Durchführung dieser Aufgabe also insgesamt sieben (entfernte) Datenbankaufrufe erforderlich[112].   □

Die Anzahl der entfernten Datenbankaufrufe in Beispiel 11-1 läßt sich erheblich reduzieren, wenn man anstelle der elementaren SQL-Anweisungen eine Prozedur auf dem Server ausführt, die das Löschen des entsprechenden Bestellpositions-Tupels in *BestellPositionen*, die Aktualisierung der Attribute AnzPosten, BestSumme und BestSummeGesamt in *BestellPositionen* bzw. *Lieferant* und das Commit quasi „am Stück" (aus Sicht des Client) ausführt.

Verlagerung von
Anwendungslogik
auf den Server

Bei einer solchen Vorgehensweise wird ein Teil der Zuständigkeit für die Ausführung der Anwendungslogik, nämlich daß bei einer Änderung in der Relation *BestellPositionen* einige Attribute in den Relationen *Bestellungen* und *Lieferant* aktualisiert werden müssen, vom Client auf den Server verlagert. *Schnitt 3* in Abb. 11-4 steht für diese Art der Funktionsverteilung zwischen Client und Server.

Die Mechanismen, um diese Funktionsverteilung zu realisieren, heißen *Stored Procedures*, *Stored Functions* und *Trigger*[113].

---

[112] Durch Verwendung eines Joins könnten zwar die ersten drei Aufrufe im Prinzip zu einem Aufruf zusammengefaßt werden, damit würde sich allerdings das zu übertragende Datenvolumen stark aufblähen und auch die Verarbeitung im Anwendungsprogramm (Zerlegen des Join-Resultats in die Bestandteile „Lieferant", „Bestellung" und „BestellPositionen") komplizierter werden, so daß man dies in der Regel nicht tun wird.

Stored Procedures und *Stored Functions* sind nichts anderes als entfernte Prozedur- bzw. Funktionsaufrufe (*remote procedure calls, remote function calls*), nur daß diese – im Gegensatz zu den *Remote Procedures*, die wir in Abschnitt 11.4.1 besprechen werden – vom DBMS selbst ausgeführt werden. Mit Hilfe einer solchen *Stored Procedure* könnten die Anweisungen 4 bis 7 in Beispiel 11-1 im Prinzip etwa wie in Abb. 11-7 illustriert „verpackt" werden.

Stored Procedures
Stored Functions

Die Anwendung würde hierbei – nach dem „SELECT-Teil" und Auswahl der gewünschten Bestellposition – nur noch die Prozedur DeleteBestPos mit den entsprechend gesetzten Parametern aufrufen. Die Prozedur selbst würde dann direkt auf dem Server ausgeführt werden.

```
CREATE PROCEDURE DeleteBestPos ( LiefNr      INTEGER,
                                 BestNr      INTEGER,
                                 PosNr       INTEGER,
                                 BestWert    DECIMAL(7,2))

     BEGIN                              /* Beginn Prozedurrumpf */

     DELETE
         FROM      BestellPositionen
         WHERE     BestNr = :BestNr  AND  PosNr = :PosNr;      [Hostvariable]
     ON ERROR GOTO Fehler;

     UPDATE      Bestellungen
         SET     AnzPosten = AnzPosten -1,
                 BestSumme = BestSumme - :BestWert
         WHERE   BestNr = :BestNr;

     ON ERROR GOTO Fehler;

     UPDATE      Lieferanten
         SET     BestSummeGesamt = BestSummeGesamt - :BestWert
         WHERE   LiefNr = :LiefNr;

     ON ERROR GOTO Fehler;

     COMMIT WORK;

     GOTO Ende;

     Fehler:
         ROLLBACK WORK;
         SQL_STATUS_CODE := ....;

     Ende:
     END;                               /* Ende Prozedurrumpf */
```

Abb. 11-7: Stored Procedure

---

[113] Stored Procedures, Stored Functions und Triggers sind in SQL-92 noch nicht definiert, sondern erst für SQL-3 vorgesehen. Sie werden jedoch von einigen relationalen DBMSen – allerdings in syntaktisch unterschiedlichen Formen – bereits heute angeboten.

Im Gegensatz zu Stored Procedures, die nur einen Returncode zurückliefern, der aussagt, ob die Prozedur erfolgreich ausgeführt wurde, liefern *Stored Functions* einen Wert zurück. Die derzeitigen Implementierungen liefern hierbei im wesentlichen nur einen skalaren Wert zurück. Damit sind *Stored Functions* derzeit noch kein Mittel, um komplex strukturierte Datenobjekte, die aus vielen Tupeln verschiedener Relationen zusammengesetzt sind, den Anwendungen in einfacher Form (d. h. mittels *eines* Funktionsaufrufs) zur Verfügung zu stellen. Wir werden auf diese Problematik in Abschnitt 11.5 noch zu sprechen kommen.

Die Implementierung des Prozedur- bzw. Funktionsrumpfes wird, je nach DBMS, entweder in einer konventionellen Programmiersprache, wie z. B. C oder C++ mit eingebetteten SQL-Anweisungen oder in einer vom DBMS-Hersteller bereitgestellten Programmiersprache realisiert.

Trigger

werden implizit aktiviert

Eine andere Möglichkeit, Teile der Anwendungslogik auf den Datenbankserver zu verlagern, sind *Datenbank-Trigger* oder kurz *Trigger*. Während Stored Procedures und Stored Functions explizit mittels direktem Aufruf aktiviert werden, werden Trigger *implizit aktiviert*. Ein Trigger ist eine Art von Stored Procedure, die jeweils mit einem bestimmten Datenbankobjekt (in der Regel also mit einer Relation) assoziiert ist und auf Ereignisse (events) bezüglich dieses Datenbankobjektes reagiert. Typische Ereignisse sind Einfügungen, Löschungen und Änderungen von bzw. an Tupeln der assoziierten Relation.

Ein Trigger besteht im allgemeinen aus drei Teilen:

- einer *Ereignisspezifikation* (*event* specification)

- einem *Bedingungsteil* (*condition* part) und

- einem *Aktionsteil* (*action* part, trigger body)

Ist der Trigger bei Eintreten eines bestimmten *Ereignisses* (z. B. Löschen einer Bestellposition in Beispiel 11-1) auf jeden Fall auszuführen, so ist der *Bedingungsteil* überflüssig und kann weggelassen werden. In vielen Fällen wird man den Aktionsteil jedoch nur dann ausführen wollen, wenn noch weitere Bedingungen gegeben sind (z. B. Bestandsveränderung (event) *und* Unterschreiten des vorgegebenen Mindestbestandes (condition)). In diesem Fall entscheidet die Auswertung des Bedingungsteils, ob der Aktionsteil zur Ausführung kommt oder nicht. Wegen ihres dreiteiligen Aufbaus werden Trigger

ECA-Regel

oft als *Event-Condition-Action-Regeln* oder kurz *ECA-Regeln* bezeichnet.[114] Für die Implementierung des *Aktionsteils* der Trigger gilt im wesentlichen das zu den Stored Procedures Gesagte.

Alternativ zur Realisierung als Stored Procedure (vgl. Abb. 11-7) könnte unser Anwendungsproblem aus Beispiel 11-1 daher auch mittels Trigger wie in

---

[114] Triggermechanismen dieser Art und darauf aufbauende, weitergehende Mechanismen bilden die Basis für die Realisierung sog. *aktiver Datenbanken* /DHW95/, auf die wir hier jedoch nicht näher eingehen wollen.

Abb. 11-8 skizziert realisiert werden[115]. Der Trigger wird gemäß der in Abb. 11-8 angegebenen Spezifikation immer aktiviert, wenn in BestellPositionen eine Löschoperation ausgeführt wird, und zwar *nachdem* die Löschung vollzogen wurde („AFTER DELETE"). Die Angabe „FOR EACH ROW" bewirkt, daß der Trigger nach jedem gelöschten Tupel aktiviert wird. Wird diese Klausel weggelassen, so wird der Trigger nur einmal nach Ausführung[116] der kompletten DELETE-Anweisung aktiviert.

Ein „AFTER-Trigger" kann mittels *old* und *new* auf die Attributwerte des Tupels im alten Zustand und im neuen Zustand zugreifen (bei Delete ist natürlich nur *old* sinnvoll).

Zur Realisierung der Anwendungsfunktion aus Beispiel 11-1 würden im Anwendungsprogramm auf der Clientseite in diesem Fall die nachfolgenden

```
CREATE TRIGGER AfterDeleteBestPos
    AFTER DELETE ON BestellPositionen
    FOR EACH ROW

    DECLARE
        LiefNr   Integer;                    /* Deklaration Hilfsvariable   */

    BEGIN

    SELECT      LiefNr                /* Ermittlung LieferantenNr   */
    INTO        :LiefNr               /* und Speicherung in LiefNr  */
    FROM        Bestellungen
    WHERE       BestNr = old.BestNr;  ←─┤ Zugriff auf alten Tupelwert │

    ON ERROR GOTO Ende;

    UPDATE      Bestellungen          /* Aktualisierung Bestellungen */
        SET     AnzPosten = AnzPosten - 1,
                BestSumme = BestSumme - old.BestWert
        WHERE   BestNr = old.BestNr;

    ON ERROR GOTO Ende;

    UPDATE      Lieferanten           /* Aktualisierung Lieferanten  */
        SET     BestSummeGesamt =
                    BestSummeGesamt - old.BestWert
        WHERE   LiefNr = :LiefNr;

    Ende:

    END;
```

Abb. 11-8: Trigger

---

[115] Bezüglich des Ereignis- und Bedingungteils der Triggerspezifikation lehnen wir uns an die in Oracle7 realisierte Syntax an /Orac92/.
[116] oder vor Ausführung, falls „BEFORE DELETE" spezifiziert wurde

Anweisungen ausgeführt. Wir gehen hierbei davon aus (siehe auch die nachfolgende Diskussion über die Aktivierungsreihenfolgen von Triggern), daß das Commit oder Rollback „außerhalb" der Triggeranweisung erfolgt.

1. SELECT-Zugriff auf *Lieferant*: über LiefNr oder LiefName.

2. SELECT-Zugriff auf *Bestellungen*: über LiefNr.

3. SELECT-Zugriff auf *BestellPositionen*: über BestNr.

4. DELETE-Zugriff auf *BestellPositionen*: ein Tupel wird gelöscht.

5. COMMIT

Die Ausführung der DELETE-Anweisung auf der Serverseite aktiviert dort den Trigger und veranlaßt damit die Aktualisierung der Relationen *Bestellungen* und *Lieferanten*.

Im allgemeinen können durch die Ausführung eines Triggers die Bedingungen für andere Trigger erfüllt werden, so daß durch die Ausführung eines Triggers weitere Trigger angestoßen werden. Bei der Deklaration neuer Trigger muß man sich daher sorgfältig über die bereits existierenden Trigger informieren, um nicht *ungewollte Kaskadierungseffekte* und ggf. Konsistenzverletzungen auszulösen.

Neben syntaktischen Unterschieden in der Deklaration von Triggern unterscheiden sich die verschiedenen DBMS-Implementierungen auch darin, wieviele UPDATE-, INSERT- und DELETE-Trigger je Relation deklariert werden dürfen und – falls mehrere zugelassen werden – in welcher Reihenfolge diese ggf. aktiviert werden.

Manche DBMSe lassen nur je einen Trigger eines bestimmten Typs je Relation zu, also nur *einen* BEFORE INSERT-, *einen* AFTER INSERT-, *einen* BEFORE DELETE-Trigger usw. Werden (logisch gesehen) mehrere Trigger eines bestimmten Typs benötigt, so muß man die entsprechenden Anweisungen in *einer* (gemeinsamen) Triggeranweisung (einer Art „*Kombinations-Trigger*") zusammenfassen und im Aktionsteil dann entsprechend verzweigen. Dies führt leicht zu schwer zu durchschauenden „Monster-Triggern" und erschwert die Pflege der korrespondierenden Anwendungsprogramme.

Andere DBMSe lassen im Prinzip *beliebig viele Trigger* zu, handeln sich damit aber das Problem ein, daß möglicherweise die Ereignisbedingungen mehrerer Trigger gleichzeitig erfüllt sein können und daß sich damit die Frage stellt, in welcher Reihenfolge diese Trigger aktiviert werden sollen. Wie man sich leicht vorstellen kann, kann das bei vielen Anwendungen, sofern sich alle stark auf Triggermechanismen abstützen, schnell zu relativ unübersichlichen Aufrufkonstellationen führen. Die von manchen DBMSen verfolgte Strategie, die Aktivierungsreihenfolge von der zeitlichen Reihenfolge abzuleiten, in der die Trigger deklariert wurden, ist sicherlich auf Dauer zu inflexibel. Hier wird man in Zukunft Mechanismen anbieten müssen, um die Aktivierungs-reihenfolge explizit festlegen zu können.

Abschließende Bemerkungen

Stored Procedures, Stored Functions und Trigger sind wichtige Mechanismen, um die Anzahl von (entfernten) Datenbankaufrufen zu reduzieren. Die Verteilung der Applikationslogik auf zwei Systeme erschwert allerdings auch die Wartung der Anwendungsprogramme und kann damit leicht zur Fehlerquelle werden. Insbesondere Trigger sollten wegen der oben beschriebenen Kaskadierungseffekte eher sparsam eingesetzt werden.

Wie bereits erwähnt, sind Stored Procedures, Stored Functions und Trigger erst für den SQL-3-Standard vorgesehen. Standardisiert werden allerdings nur die Deklaration der Prozedur- und Funktionsköpfe bzw. der Ereignis- und Bedingungsteil von Triggern sowie deren Aufrufkonventionen. Die Implementierung der entsprechenden Prozedur- und Funktionsrümpfe wird jeweils DBMS-spezifisch sein, was sich natürlich negativ auf die (mit der Standardisierung von SQL an sich gewonnene) Portabilität der Anwendungsprogramme auswirkt.

Übungsaufgabe 11-1: Trigger

Gegeben seien die beiden folgenden Relationen:

TeileBestand(TeileNr, Bestand, Mindestbestand, Bestellmenge) und
Nachbestellen(TeileNr, Menge)

Bei einer Verringerung des Teilebestandes soll jeweils geprüft werden, ob der vorgegebene Mindestbestand unterschritten wurde. Falls ja, soll ein entsprechendes „Nachbestell-"Tupel in die Relation Nachbestellen eingefügt werden, sofern ein solches dort noch nicht vorhanden ist. Falls ein solches Tupel bereits vorhanden ist, dann wollen wir annehmen, daß nichts weiter zu tun ist.

Lösen Sie diese Aufgabe mittels normalem Embedded SQL (in Pseudocode) sowie mittels Trigger unter Verwendung eines entsprechenden *Bedingungsteils*. In Anhang E finden Sie ein Syntaxdiagramm für die Triggerdeklaration.

11.4 Basistechnologien

Wie wir im vorangegangenen Abschnitt gesehen haben, gibt es Realisierungsformen für C/S-Systeme, bei denen man bei der Anwendungsentwicklung praktisch keinen Unterschied zur Realisierung auf einem Zentralsystem bemerkt. Dies funktioniert natürlich nur dann, wenn die Aufgabenstellung entsprechend paßt oder wenn nicht andere Gründe gegen die „einfache" Lösung sprechen. Gründe dagegen können z. B. sein, daß man sich nicht auf die proprietäre Datenbankschnittstelle bzw. das „Gateway" eines bestimmten Herstellers festlegen will, daß Performanzgründe dagegen sprechen, daß die an-

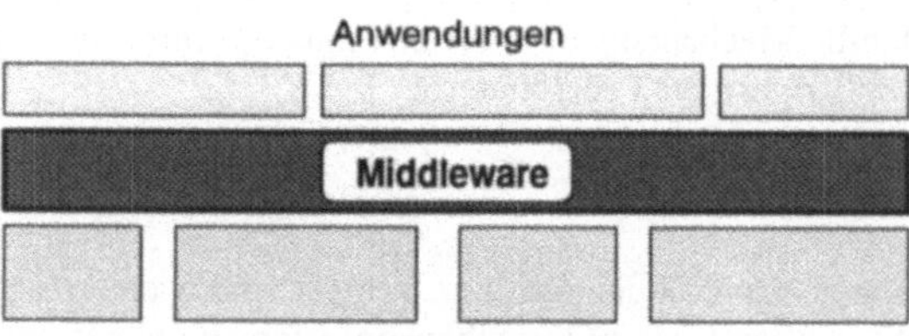

Abb. 11-9: Middleware

gebotene Funktionalität für das zu lösende Problem nicht ausreicht bzw. nicht adäquat ist oder daß das Preis-/Leistungsverhältnis nicht stimmt.

In diesen Fällen wird man dann (zumindest in Teilen) zu einer expliziten Realisierung eines C/S-Systems greifen. Allerdings wird man auch in diesen Fällen nach Möglichkeit nicht auf der „nackten" Betriebssystem-, Datei- oder Datenbankschnittstelle aufsetzen (obwohl sich das nicht immer vermeiden läßt), sondern sich Softwarewerkzeugen bedienen, die einen bei der Bewältigung dieser Aufgabe unterstützen. Hierfür haben die Marketingleute den Begriff *Middleware* geprägt, der andeutet, daß es sich hierbei um die Bereitstellung einer Zwischenschicht handelt, welche die Anwendungen von den Details der Basissysteme in gewisser Weise abschirmt (siehe Abb. 11-9). Die oben angesprochenen Database-Gateways gehören auch in diese Kategorie.

Middleware

In den folgenden Abschnitten wollen wir auf einige Basistechnologien zur Realisierung von C/S-Systemen etwas näher eingehen.

11.4.1 Remote Procedure Call (RPC)

Der *entfernte Prozeduraufruf* bzw. *Remote Procedure Call* ist heute ein weit verbreiteter Mechanismus, um die Programmierung verteilter Anwendungen zu unterstützen und zu erleichtern. Zu den bekanntesten Implementierungen zählen hierbei der RPC von Sun /Sun90/ und der DCE-RPC[117] der *Open Software Foundation (OSF)* /OSF93/. Der RPC dient zur Kommunikation zwischen zwei Prozessen einer verteilten Anwendung. Auch hier spricht man von einem *Client* und einem *Server*. Der RPC ähnelt sehr stark einem lokalen Prozeduraufruf. Wie im lokalen Fall werden die Daten als Prozedurparameter übergeben. Es gibt allerdings üblicherweise keine „globalen Variablen" wie ansonsten bei „normalen" Prozeduren, und auch die Wertübergabe per Referenz ist meist stark eingeschränkt (falls überhaupt zugelassen).

Client-Stub

Der RPC zerfällt in zwei Teile, einen Client- und einen Serverteil. Der *Client-teil* des RPC (*Client-Stub*) wird vom Anwendungsprogramm im wesentlichen wie eine lokale Prozedur aufgerufen. Da sich der Prozedurrumpf (also der auszuführende Prozedurcode) auf dem Server befindet, muß der Clientteil des

---

[117] DCE steht für Distributed Computing Environment

RPC die Aufrufparameter in eine Nachricht „verpacken" und diese an den *Serverteil* des RPC (*Server-Stub*) schicken. Der Server-Stub muß diese Nachricht wieder „auspacken", den Prozedurcode damit ausführen und eventuelle Ergebnisse der Prozedur bzw. Funktion in eine Nachricht „verpackt" an den Client-Stub zurückschicken. Dieser liefert die Rückgabewerte dann entsprechend den Wertübergabekonventionen an das rufende Anwendungsprogramm zurück. Abb. 11-10 veranschaulicht diesen Ablauf graphisch.

Server-Stub

Damit dieses „Einpacken" und „Auspacken" auch korrekt funktionieren kann, muß die Schnittstelle des RPC in der Regel in einer speziellen *Schnittstellenbeschreibungssprache* (*interface description language*, IDL) deklariert werden, die an die Syntax der verwendeten Programmiersprache angelehnt ist. Ein *IDL-Compiler* erzeugt daraus dann die benötigten Client- und Server-Stubs. Die Implementierung des Prozedurrumpfes erfolgt dann wieder weitgehend konventionell, also wie bei normalen Prozeduren.

Interface Description Language (IDL)

Obwohl bereits sehr mächtig und elegant, hat der einfache RPC-Mechanismus auch seine Tücken. Zum einen können durch das zwischengeschaltete Netz Fehler auftreten (z. B. Verbindung ist unterbrochen), zum andern kann es auf der Serverseite zu Problemen kommen (z. B. „Absturz" des Servers). Insbesondere im letzteren Fall kann der RPC bei einer einfachen Implementierung nach Absetzen des Aufrufs die Anwendung dauerhaft blockieren, da der zugehörige Client-Stub erfolglos auf die Ergebnisnachricht wartet. Für Fehlerfälle dieser Art wird also zumindest eine Art von *Timeout-Mechanismus* benötigt, damit die Anwendung in einem solchen Fall nach einiger Zeit wieder die Kontrolle zurückerhält. Natürlich muß seitens der Anwendung dann auch eine entsprechende Ausnahme- bzw. Fehlerbehandlung vorgesehen sein[118].

Fehlerquellen

Leider ist ein solcher Timeout-Mechanismus allein bei weitem noch nicht ausreichend. Im Gegensatz zum lokalen Prozeduraufruf können beim RPC während der Ausführung der aufgerufenen Operationen nämlich unabhängig voneinander sowohl auf der Seite des aufrufenden Clients als auch auf der Seite des Servers oder der Netzverbindung *Fehler* auftreten. Es kann also der Client „abstürzen", während der Server weiterläuft, es kann der Server „abstürzen", während der Client weiterläuft, oder die Verbindung zwischen beiden kann auf die eine oder andere Weise gestört sein (unterbrochen, lange Verzögerungen, Störungen bei der Datenübertragung).

Bei Verwendung des RPC-Mechanismus muß daher geklärt werden, von welcher *Fehlersemantik* man in diesen Fällen ausgehen kann bzw. muß (vgl. /MüSc92/, /Schi92/, /Lame94/):

Fehlersemantik

- *„kann sein"* (*may-be*)-*Semantik*: Ausführung ohne Garantie über die Häufigkeit der Prozedurausführungen in Fehlerfällen,

---

[118] Außerdem stellt dies auch gewisse Anforderungen an die Art der internen RPC-Implementierung (z. B. als Threads), auf die wir hier jedoch nicht näher eingehen wollen. Näheres hierzu findet sich z. B. in /Schi92/.

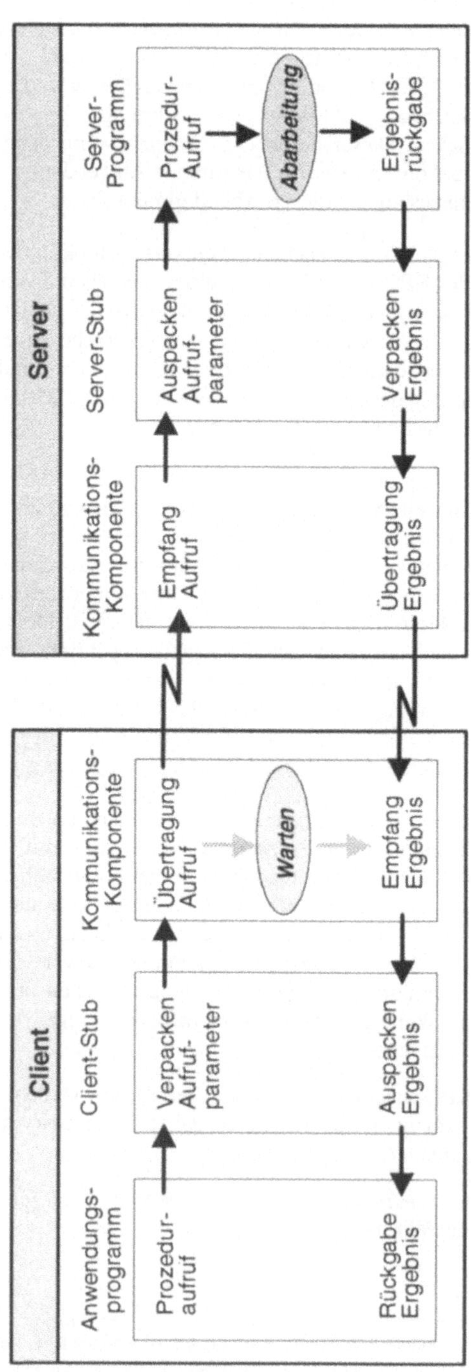

Abb. 11-10: Ablauf eines RPC

- *„höchstens einmal"* (*at most once*)*-Semantik*: maximal einmalige Ausführung der Prozedur auf Serverseite, ggf. mehrfach auf Serverseite eintreffende Aufrufaufforderungen werden ignoriert,

- *„mindestens einmal"* (*at least once*)*-Semantik*: die Prozedur wird mindestens einmal auf dem Server ausgeführt (evtl. auch mehrfach),

- *„genau einmal"* (*exactly once*)*-Semantik*: die Prozedur wird genau einmal ausgeführt.

Der Sinn der obigen Fehlersemantik leuchtet auf den ersten Blick vielleicht noch nicht ganz ein, wenn man nur von *einem* Server ausgeht. Stellt man jedoch aus Performanzgründen oder Gründen der Ausfallsicherheit mehrere Server bereit, die alternativ einen bestimmten Service erbringen können, so wird das Problem schon offensichtlicher. Was soll man tun, wenn der mittels RPC zunächst angesprochene Server nicht innerhalb der vorgegebenen Zeit reagiert? Soll man den RPC an einen anderen Server absetzen? Riskiert man dabei, daß der Aufruf letztlich an beiden ausgeführt wird? (Was im Falle von reinen Lesezugriffen sicherlich kein Problem darstellt, im Falle von Updates aber schon problematisch werden kann.)

Ist *transaktionsorientiertes Arbeiten* gefordert, so verlangt der einfache RPC dem Anwendungsentwickler einen erheblichen Entwurfs- und Implementierungsaufwand ab, um die sichere bzw. atomare Ausführung der Anwendungsfunktion auch im Kontext möglicher Fehler zu gewährleisten. Damit ist der einfache RPC für solche Aufgaben praktisch ungeeignet. Für Aufgaben dieser Art wurden deshalb in den letzten Jahren eine Reihe von RPC-Erweiterungen entwickelt, um RPCs auch in einem *transaktionsorientierten Kontext* sinnvoll einsetzen zu können, man spricht in diesem Zusammenhang dann auch von *transactional RPCs*. Letztlich laufen diese Ansätze im wesentlichen darauf hinaus, daß

transactional RPC

- zwischen Client und Server eine (transaktions)gesicherte Übergabe erfolgt,

- die Prozedur in Transaktionslogik („Alles-oder-Nichts-Prinzip") implementiert wird,

- die Freigabe aller Änderungen einem gemeinsamen Commit-Protokoll unterliegt.

Nicht von ungefähr werden diese erweiterten RPCs daher oftmals in Verbindung mit TP-Monitoren[119] (siehe Abschnitt 11.4.7) realisiert bzw. angeboten. Die meisten RPC-Systeme fallen allerdings in die At-most-once-Fehlerklasse, weil sie einen guten Kompromiß zwischen Nützlichkeit und Implementierungsaufwand darstellt. Eine ausführlichere Behandlung und ein Vergleich von RPC-Systemen findet sich in /Schi92/.

---

[119] TP steht für Transaction Processing

11.4.2 Systemeinbettung: Prozesse und Threads

Soll eine Anwendung gleichzeitig von mehreren Benutzern genutzt werden
können, so stellt sich die Frage, welche Implementierung sich für diese Anwendung unter diesem Aspekt am besten eignet. Dies gilt sowohl für konventionelle („zentrale") Anwendungen, als auch für Anwendungsfunktionen, die
in Form von *Diensten* bzw. *Services* in einer C/S-Umgebung angeboten werden sollen.

jede Anwendungs-
instanz als eigener
Prozeß

Benutzt jede *Instanz* einer (mehrfach aufgerufenen) Anwendung nur rein pri-
vate bzw. lokale Betriebsmittel, wird also insbesondere keine Synchronisation
beim Zugriff auf gemeinsame Daten benötigt, so kann jede dieser Anwendungsinstanzen als *eigener Prozeß* (mit eigenem Adreßraum) gestartet werden
(siehe Anhang F). Die Verwaltung der Instanzen (Allokation und Freigabe
von Hauptspeicher, Zuteilung von Rechenzeit usw.) wird damit auf das Betriebssystem übertragen. Allerdings befindet sich bei dieser Realisierungsform
der Anwendungscode ggf. mehrfach im (virtuellen) Hauptspeicher, so daß
diese Lösung bei größeren Programmen aus Performanzgründen nur bei einer
relativ geringen Anzahl von gleichzeitig aktiven Instanzen sinnvoll anwendbar
ist. Das Problem des mehrfach geladenen Programmcodes kann durch Ver-

Shared Segments

wendung von *Shared Segments* im Hauptspeicher vermieden bzw. verkleinert
werden, sofern der *Code reentrant* übersetzt wurde und das verwendete Betriebssystem dies unterstützt. In diesem Fall wird der Programmcode nur einmal in den Speicher geladen, lediglich die Datenbereiche werden getrennt allokiert.[120]

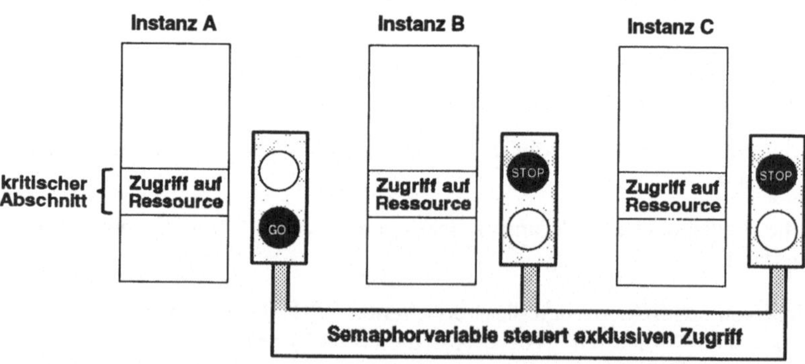

Abb. 11-11: Prozeßsynchronisation mittels Semaphoren

---

[120] Manche Betriebssysteme, wie z. B. Unix, tun dies automatisch, wenn dasselbe Programm
mehrfach geladen wird, in einigen älteren Betriebssystemen hingegen muß man diese *Shared
Segments* explizit anlegen und verwalten.

Greifen die Anwendungsinstanzen auf *gemeinsame Ressourcen* zu, so wird es in der Regel erforderlich sein, daß dieser Zugriff geeignet synchronisiert wird. Die Mechanismen hierfür sind entweder die Einführung von *kritischen Abschnitten* im Programmcode, die zu einem Zeitpunkt jeweils nur von einer Anwendungsinstanz durchlaufen werden können, oder man „kapselt" z. B. den Zugriff auf diese Ressource in einem *eigenen (Service-)Prozeß*, auch „*Monitor*" genannt, mit dem die anderen Prozesse im Bedarfsfall kommunizieren. Die erste Variante läßt sich z. B. mittels *Semaphorvariablen*[121] realisieren, im zweiten Fall wird man auf entsprechende Systemdienste zur *Interprozeßkommunikation* zurückgreifen. Brauchen die Anwendungsinstanzen ein „gemeinsames Gedächtnis", wie z. B. eine Sperrtabelle, so bietet sich hierfür die Einrichtung eines *gemeinsamen Speicherbereichs* (*shared memory*) in Verbindung mit einem kritischen Abschnitt oder der bereits erwähnte *Serviceprozeß* an. Abb. 11-11 und Abb. 11-12 illustrieren die Vorgehensweisen bei Verwendung eines kritischen Abschnitts und eines Serviceprozesses.

Soll der gleiche Code mehrfach zur Ausführung gelangen, so sind normale Betriebssystemprozesse, vom Verwaltungsaufwand her gesehen, ein relativ „schweres Geschütz". In solchen Fällen setzt man daher heute meist nicht mehr normale Prozesse, sondern sog. *Threads*, auch *leichtgewichtige Prozesse* (*lightweight processes*) genannt, ein. Im Gegensatz zu Prozessen teilen sich die Thread-Instanzen denselben Adreßraum. Der Programmcode wird nur einmal geladen, allerdings verfügt jeder Thread über einen eigenen Befehlszähler und eigene lokale Variablen, d. h. einen eigenen Stack. Durch den gemeinsamen Adreßraum sind gemeinsame Speicherbereiche sehr einfach und effizient zu realisieren, da keine Betriebssystemaufrufe hierfür erforderlich

Problem:
Zugriff auf
gemeinsame
Ressourcen

Monitor

Threads,
leichtgewichtige
Prozesse

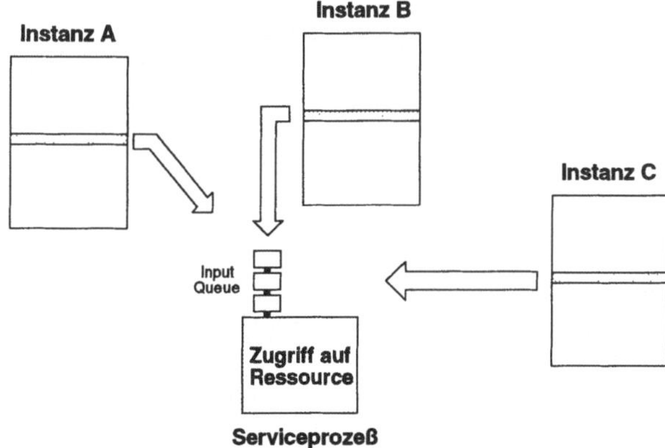

Abb. 11-12: Prozeßsynchronisation mittels Serviceprozeß

---

[121] *Semaphorvariablen* sind gemeinsam benutzbare „Betriebssystemvariablen", die sich mittels nicht unterbrechbarer Operationen jeweils lesen und verändern lassen. Damit lassen sich u. a. relativ einfach binäre Schalter (frei/belegt bzw. Wert = 0 und Wert = 1 realisieren, in unserem Beispiel ist dies durch die „Ampeln" angedeutet.

sind. Natürlich müssen auch hier gewisse Schutzmechanismen für den Zugriff auf den gemeinsamen Speicher eingeführt werden. Allerdings sind diese in der Regel mit erheblich weniger Verwaltungsaufwand verbunden.

Abschließende Bemerkungen

Wir haben diesen kurzen „Ausflug in die Betriebssystemwelt" bewußt hier eingestreut um aufzuzeigen, daß die Implementierung performanter, mehrbenutzerfähiger C/S-Anwendungen sehr rasch zur „Tiefbaustelle" werden kann. Die bereits angesprochene „Middleware" kann einem in vielen (insbesondere einfach gelagerten) Fällen zwar einiges davon ersparen, aber ohne ein tieferes Verständnis dessen, was „unter der Oberfläche" passiert, ist auch hier die Realisierung größerer, komplexerer Anwendungssysteme nicht ganz unkritisch.

Wir konnten aus Platzgründen hier einige Betriebssystemkonzepte nur anreißen. Eine vertiefte Behandlung dieser Konzepte findet sich in Lehrbüchern zum Thema „Betriebssysteme" (siehe z. B. /BiSh90/, /Wett93/) bzw. in der speziellen Betriebssystemliteratur, insbesondere über Unix-Systeme (siehe z. B. /GuOb95/, /Roch91/).

Im nächsten Abschnitt wollen wir kurz auf einige elementare Kommunikationsmechanismen eingehen.

11.4.3 Kommunikationsdienste

Kann man aus dem einen oder anderen Grund nicht auf einer höheren, „komfortablen" Schnittstelle wie RPC oder Stored Procedures aufsetzen, so muß man sich im C/S-Kontext auch mit der *Kommunikation* zwischen Client und Server (und ggf. auch zwischen Servern untereinander) auseinandersetzen. Wir wollen deshalb im Sinne eines kurzen Abrisses auf die Kommunikationsdienste bzw. -konzepte eingehen, wie sie von Unix-Systemen (und inzwischen auch von den meisten anderen „offenen" Betriebssystemen) angeboten werden.

Interprozeß-
kommunikation

Bei der *Interprozeßkommunikation* muß man unterscheiden zwischen der Kommunikation von Prozessen, die auf demselben Rechner laufen (*interne Kommunikation*), und der Kommunikation zwischen Prozessen, die auf verschiedenen Rechnern laufen (*externe Kommunikation*).

interne
Kommunikation

Für die *interne Kommunikation* stehen zum einen unbenamte und benamte Nachrichtenkanäle, die sog. *Pipes* (*pipes*, *named pipes*), zur Verfügung. Die Anweisungen für den lesenden und schreibenden Zugriff auf Pipes entsprechen denen für den Zugriff auf Dateien (read / write). Der andere Kommunikationsmechanismus ist die *Versendung von Nachrichten* über Nachrichtenwarteschlangen (*message queues*), die mittels entsprechenden Sendebefehlen (*msgsnd*) und Empfangsbefehlen (*msgrcv*) gefüllt bzw. geleert werden können. Darüber hinaus gibt es natürlich noch die Kommunikation über *gemeinsame Speicherbereiche* (*shared memory*). Hier müssen dann allerdings geeignete Synchronisationsmechanismen (z. B. unter Verwendung von Semaphoren) implementiert werden, wie bereits in Abschnitt 11.4.2 erwähnt.

Interessanter im C/S-Kontext sind natürlich die Möglichkeiten zur *externen Kommunikation*. Hierfür wurden in den Unix-Systemen die sog. *Sockets* eingeführt. Sockets stellen logische „Steckdosen" für die Herstellung von *bidirektionalen* Kommunikationsverbindungen bereit. Der für den Benutzer sichtbare Teil des Kommunikationsdienstes besteht aus drei Teilen, und zwar dem:

- *Socket-Kopf* (*socket layer*)

- *Protokollteil* (*protocol layer*)

- *Gerätetreiber* (*device layer*).

Der *Socket-Kopf* bildet die Schnittstelle zwischen dem Aufruf an das Betriebssystem (zur Herstellung und zum Abbau der Kommunikationsverbindung sowie zur Durchführung der Kommunikation) und den weiter unten liegenden Systemschichten. Bei der Systemgenerierung wird festgelegt, welche Kombinationen von Socket, Protokoll und Treiber möglich sind. Abb. 11-14 zeigt den Nachrichtenfluß durch die Schichten des Socket-Modells (in Anlehnung an /GuOb95/) am Beispiel von TCP/IP. Je nach Protokoll und Gebrauch können mit den Sockets unterschiedliche Kommunikationsmodelle unterstützt werden, und zwar *Stream* und *Datagram*. Erzeugt wird ein Socket wie in Abb. 11-13 dargestellt.

Die *Stream-Verbindung* stellt eine virtuelle, gesicherte, verbindungsorientierte Kommunikation zur Verfügung. Analog zum Telefonieren wird (virtuell) eine „feste" Kommunikationsverbindung zwischen zwei Prozessen aufgebaut, also eine Art von „virtueller Leitung" geschaltet. Nachdem die Verbindung hergestellt ist, können mittels *send-* und *recv*-Anweisungen Nachrichten versandt bzw. empfangen werden (siehe Anhang H für eine etwas ausführliche Beschreibung des konkreten Ablaufs).

externe
Kommunikation

Sockets

Stream-
Verbindung

---

result = **socket**(*pf, type, protocol*) mit

pf	=	Protokoll-Familie
		z. B. TCP/IP (Internet), dann *pf* = PF_INET
		Appletalk, dann *pf* = PF_APPLETALK,
		Unix-intern, dann *pf* = PF_UNIX
type	=	Art (Typ) der Kommunikation
		z. B. SOCK_STREAM, SOCK_DGRAM, SOCK_RAW
protocol	=	(ggf.) genauere Spezifikation des gewählten Protokolltyps
result	=	Deskriptor

Abb. 11-13: Erzeugung eines Socket

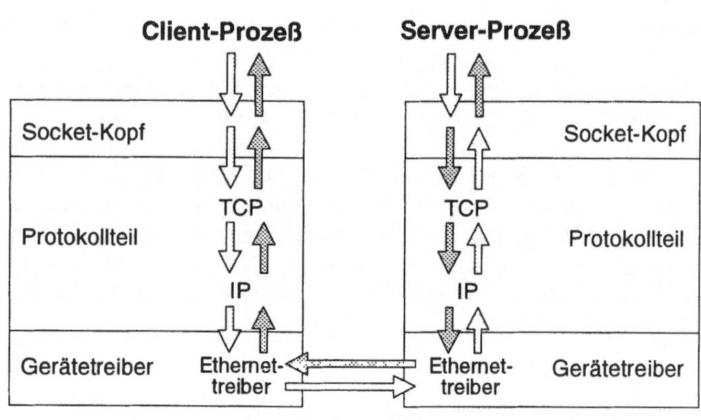

Abb. 11-14: Socket-Modell

Datagram-
Verbindung

Die *Datagram-Verbindung* realisiert eine Verbindung für Datagramme. D. h. es wird eine Nachricht an einen oder mehrere Adressaten geschickt. Der Empfang ist jedoch nicht gesichert und die Reihenfolge der Nachrichten ist nicht garantiert. Bei diesem Verbindungstyp können Nachrichten mit *sendto* versandt und mittels *recvfrom* empfangen werden (siehe Anhang H für eine etwas ausführliche Beschreibung des konkreten Ablaufs).

Soll auf Basis dieser Kommunikationsmöglichkeiten ein verläßliches C/S-System realisiert werden, so muß man bei dessen Implementierung die im Zusammenhang mit der Kommunikation möglicherweise auftretenden Fehler explizit im Code berücksichtigen, damit das System im Fehlerfall nicht in einen Blockierungszustand oder einen undefinierten Zustand gerät, oder evtl. sogar „abstürzt". Die diesbezüglich im Zusammenhang mit dem RPC gemachten Aussagen (siehe Abschnitt 11.4.1) gelten im Prinzip auch hier.

11.4.4 Autorisierung, Authentifizierung und geschützte Übertragung

Üblicherweise sind die Dateien des Datenbanksystems dem normalen Benutzerzugriff entzogen, d. h. der Benutzer kann nur über die Datenbankschnittstelle auf diese Daten zugreifen. Hält ein Benutzer sein Paßwort geheim und wird mit den entsprechenden Autorisierungen sorgfältig umgegangen, so sind in einem modernen, zentralen Datenbanksystem bzw. einem darauf aufbauenden zentralen Informationssystem vertrauliche Daten gegen Ausspähung üblicherweise in einem hohen Maße geschützt.

Schwachstelle
Datenübertragung

Im Prinzip gilt das zwar auch für C/S-Systeme, jedoch kommt durch die erforderliche *Datenübertragung* eine empfindliche *Schwachstelle* hinzu. Im allgemeinen ist nach dem derzeitigen Stand der Technik mit vertretbarem Aufwand kaum zu verhindern, daß die Übertragungen auf dem Netz abgehört werden können. Werden hierbei Daten im Klartext übertragen, so können diese mitgelesen werden. Werden gar Benutzerkennungen und Paßwörter im Klartext übertragen, so kann mit diesen ggf. direkt in das entsprechende System „eingebrochen" werden. Aber auch ohne die Übertragung von Benutzerkennungen und Paßwörtern im Klartext tritt ein Problem auf: Woher weiß ein Server, daß er es mit dem richtigen (dem autorisierten) Client zu tun hat? (Analogie: bei einem (analog übertragenen) Fax weiß man auch nie, ob die Absenderangabe wirklich stimmt.) Im Rahmen von C/S-Implementierungen muß diesem Aspekt daher besondere Aufmerksamkeit geschenkt werden, wenn vertrauliche oder sonstige sensible Daten verwaltet werden sollen.

Im Prinzip basieren alle Verfahren darauf, daß

1. keine sensiblen Daten unverschlüsselt übertragen werden,

2. die vorgegebene Identität der beteiligten Prozesse (sowie ggf. des Benutzers) zu Beginn überprüft wurde (*Authentifizierung*) und diese während des Ablaufs gewährleistet bleibt.

Dies alles „wasserdicht" zu gestalten, ist keine triviale Aufgabe und sollte nicht auf die leichte Schulter genommen werden. Zur Illustration wollen wir in Anlehnung an /Schi93/ skizzieren, welche Mechanismen zur Durchführung dieser Aufgaben im Distributed Computing Environment (DCE) bereitgestellt werden.

DCE-Sicherheitskomponente

Die Basis der Sicherheitsverfahren von DCE ist die Verschlüsselung der Daten mit kryptographischen Methoden. Hierbei findet eine sog. *symmetrische Verschlüsselung*[122] mit *geheimen Schlüsseln* statt, die direkt oder indirekt vom Benutzerpasswort abgeleitet werden. – Abb. 11-15 illustriert den prinzipiellen Ablauf der verschiedenen Interaktionen, die optional beim Zugriff eines Clients auf einen Server stattfinden.

Benutzerverwaltung:
Bevor ein Benutzer mit dem System arbeiten kann, muß er vom Administrator zusammen mit seinem geheimen Paßwort mittels des *Registry-Servers*, der nur dem Systemadministrator zugänglich ist, in die *Security-Datenbank* des Security-Servers eingetragen werden (1).

Registry-Server

Security-Datenbank

Login:
Das Login auf seinem lokalen System läuft aus Sicht des Benutzers wie gewohnt mittels Angabe der Benutzerkennung (UserID) und des Paßwortes ab. Allerdings wird in Ergänzung zum rein lokalen Login eine sog. *Login-Komponente* auf dem lokalen System (dem Client) aktiviert. Diese Login-Komponente sendet unter Angabe des Benutzernamens eine Authentifizierungsanforderung an den *Authentifizierungs-Server* (*authentification server*) (2). Fin-

Authentifizierungs-Server

---

[122] Bei einer symmetrischen Verschlüsselung werden für das Ver- und das Entschlüsseln jeweils derselbe Schlüssel verwendet. Im Gegensatz dazu verwenden sog. *Public Key-Verfahren*, wie das bekannte RSA-Verfahren /RSA78/, hierfür verschiedene Schlüssel.

Privilege-Server

det dieser den Benutzer in seiner Security-Datenbasis, so sendet er ein sog. *Ticket* an die Login-Komponente zurück (3), das einen *Konversationsschlüssel für den Privilege-Server* enhält. Das Ticket ist hierbei mit dem im Security-Server gespeicherten Paßwort des Benutzers verschlüsselt, so daß die Login-Komponente den Inhalt des Tickets nur dann (intern) zu entschlüsseln vermag, wenn der Benutzer das korrekte Paßwort angegeben hat. Durch die Entschlüsselung wird der Benutzer implizit autorisiert, da nur ein entschlüsseltes Ticket im weiteren Verlauf akzeptiert wird. – Das Ticket wird seitens der Login-Komponente gespeichert und vor unberechtigtem lokalen Zugriff geschützt.

Autorisierung:

Für das Arbeiten mit einer Anwendung bzw. einem entsprechenden Server für diese Anwendung muß der Benutzer über eine entsprechende Autorisierung verfügen, die DCE-seitig überprüft wird. Hierzu sendet die Login-Komponente das von ihr entschlüsselte Ticket an den *Privilege-Server* (4) mit der Aufforderung, ihr eine Zugriffsberechtigung auf einen bestimmten Server dieser Anwendung zu erteilen. Nach erfolgreicher Überprüfung des Tickets ermittelt der Privilege-Server die für diesen Benutzer bzw. die entsprechende Benutzergruppe hinterlegten Zugriffsberechtigungen und kodiert diese in

Privilege Attribute Certificate (PAC)

Form eines sog. *Privilege-Attribute-Certificate* (*PAC*), das er an die Login-Komponente des Benutzers zurücksendet (5).

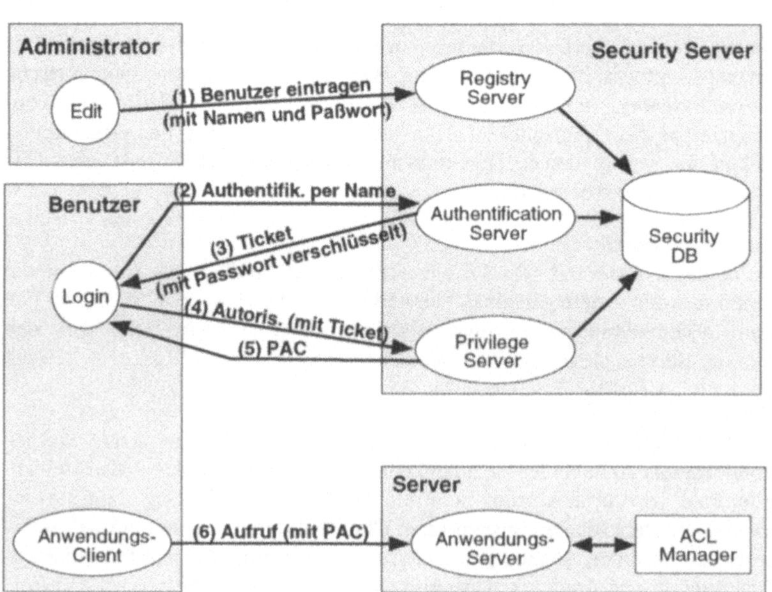

Abb. 11-15: DCE Security

Server-Aufrufe:
Die Autorisierung des Zugriffs auf die eigentlichen Ressourcen (Anwendungen, Systemdienste, ...) erfolgt mit Hilfe von *Zugriffskontroll-Listen* (*access control list, ACL*), die jeweils bei den zu schützenden Ressourcen liegen und in denen die zum Zugriff berechtigten Subjekte eingetragen werden. Bevor ein Client auf einen Service zugreifen kann, muß er entsprechende Zugriffsrechte in der dem Service zugeordneten ACL eingetragen bekommen haben. Beim Zugriff (mittels RPC) weist sich der Client mit seinem PAC aus. Falls der Benutzer als entsprechend autorisiert erkannt wird, so führt der Server den gewünschten Dienst aus, ansonsten lehnt er die Ausführung ab. Die Schritte (4), (5) und (6) werden für jeden benötigten Server wiederholt.

Zugriffskontroll-Listen

Alle Konversationen, die zwischen den einzelnen Komponenten stattfinden, sind jeweils mittels Verschlüsselung durch einen geheimen Schlüssel geschützt. Charakteristisch für den DCE-Ansatz ist, daß sicherheitsrelevante Informationen (kryptographische Schlüssel, Zugriffsberechtigungen usw.) niemals unverschlüsselt über die Leitung gehen. Letztendlich basiert die Sicherheit jedoch auf der Geheimhaltung des Benutzerpaßworts, da hieraus der erste Schlüssel abgeleitet wird.

DCE bietet seinen Benutzern fünf verschiedene *Schutzniveaus* an:

verschiedene Schutzniveaus

- *Authentifizierung zu Beginn*: Nur vor dem ersten RPC (beim sog. „Binden" des Aufrufs an den Server) erfolgt eine gegenseitige Authentifizierung von Client und Server, wie in Abb. 11-15 dargestellt.

- *Authentifizierung pro Aufruf*: Bei jedem RPC wird eine gegenseitige Authentifizierung durchgeführt.

- *Authentifizierung pro Übertragung*: Bei jedem Datenpaket, das über das Netz verschickt wird, wird eine gegenseitige Authentifizierung von Sender und Empfänger durchgeführt.

- *Integrität der Übertragung*: Zu übertragende Daten werden zusätzlich durch verschlüsselte Prüfsummen gegen Veränderung geschützt.

- *Vollständige Vertraulichkeit*: Alle zu übertragenden Daten werden zusätzlich verschlüsselt und damit gegen unberechtigtes Lesen geschützt.

Wie man leicht einsieht, steigt mit dem Schutzniveau nicht nur der Schutz, sondern auch der hierfür zu treibende Aufwand. – Für eine ausführlichere Beschreibung der DCE-Security-Komponente sowie der anderen Aspekte von DCE siehe /Schi93/.

11.4.5 Common Object Request Broker Architecture (CORBA)

Ein natürliches Pendant zum C/S-Ansatz im Bereich der Programmiersprachen ist die *objektorientierte Programmierung*, und zwar bezüglich des Aspekts, daß Objekte zum einen ihre interne Struktur durch eine entsprechende Kapselung nach außen verbergen und zum andern nur über die mit dem Objekt verbundenen Methoden abfragbar oder manipulierbar sind. Je nach verwendeter objektorientierter Programmiersprache sendet man den *Objekten* (logisch gesehen) sogar *Nachrichten*, die diese empfangen, ggf. bearbeiten und eine Antwort (möglicherweise sich selbst) zurücksenden.

Wegen dieser und anderer Eigenschaften besteht seitens der Softwareentwickler großes Interesse, objektorientierte Programmiertechniken auch im (verteilten) C/S-Umfeld einzusetzen. Idealerweise sollte man hierbei beim Aufruf einer Methode gar nicht wissen müssen, auf welchem Rechner diese verfügbar ist, etwa wie bei Zugriffen auf eine verteilte Datenbank mit transparenter Verteilung der Daten, nur daß es jetzt nicht nur um Daten, sondern auch um *Funktionen* geht. In genau diese Richtung zielen die Aktivitäten der *Object Management Group (OMG)*, die mit der *Object Management Architecture* und der *Common Object Request Broker Architecture* hierfür einen geeigneten Rahmen im Sinne einer Vereinheitlichung bzw. Standardisierung geschaffen hat.

Object Management Architecture (OMA)

Die *Object Management Architecture (OMA)* /SoKe95/ unterscheidet vier Komponenten (siehe Abb. 11-16):[123]

- *Application Objects*: OMA zielt auf die Unterstützung von interoperablen, portablen und wiederverwendbaren Anwendungen. Die restlichen Komponenten dienen dazu, dieses Ziel zu erreichen.

- *Object Request Broker (ORB)*: Der ORB ist die Kernkomponente von OMA. Er vermittelt zwischen den verteilten Objekten und sorgt dafür, daß

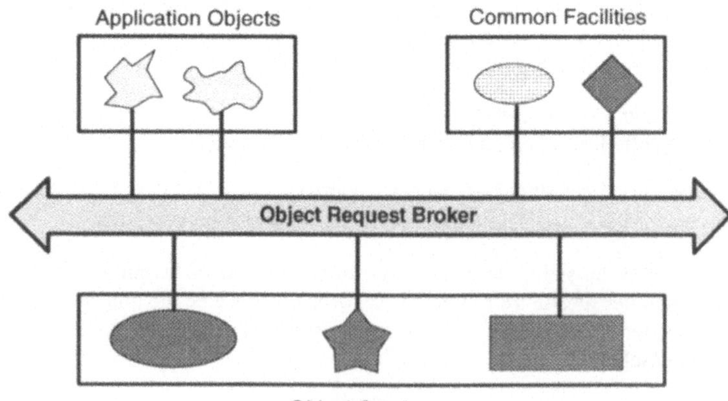

Abb. 11-16: OMG Object Management Architecture (OMA)[124]

---

[123] Im folgenden lehnen wir uns teilweise an die Darstellung in /Geih95/ an.
[124] in Anlehnung an /Geih95/, S. 73

die Methodenaufrufe zum passenden Zielobjekt geleitet werden, daß dieses aktiviert wird (falls erforderlich) und daß die Ergebnisse zum Aufrufer gelangen. Architektur und Funktion des *ORB* sind in der *CORBA* festgelegt.

- *Object Services*: Die Objektdienste unterstützen die Abwicklung der Interaktionen auf den verteilten Objekten. Zu diesen Diensten gehören Basisfunktionen wie Sicherheit, Ereignisbehandlung, persistente Speicherung und anderes mehr. Die OMG hat es sich zum Ziel gesetzt, für diese Objektdienste entsprechende Spezifikationen auszuarbeiten.

- *Common Facilities*: Hierbei handelt es sich um eine Sammlung von Objekten, die von vielen Anwendungen benötigt werden, wie z. B. Objekte (und damit verbundene Methoden) zum Drucken oder für die Behandlung von Fehlern.

Die *Common Object Request Broker Architecture* (*CORBA*) konkretisiert Aufbau, Funktionalität und Schnittstellen eines ORBs. Abb. 11-17 gibt eine Übersicht über die OMG-CORBA /SoKe95/. Der ORB bietet zwei Arten von Schnittstellen für den C/S-Operationsaufruf an: *Common Object Request Broker Architecture (CORBA)*

- *Statische Schnittstelle*: Wie beim RPC (siehe Abschnitt 11.4.1) wird vor der Ausführung des Client-Programms ein Client-Stub aus der Schnittstellenbeschreibung erzeugt und statisch zum Client-Programm gebunden. *statische Schnittstelle*

- *Dynamische Schnittstelle*: Sie erlaubt das dynamische Absetzen von Aufrufen. Der Client erzeugt zur Laufzeit einen Auftrag für eine gegebene Serverschnittstelle und übergibt den Auftrag an den ORB. Der Client spezifiziert das referenzierte Objekt, welche Operation (Methode) aufgerufen werden soll und die aktuellen Aufrufparameter. Die dynamische Schnittstelle ist in der OMG-CORBA-Spezifikation verbindlich festgelegt. *dynamische Schnittstelle*

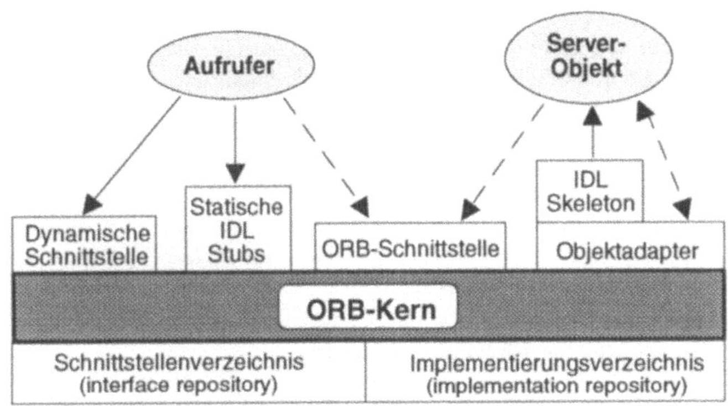

Abb. 11-17: OMG CORBA (Übersicht) [125]

---

[125] in Anlehnung an /Geih95/, S. 75

Für das aufgerufene Objekt ist nicht erkennbar, über welche der beiden Aufrufschnittstellen ein Dienst angefordert wurde. Ein Aufruf gelangt über den *Objektadapter* (*object adapter*) und das *IDL-Skeleton* (ist vergleichbar mit dem Server-Stub beim RPC) zum Server-Objekt.

Beim Aufruf einer Operation/Methode ist *für den Client* nicht sichtbar, ob das Objekt lokal vorhanden ist oder auf einem anderen Rechner liegt. Es ist für ihn auch transparent, auf welcher Hardware und in welcher Programmiersprache ein Objekt implementiert ist, und ob das aufgerufene Objekt bereits aktiv ist oder erst vom Sekundärspeicher eingelagert werden muß. – Jedenfalls ist dies das Ziel, das mit der ORB bzw. CORBA verfolgt wird.

Objektadapter

Der *Objektadapter* stellt nach diesem Konzept das Bindeglied zwischen dem ORB und dem Server-Objekt dar. Er stellt für beide Seiten allgemeine Dienste wie Starten eines inaktiven Server-Objektes, Unterstützung bei der Authentifizierung usw. bereit. Je nach Anwendungsklasse kann es verschiedene Objektadapter mit unterschiedlicher Funktionalität geben. Die OMG hat einen *Basic Object Adapter* (*BOA*) vorgeschlagen, der eine gewisse Grundfunktionalität bereitstellt. Diese dürfte für viele Anwendungen bereits ausreichend sein.

Client- und Server-Objekte können auch direkt mit dem ORB über die *ORB-Schnittstelle* in Kontakt treten, etwa um allgemeine Dienste nachzufragen, die nicht unmittelbar mit der Erbringung eines Services in Verbindung stehen, wie z. B. die ASCII-Repräsentation einer Objektreferenz, um diese zu speichern und später wiederverwenden zu können.

Implementation Repository

Das *Implementation Repository* soll die Implementierung von (Server-) Objekten unterstützen. Hierzu können im Repository weitere Beschreibungsdaten über das Objekt abgelegt werden, wie etwa Ressourcenbedarf bei der Ausführung oder andere Hardwarevoraussetzungen.

Interface Repository

Das *Interface Repository* enthält IDL-Beschreibungen und Informationen zu Server-Schnittstellen. Es unterstützt zur Laufzeit das Hinzufügen, Suchen und Auffinden von Schnittstellen sowie die Typüberwachung der Parameter bei dynamischen Methodenaufrufen.

Abschließende Bemerkungen

Die Spezifikationen der OMG bezüglich ORB und CORBA beziehen sich vor allem auf die Beschreibung/Festlegung der Komponenten, deren Funktionalität und Zusammenwirken sowie ggf. deren Schnittstellen. Die Implementierung selbst ist Sache der einzelnen Hersteller.

ORB/CORBA ist vom Ansatz her eine mächtige Entwicklungsumgebung für objektorientierte – auch verteilte objektorientierte – Anwendungen, die Anwendungsentwickler in C/S-Umgebungen die Implementierung von systemnahen Diensten abnimmt oder zumindest vereinfacht. Insbesondere wird sie in einem hohen Maße eine transparente Verteilung der Objekte/Dienste ermöglichen. Die Güte der zugrundeliegenden ORB/CORBA-Implementierung, insbesondere die Vorkehrungen für eventuell auftretende Fehlerfälle, wird hierbei natürlich von Hersteller zu Hersteller verschieden sein; auch die Interoperabilität zwischen verschiedenen ORB/CORBA-Implementierungen wird nicht immer als gegeben vorausgesetzt werden können.

Für die Realisierung sicherer verteilter Anwendungen in C/S-Umgebungen wird man daher auch hier nicht umhinkommen, sich mit den realisierten Konzepten – auch im systemnahen Bereich – von Fall zu Fall sehr intensiv auseinanderzusetzen, um entscheiden zu können, auf welche man sich abstützen und verlassen kann und für welche (Fehler-)Fälle man selbst noch implementierungsmäßig Vorkehrungen treffen will bzw. muß.

11.4.6 Remote Database Access (RDA)

Wie bereits in Abschnitt 11.3.2 erwähnt, bieten viele DBMSe mittels sog. *Database Gateways* die Möglichkeit des Zugriffs auf entfernte Datenbanken (desselben Herstellers oder evtl. auch anderer Hersteller) an. Man kann hierbei mittels der Datenbankschnittstelle eines Systems A im wesentlichen auf ein anderes System B zugreifen, ohne die Datenbankschnittstelle des Systems B kennen zu müssen. Die Umsetzung auf die evtl. etwas andere Syntax und Semantik erfolgt (transparent für den Anwender) durch die Schnittstelle des Systems A (bzw. der dort installierten Gateway-Software). Wird auf diese Weise über ein System A z. B. auf fünf verschiedene Fremdsysteme zugegriffen, so muß System A in der Regel fünf verschiedene Schnittstellenadapter installiert haben, sofern diese Fremdsysteme über ihre Originalschnittstelle (native interface) angesprochen werden.

Database Gateways

Um den Zugriff auf fremde Datenbanken zu vereinfachen, wurde im Rahmen der ISO/OSI-Aktivitäten 1992 ein Standard für den *entfernten Datenbankzugriff* (*remote database access*; *RDA*) verabschiedet. Wie bei den anderen ISO/OSI-Standards wurde auch hier nur die logische Struktur, die Funktionalität sowie das Aufrufprotokoll festgelegt, die konkrete Beschreibung der Schnittstellen (call interfaces) oder gar die konkrete Implementierung ist nicht Teil dieses Standards.[126]

ISO-RDA-Standard

Der ISO-RDA-Standard besteht aus zwei Teilen: einem *generischen RDA* und einem *spezifischen (SQL-)RDA*.

* Im *generischen RDA* (IS 9579-1) sind die Funktionen zum Initialisieren, Öffnen, zum Anstoßen der Ausführung, zum Commit usw. beschrieben, die unabhängig vom Typ des eingesetzten DBMS gelten.

generischer RDA

---

[126] Wir können das Thema *Remote Database Access* hier nur anreißen. Eine sehr ausführliche Behandlung findet sich in /Lame94/, an dessen Darstellung wir uns hier teilweise anlehnen.

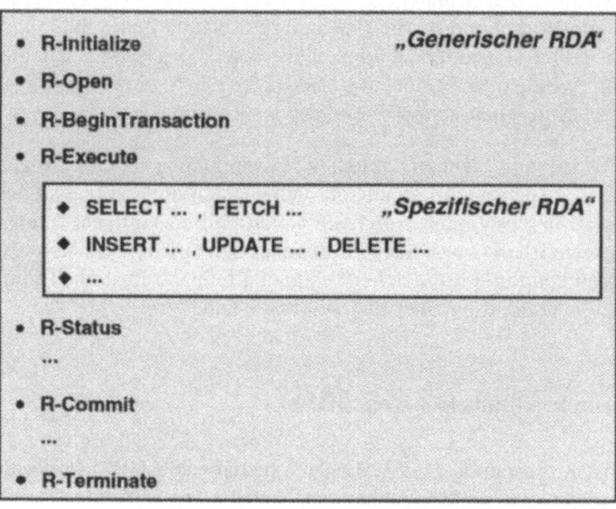

Abb. 11-18: Generischer und spezieller RDA[127]

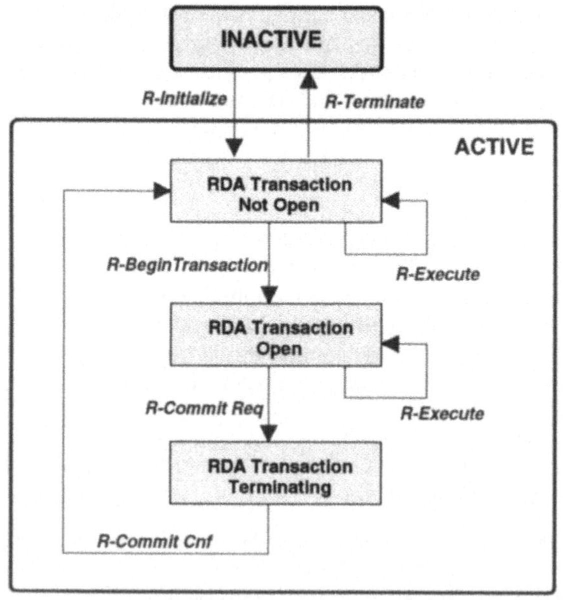

**Abb. 11-19: Zustandsübergangsdiagramm für den RDA-Client
(Single-Server-Fall, vereinfacht)**[128]

---

[127] in Anlehnung an /Lame94/, S. 113
[128] in Anlehnung an /Lame94/, S. 137

- Im *spezifischen RDA* (IS 9579-2) ist beschrieben, welche SQL-Syntax un-   spezifischer RDA
terstützt wird. Hier verweist man im Prinzip einfach auf den jeweiligen
SQL-Standard. – Für andere DBMS-Typen müßten hier dann jeweils eigene
„spezifische RDA"-Standards definiert werden.

Abb. 11-18 veranschaulicht den Zusammenhang zwischen generischem und
spezifischem RDA und skizziert die typische Aufruffolge, wenn aus der Anwendung heraus nur auf *einen* Server (*single server RDA*) zugriffen wird. Den
Zugriff auf mehrere Server behandeln wir im Kontext von TP-Monitoren im
nächsten Abschnitt.

Neben der Beschreibung der Funktionalität dieser RDA-Funktionen regelt der
Standard, wie bereits erwähnt, die zulässigen Aufrufreihenfolgen. Diese sind
für den RDA-Client in Abb. 11-19 dargestellt, und zwar wiederum für den
Fall des Single-Server-RDA.

Wie oben erwähnt, sind in den Standards die konkreten (Call-)Schnittstellen
nicht festgelegt worden. Im Rahmen der sog. *SQL Access Group*, einem Zusammenschluß von DB-Herstellern, wurde deshalb ein sog. *Call Level Inter-*   Call Level
face (*CLI*) entwickelt, das als Vorschlag für eine Ergänzung der SQL-   Interface (CLI)
Standards bei ISO eingereicht wurde. Mit entsprechenden Implementierungen
seitens der Mitglieder dieses Konsortiums ist daher zu rechnen. Ein früher
„Ableger" dieses Vorschlages ist die *Windows Open Service Architecture*
(*WOSA*) Schnittstelle von Microsoft. Eine andere konkurrierende RDA-
Implementierung ist die *Distributed Relational Database Architecture*
(*DRDA*) von IBM, die für das Zusammenwirken der relationalen Datenbank-
systeme von IBM ausgerichtet ist und mittlerweile von vielen DB-Herstellern
unterstützt wird. Eine ausführliche Diskussion hierzu findet sich ebenfalls in
/Lame94/.

11.4.7 TP-Monitore

In den 70er Jahren wurden TP-Monitore[129], wie z. B. CICS von IBM oder
UTM von Siemens, vor allem dazu eingesetzt, um große Online-Informations-
systeme mit vielen Benutzern bzw. Endgeräten möglichst effizient zu realisieren. Dies geschah vor allem vor dem Hintergrund der seinerzeit verfügbaren Hardware und Betriebssysteme, die hinsichtlich Hauptspeicher und
Anzahl möglicher Prozesse im Vergleich zu heutigen Systemen sehr beschränkt waren. Der Einsatz von TP-Monitoren zielte hier u. a. darauf ab,
mehrfach benötigten Anwendungscode möglichst nur einmal zu laden und
vielen Benutzern und Endgeräten gleichzeitig zur Verfügung zu stellen. TP-
Monitore fungierten dabei als Betriebssystemerweiterung und übernahmen
Aufgaben, wie wir sie in Abschnitt 11.4.2 diskutiert haben.

---

[129] TP steht für Transaction Processing

Einsatz im
Kontext verteilter
Anwendungen

Im Kontext *verteilter Anwendungen* bzw. von *C/S-Systemen* erleben TP-Monitore seit einigen Jahren eine Renaissance, und zwar als „Middleware" zur koordinierten Ausführung von Anwendungen in verteilten Umgebungen. Wie bereits im vorangegangenen Abschnitt ausgeführt, bieten viele DBMS- bzw. Middleware-Hersteller über ihre Datenbankschnittstelle auch transparenten Zugriff auf fremde Datenbanken. Unterstützt diese auch schreibenden Zugriff und koordinierte Freigabe der Änderungen mittels Zwei-Phasen-Commit-Protokoll (siehe Abschnitt 7.6), so kann man verteilte Anwendungen auch mittels dieser Schnittstelle realisieren. Man macht sich damit natürlich von der proprietären Schnittstelle des DBMS- oder Middlewareherstellers abhängig und ist auf diejenigen Systeme eingeschränkt, die von der jeweils eingesetzten Middleware-Software unterstützt werden.

ISO-Standard:
Distributed
Transaction
Processing (TP)

Analog zum RDA wurde deshalb auch für die *Ausführung verteilter Transaktionen* (*distributed transaction processing; TP*) seitens der ISO ein entsprechender (TP-)Standard entwickelt und 1992 verabschiedet. Auch hier hat man sich wieder auf die Beschreibung der Funktionalität sowie der zulässigen Aufrufreihenfolgen beschränkt. Wir skizzieren hier wieder nur ausschnittsweise diese Funktionalität (siehe Abb. 11-20) sowie den Ablauf eines verteilten

<u>**Hauptgruppen von Dienstelementen:**</u>

• *Dialogverwaltung*	:	zum Auf- und Abbau von TP-Dialogen
• *Recovery*	:	zur Fehlerbehandlung, Dialog- und Transaktions-Recovery
• *Commitment*	:	zur koordinierten Freigabe oder zum Zurücksetzen von Änderungen
TP-Commit	:	Beenden eines Transaktionsbaumes
TP-Done	:	Freigabe lokaler Daten
TP-Commit-Complete	:	erfolgreiches Ende der Transaktion
TP-Rollback	:	Transaktion zurücksetzen
TP-Rollback-Complete	:	erfolgreiches Ende eines Rollback
TP-Prepare	:	„Prepare to Commit"-Aufforderung
TP-Ready	:	„Ready to Commit"-Antwort
...		
• *TP-Data*	:	„Platzhalter" innerhalb von TP, u. a. zur Übertragung von RDA-Aufrufen

Abb. 11-20: Dienstelemente des ISO/OSI-TP (Auszug)

Commit (siehe Abb. 11-21). Eine ausführliche Diskussion hierzu findet sich in
/Lame94/.

Unter dem Namen X/Open hat sich auch hier wieder ein Konsortium von   X/Open
DBMS-Herstellern zur konkreten Festlegung der Schnittstellen und System-

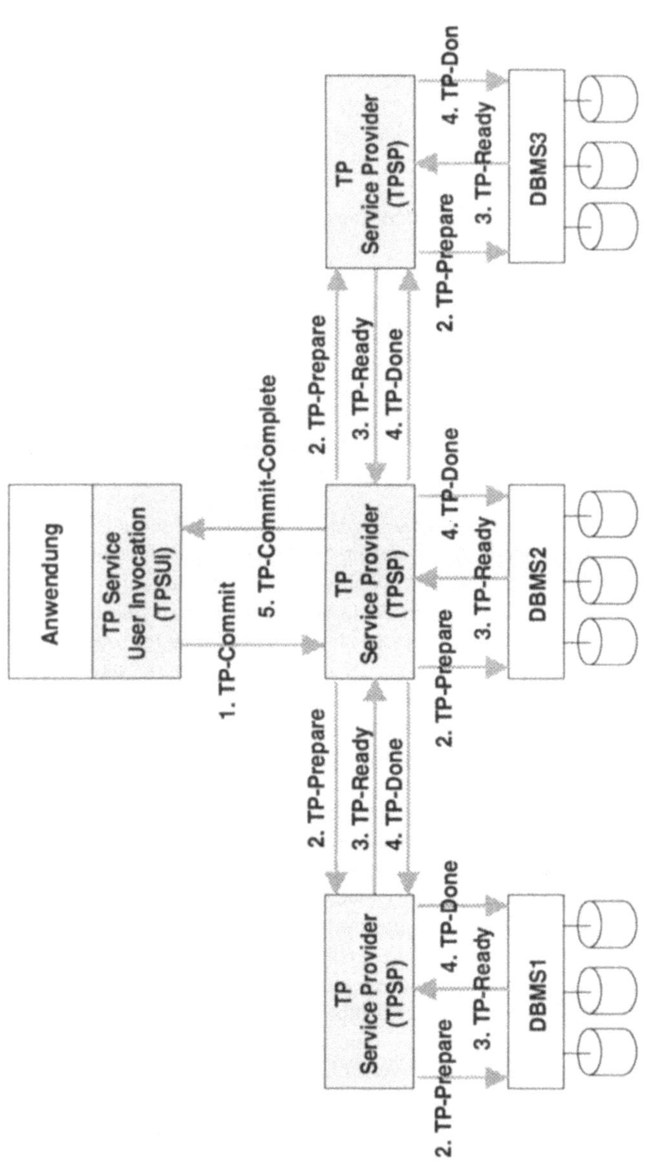

Abb. 11-21: Ablauf eines verteilten Commit bei TP nach ISO

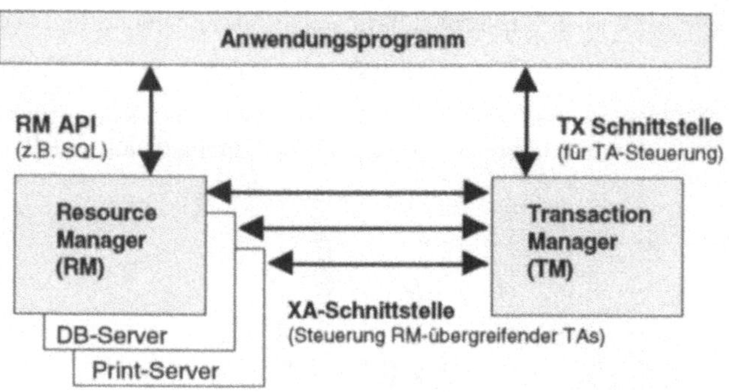

Abb. 11-22: X/Open Distributed Transaction Processing

X/Open
Distributed
Transaction
Processing

komponenten für verteilte Transaktionsverarbeitung gebildet. Unter der Bezeichnung *X/Open Distributed Transaction Processing (DTP)* wird hier ein sehr allgemeines Konzept zur verteilten Transaktionsverarbeitung verfolgt, das weiter reicht als die reine Koordination verteilter Änderungen in Datenbanken. Hier stellt man sich vor, daß praktisch beliebige Systemkomponenten, also z. B. auch Drucker, an einem verteilten Commit beteiligt sein können. Ein „Ready to Commit" bedeutet dann in diesem Fall ganz allgemein, daß der erteilte Auftrag bei Commit garantiert ausgeführt wird.

Resource Manager
(RM)

Transaction
Manager (TM)
XA-Schnittstelle

Alle (in diesem Sinne) global verfügbaren (und ggf. zu koordinierenden) Ressourcen werden hierbei jeweils über eine eigene *Verwaltungskomponente*, den *Resource Manager (RM)*, verwaltet. Nichtverteilte Transaktionen können hierbei direkt die Dienste des RMs in Anspruch nehmen, d. h. diesen direkt aufrufen. *Verteilte Transaktionen* müssen den Zugriff hingegen über einen *Transaction Manager (TM)* vornehmen, der seinerseits dann auf die jeweiligen RMs zugreift. Zur Kommunikation zwischen TMs und RMs wird hierbei die sog. *XA-Schnittstelle* verwendet, die speziell hierfür von X/Open definiert wurde. Abb. 11-22 illustriert diese Zusammenhänge.

Hilfsmittel:
transactional RPC,
persistent queues

In den letzten Jahren kam eine neue Generation von TP-Monitoren bzw. verwandte Dienste auf den Markt, welche die Entwicklung zuverlässiger, verteilter Anwendungen erheblich vereinfachen können. Hierzu gehört, wie bereits in Abschnitt 11.4.1 erwähnt, z. B. die Unterstützung *transaktionsorientierter RPCs (transactional RPC)* oder sogenannter *persistenter (Nachrichten-) Warteschlangen (persistent queues)*, die helfen können, die Weiterreichung von Nachrichten bzw. Aufträgen zwischen verschiedenen Anwendungen oder Diensten unter Transaktionsschutz auszuführen. Eine sehr umfassende Behandlung des Aspektes „transaktionsorientierte Verarbeitung" findet sich in /GrRe93/. Hier wird u. a. auch auf die verschiedenen Realisierungsformen für Transaktionsmonitore eingegangen.

11.5 Technisch/wissenschaftliche Anwendungen

11.5.1 Allgemeines

Der Einsatz von DBMSen zur Realisierung zuverlässiger und sicherer Anwendungen, insbesondere in komplexen Anwendungsumgebungen mit vielfältigen Abhängigkeitsbeziehungen zwischen den zu verwaltenden Daten, hat sich bewährt. Durch die bereitgestellten Funktionen zur Datenabfrage und -manipulation, Integritätssicherung, Autorisierung und Performanzverbesserung (z. B. Indexunterstützung) sowie die integrierten Mechanismen zur Konsistenzsicherung im Mehrbenutzerbetrieb (Synchronisation) und zur Wiederherstellung der Konsistenz nach aufgetretenen Fehlern (Recovery) entlasten sie den Anwendungsentwickler in signifikanter Weise von systemnahen und fehlerträchtigen Implementierungsaufgaben. Insbesondere relationale DBMSe, mit ihrer standardisierten, semantisch hohen Schnittstelle, haben hier einen wahren „Produktivitätsschub" in der Softwareentwicklung ausgelöst. Neue Anwendungen im kommerziellen Bereich werden, sofern dort Daten zu verwalten sind, heute daher fast nur noch unter Einsatz von DBMSen realisiert.

Der Erfolg der DBMSe in kommerziellen Anwendungen hat dazu geführt, daß diese Systeme heute mehr und mehr auch für Einsatzgebiete – insbesondere aus dem technisch/wissenschaftlichen Bereich – herangezogen werden, für die sie seinerzeit nicht konzipiert und ausgelegt worden sind. Wir wollen das Problem an einem Beispiel aus der Robotik illustrieren und anschließend auf geeignete Verbesserungen bzw. Anforderungen an zukünftige Systeme, insbesondere im C/S-Umfeld, eingehen.

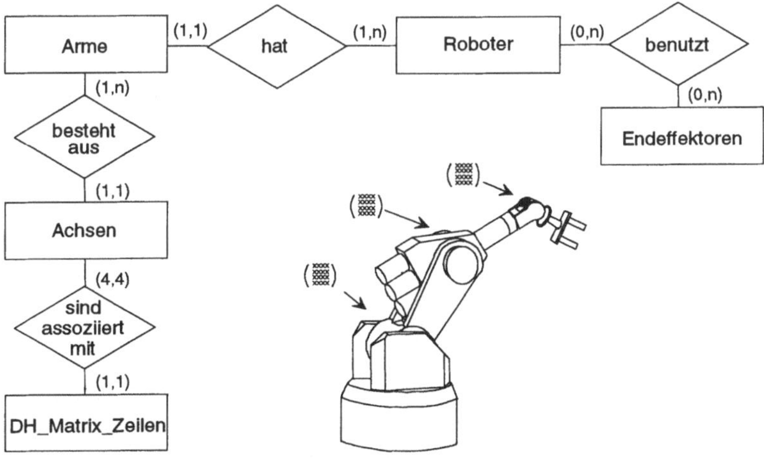

Abb. 11-23: ER-Modell eines Roboters (vereinfacht)

Roboter

RobID	Rob_Beschr
Rob1	Speedy 400
Rob2	Speedy 600
Rob3	Colossus MX-3
:	:

Roboter_Arme

RobID	ArmID
Rob1	links
Rob1	rechts
Rob2	solo
Rob3	links
Rob3	mitte
Rob3	rechts
:	:

Achsen

RobID	ArmID	AchsNr	GW_min	GW_max	Masse	Beschl
Rob1	links	1	-90	90	40,0	1,0
Rob1	links	2	-170	180	30,5	1,5
Rob1	links	3	-180	180	20,0	3,0
:	:	:	:	:	:	:

Matrix_Zeilen

RobID	ArmID	AchsNr	Zeile	Sp1	Sp2	Sp3	Sp4
Rob1	links	1	1	1	0	0	1
Rob1	links	1	2	0	0	1	0
Rob1	links	1	3	0	-1	0	80
Rob1	links	1	4	0	0	1	1
Rob1	links	2	1	0	0	0	60
:	:	:	:	:	:	:	:
Rob1	links	3	4	0	-1	0	70
Rob1	rechts	4	1	0	-1	0	70
:	:	:	:	:	:	:	:
Rob2	solo	1	1	1	0	0	1
:	:	:	:	:	:	:	:

Benutzt

RobID	Eff_ID
Rob1	SD200
Rob1	SD300
Rob1	PW1380
Rob1	GR700
:	:
Rob2	SD300
Rob2	SD300
Rob2	PW1510
Rob2	LW1
:	:

Endeffektoren

Eff_ID	Funktion
GR600	Greifer Typ 600 ....
GR700	Greifer Typ 700 ....
LS1	Laser Schweißer Typ 1 ....
PS1350	Punkt Schweißer Typ 1350 ....
PS1380	Punkt Schweißer Typ 1380 ....
PS1510	Punkt Schweißer Typ 1510 ....
SR200	Schrauber Typ 200 ....
SR300	Schrauber Typ 300 ....
:	:

Abb. 11-24: Relationale Darstellung von Robotern (vereinfacht)

11.5.2 Problemstellung (am Beispiel einer Robotik-Anwendung)

Roboter sind Betriebsmittel, die im Hinblick auf eine Aufgabe (z. B. eine Montage- oder Überwachungsaufgabe) ausgesucht und zusammengestellt werden müssen. Je nach Art der Anforderung

- muß der benötigte Roboter über eine bestimmte Anzahl von *Armen* verfügen;

- müssen die Arme, abhängig von der Art der erforderlichen Bewegung, über eine bestimmte Mindestanzahl von *Achsen* verfügen;

- müssen die Achsen in diesem Zusammenhang wiederum gewisse Winkel (*Gelenkwinkel*) einnehmen können;

- müssen die benötigten *Endeffektoren* (Sensoren, Schrauber, Schweißwerkzeuge, ...) anschließbar sein.

Kurzum, diese und noch eine ganze Reihe weiterer Informationen werden über die zur Verfügung stehenden Roboter benötigt, um für eine gegebene Aufgabe eine sinnvolle Auswahl treffen zu können. Noch detailliertere Informationen benötigt man, wenn der Roboter graphisch (also am Bildschirm) programmiert werden soll und man – insbesondere wenn mehrere Roboter zusammenwirken sollen – den Gesamtablauf anschließend graphisch animieren bzw. simulieren will.

Anfrage: „*Gib alle Informationen zu Roboter Rob1 aus*"

```
SELECT   r.RobID, r.Rob_Beschr, ar.ArmID,
         ac.AchsNr, m.Zeile,
         m.Sp1, m.Sp2, m.Sp3, m.Sp4,
         ac.GW_min, ac.GW_max,
         ac.Masse, ac.Beschl, e.Eff_ID, e.Funktion
FROM     Roboter r, Roboter_Arme ar, Achsen ac, Matrix_Zeilen m,
         Benutzt b, Endeffektoren e
WHERE    r.RobID = 'Rob1'          AND        /* Join! */
         r.RobID = ar.RobID        AND        /* Join! */
         ar.RobID = ac.RobID       AND        /* Join! */
         ar.ArmID = ac.ArmID       AND        /* Join! */
         ac.ArmID = m.ArmID        AND        /* Join! */
         ac.RobID = m.RobID        AND        /* Join! */
         ac.AxisNo = m.AxisNo      AND        /* Join! */
         r.RobID = b.RobID         AND        /* Join! */
         b.Eff_ID = e.Eff_ID
```

Abb. 11-25: SQL-Anfrage

```
R1 := SELECT      RobID, Rob_Beschr
      FROM        Roboter
      WHERE       RobID = :RoboterName;

R2 := SELECT      Eff_ID
      FROM        Benutzt
      WHERE       RobID = R1.RobID;

      for every R2.Eff_ID in R2
            begin
            SELECT      Funktion
            FROM        Endeffektoren
            WHERE       Eff_ID = R2.Eff_ID
            end;

R3 := SELECT      ArmID
      FROM        Roboter_Arme
      WHERE       RobID = R1.RobID;

      for every R3.ArmID in R3
            begin
      R4 := SELECT      AchsNr, GW_min, GW_max, Masse, Beschl
            FROM        Achsen
            WHERE       RobID = R1.RobID  AND
                        ArmID = R3.ArmID;

            for every R4.AchsNr in R4
                  begin
                  SELECT      Zeile, Sp1, Sp2, Sp3, Sp4
                  FROM        Matrix_Zeilen
                  WHERE       RobID = R1.RobID  AND
                              ArmID = R3.ArmID  AND
                              AchsNr = R4.AchsNr
                  end
            end;
```

Abb. 11-26: „Navigierender Zugriff"

Abb. 11-23 zeigt ein stark vereinfachtes ER[130]-Modell für Roboter. Wählt man
ein relationales DBMS, um diese Informationen zu verwalten, dann erhält
man in etwa die in Abb. 11-24 dargestellte Tabellenstruktur.

Schon eine so harmlose Anfrage wie „*Gib alle Informationen zu Roboter
Rob1 aus*" führt dann entweder zu der in Abb. 11-25 dargestellten
„Monsteranfrage" (die wegen der vielen Joins zu einer entsprechend großen

---

[130] Entity-Relationship

Resultattabelle führt, was diese Lösung praktisch verbietet) oder man „navigiert" auf den SQL-Tabellen, wie in Abb. 11-26 skizziert.

Probleme dieser Art haben dazu geführt, daß schon seit einigen Jahren intensiv an der Weiterentwicklung von DBMSen zur adäquaten Unterstützung sog. *komplexer Objekte* (*complex objects*) gearbeitet wird, entweder im Kontext der *Erweiterung relationaler DBMSe* (siehe hierzu z. B. /AFS89/) oder im Kontext objektorientierter Programmiersprachen wie C++ oder Smalltalk, was zur Entwicklung der *objektorientierten DBMSe* geführt hat (eine ausführliche Diskussion dieser Entwicklungen findet sich in /Catt91/, /Heue92/, /Kim95/).

komplexe Objekte
(complex objects)

11.5.3 Zugriff auf komplexe Objekte

Im Kontext von C/S-Systemen sind die beiden oben skizzierten Lösungen noch unbefriedigender als im zentralen Kontext, weil bei der Lösung mit der „Monsteranfrage" im realen Fall (hier haben wir es dann oft mit mehr als 10 Relationen zu tun) eine sehr große, wegen der Joins aufgeblähte Resultattabelle übertragen werden müßte, während bei der „navigierenden Lösung" viele einzelne SQL-Aufrufe übertragen werden müßten (einige tausend Aufrufe werden hier schnell erreicht), was sich performanzmäßig ebenfalls negativ auswirkt.

Geeignet erweitert, könnten im relationalen Umfeld *Stored Functions* (siehe Abschnitt 11.3.3) etwas Abhilfe schaffen. Voraussetzung hierfür wäre allerdings, daß eine Stored Function nicht nur skalare Werte, sondern auch komplex strukturierte Daten zurückliefern kann, etwa als baumartige Datenstruktur. In diesem Fall könnte der navigierende Zugriff auf dem Server in entsprechenden Stored Functions „versteckt", und als Ergebnis dann ein geeignet strukturiertes Datenobjekt zurückgeliefert werden.

Diese „Lösung" reicht allerdings nicht mehr aus, wenn auch Änderungen an diesen Datenobjekten möglich sein sollen, weil hierdurch – zumindest bei einfacher Implementierung – die Bezüge (Referenzen) zum Originalobjekt verlorengehen. Zwar könnte im Prinzip ein Update stets so realisiert werden, daß zunächst das alte Objekt auf dem Server gelöscht und dann das geänderte Objekt komplett neu eingefügt wird, bei vielen Anwendern und großen Objekten (wie in dem diskutierten Kontext oft der Fall) ist dies aus Performanzgründen in der Regel jedoch keine akzeptable Lösung.

11.5.4 Kooperative Objektbearbeitung

Längerfristig wird man zu Lösungen kommen müssen, die es erlauben, ein komplexes Objekt (ganz oder teilweise) effizient vom Server auf den Client zu übertragen, es dort zu verändern und dann gezielt (nur) die Änderungen („Deltas") wieder auf den Server zurückzuspielen. Hierfür müssen allerdings geeignete Schnittstellen und Konventionen entwickelt werden. Die normale

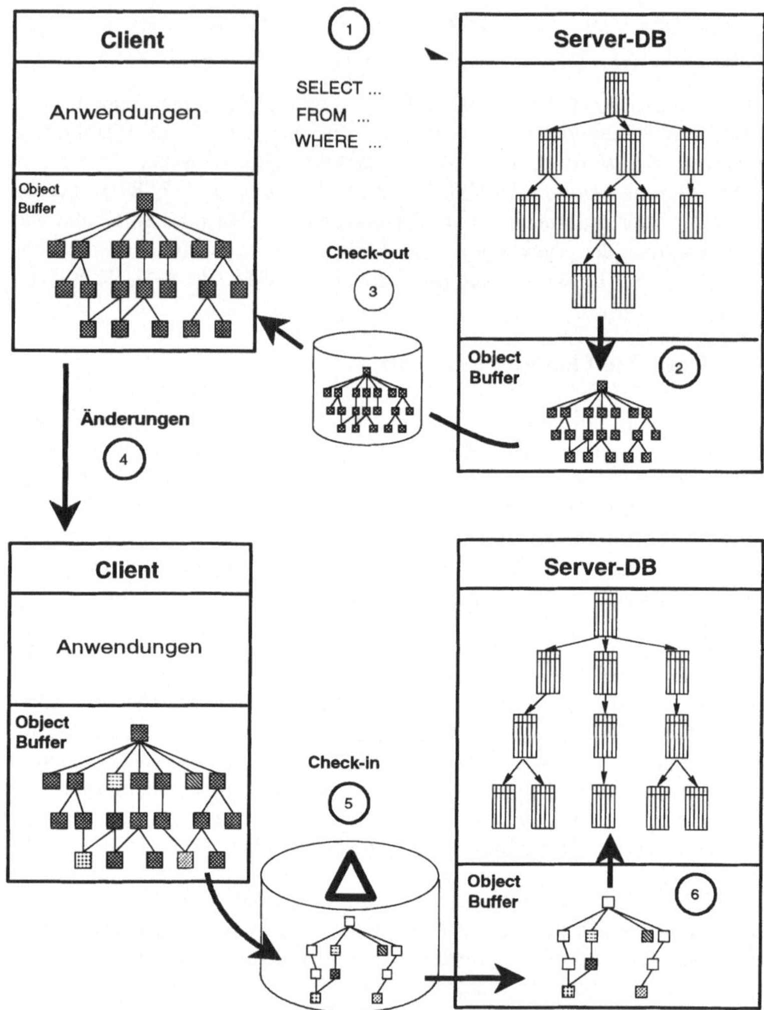

Abb. 11-27: Kooperative Bearbeitung komplexer Objekte

SQL-Schnittstelle wird hierfür in der Regel „semantisch zu hoch" und damit nicht effizient genug sein.

In Abb. 11-27 ist in Anlehnung an den in /KDG87/ verfolgten Ansatz skizziert, wie ein solches System arbeiten würde:

1. Mittels der (ggf. erweiterten) Datenbanksprache wird das gewünschte Objekt seitens des Benutzers bzw. der Anwendung beschrieben und ausgewählt.

2. Vor der Übertragung auf den Client „verpackt" der Server das Objekt in einen „Container" (in /KDG87/ bzw. Abb. 11-27 *Object Buffer* genannt), und zwar in einer zwischen Client und Server vereinbarten kompakten, internen Darstellung.

3. Der *Object Buffer* wird vom Server zum Client übertragen.

4. Auf der Clientseite werden über entsprechende Operationen auf dem Object Buffer ggf. Veränderungen an diesem Objekt vorgenommen.

5. Für die Rückübermittlung an den Server inspiziert der Client den Inhalt des Object Buffers und leitet daraus eine kompakte Darstellung aller vorgenommenen Änderungen („Deltas") ab. Diese Deltas (und nur diese) werden an den Server zurückübertragen.

6. Der Server aktualisiert das „Server-Objekt" anhand der erhaltenen Änderungsinformation.

Wegen dieses Zusammenwirkens des Clients und des Servers bei der Bearbeitung des Objektes kann man diesen Ansatz auch als *kooperative Objektbearbeitung* bezeichnen.

kooperative
Objektbearbeitung

11.5.5 Lange Transaktionen

Bei technisch/wissenschaftlichen Arbeiten, z. B. Entwurf einer Maschine, erstreckt sich eine Arbeitseinheit („logical unit of work") oftmals über Stunden, Tage, Wochen oder sogar Monate. Solche langlaufenden Einheiten lassen sich nicht unmittelbar durch die Standardtransaktionen des DBMS nachbilden. Zum einen sind die Standardtransaktionen und die damit zusammenhängende Sperrinformationen in der Regel flüchtig, d. h. Sperren werden nicht protokolliert, sondern gehen beim Abbruch der Transaktion (z. B. infolge eines Systemzusammenbruchs) verloren, zum andern werden Standardtransaktionen bei auftretenden Zugriffskonflikten ggf. systemseitig abgebrochen und zurückgesetzt.

Aus diesem Grund müssen für technisch/wissenschaftliche Anwendungen dieser Art sog. *lange Transaktionen* unterstützt werden. Diese langen Transaktionen müssen Systemabstürze „überleben", d. h. sie müssen beim Wiederanlauf wieder in den Zustand unmittelbar vor dem Absturz gebracht werden. Hierbei müssen auch alle von dieser Transaktion gehaltenen Sperren wieder aktiviert werden. Hierzu ist erforderlich, daß die Sperr- und Freigabeaktivitäten einer langen Transaktion protokolliert werden, um diese beim Wiederanlauf des Systems automatisch wieder einspielen zu können.

lange
Transaktionen

In einer C/S-Umgebung geht man hierbei davon aus, daß der Client das Objekt auf dem Server sperrt, es in einen privaten (Client-)Arbeitsbereich kopiert (*check-out*), dieses nach ggf. durchgeführten Änderungen wieder auf den Server zurückspielt (*check-in*) und die darauf gesetzten Sperren freigibt (diese Vorgehensweise liegt auch in Abb. 11-27 zugrunde).

check-out,
check-in

	R	W	LR	LW	C
R	+	-	+	+	-
W	-	-	-	-	-
LR	+	-	+	-	-
LW	+	-	-	-	-
C	-	-	-	-	-

Legende: R = Read Lock, W = Write Lock, LR = Long Read Lock,
LW = Long Write Lock, C = Check-in Lock

Abb. 11-28: Verträglichkeitsmatrix

Da lange Transaktionen potentiell auch ihre Sperren lange halten, sind hinsichtlich der Sperrmodi ebenfalls Änderungen erforderlich: Weder darf eine lange Transaktion systemseitig wegen Zugriffskonflikten einfach abgebrochen werden, noch ist es in der Regel sinnvoll, auf die Freigabe einer Sperre durch eine lange Transaktion „zu warten", d. h. die anfordernde Transaktion bis zur Freigabe dieser Sperre zu blockieren.

Langzeitsperren

Es bietet sich daher an, für lange Transaktionen *spezielle (Langzeit-) Sperren (long duration locks)*, etwa für *lesenden Zugriff (LR)*, für *schreibenden Zugriff (LW)* und das *eigentliche Check-in* (C) mit den in Abb. 11-28 dargestellten Verträglichkeiten einzuführen. Die übliche Vorgehensweise ist hierbei, daß der Client im Updatefall zunächst eine LW-Sperre erwirbt und diese dann vor dem Zurückschreiben des Objektes (dem Check-in) in eine exklusive C-Sperre umwandelt. Aus diesem Grund können, während die LW-Sperre besteht, immer noch normale Lesesperren zugelassen werden.

Existieren zu dem Zeitpunkt, an dem der Client ggf. eine Umwandlung seiner LW-Sperre in eine C-Sperre anfordert, noch R-Sperren auf dem Objekt (was die Umwandlung zunächst einmal verhindert), so wird die kurze Transaktion (ggf. nach Abwarten einer gewissen „Schonfrist") abgebrochen werden, um die Umwandlung und damit das Check-in der langen Transaktion durchführen zu können. Darüber hinaus sind allerdings auch *weiterführende Sperrkonzepte* gefragt, die gezielt die benötigten Teile eines komplexen Objektes zu sperren vermögen (siehe hierzu z. B. /Herr91/) oder sogar noch darüber hinausgehende Konzepte, welche das kooperative Arbeiten durch geeignete „semantische" bzw. „anwendungsspezifische" Synchronisationsmethoden unterstützen. Diese Entwicklungen stehen allerdings erst am Anfang.

11.6 Abschließende Bemerkungen

Wie man sieht, ist Client/Server ein sehr breites Themengebiet mit vielen Facetten. Viele C/S-Projekte, insbesondere einige der eingangs erwähnten „Downsizing"-Projekte, die unter der Erwartung einer signifikanten Kosteneinsparung gestartet wurden, haben Schiffbruch erlitten oder konnten die erhofften Kosteneinsparungen bei weitem nicht realisieren. Vielfach war der Grund hierfür die Unterschätzung der Komplexität des Vorhabens.

Ziel dieses Kapitels war, Sie etwas für die Zusammenhänge, verschiedenen Facetten und möglichen Fallstricke bei der Realisierung von C/S-Systemen zu sensibilisieren. Diesem Zweck dienten auch die kurzen „Ausflüge" in die „systemnahen Niederungen" dieser Systeme. Vieles konnte hierbei leider nur angerissen werden, um den Umfang dieses Buches nicht zu sprengen. Wir hoffen, daß im Bedarfsfall die angegebenen Referenzen auf weiterführende Literatur nützlich für Sie sind. Als „globale Einstiegsliteratur" sind in erster Linie Lehrbücher, wie z. B. /LKK93/ und /GrRe93/ zu empfehlen. In /Jenz95/ finden sich aktuelle Produktübersichten und -beschreibungen.

12. Zusammenfassung und Ausblick

Verteilte Systeme liegen momentan voll im Trend der Zeit. Das Spektrum der technischen Möglichkeiten ist hierbei weit gesteckt. Es reicht von verteilten Datenbanken, welche die Verteilung vor dem Benutzer weitgehend verbergen, bis hin zu den elementaren Systemdiensten, wie Kommunikation, Betriebssystemprozessen und Threads. Daneben gibt es viele Werkzeuge im Bereich der „Middleware", welche die Realisierung verteilter Anwendungen u. U. erheblich vereinfachen können.

Verteilte Systeme sind jedoch inhärent komplexer und fehleranfälliger als zentrale Systeme. Durch entsprechende Redundanz und darauf abgestimmte Softwarelösungen kann die Verfügbarkeit verteilter Systeme jedoch an die zentraler Systeme herangeführt oder sogar darüber hinaus noch verbessert werden. Dies hat jedoch seinen Preis: Die Implementierungen werden entsprechend komplexer.

Der Schwerpunkt dieses Buches lag auf der Vermittlung von Grundlagen und Anwendungswissen über verteilte Datenbanken. Hierbei wurden zwei Ziele verfolgt: Zum einen sollten die verschiedenen Realisierungsformen, deren Gemeinsamkeiten und Unterschiede sowie die grundlegenden Konzepte vermittelt werden, auf denen verteilte Datenbanken beruhen bzw. intern aufbauen. Zum anderen sollte hierdurch eine Sensibilisierung für die (potentiellen) Probleme erreicht werden, die bei einer „manuellen" Realisierung entsprechender Anwendungssysteme auftreten können und für die ggf. entsprechende Lösungen implementiert werden müssen. In Kapitel 11 haben wir deshalb im Rahmen der Behandlung von Client/Server-Systemen darüber hinausgehend einen kleinen Einblick gegeben, was sich „unter der Oberfläche" verbirgt bzw. worauf man sich einläßt, wenn man anfängt, verteilte Anwendungen „from scratch" selbst zu entwickeln.

Zwar werden einerseits die für die Realisierung verteilter Anwendungen konzipierten (Basis-)Produkte ständig weiter verbessert, anderseits werden aber die Produktzyklen immer kürzer, so daß ständig neue Produkte und Produktversionen auf den Markt geworfen werden, und in immer kürzeren Abständen neue Trends und neue „Paradigmen" propagiert werden. Dies wirkt sich natürlich auf die Güte der angebotenen Produkte nicht unbedingt positiv aus.

Um hier ggf. sinnvolle Entwicklungs- oder Kaufentscheidungen treffen zu können, ist auch seitens der Anwender mehr und mehr ein solides Grundlagen- und Zusammenhangswissen über verteilte Systeme gefordert. Durch ein solches Wissen wird zumindest etwas die Gefahr reduziert, daß man irgendwann einmal mit Fehlermeldungen von Komponenten seines (verteilten)

Systems konfrontiert wird, von deren Existenz man bis zu diesem Zeitpunkt
überhaupt nichts wußte.

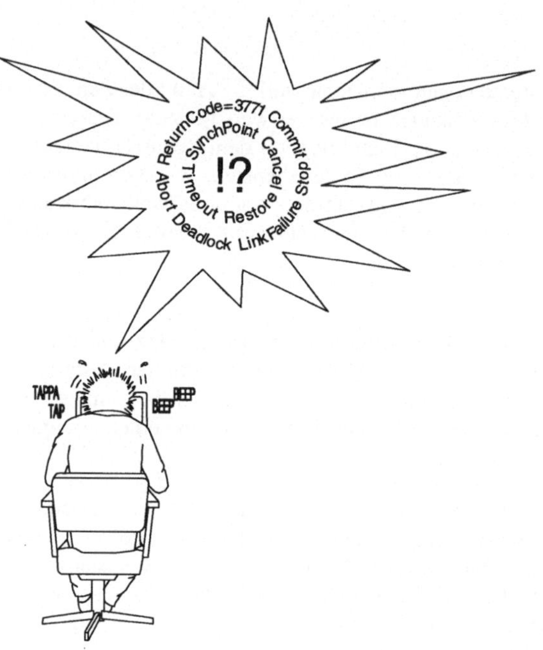

13. Literatur

Grundlagenliteratur (Auswahl)

- Bell, D., Grimson, J.: Distributed Database Systems, Addison-Wesley, 1992

- Ceri, S., Pelagatti, G.: Distributed Databases – Principles and Systems, McGraw-Hill Book Comp., 1984

- Gray, J., Reuter, A.: Transaction Processing – Concepts and Techniques, Morgan Kaufmann Publ., 1993

- Lamersdorf, W.: Datenbanken in verteilten Systemen – Konzepte, Lösungen, Standards, Vieweg-Verlag, 1994

- Lockemann, P.C., Krüger, G., Krumm, H.: Telekommunikation und Datenhaltung, Carl Hanser Verlag, 1993

- Özsu, M.T., Valduriez, P.: Principles of Distributed Database Systems, Prentice Hall, 1991

- Rahm, E.: Mehrrechner-Datenbanksysteme – Grundlagen der verteilten und parallelen Datenbankverarbeitung, Addison-Wesley, 1994

Literaturverweise

/Adib80/   Adiba, M. et al.: POLYPHEME: An Experience in Distributed Database System Design and Implementation, in /DeLi80/, pp. 67-84

/AFS89/   Abiteboul, S.; Fischer, P.C.; Schek, H.-J. (Eds.): Nested Relations and Complex Objects in Databases, Lecture Notes in Computer Science 361, Springer-Verlag, 1989

/AgAb92/   Agrawal, D.; El Abbadi, A.: The Generalized Tree Quorum Protocol: An Efficient Approach for Managing Replicated Data, ACM Transactions on Database Systems, Vol. 17, No. 4, Dec. 1992, pp. 689-717

/AgAb92a/   Agrawal, D.; El Abbadi, A.: Resilient Logical Structures for
            Efficient Management of Replicated Data. Proc. 18th Int'l Conf.
            on Very Large Databases (VLDB), Vancouver, Canada, Aug.
            1992, pp. 151-162

/Aper88/   Apers, P.M.G.: Data Allocation in Distributed Database Systems,
            ACM Transactions on Database Systems, Vol. 13, No. 3, Sept.
            1988, pp. 263-304

/BeDa95/   Beuter, Th.; Dadam, P.: Prinzipien der Replikationskontrolle in
            verteilten Systemen. Universität Ulm, Fakultät für Informatik,
            Ulmer Informatik-Berichte Nr. 95-11, Nov. 1995

/BeGo81/   Bernstein, Ph.A.; Goodman, N.: Concurrency Control in
            Distributed Database Systems. ACM Computing Surveys, Vol.
            13, No. 2, June 1981, pp. 184-221

/BEKK84/   Bayer, R.; Elhardt, K.; Kießling, W.; Killar, D.: Verteilte
            Datenbanksysteme – Eine Übersicht über den heutigen
            Entwicklungsstand, Informatik-Spektrum, Band 7, Heft 1,
            Februar 1984, S. 1-19

/BiSh90/   Bic, L.; Shaw, A.C.: Betriebssysteme: Eine moderne Einführung,
            Hanser Studienbücher der Informatik, Hanser Verlag, 1990

/BLN86/   Batini, C.; Lenzerini, M.; Navathe, S.B.: A Comparative
            Analysis of Methodologies for Database Schema Integration,
            ACM Computing Surveys, Vol. 18, No. 4, Dec. 1986, S. 323-364

/Borg91/   Borghoff, U.M.: Fehlertoleranz in verteilten Dateisystemen: Eine
            Übersicht über den heutigen Entwicklungsstand bei den Votie-
            rungsverfahren. Informatik-Spektrum, Band 14, Heft 1, Februar
            1991, S. 15-27

/CAA90/   Cheung, S.Y.; Ammar, M.; Ahamad, M.: The Grid Protocol: A
            High Performance Scheme for Maintaing Replicated Data. Proc.
            7th Int'l Conf. on Data Engineering, Kobe, Japan, April 1991,
            pp. 438-445

/Catt91/   Cattel, R.G.G.: Object Data Management: Object-oriented and
            Extended Relational Database Systems, Addison-Wesley, 1991

/CePe84/   Ceri, S.; Pelagatti, G.: Distributed Databases, Principles and
            Systems, McGraw-Hill Book Comp., 1984

/Conv91/   Convent, B.: Logikbasierte Datenbanken – eine Einführung, in:
            /VoWi91/, S. 97-143

/DaGa85/   Davidson, S.B.; Garcia-Molina, H.: Consistency in Partitioned
            Networks, ACM Computing Surveys, Vol. 17, No. 3, Sept. 1985,
            pp. 341-370

/Dani82/   Daniels, D. et al.: An Introduction to Distributed Query
             Compilation in R*, in: Schneider, H.-J. (ed.): Distributed Data
             Bases (Proc. 2nd Symposium on Distributed Databases, Berlin,
             Sept. 1982), North-Holland Publ. Comp., 1982

/DaSc80/   Dadam, P.; Schlageter, G.: Recovery in Distributed Databases
             Based on Non-Synchronized Local Checkpoints. Information
             Processing 80, Proc. IFIP Congress 80, Tokyo/Melbourne,
             October 1980 (North-Holland Publ. Comp.), pp. 457-462

/DeLi80/   Delobel, C., Litwin, W. (eds.): Distributed Databases, Proc. Int'l
             Symposium on Distributed Databases, Paris, France, March
             1980, North-Holland Publ. Comp.

/DHW95/   Dayal, U.; Hanson, E.; Widom, J.: Active Database Systems, in:
             Kim, W. (Ed.): Modern Database Systems – The Object Model,
             Interoperability, and Beyond, ACM Press / Addison-Wesley,
             1995, pp. 434-456

/Elma92/   Elmagarmid, A.K. (Ed.): Database Transaction Models for
             Advanced Applications, Morgan Kaufmann Publ., 1992

/ElNa89/   Elmasri, R.; Navathe, S.B.: Fundamentals of Database Systems,
             The Benjamin/Cummings Publ. Comp., 1989

/ElNa89/   Elmasri, R.; Navathe, S.B: Fundamentals of Database Systems,
             The Benjamin/Cummings Publ. Comp., 1989

/Garc83/   Garcia-Molina, H.: Data-patch: Integrating Inconsistent Copies of
             a Database after a Partition. Proc. 3rd IEEE Symposium on
             Reliable Distributed Systems, New York, Oct. 1983, pp. 38-48

/Garc91/   Garcia-Molina, H.: Modeling Long-Running Activities as Nested
             Sagas. Data Engineering, IEEE Computer Society technical
             committee, Vol. 14, No. 1, March 1991, pp. 14-18

/GaSa87/   Garcia-Molina, H.; Salem, K.: SAGAS. Proc. ACM SIGMOD
             Conf., San Francisco, May 1987, pp. 249-260. Nachdruck in
             Stonebraker, M. (ed.): Readings in Database Systems, Second
             Edition, 1994, Morgan Kaufmann Publ., pp. 290-300

/Geih95/   Geihs, K.: Client/Server-Systeme: Grundlagen und Architektu-
             ren. Thomson's Aktuelle Tutorien Nr. 6, Thomson Publishing,
             1995

/GrRe93/   Gray, J.; Reuter, A.: Transaction Processing: Concepts and
             Techniques, Morgan Kaufmann Publishers, 1993

/Güti94/   Güting, R.H.: An Introduction to Spatial Database Systems, The
             VLDB Journal, Vol. 3, No. 4, October 1994, pp. 357-400

/GuOb95/   Gulbins J.; Obermayr K.: UNIX System V.4, Begriffe, Konzepte,
           Kommandos, Schnittstellen, Springer-Verlag, 1995

/HaDo91/   Halici, U.; Dogac, A.: An Optimistic Locking Technique for
           Concurrency Control in Distributed Databases, IEEE
           Transactions on Software Engineering, Vol. 17, No. 7, July,
           1991, pp. 712-724

/Hals92/   Halsall, F.: Data Communications, Computer Networks and
           Open Systems, Addison-Wesley, 1992

/Herr91/   Herrmann, U.: Mehrbenutzerkontrolle in Nicht-Standard-Daten-
           banksystemen, Informatik-Fachberichte 265, Springer-Verlag,
           1991

/HeSa95/   Heuer, A.; Saake, G.: Datenbanken: Konzepte und Sprachen,
           International Thomson Publishing, Informatik Lehrbuch-Reihe,
           1995

/Heue92/   Heuer, A.: Objektorientierte Datenbanken: Konzepte, Modelle,
           Systeme, Addison-Wesley, 1992

/HySo88/   Hyuk Son, S.: Replicated Data Management in Distributed
           Database Systems. ACM SIGMOD Record, Vol. 17, No. 4, Dec.
           1988, pp. 62-69

/JaKo84/   Jarke, M.; Koch, J.: Query Optimization in Database Systems,
           ACM Computing Surveys, Vol. 16, No. 2, June 1984, S.111-152

/Jenz95/   Jenz & Partner: Das Client/Server Planungs-Handbuch, 1995 [131]

/JoMu90/   Jojodia, S.; Mutchler, D.: Dynamic Voting Algorithms for
           Maintaining the Consistency of Replicated Databases. ACM
           Transactions on Database Systems, Vol. 15, No. 2, June 1990,
           pp. 230-280

/KDG87/   Küspert, K.; Dadam, P.; Günauer, J.: Cooperative Object Buffer
           Management in the Advanced Information Management
           Prototype, Proc. Int'l Conf. on Very Large Databases (VLDB),
           Brighton, U.K., 1987, pp. 483-492

/KeEi96/   Kemper, A.; Eickler, A.: Datenbanksysteme: eine Einführung,
           Oldenbourg, 1996

/KePr92/   Keim, D.A., Prawirohardjo, E.S.: Datenbankmaschinen:
           Performanz durch Parallelität, BI Wissenschaftsverlag, Reihe
           Informatik, Band 86, 1992

/Kern92/   Kerner, H.: Rechnernetze nach OSI, Addison-Wesley, 1992

---

[131] erhältlich bei: Fa. Jenz & Partner GmbH, Beethovenstr. 30, 63526 Erlensee

/Kim95/   Kim, W. (Ed.): Modern Database Systems: The Object Model,
            Interoperability, and Beyond, ACM Press / Addison-Wesley,
            1995

/KRB85/   Kim, W.; Reiner, D.S.; Batory, D.S. (Eds.): Query Processing in
            Database Systems, Springer-Verlag, 1985

/KuRo81/   Kung, H.T.; Robinson, J.T.: On Optimistic Methods for
            Concurrency Control, ACM Transactions on Database Systems,
            Vol. 6, No. 2, June 1981, pp. 213-226

/Kuss82/   Kuss, H.: On Totally Ordering Checkpoints in Distributed
            Databases, Proc. ACM SIGMOD Conf., Orlando, Florida, June
            1982, pp. 293-302

/KuSt88/   Kumar, A.; Stonebraker, M.: Semantics Based Transaction
            Management Techniques for Replicated Data. Proc. ACM
            SIGMOD '88, Int'l Conf. on Management of Data, Chicago,
            June 1988, pp. 117-125

/LaLo95/   Lang, S.M.; Lockemann, P.C.: Datenbankeinsatz, Springer-
            Verlag, 1995

/LaMa91/   Lausen, G.; Marx, B.: Eine Einführung in Frame-Logik, in:
            G. Vossen, K.-U. Witt: Entwicklungstendenzen bei Datenbank-
            systemen, Oldenbourg-Verlag, 1991, S. 173-202

/Lame94/   Lamersdorf, W.: Datenbanken in verteilten Systemen - Konzepte,
            Lösungen, Standards, Vieweg-Verlag, 1994

/LaRo82/   Landers, T.; Rosenberg, R.L.: An Overview of Multibase, in
            /Schn82/, pp. 153-184

/LKK93/   Lockemann, P.C., Krüger, G., Krumm, H.: Telekommunikation
            und Datenhaltung, Carl Hanser Verlag, 1993

/LNE89/   Larson, J.A.; Navathe, S.B.; Elmasri, R.: A Theory of Attribute
            Equivalence in Databases with Application to Schema
            Integration. IEEE Transactions on Software Engineering, Vol.
            15, No. 4, April 1989, S. 449-463

/MaLo86/   Mackert, L.F.; Lohman, G.M.: R* Optimizer Validation and
            Performance Evaluation for Distributed Queries, Proc. Int'l Conf.
            on Very Large Databases, Kyoto, August 1986, pp. 149-159

/MCVN93/   Muthuraj, J.; Chakravarthy, S.; Varadarajan, R.; Navathe, S.B.: A
            Formal Approach to the Vertical Partitioning in Distributed Data-
            base Design, Proc. Second Int'l Conf. on Parallel and Distributed
            Information Systems, Jan. 1993, San Diego, Calif., pp. 26-34

/MeSi93/   Melton, J.; Simon, A.R.: Understanding the New SQL: A
           Complete Guide, Morgan Kaufmann Publ., 1993

/MiEi92/   Mishra, P.; Eich, M.H.: Join Processing in Relational Databases,
           ACM Computing Surveys, Vol. 24, No. 1, March 1992,
           pp. 63-113

/Mits95/   Mitschang, B.: Anfrageverarbeitung in Datenbanksystemen,
           Entwurfs- und Implementierungsaspekte, Vieweg-Verlag, 1995

/MoLe77/   Morgan, H.L.; Levin, K.D.: Optimal Program and Data
           Locations in Computer Networks. Communications of the ACM,
           Vol. 20, No. 5, May 1977, pp. 315-322

/MPL92/   Mohan, C.; Pirahesh, H.; Lorie, R.: Efficient and Flexible
           Methods for Transient Versioning of Records to Avoid Locking
           by Read-Only Transactions. Proc. ACM SIGMOD '92, Int'l
           Conf. on Management of Data, San Diego, Calif., June 1992, pp.
           124-133

/Munz80/   Munz, R.: Realization, Synchronization and Restart of Update
           Transactions in a Distributed Database System, in /DeLi80/,
           pp. 173-182

/MüSc92/   Mühlhäuser, M.; Schill, A.: Software-Engineering für verteilte
           Anwendungen, Springer-Lehrbuch, Springer-Verlag, 1992

/NeWa82/   Neuhold, E.J., Walter, B.: An Overview of the Architecture of
           the Distributed Data Base System POREL, in /Schn82/,
           pp. 247-290

/Ober82/   Obermark, R.: Distributed Deadlock Detection Algorithm. ACM
           Transactions on Database Systems, Vol. 7, No. 2, June 1982, pp.
           187-208

/Orac92/   Oracle Corporation: Oracle7™ Server, SQL Language Reference
           Manual, Part No. 778-70-1292, December 1992

/OSF93/   OSF DCE Application Development Reference, Vol. 1 + 2, Rev.
           1.0, Open Software Foundation, Prentice Hall, 1993

/OtHo85/   Ott, N.; Horländer, K.: Removing Redundant Join Operations in
           Queries Involving Views. Information Systems, Vol. 10, No. 3,
           1985, pp. 279-288

/ÖzVa91/   Özsu, M.T., Valduriez, P.: Principles of Distributed Database
           Systems, Prentice Hall, 1991

/PuLe91/   Pu, C.; Leff, A.: Replica Control in Distributed Systems: An
           Asynchronous Approach. Proc. ACM SIGMOD '91, Int'l Conf.
           on Management of Data, Denver, May 1991, pp. 377-386

/Rahm88/   Rahm, E.: Optimistische Synchronisationskonzepte in zentralisierten und verteilten Datenbanksystemen, Informationstechnik 30 (1), 1988, S. 28-47

/Rahm93/   Rahm, E.; Hochleistungs-Transaktionssysteme - Konzepte und Entwicklungen moderner Datenbankarchitekturen, Vieweg-Verlag, 1993

/Rahm94/   Rahm, E.: Mehrrechner-Datenbanksysteme - Grundlagen der verteilten und parallelen Datenbankverarbeitung, Addison-Wesley, 1994

/Reut82/   Reuter, A.: Concurrency Control on High-Traffic Data Elements. Proc. ACM SIGMOD '82, Int'l Conf. on Management of Data, Los Angeles, March 1982, pp. 83-92

/Roch91/   Rochkind, M.J.: UNIX Programmierung für Fortgeschrittene, 2. Auflage, Hanser Verlag, 1991

/RSA78/   Rivest, R.L.; Shamir, A.; Adleman, L.: A Method for Obtaining Digital Signatures and Public-Key Cryptosystems. Communications of the ACM, Vol. 21, No. 2, February 1978, pp. 120-126

/RSL78/   Rosenkrantz, D.J.; Stearns, R.E.; Lewis II, Ph.M.: System Level Concurrency Control for Distributed Database Systems, ACM Transactions on Database Systems, Vol. 3, No. 2, June 1978, pp. 178-198

/ScDa80/   Schlageter, G.; Dadam, P.: Reconstruction of Consistent Global States in Distributed Databases. Proc. Int'l Symposium on Distributed Databases, Paris, March 1980 (Distributed Databases, North-Holland Publ. Comp.), pp. 191-200

/ScGe86/   Scheifler, R.W.; Gettys, J.: The X Window System, ACM Transactions on Graphics, Vol. 5, No. 2, April 1986, pp. 79-109

/ScGe90/   Scheifler, R.W.; Gettys, J.: The X Window System, Software - Practice and Experience, Vol. 20(S2), October 1990, pp. 5-34

/Schi92/   Schill, A.: Remote Procedure Call: Fortgeschrittene Konzepte und Systeme - ein Überblick. Informatik-Spektrum, Band 15, Teil 1: Grundlagen, Heft 2, April 1992, S. 79-87, Teil 2: Erweiterte RPC-Ansätze, Heft 3, Juni 1992, S. 145-155

/Schi93/   Schill, A.: DCE – Das OSF Distributed Computing Environment, Einführung und Grundlagen, Springer-Verlag, 1993

/Schn82/   Schneider, H.-J. (ed.): Distributed Databases, Proc. Second Int'l Symposium on Distributed Databases, Berlin, FRG, Sept. 1982, North-Holland Publ. Comp.

/ScSt83/   Schlageter, G.; Stucky, W.: Datenbanksysteme: Konzepte und
            Datenmodelle, Teubner-Verlag, 1983

/Sege86/   Segev, A.: Optimization of Join Operations in Horizontally
            Partitioned Database Systems, ACM Transactions on Database
            Systems, Vol. 11, No. 1, March 1986, pp. 48-80

/SoKe95/   Soley, R.M.; Kent, W.: The OMG Object Model, in /Kim95/,
            pp. 18-41

/Sto76/   Stonebraker, M. et al.: Concurrency Control and Recovery of
            Multiple Copies of Data in Distributed INGRES, IEEE
            Transactions on Software Engineering, Vol. SE-5, 1979,
            pp. 188-194

/Ston79/   Stonebraker, M.: Concurrency Control and Consistency of
            Multiple Copies of Data in Distributed Ingres. IEEE Trans. on
            Software Engineering, Vol. SE-5, No. 3, May 1979, pp. 188-194

/Sun90/   SUN Microsystems Inc.; Network Programming Guide, 1990

/Thom79/   Thomas, R.H.: A Majority Consensus Approach to Concurrency
            Control for Multiple Copy Databases. ACM Transactions on
            Database Systems, Vol. 4, No. 2, June 1979, pp. 180-209

/TsKl78/   Tsichritzis, D.; Klug, A. (Eds.): The ANSI/X3/SPARC DBMS
            Framework - Report of the Study Group on Database
            Management Systems, Information Systems, Vol. 3, 1978, S.
            173-191

/Ullm89/   Ullmann, J.: Principles of Database and Knowledge-Base
            Systems, Computer Science Press, 1988, 1989

/VaGa84/   Valduriez, P.; Gardarin, G.: Join and Semijoin Algorithms for a
            Multiprocessor Database Machine, ACM Transactions on
            Database Systems, Vol. 9, No. 1, March 1984, pp. 133-161

/Voss94/   Vossen, G.: Datenmodelle, Datenbanksprachen und Datenbank-
            Management-Systeme, Addison-Wesley Publ. Comp., 1994

/VoWi91/   Vossen, G.; Witt, K.-U.: Entwicklungstendenzen bei Datenbank-
            systemen, Oldenbourg Verlag, 1991

/Wett93/   Wettstein, H.: Systemarchitektur, Hanser Studienbücher der
            Informatik, Hanser-Verlag, 1993

/Widm91/   Widmayer, P.: Datenstrukturen für Geodatenbanken, in
            /VoWi91/, S. 317-362

/Will81/   Williams, R. et al.: R*: An Overview of the Architecture, IBM
            Research Report RJ3325, San Jose, Cal.,

Nachdruck in:
Stonebraker, M. (ed.): Readings in Database Systems, Second
Edition, Morgan Kaufmann Publ., 1994, pp. 515-536

/WYP92/   Wu, K.-L.; Yu, Ph. S.; Pu, C.: Divergence Control for Epsilon
           Serializability. Proc. 8th Int'l Conf. on Data Engineering, Tempe,
           Febr. 1992, pp. 506-515

/YuCh84/   Yu, C.T.; Chang, C.C.: Distributed Query Processing, ACM
           Computing Surveys, Vol. 16, No. 4, December 1984, pp. 399-
           435

14. Lösungen zu den Übungsaufgaben

a)

B	C
400	20
300	70
200	200

b)

D	E
20	f
27	p
20	k
25	m

c)

A	E
c	k

d)

A	C	D	E
a	50	55	h
a	50	75	f
a	50	95	j
c	20	25	m
c	20	55	h
c	20	75	f
c	20	95	j
d	70	75	f
d	70	95	j

e)

D	E
20	k
25	m
55	h
95	j

f)

D	E
20	f
27	p
34	g
60	r
80	j
90	v

g)

D	E
75	f

h)

A	B	C	D	E
a	200	50	75	f
a	200	50	90	v
c	400	20	60	r
d	300	70	80	j
d	300	70	27	p
e	200	200	34	g
e	200	200	20	f

l)

A	D	E
a	75	f
a	90	v
c	25	*null*

i)

D	E
20	f
75	f

j)

D	E
20	k
75	f

k)

A	D
a	75
c	25
c	55
e	20
e	95

c	55	*null*
c	60	r
d	80	j
d	27	p
e	34	g
e	20	f
e	95	*null*

Übungsaufgabe 3-2: Funktionale Abhängigkeit

a) kein Widerspruch, FD wurde offensichtlich beachtet

b) Widerspruch: Es treten Tupel auf mit: C = 3, E = 5 / C = 3, E = 7

c) kein Widerspruch, FD wurde offensichtlich beachtet

d) kein Widerspruch, FD wurde offensichtlich beachtet

Übungsaufgabe 3-3: BCN

Es gilt: LiefNr $\rightarrow$ LiefName. LiefNr ist (allein) aber kein (Super-)Schlüssel für LIEF. Damit ist LIEF nicht in BCNF.

Übungsaufgabe 3-4: Armstrong-Axiome

a) $B \rightarrow D$ + $D \rightarrow F$ $\Rightarrow$ $B \rightarrow F$. Damit liegt $B \rightarrow F$ in $\mathcal{F}_R^+$.

b) wg. $A \rightarrow R = A \rightarrow A$, $A \rightarrow B$, $A \rightarrow C$, ..., $A \rightarrow G$ gilt:
$G \rightarrow A$ + $A \rightarrow R$ $\Rightarrow$ $G \rightarrow C$. Damit liegt $G \rightarrow C$ in $\mathcal{F}_R^+$.

c) $G \rightarrow F$, analog

d) $B \rightarrow D$ + $D \rightarrow F$ $\Rightarrow$ $B \rightarrow F$ $\Rightarrow$ $BC \rightarrow FC$. Damit liegt $BC \rightarrow FC$ in $\mathcal{F}_R^+$.

Übungsaufgabe 3-5: Verlustfreiheit

a) Zerlegung nicht verlustfrei.
   (R_1 **NJN** R_2 ist in diesem Fall gleich R_1 **CP** R_2.)

b) Zerlegung ist verlustfrei.

c) Zerlegung ist verlustfrei.

Übungsaufgabe 3-6: Verlustfreiheit bei Nullwerten

<u>Lösung</u>:

Personal1	PersNr	Name

Personal2	PersNr	Gehalt

Personal3	PersNr	Abteilung

Personal4	PersNr	SteuerKl

PERSONAL =
   Personal1 **NLOJ** Personal2 **NLOJ** Personal3 **NLOJ** Personal4

Übungsaufgabe 4-1: Horizontale Partitionierung

$$ABT_1 \quad = \quad \mathbf{SL}_{(100 \,\le\, AbtNr \,\le\, 220)\, \vee\, (AbtNr\, =\, 250)}\; ABT$$

$$ABT_2 \quad = \quad \mathbf{SL}_{(221 \,\le\, AbtNr \,\le\, 370)\, \wedge\, (AbtNr\, \ne\, 250)}\; ABT$$

$$ABT_3 \quad = \quad \mathbf{SL}_{371 \,\le\, AbtNr \,\le\, 430}\; ABT$$

Übungsaufgabe 4-2: Abgeleitete horizontale Partitionierung (1)

$$\text{ANGEST}_1 \quad = \quad \text{ANGEST } \mathbf{SJ}_{\text{PersNr = MgrPersNr}} \text{ ABT}$$

$$\text{ANGEST}_2 \quad = \quad \text{ANGEST } \mathbf{NSJ}$$
$$\mathbf{PJ}_{\{\text{Persnr}\}} \text{ANGEST } \mathbf{DF} \ \mathbf{PJ}_{\{\text{PersNr: MgrPersnr}\}} \text{ ABT}$$

Übungsaufgabe 4-3: Abgeleitete horizontale Partitionierung (2)

$$\text{TEILE}_{\text{intern}} \quad := \quad \text{TEILE } \mathbf{NSJ} \ (\mathbf{SL}_{\text{LiefName = 'intern'}} \text{ LIEFERANT})$$

$$\text{TEILE}_{\text{extern}} \quad := \quad \text{TEILE } \mathbf{NSJ} \ (\mathbf{SL}_{\text{LiefName} \neq \text{'intern'}} \text{ LIEFERANT})$$

Übungsaufgabe 4-4: Vertikale Partitionierung

Um ein Zusammenführen der Partitionen zu ermöglichen, wird der Primärschlüssel der Relation ANGEST in alle Partitionen übernommen.

$$\text{ANGEST}_{\text{Adresse}} \quad := \quad \mathbf{PJ}_{\{\text{PersNr, AngName, Anschrift}\}} \text{ ANGEST}$$

$$\text{ANGEST}_{\text{Abt}} \quad := \quad \mathbf{PJ}_{\{\text{PersNr, AbtNr}\}} \text{ ANGEST}$$

$$\text{ANGEST}_{\text{Gehalt}} \quad := \quad \mathbf{PJ}_{\{\text{PersNr, AngName, Gehalt}\}} \text{ ANGEST}$$

Die Definition der globalen Relation ANGEST ist demnach:

$$\text{ANGEST} \quad := \quad \text{ANGEST}_{\text{Adresse}} \ \mathbf{NJN} \ \text{ANGEST}_{\text{Abt}} \ \mathbf{NJN} \ \text{ANGEST}_{\text{Gehalt}}$$

Übungsaufgabe 4-5: Gemischte Partitionierung

$$\text{TEILE}_{\text{billig}} \quad := \quad \mathbf{SL}_{\text{Preis} \leq 10}\ \text{TEILE } \mathbf{NSJ}\ \text{ LIEFERANT}$$

$$\text{TEILE}_{\text{teuer,intern}} \quad := \quad \mathbf{SL}_{\text{Preis} > 10}\ \text{TEILE } \mathbf{NSJ}$$
$$(\mathbf{SL}_{\text{LiefName} = \text{'intern'}}\ \text{LIEFERANT})$$

$$\text{TEILE}_{\text{teuer,extern}} \quad := \quad \mathbf{SL}_{\text{Preis} > 10}\ \text{TEILE } \mathbf{NSJ}$$
$$(\mathbf{SL}_{\text{LiefName} \neq \text{'intern'}}\ \text{LIEFERANT})$$

Übungsaufgabe 4-6: Bestimmung horizontaler Partitionen

Aus der Aufgabenstellung lassen sich folgende Angaben ableiten:

<u>Einfache Prädikate</u>:

p_1 : Bereich = S

p_2 : Bereich = W

p_3 : Bereich = V

p_4 : AbtNr $\in$ [100..150] (:= AbtGr1)

p_5 : AbtNr $\in$ [151..299] (:= AbtGr2)

p_6 : AbtNr $\in$ [300..499] (:= AbtGr3)

Graphisch läßt sich dies wie in Abb. 14-1 illustriert darstellen, wobei die mittels der eingezogenen Hilfslinien abgegrenzten Bereiche A bis E zur Unterstützung bei der folgenden Diskussion dienen.

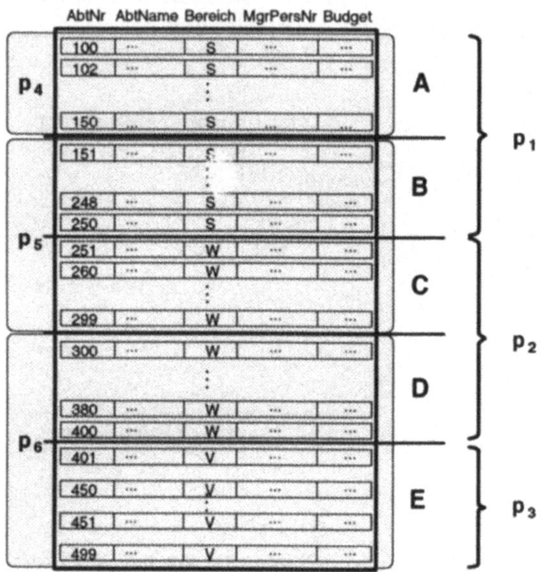

Abb. 14-1: Mögliche Partitionen von ABT

Wir wenden Algorithmus HORIZ_PART an:

Initialisierung:

$Q := \emptyset$, $M(Q) = \{\ \underline{\text{true}}\ \}$, $F(Q) = R$

1. Iteration:

p_1 aufnehmen?

$\quad Q' := \{p_1\}$

$\quad M(Q') = \{\ p_1, \overline{p_1}\ \}$

$\quad F(Q') = \{\ R(p_1), R(\overline{p_1})\ \} \equiv \{AB, CDE\}$

$F(Q')$ stellt für Anwendung A_1 eine Verbesserung gegenüber $F(Q)$ dar.
Also: $Q := Q' = \{\ p_1\ \}$, d. h. p_1 wird aufgenommen.

2. Iteration:

p_2 aufnehmen?

$\qquad Q' := \{\ p_1, p_2\ \}$

$\qquad M(Q') = \{\ \cancel{p_1 p_2},\ p_1 \overline{p_2},\ \overline{p_1}\, p_2,\ \overline{p_1}\, \overline{p_2}\ \} = \{\ p_1, p_2, p_3\ \}$

$\qquad$ <u>Erläuterungen</u>:

- $p_i p_j$ steht für $p_i \wedge p_j$
- Das Prädikat $p_1 p_2$ ist nicht erfüllbar und wird gestrichen.
- $p_1 \overline{p_2}$ ist äquivalent zu p_1, d. h. beschreibt dieselbe Tupelmenge. (Prüfen Sie nach!)
- $\overline{p_1}\, p_2$ ist äquivalent zu p_2
- $\overline{p_1}\, \overline{p_2}$ ist äquivalent zu p_3

$F(Q') = \{\ AB, CD, E\ \}$

$F(Q')$ stellt für Anwendung A_2 eine Verbesserung gegenüber $F(Q)$ dar.

Also: $Q := Q' = \{\ p_1, p_2\ \}$, d. h. p_2 wird aufgenommen.

p_1 entfernen?$\qquad$ /* innere Schleife*/

$\qquad Q' := \{\ p_2\ \}$

$\qquad M(Q') = \{\ p_2, \overline{p_2}\ \}$

$\qquad F(Q') = \{\ CD, ABE\ \}$

$\qquad F(Q')$ stellt für Anwendung A_1 eine Verschlechterung gegenüber $F(Q)$ dar. Also: Q bleibt unverändert, d. h. p_1 wird nicht entfernt.

3. Iteration:

p_3 aufnehmen?

$\qquad Q' := \{\ p_1, p_2, p_3\ \}$

$\qquad M(Q') = \ldots = \{\ p_1, p_2, p_3\ \} = M(Q)$

$\qquad F(Q') = F(Q)$

$F(Q')$ stellt gegenüber $F(Q)$ keine Verbesserung dar.

Also: Q bleibt unverändert, d. h. p_3 wird nicht aufgenommen.

4. Iteration:

p_4 aufnehmen?

$\qquad Q' := \{\ p_1, p_2, p_4\ \}$

$\qquad M(Q') = \{\ \cancel{p_1 p_2 p_4},\ \cancel{p_1 p_2 \overline{p_4}},\ p_1 \overline{p_2} p_4,\ p_1 \overline{p_2} \overline{p_4},$

$\qquad\qquad\qquad \cancel{\overline{p_1} p_2 p_4},\ \overline{p_1}\, p_2 p_4,\ \cancel{\overline{p_1} \overline{p_2} p_4},\ \overline{p_1}\, \overline{p_2} \overline{p_4}\ \}$

$\qquad\qquad = \{\ p_4,\ p_1 \overline{p_4},\ p_2, p_3\ \}$

$F(Q') = \{ A, B, CD, E \}$

$F(Q')$ stellt für Anwendung A_4 eine Verbesserung gegenüber $F(Q)$ dar.
Also: $Q := Q' = \{ p_1, p_2, p_4 \}$, d. h. p_4 wird aufgenommen.

p_1 entfernen? /* innere Schleife */

$\qquad Q' := \{ p_2, p_4 \}$

$\qquad M(Q') = \{ \cancel{p_2 p_4}, p_2 \bar{p_4}, \bar{p_2} p_4, \bar{p_2}\bar{p_4} \} = \{ p_2, p_4, \bar{p_2}\bar{p_4} \}$

$\qquad F(Q') = \{ CD, A, BE \}$

$F(Q')$ stellt für Anwendung A_1 eine Verschlechterung gegenüber
(FQ) dar. Also: Q bleibt unverändert, d. h. p_1 wird nicht entfernt.

p_2 entfernen?

$\qquad Q' := \{ p_1, p_4 \}$

$\qquad M(Q') = \{ p_1 p_4, p_1\bar{p_4}, \cancel{\bar{p_1}p_4}, \bar{p_1}\bar{p_4} \} = \{ p_4, p_1\bar{p_4}, \bar{p_1} \}$

$\qquad F(Q') = \{ A, B, CDE \}$

$F(Q')$ stellt für Anwendung A_2 eine Verschlechterung gegenüber
$F(Q)$ dar. Also: Q bleibt unverändert, d. h. p_2 wird nicht entfernt.

5. Iteration:

p_5 aufnehmen?

$\qquad Q' := \{ p_1, p_2, p_4, p_5 \}$

$\qquad M(Q') = \{\ \cancel{p_1 p_2 p_4 p_5}, \cancel{p_1 p_2 \bar{p_4} p_5}, p_1 p_2 p_4 \bar{p_5}, p_1 p_2 \bar{p_4}\bar{p_5},$

$\qquad\qquad\qquad \cancel{p_1 \bar{p_2} p_4 p_5}, p_1 \bar{p_2} p_4 \bar{p_5}, p_1 \bar{p_2}\bar{p_4} p_5, \cancel{p_1 \bar{p_2}\bar{p_4}\bar{p_5}},$

$\qquad\qquad\qquad \cancel{\bar{p_1} p_2 p_4 p_5}, \cancel{\bar{p_1} p_2 \bar{p_4}\bar{p_5}}, \bar{p_1} p_2 p_4 \bar{p_5}, \bar{p_1} p_2 \bar{p_4} p_5,$

$\qquad\qquad\qquad \cancel{\bar{p_1}\bar{p_2} p_4 \bar{p_5}}, \cancel{\bar{p_1}\bar{p_2}\bar{p_4} p_5}, \cancel{\bar{p_1}\bar{p_2}\bar{p_4}\bar{p_5}}, \bar{p_1}\bar{p_2}\bar{p_4}\bar{p_5} \}$

$\qquad\qquad = \{ p_4, p_1 p_5, p_2 p_5, p_2\bar{p_5}, p_3 \}$

$F(Q') = \{ A, B, C, D, E \}$

$F(Q')$ stellt für Anwendung A_5 eine Verbesserung gegenüber $F(Q)$ dar.
Also: $Q := Q' = \{ p_1, p_2, p_4, p_5 \}$, d. h. p_5 wird aufgenommen.

p_1 entfernen?   /* innere Schleife */

$\qquad Q' := \{ p_2, p_4, p_5 \}$

$\qquad M(Q') = \{\ \cancel{p_2 p_4 p_5}, p_2 p_4 \bar{p_5}, p_2 \bar{p_4} p_5, p_2 \bar{p_4}\bar{p_5},$

$\qquad\qquad\qquad \cancel{\bar{p_2} p_4 p_5}, \bar{p_2} p_4 \bar{p_5}, \bar{p_2}\bar{p_4} p_5, \bar{p_2}\bar{p_4}\bar{p_5} \}$

$\qquad\qquad = \{ p_2 p_5, p_2\bar{p_5}, p_4, \bar{p_2} p_5, p_3 \}$

$F(Q') = \{ C, D, A, B, E \} = F(Q)$

$F(Q')$ stellt gegenüber $F(Q)$ keine Verschlechterung dar.
Also: $Q := Q' = \{ p_2, p_4, p_5 \}$, d. h. p_1 wird entfernt.

p_2 entfernen?

$Q' := \{ p_4, p_5 \}$

$M(Q') = \{ p_4 p_5, p_4 \overline{p_5}, \overline{p_4} p_5, \overline{p_4}\,\overline{p_5} \} = \{ p_4, p_5, p_6 \}$

$F(Q') = \{ A, BC, DE \}$

$F(Q')$ stellt für Anwendung A_2 eine Verschlechterung gegenüber
$F(Q)$ dar. Also: Q bleibt unverändert, d. h. p_2 wird nicht entfernt.

p_4 entfernen?

$Q' := \{ p_2, p_5 \}$

$M(Q') = \{ p_2 p_5, p_2 \overline{p_5}, \overline{p_2} p_5, \overline{p_2}\,\overline{p_5} \}$

$F(Q') = \{ C, D, B, AE \}$

$F(Q')$ stellt für Anwendung A_4 eine Verschlechterung gegenüber
$F(Q)$ dar. Also: Q bleibt unverändert, d. h. p_4 wird nicht entfernt.

6. Iteration:

p_6 aufnehmen?

$Q' := \{ p_2, p_4, p_5, p_6 \}$
$M(Q') = \dots = M(Q)$
$F(Q') = F(Q)$

$F(Q')$ stellt gegenüber $F(Q)$ keine Verbesserung dar.
Also: Q bleibt unverändert, d. h. p_6 wird nicht aufgenommen.

<u>Endergebnis:</u>

$Q = \{ p_2, p_4, p_5 \}$
$F(Q) = \{ A, B, C, D, E \}$

Anmerkung:

Werden die Prädikate in anderer Reihenfolge inspiziert, so können sich
andere, „äquivalente" Partitionierungen ergeben.

Übungsaufgabe 5-1: Schema-Architektur

---

a) $\text{FLUG1} \quad := \quad \mathbf{SL}_{\text{FlugNr} > 60}\ \text{FLUG},$

$\text{FLUG2} \quad := \quad \mathbf{SL}_{\text{FlugNr} \leq 60}\ \text{FLUG}$

$\text{FLUG} \quad := \quad \text{FLUG1}\ \mathbf{UN}\ \text{FLUG2}$

b) $\text{FLUGETAPPEN1} \quad := \quad \mathbf{SL}_{\text{FlugNr} > 60}\ \text{FLUGETAPPEN}$

$\text{FLUGETAPPEN2} \quad := \quad \mathbf{SL}_{\text{FlugNr} \leq 60}\ \text{FLUGETAPPEN}$

$\text{FLUGETAPPEN} \quad := \quad \text{FLUGETAPPEN1}\ \mathbf{UN}\ \text{FLUGETAPPEN2}$

c) PLATZRESERVIERUNG1 :=

$\qquad \mathbf{PJ}_{\{\text{FlugNr, EtappenNr, Datum, SitzNr, KundenName}\}} \text{PLATZRESERVIERUNG}$

PLATZRESERVIERUNG2 :=
PLATZRESERVIERUNG3 **UN** PLATZRESERVIERUNG4

PLATZRESERVIERUNG3 := *Primärschlüssel muß auch in PLATZRESERVIERUNG3 übernommen werden!*
$\qquad \mathbf{SL}_{\text{SitzNr} > 100}$
$\qquad (\mathbf{PJ}_{\{\text{FlugNr, EtappenNr, Datum, SitzNr, Kundentelefon, Sonderwünsche}\}}$
$\qquad\quad \text{PLATZRESERVIERUNG})$

PLATZRESERVIERUNG4 := *Primärschlüssel muß auch in PLATZRESERVIERUNG4 übernommen werden!*
$\qquad \mathbf{SL}_{\text{SitzNr} \leq 100}$
$\qquad (\mathbf{PJ}_{\{\text{FlugNr, EtappenNr, Datum, SitzNr, Kundentelefon, Sonderwünsche}\}}$
$\qquad\quad \text{PLATZRESERVIERUNG})$

PLATZRESERVIERUNG :=
$\qquad$ PLATZRESERVIERUNG1 **NJN** PLATZRESERVIERUNG2

d) nichts zu tun

e)

Definition der globalen Relationen	
Globale Relationen	**Definition**
FLUGHAFEN	FLUGHAFEN1 **UN** FLUGHAFEN2
FLUG	FLUG1 **UN** FLUG2
FLUGETAPPEN	FLUGETAPPEN1 **UN** FLUGETAPPEN2
ETAPPEN	ETAPPEN1 **UN** ETAPPEN2
[ETAPPEN2] [132]	ETAPPEN3 **NJN** ETAPPEN4
PREISE	PREISE
KANN_LANDEN	KANN_LANDEN1 **UN** KANN_LANDEN2
FLUGZEUG	FLUGZEUG

---

[132] „Unechte" globale Relation; dient nur als Bezugsbasis für weitere Definitionen

PLATZRESERVIERUNG	PLATZRESERVIERUNG1 **NJN** PLATZRESERVIERUNG2
[PLATZRESERVIERUNG2] [132]	PLATZRESERVIERUNG3 **UN** PLATZRESERVIERUNG4

f)

Partitionen		
Partition	**Glob. Relation**	**Attrib. / Sel.-Präd.**
FLUGHAFEN1	FLUGHAFEN	FlughafenID < 50
FLUGHAFEN2	FLUGHAFEN	FlughafenID ≥ 50
FLUG1	FLUG	FlugNr > 60
FLUG2	FLUG	FlugNr ≤ 60
FLUGETAPPEN1	FLUGETAPPEN	FlugNr > 60
FLUGETAPPEN2	FLUGETAPPEN	FlugNr ≤ 60
ETAPPEN1	ETAPPEN	FlugNr < 150
ETAPPEN2	ETAPPEN	FlugNr ≥ 150
ETAPPEN3	ETAPPEN2	FlugNr, EtappenNr, Datum, AnzahlSitze
ETAPPEN4	ETAPPEN2	FlugNr, EtappenNr, Datum, FlugzeugID, MaxZuladung, ZusatzInformationen
PREISE	PREISE	
KANN_LANDEN1	KANN_LANDEN	FlughafenID < 70
KANN_LANDEN2	KANN_LANDEN	FlughafenID ≥ 70
FLUGZEUG	FLUGZEUG	
PLATZRESERVIERUNG1	PLATZRESERVIERUNG	FlugNr, EtappenNr, Datum, SitzNr, KundenName
PLATZRESERVIERUNG2	PLATZRESERVIERUNG	FlugNr, EtappenNr, Datum, SitzNr, Kundentelefon, Sonderwünsche
PLATZRESERVIERUNG3	PLATZRESERVIERUNG2	SitzNr > 100
PLATZRESERVIERUNG4	PLATZRESERVIERUNG2	SitzNr ≤ 100

g)

Allokationen		
Partition	**lokaler Name**	**Primärkopie**
FLUGHAFEN1	FLUGHAFEN1@A, FLUGHAFEN1@D	A
FLUGHAFEN2	FLUGHAFEN2@B	
FLUG1	FLUG1@B, FLUG1@C, FLUG1@D	B
FLUG2	FLUG2@A	

FLUGETAPPEN1	FLUGETAPPEN1@A	
FLUGETAPPEN2	FLUGETAPPEN2@B, FLUGETAPPEN2@C, FLUGETAPPEN2@D	B
ETAPPEN1	ETAPPEN1@B	
ETAPPEN2	(nur virtuell)	
ETAPPEN3	ETAPPEN3@B, ETAPPEN3@C	B
ETAPPEN4	ETAPPEN4@D, ETAPPEN4@A	D
PREISE	PREISE@A	
KANN_LANDEN1	KANN_LANDEN1@A, KANN_LANDEN1@B	A
KANN_LANDEN2	KANN_LANDEN2@D	
FLUGZEUG	FLUGZEUG@A, FLUGZEUG@B, FLUGZEUG@C, FLUGZEUG@D	A
PLATZRESERVIERUNG1	PLATZRES1@D	
PLATZRESERVIERUNG2	(nur virtuell)	
PLATZRESERVIERUNG3	PLATZRES3@B, PLATZRES3@A	B
PLATZRESERVIERUNG4	PLATZRES4@D, PLATZRES4@C	D

h) FLUGHAFEN2(FlughafenID, Name, Stadt, Land)

FLUG1(FlugNr, Fluggesellschaft, Wochentage)

FLUGETAPPEN2(FlugNr, EtappenNr, AbflugFlughafenID, PlanmäßigeAbflugzeit, AnkunftFlughafenID, PlanmäßigeAnkunftszeit)

ETAPPEN1(FlugNr, EtappenNr, Datum, AnzahlSitze, FlugzeugID, MaxZuladung, ZusatzInformationen)

ETAPPEN3(FlugNr, EtappenNr, Datum, AnzahlSitze)

KANN_LANDEN1(FlugzeugID, FlughafenID)

FLUGZEUG(FlugzeugID, AnzahlNutzbareSitze)

PLATZRES3(FlugNr, EtappenNr, Datum, SitzNr, Kundentelefon, Sonderwünsche)

Übungsaufgabe 5-2: Abbildung von globalen auf lokale Entities

a) **Disjunktheit:**

$L_1 := \mathbf{SL}_{P1}\, G, \quad L_2 := \mathbf{SL}_{P2}\, G, \quad G := L_1\ \mathbf{UN}\ L_2$, mit nicht-redundanter Speicherung von L_1 und L_2.

Überlappung:

Wir zerlegen in zwei disjunkte Partitionen $L_1{}'$ und $L_2{}'$ die nicht-redundant gespeichert werden, sowie eine Partition L_{overlap}, die redundant an beiden Knoten gespeichert wird, für die Schnittmenge.

$L_1{}' := \mathbf{SL}_{P1\,\wedge\,\neg P2}\, G, \quad L_2{}' := \mathbf{SL}_{P2\,\wedge\,\neg P1}\, G, \quad L_{\text{overlap}} := \mathbf{SL}_{P1\wedge P2}\, G,$

$G := L_1{}'\ \mathbf{UN}\ L_2{}'\ \mathbf{UN}\ L_{\text{overlap}}$

Enthaltensein:

Ähnliche Vorgehensweise wie bei Überlappung: Wir bilden zwei disjunkte Partitionen ($L_1{}' = L_1$ ohne L_2) und L_2. $L_1{}'$ wird nicht-redundant und L_2 wird redundant gespeichert.

$L_1{}' := \mathbf{SL}_{\neg P2}\, G, \quad L_2 := \mathbf{SL}_{P2}\, G, \quad G := L_1{}'\ \mathbf{UN}\ L_2$

b) Die obige Vorgehensweise impliziert eine „top-down"-Vorgehensweise. D. h. ausgehend vom globalen Schema werden die lokalen Teil-Schemata sowie ihre „Inhalte" (Instanzen) abgeleitet. Man kann (und wird) deshalb die Paritionierung prädikativ beschreiben. Bei der nachträglichen Integration liegen jedoch die lokalen Schemata und deren Inhalte bereits fest. Es handelt sich somit um eine „bottom-up"-Vorgehensweise. Eine prädikative Beschreibung der Verteilung ist daher in der Regel nicht so ohne weiteres zu realisieren.

Übungsaufgabe 5-3: Logikbasierte Transformation

aktien_global(Firma, Kaufdatum, Menge, Kurs) :-   [3]   ⎫
    aktienbestand(X) &   [4]   ⎪
    ~~X ≠ sonstige_aktien &~~   [5]   ⎬ Regel B1
    Firma = X &   [6]   ⎪
    Firma(Menge, Kaufdatum, Kurs).   [7]   ⎭

aktien_global(Firma, Kaufdatum, Menge, Kurs):-   [8]   ⎫
    ~~aktienbestand(X) &~~   [9]   ⎬ Regel B2
    ~~X = sonstige_aktien &~~   [10]   ⎪
    'Sonst_Aktien'(Firma, Menge, Kaufdatum, Kurs).   [11]   ⎭

aktienbestand('ABC').   [12]
aktienbestand('EDF').   [13]
aktienbestand('JKL').   [14]
~~aktienbestand(sonstige_aktien).~~   [15]

Erläuterungen:

- Ohne das Vorhandensein von Zeile [15] wird Regel B1 solange ausgeführt, wie es Einträge der Form aktienbestand(...) gibt. Anschließend kommt Regel B2 zur Anwendung.

- Da Regel B2 nur zur Anwendung kommt, wenn alle aktienbestand(...)-Einträge abgearbeitet wurden, kommt nur noch der Fall 'Sonst_Aktien' zur Anwendung. Dies kann man direkt angeben. Die Zeilen [9] und [10] sind somit überflüssig.

- Regel B1 läßt sich in diesem Fall noch weiter vereinfachen, da die Gleichsetzung (Unifikation) „Firma = X" in Zeile [6] auf jeden Fall ausgeführt wird, solange „aktienbestand(X)" in Zeile [4] Treffer findet. Somit können wir auch unmittelbar schreiben:

aktien_global(Firma, Kaufdatum, Menge, Kurs) :-   [3]
    aktienbestand(Firma) &   [4']
    Firma(Menge, Kaufdatum, Kurs).   [7]

Übungsaufgabe 5-4: Schlüsseltransformation

Variante 1:

$\text{LiefRel}_A := \mathbf{PJ}_{\{\text{LiefNr: KnotenA\_ID, Name, ...}\}}(\mathbf{SL}_{\text{KnotenA\_ID} > 0}\ \text{GlobLiefTab})$

LiefRel_B analog

Variante 2:

$\text{LiefRel}_A := \mathbf{PJ}_{\{\text{LiefNr: KnotenID, Name, ...}\}}(\mathbf{SL}_{\text{KnotenID} = A}\ \text{GlobLiefTab})$

LiefRel_B analog

Übungsaufgabe 5-5: Logikbasierte Schema-Transformation

?- 'TEILE'(TeileNr, TeileBez, LiefNr, Preis, LagerOrt).	["Anfrage"]
'TEILE'(TeileNr, TeileBez, LiefNr, Preis, LagerOrt) :-	[1]
'TEILE_A'(TeileNr, TeileBez, Preis),	[2]
'LIEF_A'(TeileNr, LiefNr),	[3]
'LAGERORT'(TeileNr, LagerOrt).	[4]
'TEILE'(TeileNr, TeileBez, LiefNr, Preis, LagerOrt) :-	[1']
'TEILE_B'(TeileNr, TeileBez, LiefNr),	[2']
'PREIS_B'(TeileNr, Preis),	[3']
'LAGERORT'(TeileNr, LagerOrt).	[4']

Die beiden Klauseln definieren faktisch einen Equi-Join über die drei beteiligten Relationen bzgl. TeileNr. Sind die Variablen TeileNr, TeileBez und Preis bzw. LiefNr in Zeile 2 bzw. 2' durch ein gefundenes Tupel gebunden, so muß ein Treffer-Tupel in Zeile 3 bzw. 3' bzgl. dieser TeileNr übereinstimmen. Nur wenn ein solches Tupel gefunden wird, kommt Zeile 4 bzw. 4' zur Auswertung; auch hier wieder mit bereits gebundener Variable für TeileNr.

Übungsaufgabe 6-1: Algebraische Umformungen

a) Operatorbaum nach Einsetzen der Definitionen für $ANGEST_1$ und $ANGEST_2$ in Q_1:

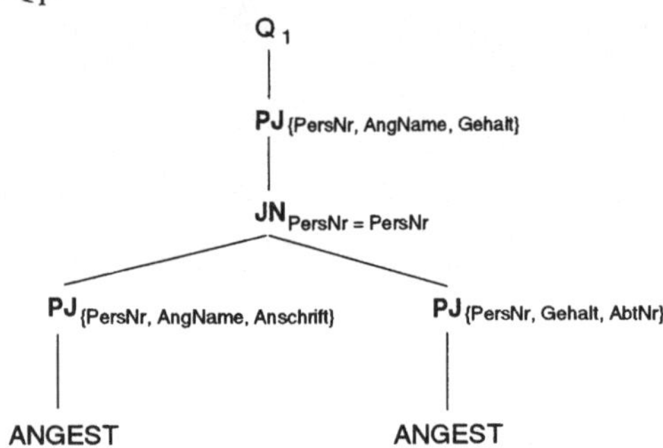

Abb. 14-2: Operatorbaum für nicht optimierte Anfrage Q_1

Beide **PJ**'s nach oben ziehen (Regel 17 [133], "←"-Richtung):

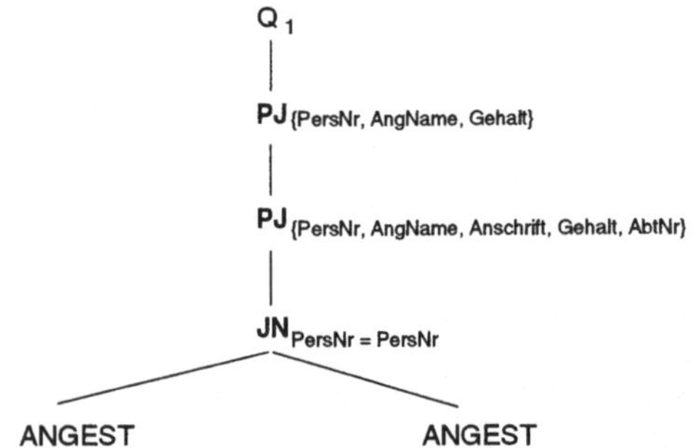

Elimination des redundanten Joins (Regel 18) sowie der „unteren"
Projektion (Regel 9):

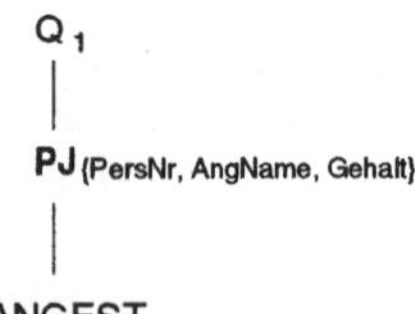

Abb. 14-3: Operatorbaum für optimierte Anfrage Q_1

---

[133] die Nummern beziehen sich auf Tabelle 6-1.

b) Operatorbaum nach Einsetzen der Def. für $TEILE_1$ und $TEILE_2$ in Q_2:

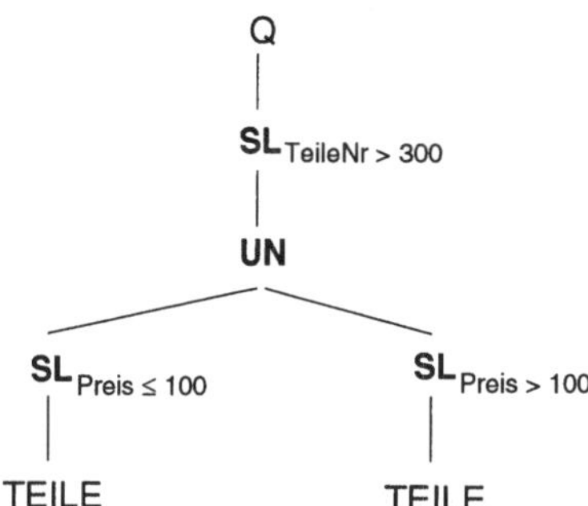

Abb. 14-4: Operatorbaum für nicht optimierte Anfrage Q_2

Unter Anwendung von Regel 25 eliminieren wir die **UN**-Operation und erhalten:

$$Q_2 := \mathbf{SL}_{TeileNr > 300} \; (\underbrace{\mathbf{SL}_{Preis \leq 100 \; \vee \; Preis > 100}}_{TRUE} \; TEILE).$$

Dies läßt sich somit weiter reduzieren zu:

$$Q_2 := \mathbf{SL}_{TeileNr > 300} \; TEILE.$$

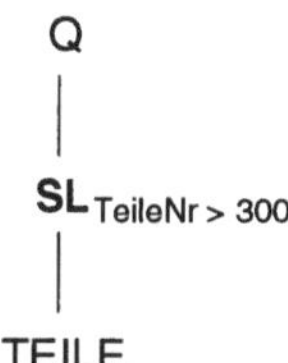

Abb. 14-5: Operatorbaum für optimierte Anfrage Q2

> **Übungsaufgabe 6-2: Algebraische Optimierung, Ausführungsplan**

a) Partitionierungen:

$$TEILE := TEILE_1 \text{ UN } TEILE_2 \text{ UN } TEILE_3 \qquad \text{(Def-1)}$$

$$LIEFERANT := LIEF1 \text{ UN } LIEF2 \text{ UN } LIEF3 \qquad \text{(Def-2)}$$

Gegeben:

$$Q := SL_{Stadt = \text{'Ulm'} \,\wedge\, TeileNr > 400} (TEILE \; JN_{TeileNr = TeileNr} \; LIEFERANT)$$

(Def-1) und (Def-2) eingesetzt ergibt:

$$Q := SL_{Stadt = \text{'Ulm'} \,\wedge\, TeileNr > 400}$$
$$((TEILE_1 \text{ UN } TEILE_2 \text{ UN } TEILE_3)$$
$$JN_{TeileNr=TeileNr}$$
$$(LIEF_1 \text{ UN } LIEF_2 \text{ UN } LIEF_3))$$

Wir ziehen mit Hilfe von Regel 14 die Selektion nach innen und erhalten:

$$Q := (SL_{TeileNr > 400}(TEILE_1 \text{ UN } TEILE_2 \text{ UN } TEILE_3))$$
$$JN_{TeileNr=TeileNr}$$
$$(SL_{Stadt = \text{'Ulm'}} (LIEF_1 \text{ UN } LIEF_2 \text{ UN } LIEF_3))$$

mit Hilfe von Regel 11 ziehen wir die Selektionen noch weiter nach innen, so daß diese jetzt direkt auf den Basis-Partitionen ausgeführt werden können:

$$Q := (\,(SL_{TeileNr > 400}TEILE_1) \text{ UN }$$
$$(SL_{TeileNr > 400}TEILE_2) \text{ UN }$$
$$(SL_{TeileNr > 400}TEILE_3)\,)$$
$$JN_{TeileNr=TeileNr}$$
$$(\,(SL_{Stadt = \text{'Ulm'}} LIEF_1) \text{ UN }$$
$$(SL_{Stadt = \text{'Ulm'}} LIEF_2) \text{ UN }$$
$$(SL_{Stadt = \text{'Ulm'}} LIEF_3)\,)$$

Dies ergibt den folgenden Operatorbaum:

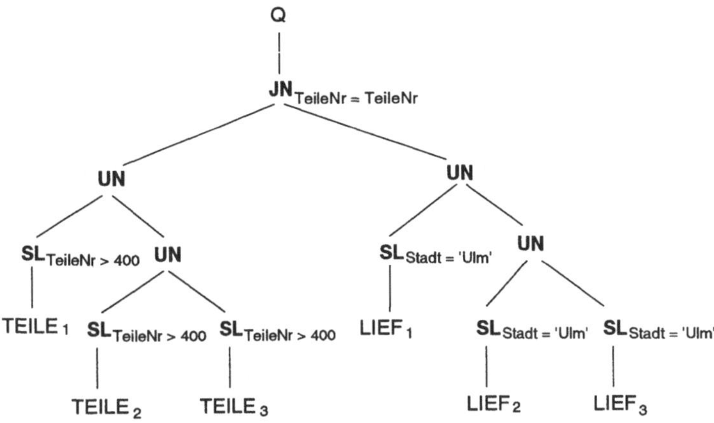

**Abb. 14-6: Operatorbaum mit lokal ausführbaren Selektionen
(nicht-optimiert)**

b) $TEILE_1$ enthält nur Tupel mit TeileNr < 300 und kann daher nichts zum
Anfrageergebnis beitragen. Dasselbe gilt für $LIEF_1$ (da nur Tupel mit
Stadt = 'Hagen') und $LIEF_3$ (da nur Tupel mit Stadt $\neq$ 'Ulm').

Somit ergibt sich der folgende reduzierte Operatorbaum:

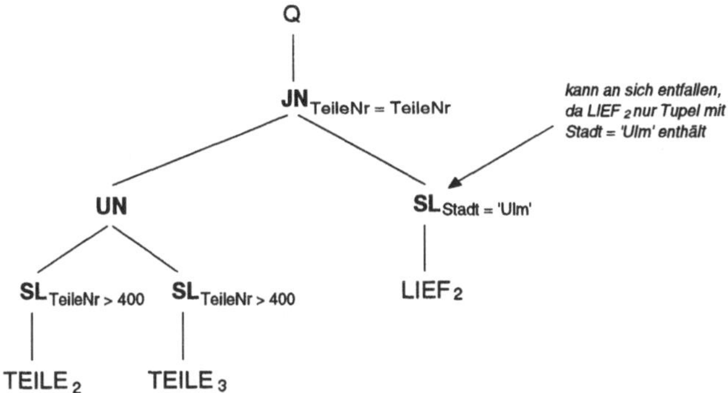

Abb. 14-7: Reduzierter Operatorbaum [134]

c) Ein möglicher Ausführungsplan:

Berechnung der Selektionen an den datenhaltenden Knoten, Berechnung
der Vereinigung und des Joins am Knoten C.

---

[134] Wir werden später, bei der Behandlung von „qualifizierten Relationen" in Abschnitt 6.4.2
noch kennenlernen, wie wir auch formal entscheiden können, daß die obige Selektion überflüssig ist.

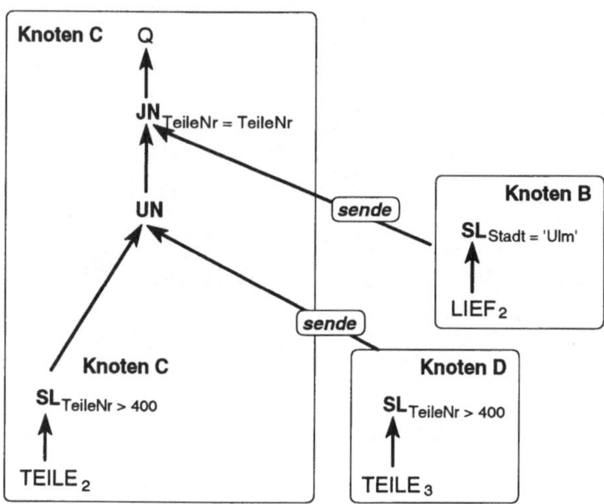

Abb. 14-8: Ausführungsplan

Übungsaufgabe 6-3: Qualifizierte Relationen

Wir konzentrieren uns nur auf diejenigen Teile im Operatorbaum in Abb. 14-6, welche wir „intuitiv" wegoptimiert haben, also auf

1. $\mathbf{SL}_{\text{TeileNr} > 400}$ TEILE$_1$

2. $\mathbf{SL}_{\text{Stadt} = \text{'Ulm'}}$ LIEF$_1$

3. $\mathbf{SL}_{\text{Stadt} = \text{'Ulm'}}$ LIEF$_3$

Für die anderen Reduktionen kommen ja dann wieder die schon bekannten Transformationsregeln zur Anwendung. — Wir schreiben als qualifizierte Relationen:

<u>Zu 1</u>: $\mathbf{SL}_{\text{TeileNr} > 400}$ [TEILE$_1$: $0 \leq$ TeileNr < 300]
$\Rightarrow$ [ZER$_1$: (TeileNr > 400) $\wedge$ ($0 \leq$ TeileNr < 300)] [135]
$\Rightarrow$ ZER$_1$ = $\emptyset$

<u>Zu 2</u>: $\mathbf{SL}_{\text{Stadt} = \text{'Ulm'}}$ [LIEF$_1$: Stadt = 'Hagen']
$\Rightarrow$ [ZER$_2$: (Stadt = 'Ulm') $\wedge$ (Stadt = 'Hagen')]
$\Rightarrow$ ZER$_2$ = $\emptyset$

---

[135] ZER steht wieder für „Zwischenergebnis-Relation"

<u>Zu 3</u>: $\mathbf{SL}_{Stadt\,=\,'Ulm'}$ [LIEF$_3$: (Stadt $\neq$ 'Hagen') $\wedge$ (Stadt $\neq$ 'Ulm')]

$\Rightarrow$ [ZER$_3$: (Stadt = 'Ulm') $\wedge$ (Stadt $\neq$ 'Hagen') $\wedge$ (Stadt $\neq$ 'Ulm')]

$\Rightarrow$ ZER$_3$ = $\varnothing$

Übungsaufgabe 6-4: Aggregatfunktionen

a) Liefere Q(R) wieder eine einstellige Ergebnisrelation mit Integer- oder Realwerten. Die Berechnung von AVG(Q(R)) ist dann äquivalent zu

$$\frac{SUM(Q(R))}{COUNT(Q(R))}.$$

Ist R horizontal partitioniert in R_1, R_2, .., R_n und wird keine Duplikatfreiheit für Q(R)) gefordert, so läßt sich AVG(Q(R)) transformieren in

$$AVG(Q(R)) \;=\; \frac{\sum\limits_{i=1}^{n} SUM(Q(R_i))}{\sum\limits_{i=1}^{n} COUNT(Q(R_i))}$$

d. h. wir berechnen die Summen im Zähler parallel, zählen die Kardinalitäten parallel und bilden dann den Quotienten (= AVG(Q(R))).

b) Die parallele Berechnung der Aggregatfunktionen ist in diesem Fall nicht möglich, wie man sich an einem einfachen Beispiel leicht klarmacht.

Gegeben seien die Partitionen R1(1,2,3,4,5), R2(1,3,5,6,7) und R3(1,4,6,8). Wie man erkennt, ist jede für sich alleine genommen duplikatfrei, die Vereinigung (ohne Duplikateliminierung) jedoch nicht.

Die parallele Berechnung der Aggregatfunktionen auf R1, R2 und R3 führt somit zu anderen Resultaten, als wenn diese Berechnung der Aggregatfunktionen auf R (also nach Berechnung von R1 **UN** R2 **UN** R3) durchgeführt wird.

Übungsaufgabe 6-5: Aggregatfunktionen bei vertikaler Partitionierung

SUM(Q(R)):

Sei $Q(R) = R[A_i] = \mathbf{PJ}_{\{Ai\}}R$, dann berechnet SUM($R[A_i]$) die Summe der
Attributwerte des Attributs A_i. Gilt $A_i \subseteq PK$, ist also A_i der Primärschlüssel
oder ein Teil dessen, dann kann SUM($R[A_i]$) an jeder beliebigen Partition
ausgewertet werden, da alle Partitionen den (vollen) Primärschlüssel enthalten. Ansonsten kann SUM($R[A_i]$) auf derjenigen Partition berechnet werden, die das entsprechende Attribut enthält. Dies gilt unabhängig davon, ob
Duplikatelimierung gefordert ist oder nicht.

Eine parallele Berechnung im engeren Sinne ist dies natürlich nicht, zumindest ist jedoch keine Rekonstruktion von R vor Anwendung der Aggre-
gatfunktion notwendig.

COUNT(Q(R)):

Wir setzen wieder $Q(R) = R[A_i] = \mathbf{PJ}_{\{Ai\}}R$. Ist *keine Duplikateliminierung*
gefordert oder gilt $A_i \subseteq PK$, so ist die Bestimmung von COUNT($R[A_i]$)
äquivalent zu COUNT(*) und damit trivial, da alle Partitionen den (vollen)
Primärschlüssel enthalten und somit alle Partitionen dieselbe Kardinalität
aufweisen.

Wird *Duplikateliminierung* gefordert, so muß COUNT($R[A_i]$) an derjenigen Partition ausgeführt werden, die Attribut A_i enthält. Eine Rekonstruktion von R ist somit nicht erforderlich.

Übungsaufgabe 6-6: Updates bei horizontaler Partitionierung

a) UPDATE   ABT
   SET   MgrPersNr = 56899
   WHERE   AbtNr = 4517

Die Anweisung kann (und muß) transformiert werden in:

```
UPDATE    ABT1              und    UPDATE    ABT2
SET       MgrPersNr = 56899        SET       MgrPersNr = 56899
WHERE     AbtNr = 4517             WHERE     AbtNr = 4517
```

b) UPDATE   ABT
   SET   Budget = Budget * 1.1
   WHERE   Bereich = 67

Da ABT2 alle Tupel mit Bereich > 50 enthält, wird transformiert in:

```
UPDATE    ABT2
SET       Budget = Budget * 1.1
WHERE     Bereich = 67
```

c)
```
UPDATE    ABT
SET       Bereich = 100
WHERE     Bereich = 45
```

Dies ist ein *partitionierungssensitiver Update*, da hierdurch die Zuordnung der betroffenen Tupel geändert wird. Eine mögliche Transformation wäre:

```
CREATE TEMPORARY TABLE TempRel AS
    SELECT  *
    FROM    ABT1
    WHERE   Bereich = 45

DELETE
FROM      ABT1
WHERE     Bereich = 45

UPDATE    TempRel
SET       Bereich = 100

INSERT    INTO ABT2
SELECT    FROM TempRel

DROP TABLE TempRel
```

d)
```
INSERT INTO ABT
VALUES(4733, 'Fertigung I', 55, NULL, NULL)
```

wird transformiert (wegen Wert von Attribut 3) in:

```
INSERT INTO ABT2
VALUES(4733, 'Fertigung I', 55, NULL, NULL)
```

e)
```
DELETE
FROM      ABT
WHERE     Budget < 10000
```

Die Anweisung kann (und muß) transformiert werden in:

```
DELETE                          und     DELETE
FROM      ABT1                          FROM      ABT2
WHERE     Budget < 10000                WHERE     Budget < 10000
```

Übungsaufgabe 6-7: Verwandtschaft zu Updates über Sichten

a) UPDATE-Operationen gegen R_{VIEW} sind transformierbar in n entsprechende Updates gegen R_1, R_2, ..., R_n. Alle Tupel in den R_i, welche die WHERE-Bedingung erfüllen, werden geändert. Damit sind auch diejenigen Tupel erfaßt, die evtl. redundant in verschiedenen R_i's vorkommen.

INSERT-Operationen können i.a. nicht unterstützt werden, da nicht entschieden werden kann, welcher bzw. welchen Basis-Relation(en) die Einfügung zugeordnet werden soll.

Für DELETE-Operationen gilt das unter a) Gesagte.

b) Kritisch war im obigen Fall nur die INSERT-Operation. Wenn eine disjunkte horizontale Partitionierung vorliegt, kann ein geg. Tupel – da Nullwerte nicht zugelassen sind – stets eindeutig einer Partition zugeordnet werden. INSERT-Operationen sind somit problemlos unterstützbar.

Übungsaufgabe 6-8: Updates bei vertikaler Partitionierung

a) UPDATE   R
   SET   C = C + 10, D = D + 20
   WHERE   A < 5 AND B > 6

Die Anweisung kann (und muß) transformiert werden in:

UPDATE   R1   und   UPDATE R2
SET   C = C + 10   SET   D = D + 20
WHERE   A < 5 AND B > 6   WHERE   A < 5 AND B > 6

b) UPDATE   R
   SET   F = F + 30
   WHERE   D > 3

Da D und F nicht in derselben Basis-Partition vorkommen, muß vor dem eigentlichen Update bestimmt werden, welche Tupel von R3 sich für den Update qualifizieren:

CREATE TEMPORARY TABLE TempRel AS
    SELECT   A, B
    FROM   R2
    WHERE   D > 3

```
UPDATE    R3
SET       F = F + 30
WHERE     (A, B) IN  ( SELECT   A, B
                       FROM     TempRel)
```

```
DROP TABLE TempRel
```

c)
```
UPDATE    R
SET       D = D + 1
WHERE     D < ( SELECT  MAX(D)
                FROM    R )
```

Hier liegt ein *selbstreferenzierender Update* vor. Wir müssen also vor dem eigentlichen Update den maximalen Wert von D bestimmen:

```
CREATE TEMPORARY TABLE TempRel AS
    SELECT    MAX(D) AS MaxD
    FROM      R2
```

```
UPDATE    R2
SET       D = D + 1
WHERE     D <  ( SELECT   MaxD
                 FROM     TempRel)
```

```
DROP TABLE TempRel
```

d)
```
INSERT INTO R
VALUES(9, 4, 7, 5, 3, 1, 6)
```

Kann und muß transformiert werden in:

```
INSERT INTO R1 VALUES(9, 4, 7)
```

```
INSERT INTO R2 VALUES(9, 4, 5, 3)
```

```
INSERT INTO R3 VALUES(9, 4, 1, 6)
```

e)
```
DELETE
FROM      R
WHERE     D > 4
```

analog zu Fall b):

```
CREATE TEMPORARY TABLE TempRel AS
    SELECT  A, B
    FROM    R2
    WHERE   D > 4
```

```
DELETE
FROM      R1
WHERE     (A, B) IN ( SELECT   A, B
                      FROM     TempRel)
```

```
DELETE
FROM      R2
WHERE     (A, B)  IN  ( SELECT   A, B
                        FROM      TempRel)

DELETE
FROM      R3
WHERE     (A, B)  IN  ( SELECT   A, B
                        FROM      TempRel)

DROP TABLE TempRel
```

Übungsaufgabe 6-9: Join-Berechnung

Zu übertragende Bytes beim *Semi-Join-Verbund*:

$K_1 \rightarrow K_2$:	20.000 Tupel à 10 Byte	=	200.000 Byte
$K_2 \rightarrow K_1$:	20.000 Tupel à 100 Byte	=	2.000.000 Byte

Summe: 2.200.000 Byte

... und beim *Hashfilter-Join*:

$K_1 \rightarrow K_2$:	Hashfilter		h Byte
$K_2 \rightarrow K_1$:	20.000 Tupel à 100 Byte	=	2.000.000 Byte
	+ Pseudo-Treffer		p Byte

Summe: h + p + 2.000.000 Byte

<u>Gesucht</u>: h, so daß h + p $\leq$ 200.000 gilt

Der Ausgangsbitvektor ist 200.000 Bit = 25.000 Byte mit 1% Pseudotreffer.

Damit ist der maximale Wert von n gesucht, für den noch gilt:

$$\underbrace{\frac{1}{n} \cdot 25.000}_{=h} + \underbrace{2.000.000 \cdot 0,01 \cdot n^2}_{=p} \leq 200.000$$

$$\Rightarrow \quad \frac{25}{n} + 20 \cdot n^2 \leq 200$$

Wir ermitteln durch Probieren:

n	$\dfrac{25}{n}$	$20 \cdot n^2$	$\dfrac{25}{n} + 20 \cdot n^2$	max	Länge Bitvektor in Bits
1,0	25,00	20,0	45,00	200	200.000
2,0	12,50	80,0	92,50	200	100.000
3,0	8,33	180,0	188,33	200	66.667
3,1	8,39	192,2	200,59	200	64.516

Der Bitvektor sollte (auf volle Tausend aufgerundet) also mind. ca. 65.000 Bits groß sein.

Übungsaufgabe 6-10: Abschätzung der Kardinalität

Von $TEILE_1$ ist bekannt: TeileNr $\in$ [0, 5000], damit sind auch max(dom(TeileNr)) und min(dom(TeileNr)) bzgl. $TEILE_1$ bekannt.

Es gilt: card(R) := σ * card($TEILE_1$). Wir schätzen σ ab mit:

$$\sigma = \frac{4000 - 3000 + 1}{5000 - 0} \approx \frac{1}{5} = 0{,}2$$

Daraus folgt: card(R) = 3.500 * 0,2 $\Rightarrow$ **card(R) = 700**

Übungsaufgabe 6-11: Relationsprofil

Zu a) R_1 := $TEILE_1$ **NSJ** $LIEFERANT_2$, mit dom(LiefNr) = 0..999.

$$\mathbf{card(R_1)} = \sigma_1 * \sigma_2 * card(TEILE_1)$$
$$= \frac{160}{1.000} * \frac{40}{1.000} * 3.500 = \mathbf{22}$$

$\mathbf{size(R_1)}$ = size(TEILE1) = **32**

val(TeileNr[R_1]) schätzen wir mit Formel 6.9-1 ab, mit
  m = val(TeileNr[$TEILE_1$]) = 3.500 und
  r = card(R) = 22 (siehe oben)

$\Rightarrow$ **val(TeileNr[R_1])** = **22**   (da $r < \dfrac{m}{2}$)

val(LiefNr[R_1]) schätzen wir ab mit σ_2 * val(LiefNr[$TEILE_1$]), mit

$$\sigma_2 = \frac{40}{1.000} = 0,04$$

$\Rightarrow$ **val(LiefNr[R_1])** $= 160 * 0,04 =$ **6**

val(Preis[R_1]) schätzen wir mit Formel 6.9-1 ab, mit

    m = val(Preis[$TEILE_1$]) = 1.600 und

    r = card(R_1) = 22 (siehe oben)

$\Rightarrow$ **val(Preis[R_1])** $=$ **22** (da $r < \frac{m}{2}$)

Zu b) $R_2 := TEILE_2$ **UN** $TEILE_3$

card(R_2) $\leq$ card($TEILE_2$) + card($TEILE_3$) $\leq$ **6.500**

size(R_2) = size($TEILE_1$) = **32**

val(TeileNr[R_2]) $\leq$ val(TeileNr[$TEILE_2$]) + val(TeileNr[$TEILE_3$])
                    = 2.500 + 1.999 = **4.499**

val(LiefNr[R_2]) = **325** (analog berechnet)
            Da das Relationsprofil von TEILE bekannt ist,
            ist hier eine *bessere Abschätzung* möglich: [136]
            Wegen val(LiefNr[TEILE]) = 300 ergibt sich:
            val(LiefNr[R_2]) = **300**

val(Preis[R_2]) = **3.600** (analog berechnet)
            Da das Relationsprofil von TEILE bekannt ist,
            ist hier ebenfalls eine *bessere Abschätzung*
            möglich:
            Wegen val(Preis[TEILE]) = 2.100 ergibt sich:
            val(Preis[R_2])= **2.100**

Zu c) $R_3 := $ **PJ**$_{\{LiefNr,\ Preis\}}TEILE_3$

card(R_3):

Da $TEILE_1$ einen zusammengesetzten Schlüssel hat, behandeln wir
LiefNr wie ein Nichtschlüsselattribut und schätzen, da wir auf mehrere
Attribute projizieren, wie folgt ab:

Zunächst bestimmen wir

    d = val(LiefNr[$TEILE_3$]) * val(Preis[$TEILE_3$])

       = 155 * 1.700 = 263.500

---

[136] Wäre das Relationsprofil von TEILE nicht bekannt, dann würde man hier natürlich mit 325
abschätzen.

Daraus folgt: **card(R_3)** = card(TEILE$_3$) = **4.000**

size(R_3) = size(LiefNr) + size(Preis) = **16**

val(LiefNr[R_3]) = val(LiefNr[TEILE$_3$]) = **155**

val(Preis[R_3]) = val(Preis[TEILE$_3$]) = **1.700**

Übungsaufgabe 7-1: Serialisierbarkeit von Schedules (1)

Wir müssen prüfen, ob es eine serielle Ausführungsreihenfolge gibt, bei der die Transaktionen so angeordnet werden, daß wenn sie in der geg. Schedule

- ein Objekt im alten Zustand gelesen haben, es auch in der seriellen Schedule im alten Zustand lesen

- ein Objekt im geänderten Zustand gelesen haben, es auch in der seriellen Schedule im (von der richtigen Transaktion) geänderten Zustand lesen

- zwei Transaktionen T_1 und T_2 in der Reihenfolge T_1 vor T_2 dasselbe Objekt verändern, in der seriellen Schedule T_1 vor T_2 ausgeführt wird.

Wir analysieren bzgl. Reihenfolgeabhängigkeiten ($T_i < T_j$ stehe für „T_i muß vor T_j kommen"):

S_1: $< r_1[x]\ r_2[x]\ w_1[x]\ w_2[y]\ w_1[y] >$

$\qquad\qquad T_2 < T_1 \qquad T_2 < T_1$

S_1 ist serialisierbar: $S_{1,\text{seriell}} = < T_2, T_1 >$

S_2: $< r_1[x]\ r_2[x]\ w_1[x]\ w_2[x]\ w_2[y] >$

$\qquad\qquad T_2 < T_1 \quad T_1 < T_2$

Widersprüchliche Bedingungen. Daher ist **S_2 nicht serialisierbar**.

$\qquad\qquad\qquad T_2 < T_1$

S_3: $< r_1[x]\ r_2[y]\ w_1[x]\ r_2[x]\ w_1[y]\ r_2[y]\ w_2[x] >$

$\qquad\qquad\qquad T_1 < T_2 \qquad T_1 < T_2$

$\qquad\qquad\qquad\qquad\quad T_1 < T_2$

Widersprüchliche Bedingungen. Daher ist **S_3 nicht serialisierbar**.

Anmerkung:

Hilfsmittel:
Transaktions-
abhängigkeits-
graph

Bei komplexeren Schedules ist es ratsam, die Analyse auf Serialisierbarkeit etwas systematischer vorzunehmen, als wir dies hier getan haben. Ein Hilfsmittel hierzu ist der Aufbau eines sog. *Transaktionsabhängigkeitsgraphen* (siehe Anlage B). Ist dieser zyklenfrei, so läßt sich eine äquivalente serielle Schedule angeben, wenn nicht, so existiert keine solche Schedule. Im Falle von S_3 würde sich z. B. der folgende Abhängigkeitsgraph ergeben:

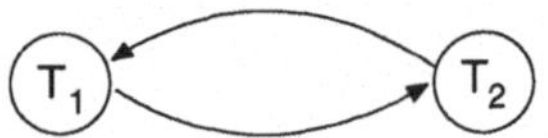

Übungsaufgabe 7-2: Serialisierbarkeit von Schedules (2)

Globale Serialisierbarkeit setzt zunächst einmal lokale Serialisierbarkeit voraus. Darüber hinaus muß dann eine serielle Reihenfolge gefunden werden, die mit jeweils mindestens einer der lokalen äquivalenten, seriellen Ausführungsreihenfolgen „kompatibel" ist.

Wir prüfen:

$$T_2 < T_3$$

a) S_A: $< r_1[a]\ r_2[a]\ w_1[a]\ w_2[b]\ r_3[a]\ r_3[b]\ w_3[b] >$

$$T_2 < T_1 \qquad T_1 < T_3$$

S_A ist serialisierbar: $S_{A,\,seriell}$: $< T_2, T_1, T_3 >$

S_B: $< r_2[c]\ w_2[c]\ r_3[d]\ w_3[d]\ r_1[e]\ w_1[e] >$

T_1, T_2 und T_3 haben paarweise disjunkte Objektmengen, damit ist jede serielle Ausführung der drei Transaktionen eine äquivalente serielle Ausführungsreihenfolge.

Damit ist $< T_2, T_1, T_3 >$ eine globale, äquivalente serielle Ausführungsreihenfolge dieser Transaktionen.

b) S_A: $< r_1[a]\ r_2[a]\ w_2[a]\ r_3[b]\ w_3[b]\ w_1[a] >$

$$T_1 < T_2 \qquad T_2 < T_1$$

S_A nicht serialisierbar, damit existiert auch keine entspr. globale serielle Schedule.

S_B: $< r_1[c]\ w_1[c]\ r_2[d]\ w_2[d]\ r_3[e]\ w_3[e] >$ (unerheblich in diesem Fall)

c) S_A: < $r_1[a]$ $r_3[b]$ $w_1[a]$ $w_3[b]$ $r_2[a]$ $w_2[a]$ >

$$T_1 < T_2 \qquad (T_3 \text{ kann beliebig eingeordnet werden})$$

S_B: < $r_3[c]$ $w_3[c]$ $r_2[d]$ $w_2[d]$ $r_1[d]$ $w_1[d]$ >

$$T_2 < T_1$$

Es gibt keine äquivalente globale serielle Schedule für S_A und S_B, welche alle lokalen Abhängigkeiten berücksichtigen kann.

Übungsaufgabe 7-3: Transaktionsaufrufstrukturen

a) Bezeichne T_1 die Primärtransaktion. Zunächst muß in T_1 herausgefunden werden, welche BESTAND-Partition betroffen ist. Zu diesem Zweck bietet es sich an, die Anweisung $\mathbf{PJ}_{\{LagerNr\}}\mathbf{SL}_{TeileNr = 3822}$ LAGERORT an Knoten B zu senden, da TeileNr $\geq$ 3.000 ($\rightarrow$ Subtransaktion $T_{1,1}$). Mit der Information, daß LagerNr = 1 gilt, kann nun an Knoten A bestimmt werden, daß die Partition $BESTAND_1$ vom Update betroffen ist.

Da $BESTAND_1$ an Knoten A und C allokiert ist, kann der Update der an Knoten A gespeicherten Partition $BESTAND_1$ direkt innerhalb der Primärtransaktion an Knoten A erfolgen, während für die an Knoten C gespeicherte Kopie von T_1 eine Subtransaktion ($\rightarrow T_{1,2}$) an Knoten C gestartet wird.

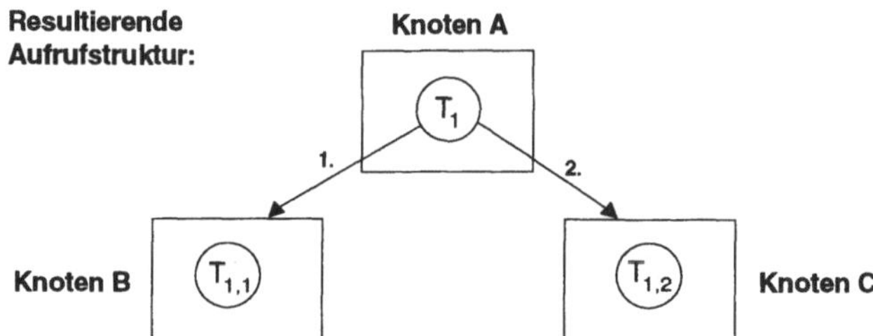

b) T_1 muß zunächst wieder herausfinden, welche Partition von BESTAND vom Update betroffen ist. Da Knoten A aber die Details der Partitionierung von LAGERORT nicht kennt, muß zunächst eine Anfrage der Art $\mathbf{PJ}_{\{LagerNr\}}\mathbf{SL}_{TeileNr = 3822}$ LAGERORT an Knoten C geschickt werden ($\rightarrow T_{1,1}$), der diese Anfrage mittels einer Subtransaktion ($\rightarrow T_{1,1,1}$) an Knoten B weiterleitet.

Nach Erhalt des Resultats weiß Knoten A, daß BESTAND$_1$ vom Update betroffen ist und startet eine Subtransaktion ($\rightarrow$ T$_{1,2}$) mit der Update-Aufforderung an Knoten C. Knoten C wiederum startet seinerseits eine Subtransaktion ($\rightarrow$ T$_{1,2,1}$) an Knoten A, um die dort gespeicherte Kopie von BESTAND$_1$ zu aktualisieren.

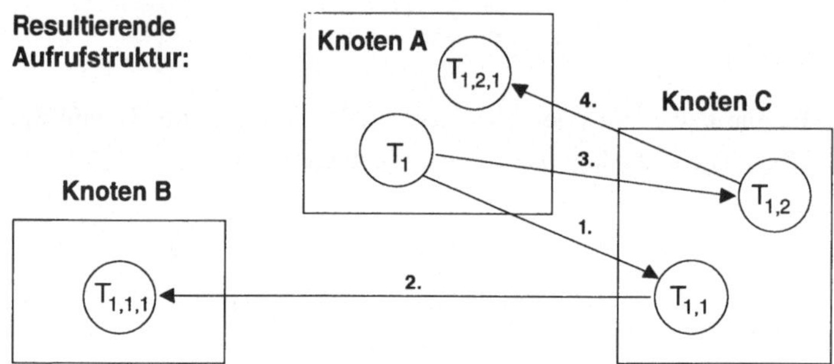

Übungsaufgabe 8-1: Deadlocksuche

		Knoten A	Knoten B	Knoten C
1.	Input:	„Deadlocksuche!"	Input: „Deadlocksuche!"	Input: „Deadlocksuche!"
	Analyse:	EX,5,3,1,EX EX,9,1,EX EX,8,3,1,EX	Analyse: EX,1,5,EX EX,2,4,EX	Analyse: EX,5,EX EX,4,7,2,EX
	Output:	EX,5,3,1 $\Rightarrow$ B EX,9,1 $\Rightarrow$ B EX,8,3,1 $\Rightarrow$ B	Output: --	Output: EX,4,7,2 $\Rightarrow$ B

Abb. 14-9: Deadlockerkennung 1. Iteration

	Knoten A	**Knoten B**	**Knoten C**
2.	Input: --	Input: A: EX,5,3,1 A: EX,9,1 A: EX,8,3,1 C: EX,4,7,2	Input: --
	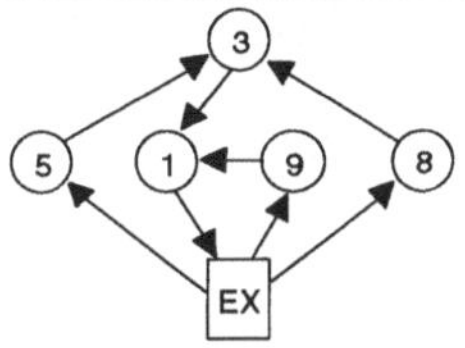	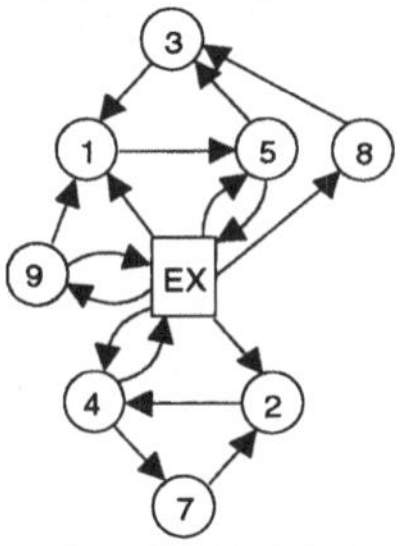	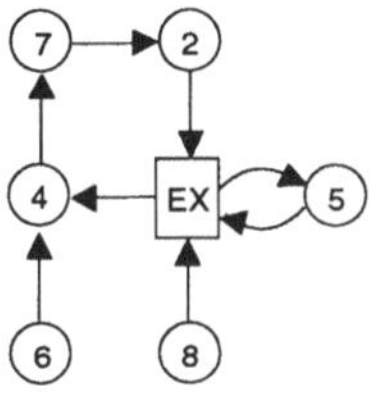
	Analyse: --	**Analyse:** (EX,1,5,EX) (EX,2,4,EX) (EX,8,3,1,5,EX) (EX,9,1,5,EX) EX,4,EX EX,5,EX EX,9,EX (1,5,3,1) ⇐ *Zyklus!* Opfer = 1 (2,4,7,2) ⇐ *Zyklus!* Opfer = 2	**Analyse:** --
		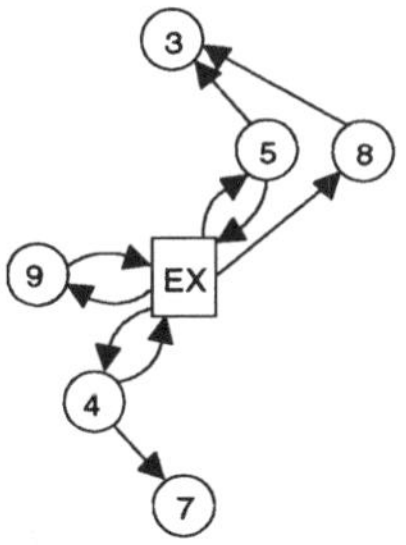	
	Output: --	**Output:** Opfer = 1 ⇒ A, C Opfer = 2 ⇒ A, C	**Output:** --

Abb. 14-10: Deadlockerkennung 2. Iteration

	Knoten A	Knoten B	Knoten C
3.	**Input:** B: Opfer = 1,2	**Input: --**	**Input:** B: Opfer = 1,2
	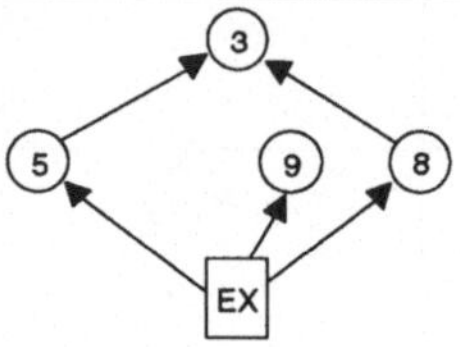	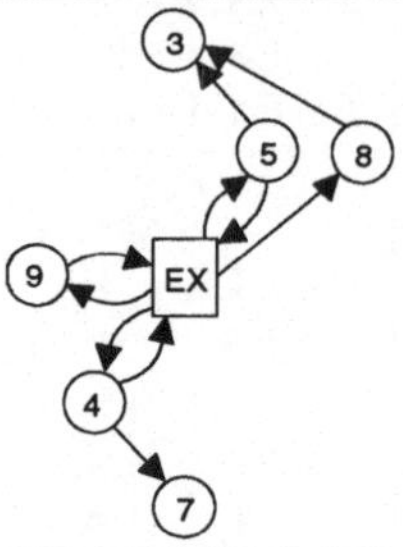	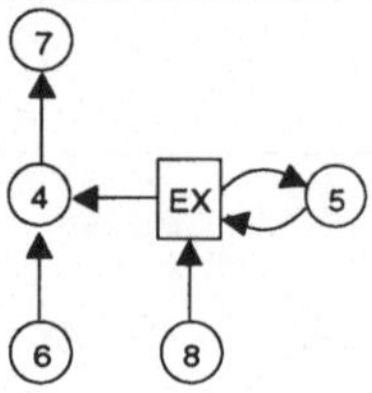
	Analyse: --	**Analyse:** EX,4,EX EX,5,EX EX,9,EX	**Analyse:** EX,5,EX
	Output: --	**Output: --**	**Output: --**

Abb. 14-11: Deadlockerkennung 3. Iteration

Fertig!

Übungsaufgabe 9-1: Semantische Verfahren

<u>Vorüberlegungen:</u>

Da beim Ausführen einer tentativen Operation noch nicht sicher ist, ob diese ihr Commit erreichen wird, müssen wir, im Sinne einer „worst case"-Betrachtung, zum einen damit rechnen, daß alle tent_inc-Aktionen fehlschlagen können, und zum anderen einkalkulieren, daß alle tent_dec-Aktionen fehlschlagen können. In keinem der beiden Fälle darf hierbei der vorgegebene Minimal- bzw. Maximalwert unter- bzw. überschritten werden.

Es bietet sich daher an, für das Objekt drei Werte zu führen:

- *AktVal*, der den aktuellen Wert des Objektes angibt,

- *TentInc*, der die Summe aller noch nicht mit Commit abgeschlossenen tent_inc-Operationen angibt,

- *TentDec*, der die Summe aller noch nicht mit Commit abgeschlossenen tent_dec-Operationen angibt.

Der Algorithmus kann dann etwa wie folgt aussehen (MaximalValue und MinimalValue geben hier die obere und untere Grenze an):

MaxVal := AktVal + TentDec; MinVal := AktVal - TentInc; [137]
CASE action OF

```
    tent_inc(x)      :     IF MaxVal + x  > MaximalValue  THEN reject
                              ELSE
                                 BEGIN
                                    AktVal := AktVal + x; TentInc :=  TentInc + x
                                 END;
    tent_dec(x)      :     IF MinVal - x  < MinimalValue  THEN reject
                              ELSE
                                 BEGIN
                                    AktVal := AktVal - x;  TentDec := TentDec - x;
                                 END;
    commit_inc(x) :     TentInc := TentInc - x;
    commit_dec(x):     TentDec  := TentDec - x;
    abort_inc(x)     :     BEGIN
                              AktVal := AktVal - x; TentInc  := TentInc - x
                              END;
    abort_dec(x)     :     BEGIN
                              AktVal := AktVal + x; TentDec := TentDec - x
                              END;
END CASE;
```

---

[137] TentDec und TentInc haben einen Anfangswert von 0.

Anmerkungen:

MaxVal gibt den AktVal-Wert des Objektes an, wenn alle in AktVal enthalten tent_dec-Operationen fehlschlagen sollten (und damit AktVal erhöhen). *Min-Val* gibt das Entsprechende für den tent_inc-Fall an.

Das hier beschriebene Verfahren ist eine etwas abgewandelte Variante des in /Reut82/ beschriebenen Verfahrens.

Wir prüfen die vorgegebenen Schedules:

$$S_1 := \; < \; tent\_inc(5),\, tent\_inc(8),\, tent\_dec(7),\, tent\_dec(3),$$
$$commit\_inc(5),\, commit\_inc(8),\, commit\_dec(7),\, commit\_dec(3) >$$

Aktion	MaxVal	MinVal	Test/Kommentar	TentInc	TentDec	AktVal
	10	10	(Ausgangszustand)	0	0	10
tent_inc(5)	10	10	$10 + 5 \leq 25 \Rightarrow OK$	5	0	15
tent_inc(8)	15	10	$15 + 8 \leq 25 \Rightarrow OK$	13	0	23
tent_dec(7)	23	10	$23 - 7 \geq 0 \Rightarrow OK$	13	7	16
tent_dec(3)	23	3	$3 - 3 \geq 0 \Rightarrow OK$	13	10	13
commit_inc(5)	23	0		8	10	13
commit_inc(8)	23	5		0	10	13
commit_dec(7)	23	13		0	3	13
commit_dec(3)	16	13		0	0	13

Fazit: Schedule S_1 ist ausführbar.

$$S_2 := \; < \; tent\_inc(7),\, tent\_dec(11),\, tent\_inc(5),\, commit\_inc(7),\, tent\_dec(5),$$
$$commit\_dec(11),\, commit\_inc(5),\, commit\_dec(5) >$$

Aktion	MaxVal	MinVal	Test/Kommentar	TentInc	TentDec	AktVal
	10	10	(Ausgangszustand)	0	0	10
tent_inc(7)	10	10	$10 + 7 \leq 25 \Rightarrow OK$	7	0	17
tent_dec(11)	17	10	$10 - 11 < 0 \;!!$	**Fehler!**		

Fazit: Schedule S_2 ist nicht ausführbar.

Übungsaufgabe 9-2: Majority Consensus

Situation zum Zeitpunkt $t = 1$:

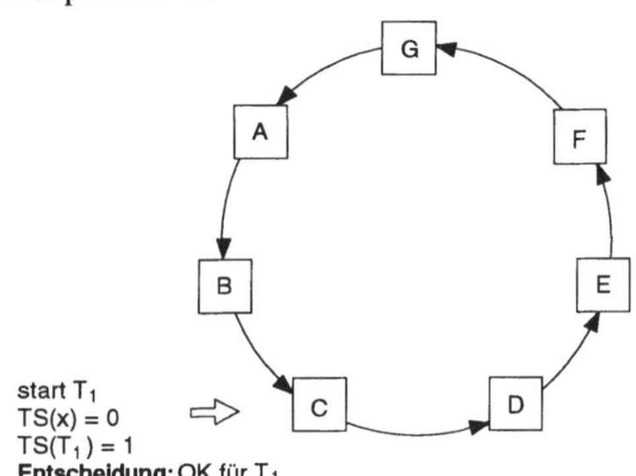

Situation zum Zeitpunkt $t = 2$:

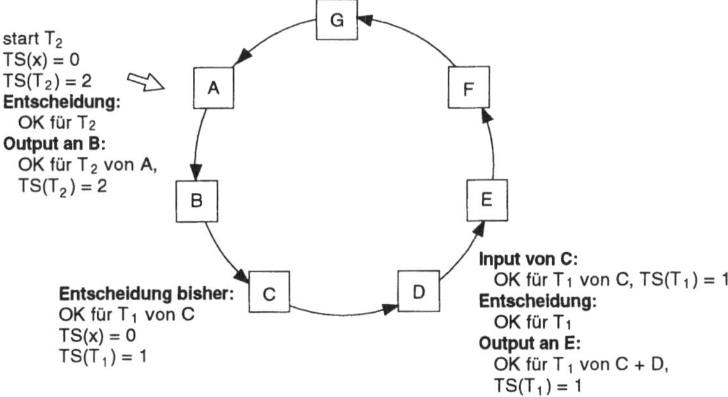

Situation zum Zeitpunkt **t = 3**:

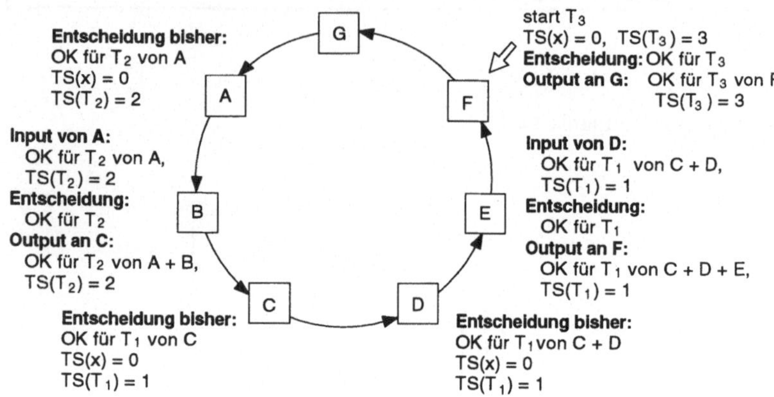

Situation zum Zeitpunkt **t = 4**:

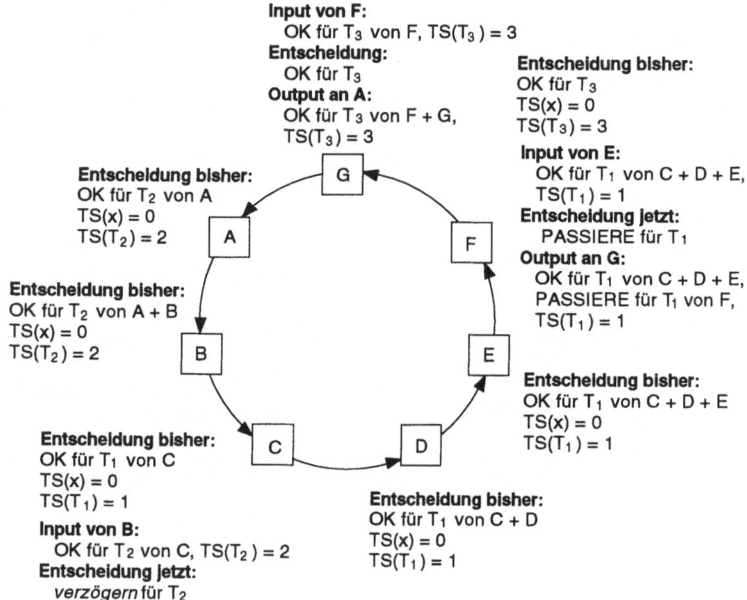

Situation zum Zeitpunkt **t = 5**:

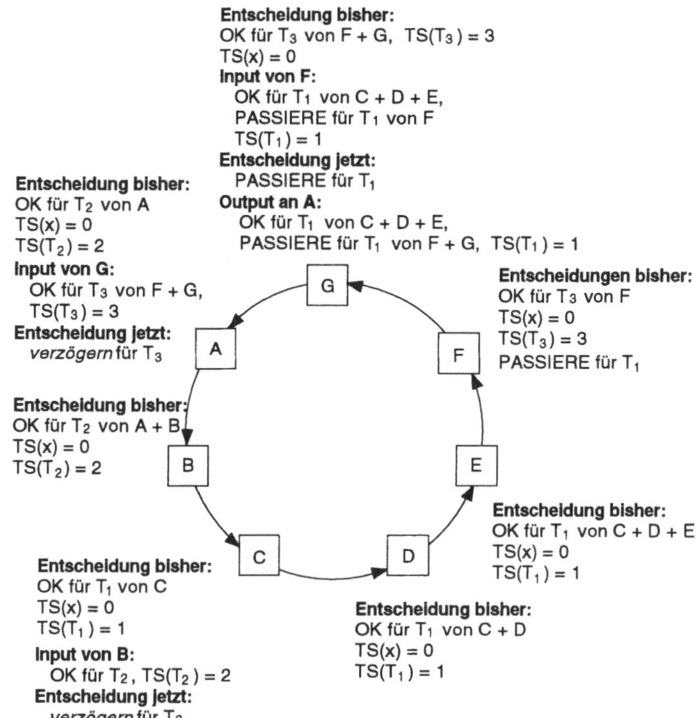

Situation zum Zeitpunkt $t = 6$:

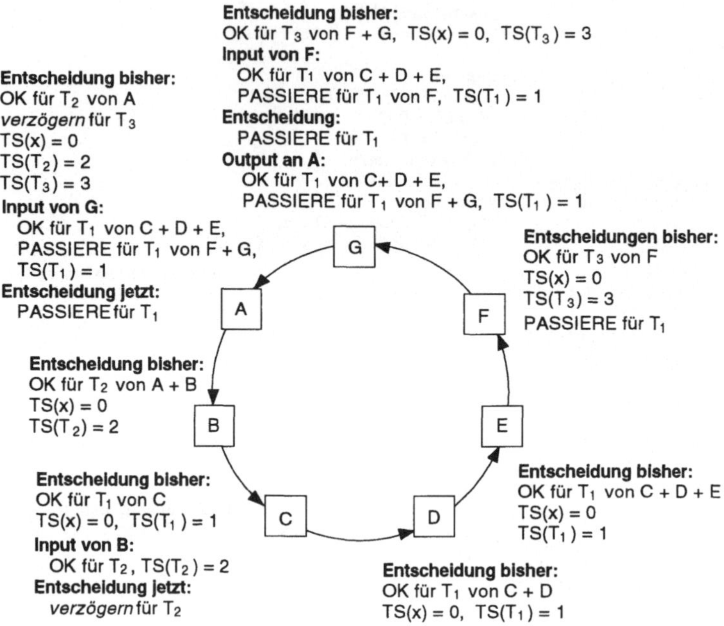

Situation zum Zeitpunkt **t = 7**:

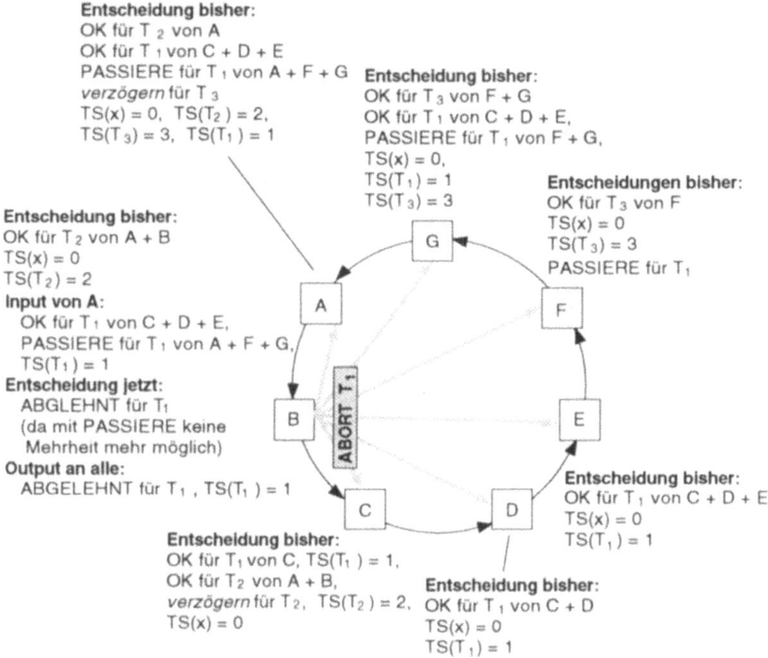

Situation zum Zeitpunkt **t = 8**:

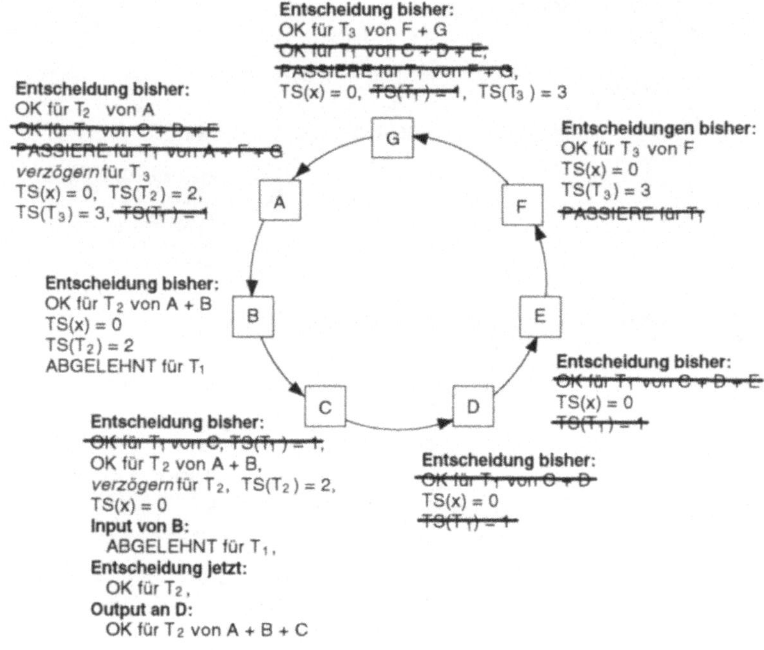

Situation zum Zeitpunkt **t = 9**:

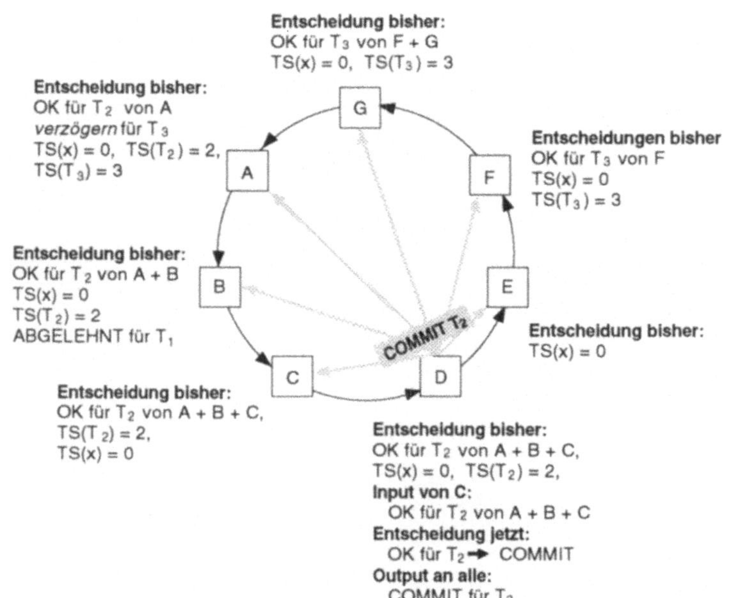

Situation zum Zeitpunkt **t = 10:**

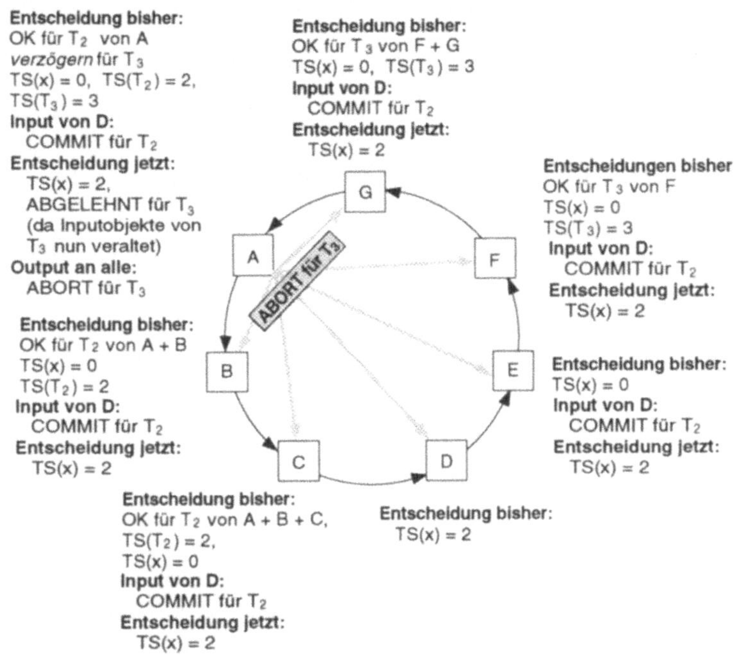

Situation zum Zeitpunkt **t = 11:**

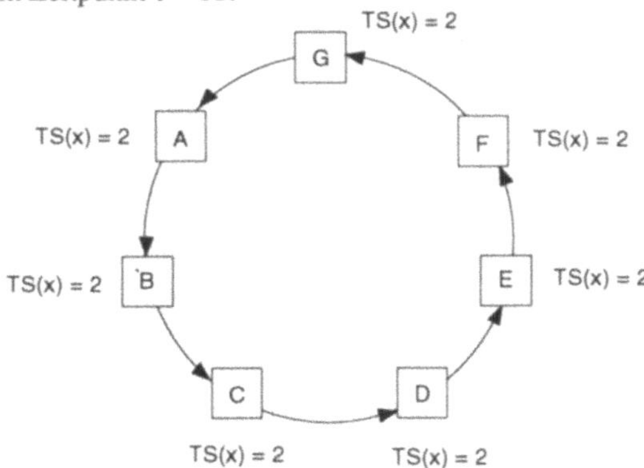

Anmerkung:

Die graphische Darstellung wurde in dieser Musterlösung gewählt, um die Dynamik des Abstimmungsprozesses besser illustrieren zu können. Kompakter, und bei vielen Knoten und Iterationen auch übersichtlicher, ist sicherlich eine *tabellarische Darstellung*, die etwa wie folgt aufgebaut sein könnte:

Iterat.	KnotenID	Wert + TS loka-ler Objekte	bisherige Ent-scheidungen	Input (von)	Entscheidung	Output (an)

Übungsaufgabe 9-3: Tree Quorum

---

a) „Optimale" Zustimmungskonstellationen (7 Stimmen reichen jeweils aus) sind:

$\{1, 2, 3, 5, 6, 8, 9\}$, $\{1, 2, 3, 5, 7, 8, 9\}$, $\{1, 2, 3, 6, 7, 8, 9\}$,
$\{1, 2, 3, 5, 6, 8, 10\}$, $\{1, 2, 3, 5, 6, 9, 10\}$, $\{1, 2, 3, 5, 7, 8, 10\}$,
$\{1, 2, 3, 5, 7, 9, 10\}$, $\{1, 2, 3, 6, 7, 8, 10\}$, $\{1, 2, 3, 6, 7, 9, 10\}$,
$\{1, 2, 4, 5, 6, 11, 12\}$, $\{1, 2, 4, 5, 7, 11, 12\}$, $\{1, 2, 4, 6, 7, 11, 12\}$,
$\{1, 2, 4, 5, 6, 11, 13\}$, $\{1, 2, 4, 5, 6, 11, 13\}$, $\{1, 2, 4, 5, 7, 11, 13\}$,
$\{1, 2, 4, 5, 7, 11, 12\}$, $\{1, 2, 4, 6, 7, 11, 12\}$, $\{1, 2, 4, 6, 7, 11, 12\}$,
$\{1, 3, 4, 8, 9, 11, 12\}$, $\{1, 3, 4, 8, 10, 11, 12\}$, $\{1, 3, 4, 9, 10, 11, 12\}$,
$\{1, 3, 4, 8, 9, 11, 13\}$, $\{1, 3, 4, 8, 10, 11, 13\}$, $\{1, 3, 4, 9, 10, 11, 13\}$,
$\{1, 3, 4, 8, 9, 12, 13\}$, $\{1, 3, 4, 8, 10, 12, 13\}$, $\{1, 3, 4, 9, 10, 12, 13\}$

b) Q_w: $2 * e_w > h$ $\Rightarrow$ $2 * e_w > 3$ $\Rightarrow$ $\mathbf{e_w = 2}$

   $2 * a_w > v$ $\Rightarrow$ $2 * a_w > 4$ $\Rightarrow$ $\mathbf{a_w = 3}$

   $\Rightarrow Q_w = \mathbf{Q_w(2,3)}$

   Q_r: $e_r + e_w > h$ $\Rightarrow$ $e_r > h - e_w$ $\Rightarrow$ $e_r > 3 - 2$ $\Rightarrow$ $\mathbf{e_r = 2}$

   $a_r + a_w > v$ $\Rightarrow$ $a_r > v - a_w$ $\Rightarrow$ $a_r > 4 - 3$ $\Rightarrow$ $\mathbf{a_r = 2}$

   $\Rightarrow Q_r = \mathbf{Q_r(2,2)}$

c) Wir setzen $Q_r = Q_w$, also $Q_r = \mathbf{Q_r(2,3)}$

Übungsaufgabe 10-1: Recovery

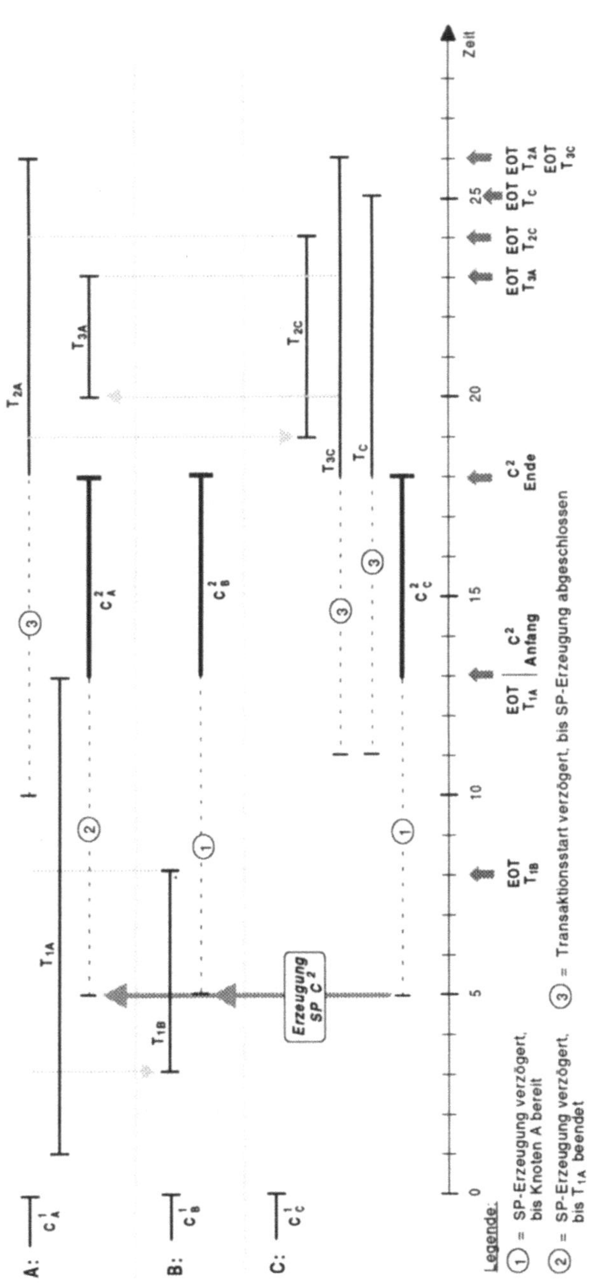

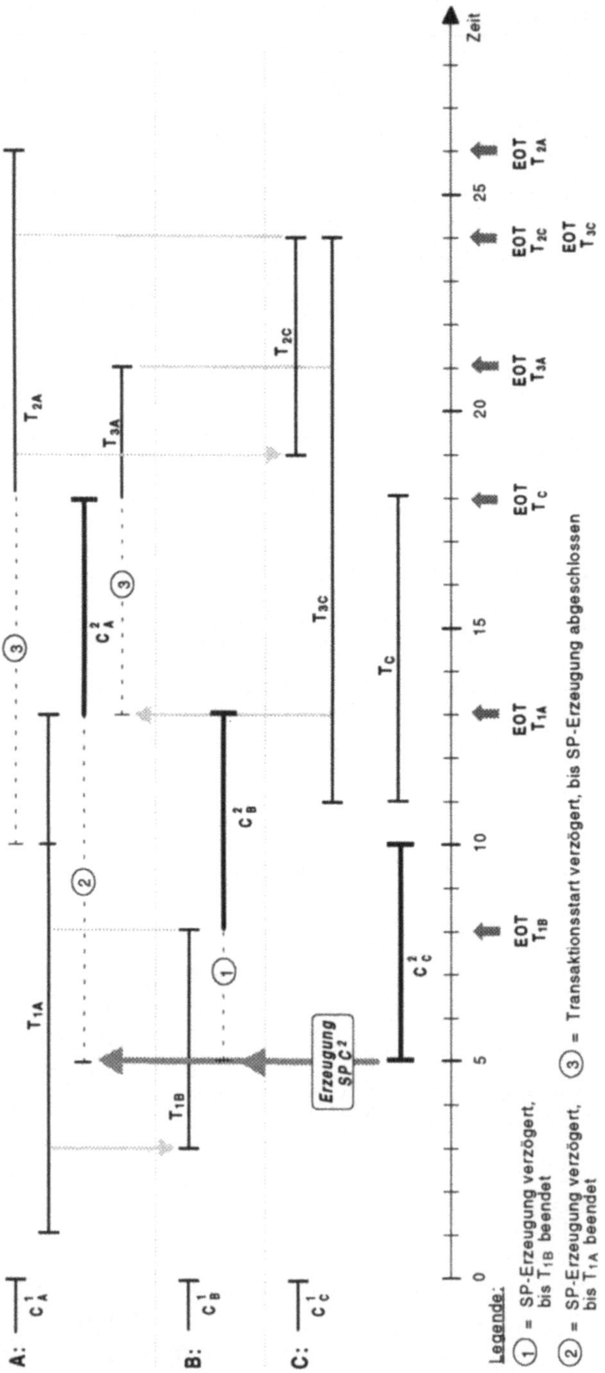

Abb. 14-13: Lose synchronisierte Sicherungspunkte

Übungsaufgabe 11-1: Trigger

a) Embedded SQL:

```
SELECT   Bestand, Mindestbestand, Bestellmenge
FROM     TeileBestand
WHERE    TeileNr = ...;

BestandNeu := Bestand - Verkaufsmenge;

if BestandNeu < Mindestbestand  then
   begin
   SELECT   TeileNr
   FROM     Nachbestellen
   WHERE    TeileNr = ...;

   if NOT FOUND  then
      INSERT INTO Nachbestellen VALUES(...);

   end;

UPDATE   TeileBestand
SET      Bestand = BestandNeu
WHERE    TeileNr = ...;
```

b) Trigger:

```
CREATE TRIGGER NachBestTrigger
   AFTER UPDATE OF  Bestand  ON  TeileBestand
   FOR EACH ROW
   WHEN new.Bestand < new.Mindestbestand
      BEGIN
      SELECT TeileNr
      FROM   Nachbestellen
      WHERE TeileNr = ...;

      if NOT FOUND then
         INSERT INTO Nachbestellen VALUES(...);
      END;
```

Anhang

Anhang A: Programm zur Bestimmung der optimalen Allokation

Das folgende Pascal-Programm berechnet die optimale Allokation von vorgegebenen Partitionen für den nicht-redundanten und den redundanten Fall, in dem es alle möglichen Verteilungen und deren Kosten bestimmt und auf diese Weise die günstigste Allokation bestimmt.

Bei der Bestimmung der optimalen Verteilung im *redundanten Fall* werden allerdings nur die Kosten für die reine Datenübertragung berücksichtigt. Die zusätzlichen Kosten für die koordinierte Freigabe der Änderungen bei Anwendung eines bestimmten *Replikationsverfahrens* (siehe Kapitel 9) werden nicht betrachtet.

Tip: Bei umfangreicheren Eingaben kann das interaktive Erfassen der Werte etwas lästig werden, da eventuelle Eingabefehler nach Drücken der Returntaste nicht mehr korrigiert werden können. Da das Einlesen der Eingabewerte im Programm ausschließlich in der Prozedur *GetNumber* erfolgt, ist eine Umstellung auf eine dateibasierte Eingabe (read(num) muß lediglich durch read(*EingabeDatei*,num) ersetzt werden) sehr einfach. Natürlich bietet es sich dann auch an, alle Ausgaben durch entsprechende Änderungen in eine Ausgabedatei schreiben zu lassen. Fügt man in der Prozedur *GetNumber* hinter read(*EingabeDatei*,num) zusätzlich noch eine Ausgabeanweisung der Art writeln(*AusgabeDatei*,num) ein, dann erhält man dann sogar eine sehr gut lesbare Kontrolle über die Eingabedaten.

```
PROGRAM Alloc;
(****************************************************************)
(* Autor: Christian Heinlein, Universitaet Ulm, Juli 1995     *)
(*----------------------------------------------------------- *)
(* Das Programm berechnet die optimale Allokation für den nicht- *)
(* redundanten und den redundanten Fall. Das Programm erfrägt die *)
(* verschiedenen Kenngrößen gemäß den in den Abschnitten 4.5.2 und *)
(* 4.5.3 eingeführten Bezeichnungen vom Benutzer.             *)
(* Als zusätzliche Eingabe kommt (Kenngroesse F[i]) noch die Angabe *)
(* hinzu, ob es sich bei Teiloperation T[i] um eine Leseoperation *)
(* (dann 0 eingeben) oder um eine Änderungsoperation (dann 1 ein- *)
(* geben) handelt.                                            *)
(*----------------------------------------------------------- *)
(* Das Programm sollte eigentlich unter allen gaengigen Pascal- *)
(* Compilern ablauffaehig sein. Eventuell muss ein anderer Datentyp *)
(* fuer NUMBER in Programmzeile 9 eingesetzt werden. Es sollte *)
(* jedoch moeglichst (wieder) ein (mind.) 4-Byte-Integer-Datentyp *)
(* sein.                                                      *)
(****************************************************************)
```

```
CONST
  (* Maximale Matrix-Dimensionen. *)
  Kmax = 5;
  Pmax = 5;
  Tmax = 10;


TYPE
  (* Gewuenschter numerischer Datentyp. *)
  Number = LongInt;

  (* Beschreibung einer Verteilung:              *)
  (* V[p,i] entspricht Vpi im Buch.              *)
  (* N[p] = Anzahl Einsen in Zeile p der Matrix V. *)
  (* C = Gesamtkosten fuer diese Verteilung.     *)
  Allocation = RECORD
      V: ARRAY [1..Kmax, 1..Kmax] OF INTEGER;
      N: ARRAY [1..Kmax] OF INTEGER;
      C: Number;
  END;
VAR
  (* Gegebene Groessen. Bezeichnungen wie im Buch.        *)
  (* F[t] ist 1, wenn Operation T eine Aenderungs-Op. ist. *)
  K, P, T: Number;
  M: ARRAY [1..Kmax] OF Number;
  S: ARRAY [1..Kmax] OF Number;
  U: ARRAY [1..Kmax, 1..Kmax] OF Number;
  G: ARRAY [1..Pmax] OF Number;
  O: ARRAY [1..Tmax, 1..Pmax] OF Number;
  R: ARRAY [1..Tmax, 1..Pmax] OF Number;
  H: ARRAY [1..Kmax, 1..Tmax] OF Number;
  F: ARRAY [1..Tmax] OF Number;

  (* Aktuelle Verteilung. *)
  A: Allocation;

  (* Verteilung mit den (bis jetzt) minimalen Kosten  *)
  (* bei nicht-redundanter/redundanter Speicherung.   *)
  Anr, Ar: Allocation;

  (* Hilfsvariable. *)
  pp: INTEGER;


(*------------------------------------------------------------------*)
(* Eingabe.                                                         *)
(*------------------------------------------------------------------ *)

(* Eingabe-Aufforderung (bestehend aus X und ggf. i und j) *)
(* ausgeben und Zahl num lesen.                            *)
PROCEDURE GetNumber(X: CHAR; i, j: INTEGER; VAR num: Number);
BEGIN
  write(X);
  IF i <> 0 THEN BEGIN
      write('[', i:1);
      IF j <> 0 THEN BEGIN
        write(', ', j:1);
      END;
      write(']');
  END;
  write(' = ');

  read(num);
END (*GetNumber*);

(* Gegebene Groessen einlesen. *)
PROCEDURE GetInput;
  VAR ii, jj, pp, tt: Number;
BEGIN
  (* K, P, T. *)
  GetNumber('K', 0, 0, K);
  GetNumber('P', 0, 0, P);
  GetNumber('T', 0, 0, T);

  (* M[i]. *)
```

```
        FOR ii := 1 TO K DO BEGIN
            GetNumber('M', ii, 0, M[ii]);
        END;

        (* S[i]. *)
        FOR ii := 1 TO K DO BEGIN
            GetNumber('S', ii, 0, S[ii]);
        END;

        (* U[i, j]. *)
        FOR ii := 1 TO K DO BEGIN
            FOR jj := 1 TO K DO BEGIN
                GetNumber('U', ii, jj, U[ii, jj]);
            END;
        END;

        (* G[p]. *)
        FOR pp := 1 TO P DO BEGIN
            GetNumber('G', pp, 0, G[pp]);
        END;

        (* O[t, p]. *)
        FOR tt := 1 TO T DO BEGIN
            FOR pp := 1 TO P DO BEGIN
                GetNumber('O', tt, pp, O[tt, pp]);
            END;
        END;

        (* R[t, p]. *)
        FOR tt := 1 TO T DO BEGIN
            FOR pp := 1 TO P DO BEGIN
                GetNumber('R', tt, pp, R[tt, pp]);
            END;
        END;

        (* H[i, t]. *)
        FOR ii := 1 TO K DO BEGIN
            FOR tt := 1 TO T DO BEGIN
                GetNumber('H', ii, tt, H[ii, tt]);
            END;
        END;

        (* F[t]. *)
        FOR tt := 1 TO T DO BEGIN
            GetNumber('F', tt, 0, F[tt]);
        END;
END (*GetInput*);
```

```pascal
(*----------------------------------------------------------------*)
(*   Kostenformeln.                                               *)
(*----------------------------------------------------------------*)

(* Summe [Vpj=1] (Otp Uij + Rtp Uji) berechnen. *)
FUNCTION Sum(ii, tt, pp: INTEGER): Number;
   VAR jj: INTEGER;
       result, term: Number;
BEGIN
   result := 0;
   FOR jj := 1 TO K DO BEGIN
      IF A.V[pp, jj] = 1 THEN BEGIN
         term := O[tt, pp] * U[ii, jj] + R[tt, pp] * U[jj, ii];
         result := result + term;
      END;
   END;
   Sum := result;
END (*Sum*);

(* Minimum [Vpj=1] (Otp Uij + Rtp Uji) berechnen. *)
FUNCTION Min(ii, tt, pp: INTEGER): Number;
   VAR jj: INTEGER;
       result, term: Number;
BEGIN
   result := -1;
   FOR jj := 1 TO K DO BEGIN
      IF A.V[pp, jj] = 1 THEN BEGIN
         term := O[tt, pp] * U[ii, jj] + R[tt, pp] * U[jj, ii];
         IF (result < 0) OR (term < result) THEN BEGIN
            result := term;
         END;
      END;
   END;
   Min := result;
END (*Min*);

(* Gesamtkosten fuer aktuelle Verteilung A berechnen. *)
PROCEDURE TotalCosts;
   VAR ii, pp, tt: INTEGER;
       inner: Number;
BEGIN
   A.C := 0;

   (* Speicherkosten. *)
   FOR pp := 1 TO P DO BEGIN
      FOR ii := 1 TO K DO BEGIN
         A.C := A.C + G[pp] * A.V[pp, ii] * S[ii];
      END;
   END;

   (* Uebertragungskosten. *)
   FOR ii := 1 TO K DO BEGIN
      FOR tt := 1 TO T DO BEGIN
         FOR pp := 1 TO P DO BEGIN
            IF F[tt] = 1 THEN BEGIN
               inner := Sum(ii, tt, pp);
            END
            ELSE BEGIN
               inner := Min(ii, tt, pp);
            END;
            A.C := A.C + H[ii, tt] * inner;
         END;
      END;
   END;
END (*TotalCosts*);
```

```
(*-----------------------------------------------------------------*)
(*   Moegliche Verteilungen bestimmen.                             *)
(*-----------------------------------------------------------------*)

(* Ueberpruefen, ob die aktuelle Verteilung A bei            *)
(* nicht-redundanter/redundanter Speicherung zulaessig ist. *)
PROCEDURE CheckAllocation(VAR nonred, red: BOOLEAN);
   VAR pp: INTEGER;
BEGIN
   nonred := TRUE;
   red := TRUE;
   FOR pp := 1 TO P DO BEGIN
      nonred := nonred AND (A.N[pp] = 1);
      red := red AND (A.N[pp] >= 1);
   END;
END (*CheckAllocation*);

(* Ueberpruefen, ob die aktuelle Verteilung A die Neben- *)
(* bedingung ueber max. Speicherkapazitaeten erfuellt.   *)
FUNCTION CheckStorage: BOOLEAN;
   VAR ii, pp: INTEGER;
       sum: Number;
       ok: BOOLEAN;
BEGIN
   ok := TRUE;
   FOR ii := 1 TO K DO BEGIN
      sum := 0;
      FOR pp := 1 TO P DO BEGIN
         sum := sum + G[pp] * A.V[pp, ii];
      END;
      ok := ok AND (sum <= M[ii]);
   END;
   CheckStorage := ok;
END (*CheckStorage*);

(* Alle Ueberpruefungen durchfuehren:                          *)
(* Wenn die aktuelle Verteilung A fuer mindestens eine         *)
(* Speicherungsart zulaessig ist und die Nebenbedingung ueber  *)
(* max. Speicherkapazitaeten erfuellt, werden ihre Gesamtkosten*)
(* berechnet und mit den bisher minimalen Kosten verglichen.   *)
(* Ggf. wird dann eine Kopie von A in Anr und/oder Ar          *)
(* aufbewahrt.                                                 *)
PROCEDURE CheckAll;
   VAR nonred, red: BOOLEAN;
BEGIN
   CheckAllocation(nonred, red);
   IF nonred OR red THEN BEGIN
      IF CheckStorage THEN BEGIN
         TotalCosts;
         IF nonred THEN BEGIN
            IF (Anr.C < 0) OR (A.C < Anr.C) THEN BEGIN
               Anr := A;
            END;
         END;
         IF red THEN BEGIN
            IF (Ar.C < 0) OR (A.C < Ar.C) THEN BEGIN
               Ar := A;
            END;
         END;
      END;
   END;
END (*CheckAll*);
```

```
    (* Rekursiv alle moeglichen Verteilungen bestimmen *)
    (* und jeweils CheckAll aufrufen.                   *)
    PROCEDURE Allocate(pp, ii: INTEGER);
    BEGIN
      IF pp > P THEN BEGIN
          CheckAll;
      END
      ELSE IF ii > K THEN BEGIN
          Allocate(pp + 1, 1);
      END
      ELSE BEGIN
          A.V[pp, ii] := 1; A.N[pp] := A.N[pp] + 1;
          Allocate(pp, ii + 1);
          A.V[pp, ii] := 0; A.N[pp] := A.N[pp] - 1;
          Allocate(pp, ii + 1);
      END;
    END (*Allocate*);


    (*-------------------------------------------------------------*)
    (*  Ausgabe.                                                   *)
    (*-------------------------------------------------------------*)

    (* Allokation Ax ausgeben. *)
    PROCEDURE Show(Ax: Allocation);
      VAR ii, pp: INTEGER;
    BEGIN
      IF Ax.C >= 0 THEN BEGIN
          FOR pp := 1 TO P DO BEGIN
            FOR ii := 1 TO K DO BEGIN
                IF Ax.V[pp, ii] = 1 THEN BEGIN
                    writeln('Partition ', pp:1,
                      ' auf Knoten ', ii:1);
                END;
            END;
          END;
          writeln('Gesamtkosten: ', Ax.C:1);
      END
      ELSE BEGIN
          writeln('(existiert nicht)');
      END;
    END (*Show*);


BEGIN (*Alloc*)
    (* Gegebene Groessen einlesen. *)
    GetInput;

    (* Verteilungen geeignet initialisieren. *)
    FOR pp := 1 TO P DO BEGIN
      A.N[pp] := 0;
    END;
    Anr.C := -1;
    Ar.C := -1;

    (* Optimale Verteilungen Anr und Ar bestimmen. *)
    Allocate(1, 1);

    (* Ausgabe. *)
    writeln;
    writeln('Optimale Verteilung bei nicht-redundanter Speicherung:');
    Show(Anr);
    writeln;
    writeln('Optimale Verteilung bei redundanter Speicherung:');
    Show(Ar);
END (*Alloc*).
```

Anhang B: Transaktionsabhängigkeitsgraph

Sind komplex aufgebaute Schedules auf Serialisierbarkeit zu prüfen, so emp-
fiehlt sich der Aufbau eines *Transaktionsabhängigkeitsgraphen*, im folgenden
kurz „Abhängigkeitsgraph" genannt. Ist dieser Graph *zyklenfrei*, so ist die
Schedule serialisierbar. Enthält der Abhängigkeitsgraph hingegen Zyklen, so
ist die Schedule (unter Zugrundelegung der Definition 7-1) *nicht serialisierbar*.

Was ein „Konflikt" ist, beschreibt die folgende Definition:

Definition B-1: Konflikt

Seien A_i die Menge der Aktionen von Transaktion T_i und A_k die Menge der
Aktionen von Transaktion T_k ($T_i \neq T_k$): Zwei Aktionen $a \in A_i$ und $b \in A_k$
stehen in Konflikt, kurz *konflikt(a,b)*, wenn beide auf dasselbe Datenbankobjekt zugreifen und mindestens eine von beiden eine Schreibaktion ist.

Bezeichne im folgenden $a < b$, daß Aktion a vor Aktion b in einer Schedule
auftritt, und $T_i < T_k$, daß Transaktion T_i in einer seriellen Schedule vor Transaktion T_k auszuführen ist. Mit Hilfe von Definition B-1 und diesen Festlegun-
gen können wir nun den Abhängigkeitsgraphen für eine Schedule definieren:

Definition B-2: Abhängigkeitsgraph $G(\tau, E)$

Sei S eine gegebene Schedule von Transaktionen T_1, T_2, ..., T_n, mit Aktions-
mengen A_1, A_2, ..., A_n, und sei $\tau := \{ T_1, T_2, ..., T_n \}$ die Menge der Knoten
in G, wobei gilt: $T \in \tau \Leftrightarrow T \in S$. E ist die Menge der gerichteten Kanten
(Pfeile) $e_{ik} = T_i \rightarrow T_k$ in G, wobei gilt: $e_{ik} \in E \Leftrightarrow \exists\, a \in A_i \wedge \exists\, b \in A_k$:
konflikt(a,b) $\wedge\ a < b$.

Der Abhängigkeitsgraph G enthält also genau so viele Knoten, wie Transaktionen in der Schedule S enthalten sind. Eine gerichtete Kante e_{ik} bzw. T_i
$\rightarrow T_k$ wird genau dann in G eingetragen, wenn in der Schedule S eine Aktion
a von T_i vor einer Aktion b von T_k auftritt und zumindest eine von beiden
keine Leseanweisung ist. Die Kante e_{ik} drückt damit aus, daß in einer äquivalenten seriellen Schedule (aus Sicht dieser beiden Aktionen) Transaktion T_i
vor Transaktion T_k ausgeführt werden muß, d. h. daß $T_i < T_k$ gelten muß.

Beispiel B-1:

Gegeben sei die folgende Schedule S der Transaktionen T_1, T_2 und T_3:

$S := <\ r_1[v]\ r_2[v]\ w_1[v]\ r_3[v]\ w_2[u]\ w_3[v]\ >$

<u>Konfliktanalyse</u>:

$r_1[v] < w_3[v]$	$\Rightarrow e_{13} \in E$
$r_2[v] < w_1[v]$	$\Rightarrow e_{21} \in E$
$r_2[v] < w_3[v]$	$\Rightarrow e_{23} \in E$
$w_1[v] < r_3[v]$	$\Rightarrow e_{13} \in E$
$w_1[v] < w_3[v]$	$\Rightarrow e_{13} \in E$

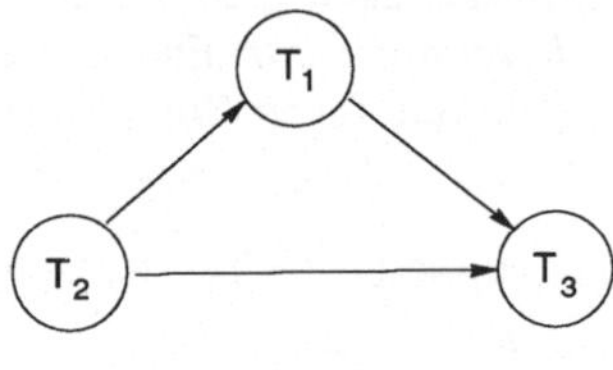

Abhängigkeitsgraph

Der Abhängigkeitsgraph ist zyklenfrei, damit existiert eine äquivalente serielle Ausführungsreihenfolge. Hier: $<\ T_2,\ T_1,\ T_3\ >$

Beispiel B-2:

Gegeben sei die folgende Schedule S der Transaktionen T_1, T_2, T_3:

$S := <\ r_1[v]\ r_2[v]\ w_2[v]\ r_3[v]\ w_1[v]\ w_3[v]\ >$

<u>Konfliktanalyse</u>:

a)	$r_1[v] < w_2[v]$	$\Rightarrow e_{12} \in E$
b)	$r_1[v] < w_3[v]$	$\Rightarrow e_{13} \in E$
c)	$r_2[v] < w_1[v]$	$\Rightarrow e_{21} \in E$
d)	$r_2[v] < w_3[v]$	$\Rightarrow e_{23} \in E$
e)	$w_2[v] < r_3[v]$	$\Rightarrow e_{23} \in E$
f)	$w_2[v] < w_1[v]$	$\Rightarrow e_{21} \in E$
g)	$w_2[v] < w_3[v]$	$\Rightarrow e_{23} \in E$
h)	$r_3[v] < w_1[v]$	$\Rightarrow e_{31} \in E$
i)	$w_1[v] < w_3[v]$	$\Rightarrow e_{13} \in E$

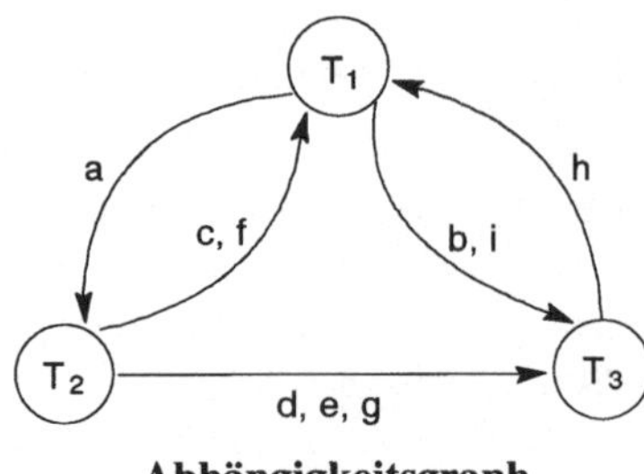

Abhängigkeitsgraph

Der Abhängigkeitsgraph enthält Zyklen. Damit ist S nicht serialisierbar.

Anmerkung:

Hilfsmittel: topologische Knotensortierung

Auch bei zyklenfreien Abhängigkeitsgraphen kann, wenn diese einmal komplexer werden, die Bestimmung der äquivalenten seriellen Ausführungsreihenfolge etwas kompliziert werden. Hier kann man sich mit der sog. *topologischen Knotensortierung* behelfen, die in Anhang C beschrieben ist.

Anhang C: Topologische Knotensortierung

Voraussetzung für die topologische Knotensortierung ist ein zyklenfreier, gerichteter Graph. Durch die „Sortierung" werden den Knoten des Graphen der Reihe nach eindeutige Nummern zugeordnet. Seien T_i und T_k zwei Knoten eines solchen Graphen und $num(T_i)$ bzw. $num(T_k)$ die ihnen zugeordneten Nummern. Falls es eine Pfeilfolge $T_i \to T_k$ bzw. $T_i \to ... \to T_k$ gibt, dann gilt $num(T_i) < num(T_k)$.

Wenn wir die topologische Knotensortierung auf einen zyklenfreien Transaktionsabhängigkeitsgraphen anwenden, so geben uns die den Knoten zugeordneten Nummern direkt eine äquivalente serielle Ausführungsreihenfolge an.

Das Verfahren ist recht einfach:

1. Man ermittelt pro Knoten die Menge der in ihn *einmündenen* Pfeile.

2. Ist bei einem Knoten diese „Pfeilmenge" leer, dann wird diesem Knoten die nächste Nummer (beginnend mit 1) zugeordnet. Sind bei k > 1 Knoten die Pfeilmengen leer, so werden diesen Knoten in beliebiger Reihenfolge die nächsten k Nummern zugeordnet. Die in diesem Schritt numerierten Knoten werden fortan, abgesehen von der „Streichaktion" in Schritt 4, nicht mehr betrachtet.

3. Falls allen Knoten auf diese Weise eine Nummer zugeordnet wurde, ist das Verfahren abgeschlossen, andernfalls geht es mit Schritt 4 weiter.

4. Alle Pfeile, die von Knoten ausgehen, denen in Schritt 2 eine Nummer zugeordnet wurde, werden aus den Pfeilmengen der verbliebenen Knoten entfernt und mit Schritt 2 fortgefahren.

Beispiel:

Gegeben sei der folgende *Transaktionsabhängigkeitsgraph* ("T" ist in den Knotenbezeichnern jeweils weggelassen worden):

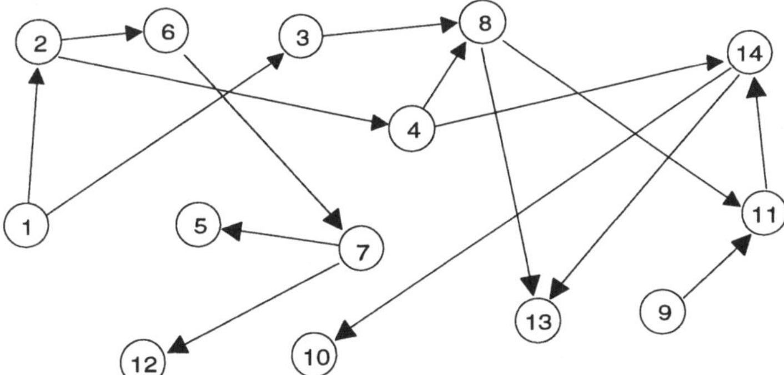

Die folgende Tabelle zeigt für jeden Knoten T_i die Menge der in ihn einmündenden Pfeile $T_j \rightarrow T_i$. Diese sind jeweils durch die Nummer j ihres Ausgangsknotens abgekürzt:

T	1. Iterat.	2. Iterat.	3. Iterat.	4. Iterat.	5. Iterat.	6. Iterat.	7. Iterat.
1	{} → **#1**						
2	{1}	{} → **#3**					
3	{1}	{} → **#4**					
4	{2}	{2}	{} → **#5**				
5	{7}	{7}	{7}	{7}	{} → **#9**		
6	{2}	{2}	{} → **#6**				
7	{6}	{6}	{6}	{} → **#7**			
8	{3,4}	{3,4}	{4}	{} → **#8**			
9	{} → **#2**						
10	{14}	{14}	{14}	{14}	{14}	{14}	{} → **#13**
11	{8,9}	{8}	{8}	{8}	{} → **#10**		
12	{7}	{7}	{7}	{7}	{} → **#11**		
13	{8,14}	{8,14}	{8,14}	{8,14}	{14}	{14}	{} → **#14**
14	{4,11}	{4,11}	{4,11}	{11}	{11}	{} → **#12**	

Nach Zuordnung der Nummern ergibt sich der folgende Graph (wobei man natürlich die Reihenfolge bereits aus der obigen Tabelle ersehen kann):

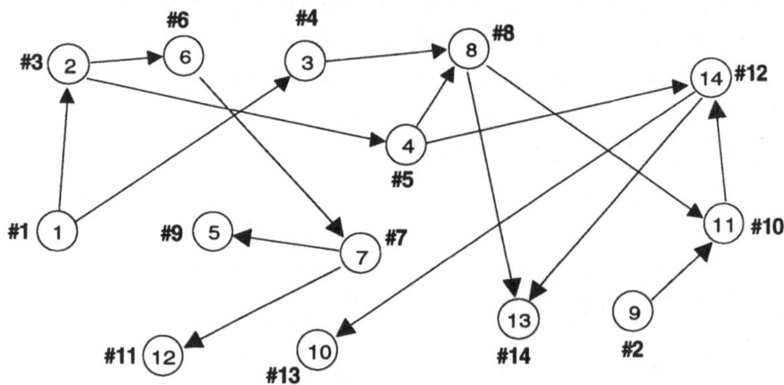

Eine (von mehreren möglichen) äquivalente serielle Ausführungsreihenfolge ist somit: $< T_1, T_9, T_2, T_3, T_4, T_6, T_7, T_8, T_5, T_{11}, T_{12}, T_{14}, T_{10}, T_{13} >$.

Anhang D: Deadlocksuche

Die Suche nach Verklemmungen (kurz: *Deadlocksuche*) zwischen Transaktionen wird zurückgeführt auf die Suche nach Zyklen in einem gerichteten
Graphen. Wie in Abschnitt 8.3 skizziert, repräsentieren die Knoten im Graph
die Transaktionen und die Kanten (Pfeile) „Wartet-auf"-Beziehungen. Wartet
eine Transaktion T_i auf die Freigabe einer Sperre durch Transaktion T_j, dann
enthält der *Wartet-auf-Graph* (*WAG*) einen Pfeil $T_i \rightarrow T_j$. Der in Abb. D-1
angegebene Graph könnte z. B. ein solcher WAG sein. Hier würde z. B.
Transaktion T_2 auf die Freigabe einer Sperre durch Transaktion T_6 warten,
und auf die Freigabe von Sperren, die durch Transaktion T_{13} gehalten werden,
warten sogar zwei Transaktionen: T_4 und T_8.

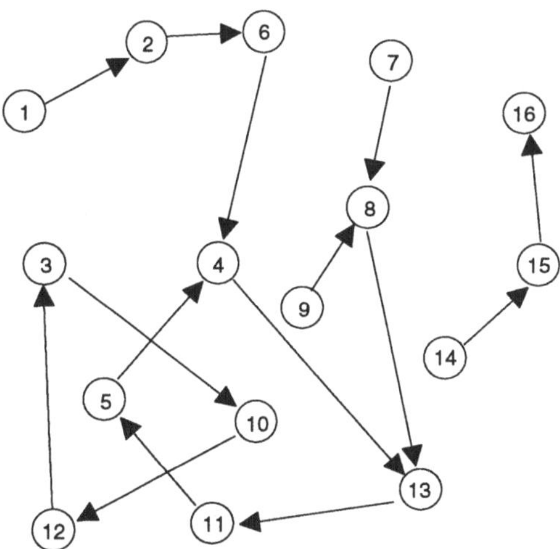

Abb. D-1: WAG

Bei etwas genauerer Betrachtung sieht man, daß der WAG zwei Zyklen ent-
hält, und zwar $T_3 \rightarrow T_{10} \rightarrow T_{12} \rightarrow T_3$ und $T_4 \rightarrow T_{13} \rightarrow T_{11} \rightarrow T_5 \rightarrow T_4$.

Der nachfolgend beschriebene Algorithmus ist in der Lage, diese Zyklen zu
erkennen und aufzulösen. Hierzu stellt man den WAG (bei n Transaktionen)
als $n \times n$ - Matrix (*WA-Matrix*) dar, wobei die i-te Zeile und die i-te Spalte
jeweils Transaktion $T_i \in \{ T_1, T_2, ..., T_n\}$ repräsentierten.

Für ein Matrixelement w_{ij} gilt: $\begin{cases} 1, \text{ falls } T_i \rightarrow T_j \in \text{WAG} \\ 0, \text{ sonst} \end{cases}$

Der in Abb. D-1 dargestellte Graph sieht in Matrixdarstellung (zur Verbesserung der Lesbarkeit mit entsprechender Zeilen- und Spaltenbeschriftung
versehen) dann wie folgt aus:

wartet \ auf	1	2	3	4	5	6	7	8	9	10	11	12	13	14	15	16
1	0	1	0	0	0	0	0	0	0	0	0	0	0	0	0	0
2	0	0	0	0	0	1	0	0	0	0	0	0	0	0	0	0
3	0	0	0	0	0	0	0	0	0	1	0	0	0	0	0	0
4	0	0	0	0	0	0	0	0	0	0	0	0	1	0	0	0
5	0	0	0	1	0	0	0	0	0	0	0	0	0	0	0	0
6	0	0	0	1	0	0	0	0	0	0	0	0	0	0	0	0
7	0	0	0	0	0	0	0	1	0	0	0	0	0	0	0	0
8	0	0	0	0	0	0	0	0	0	0	0	0	1	0	0	0
9	0	0	0	0	0	0	0	1	0	0	0	0	0	0	0	0
10	0	0	0	0	0	0	0	0	0	0	0	1	0	0	0	0
11	0	0	0	0	1	0	0	0	0	0	0	0	0	0	0	0
12	0	0	1	0	0	0	0	0	0	0	0	0	0	0	0	0
13	0	0	0	0	0	0	0	0	0	0	1	0	0	0	0	0
14	0	0	0	0	0	0	0	0	0	0	0	0	0	0	1	0
15	0	0	0	0	0	0	0	0	0	0	0	0	0	0	0	1
16	0	0	0	0	0	0	0	0	0	0	0	0	0	0	0	0

Abb. D-2: WA-Matrix (als Tabelle dargestellt)

Der nachstehende Algorithmus geht wie folgt vor:

1. Es werden zunächst sukzessive alle diejenigen Transaktionen aus der WA-Matrix entfernt, die an keinem Zyklus beteiligt sind. Diese Transaktionen kann man dadurch erkennen, daß sie entweder auf keine andere Transaktion warten (= Zeile enthält nur Nullen) oder daß keine andere Transaktion auf sie wartet (= Spalte enthält nur Nullen).

2. Falls hiernach noch Transaktionen verbleiben (d. h. es existieren keine Zeilen oder Spalten in der Matrix, die ausschließlich Nullen enthalten), so müssen diese an einem Zyklus beteiligt sein. Durch Wahl eines „Opfers" (diese Transaktion wird anschließend abgebrochen und zurückgesetzt) wird der Zyklus aufgebrochen und die Transaktion aus der WA-Matrix entfernt. Die Analyse wird anschließend mit Schritt 1 fortgesetzt.

Algorithmus D-1: Zyklensuche

z_i = Zeilenvektoren, s_j = Spaltenvektoren (in WA-Matrix)

<u>loop</u>

  <u>repeat</u>

    <u>forall</u> (verbliebene) Zeilen z_i <u>do</u>   (* *„Zeilenschleife"*   *)

      <u>if</u> $z_{ij} = 0$, für alle verbliebenen Spalten j <u>then</u>

        streiche z_i ;   (* streichen i-te Zeile *)

        streiche s_i ;   (* streichen i-te Spalte *)

        <u>end</u>; (* if *)

    <u>forall</u> (verbliebene) Spalten s_j <u>do</u>   (* *„Spaltenschleife"*   *)

      <u>if</u> $s_{jk} = 0$, für alle verbliebenen Zeilen k <u>then</u>

        streiche s_j ;   (* streichen j-te Spalte *)

        streiche z_j ;   (* streichen j-te Zeile *)

        <u>end</u>; (* if *)

  <u>until</u> nichts mehr zu streichen;

  Opfermenge := { i | Zeile z_i noch vorhanden }

  <u>if</u> Opfermenge = { } <u>then</u> *fertig!*

  <u>else</u>

    wähle v $\in$ Opfermenge;   (* *Transaktion T_v wird abgebrochen* *)

    streiche Zeile z_v;

    streiche Spalte s_v;

    <u>end</u>;

<u>endloop</u>;

Bei Anwendung dieses Algorithmus' auf die WA-Matrix aus Abb. D-2 ergeben sich die nachfolgend abgebildeten sieben Durchgänge. In der „Zeilenschleife" des ersten Durchgangs qualifiziert sich nur eine „Nullzeile" (Zeile 16) zum Streichen, während in der „Spaltenschleife" insgesamt sieben „Nullspalten" gefunden und gestrichen werden können. Im dritten sowie im fünften Durchgang treten keine „Nullzeilen" und „Nullspalten" mehr auf. Damit ist jeweils ein Zyklus gefunden worden. Durch Wahl von Transaktion Nr. 3 im dritten bzw. Nr. 4 im sechsten Durchgang als „Opfer" (wir hätten auch jede andere verbliebene Transaktion wählen können) werden die Zyklen gebrochen. Im sechsten Durchgang können alle noch verbliebenen Zeilen und Spalten gestrichen werden, und die Deadlocksuche ist damit beendet.

wartet \ auf	1	2	3	4	5	6	7	8	9	10	11	12	13	14	15	16
1	0	1	0	0	0	0	0	0	0	0	0	0	0	0	0	0
2	0	0	0	0	0	1	0	0	0	0	0	0	0	0	0	0
3	0	0	0	0	0	0	0	0	0	1	0	0	0	0	0	0
4	0	0	0	0	0	0	0	0	0	0	0	0	1	0	0	0
5	0	0	0	1	0	0	0	0	0	0	0	0	0	0	0	0
6	0	0	0	1	0	0	0	0	0	0	0	0	0	0	0	0
7	0	0	0	0	0	0	0	1	0	0	0	0	0	0	0	0
8	0	0	0	0	0	0	0	0	0	0	0	0	1	0	0	0
9	0	0	0	0	0	0	0	1	0	0	0	0	0	0	0	0
10	0	0	0	0	0	0	0	0	0	0	0	1	0	0	0	0
11	0	0	0	0	1	0	0	0	0	0	0	0	0	0	0	0
12	0	0	1	0	0	0	0	0	0	0	0	0	0	0	0	0
13	0	0	0	0	0	0	0	0	0	0	1	0	0	0	0	0
14	0	0	0	0	0	0	0	0	0	0	0	0	0	0	1	0
15	0	0	0	0	0	0	0	0	0	0	0	0	0	0	0	1
16	0	0	0	0	0	0	0	0	0	0	0	0	0	0	0	0

1. Durchgang

Zeilenschleife:
gestrichen: 16

⟵ wird gestrichen

1. Durchgang

Spaltenschleife:
gestrichen :
1, 2, 6, 7, 9, 14, 15

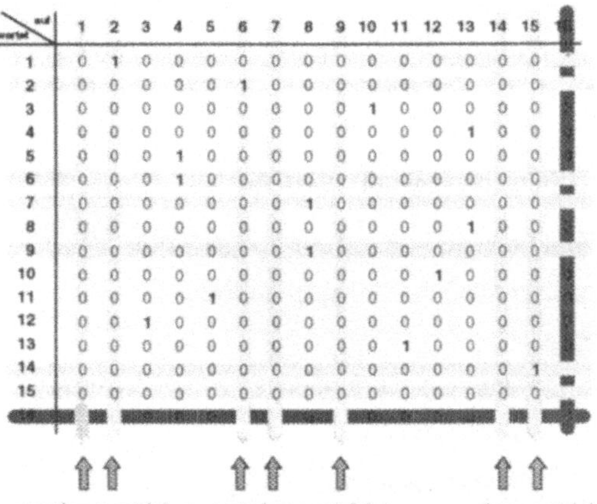

wartet \ auf	1	2	3	4	5	6	7	8	9	10	11	12	13	14	15	16
1	0	1	0	0	0	0	0	0	0	0	0	0	0	0	0	
2	0	0	0	0	0	1	0	0	0	0	0	0	0	0	0	
3	0	0	0	0	0	0	0	0	0	1	0	0	0	0	0	
4	0	0	0	0	0	0	0	0	0	0	0	0	1	0	0	
5	0	0	0	1	0	0	0	0	0	0	0	0	0	0	0	
6	0	0	0	1	0	0	0	0	0	0	0	0	0	0	0	
7	0	0	0	0	0	0	0	1	0	0	0	0	0	0	0	
8	0	0	0	0	0	0	0	0	0	0	0	0	1	0	0	
9	0	0	0	0	0	0	0	1	0	0	0	0	0	0	0	
10	0	0	0	0	0	0	0	0	0	0	0	1	0	0	0	
11	0	0	0	0	1	0	0	0	0	0	0	0	0	0	0	
12	0	0	1	0	0	0	0	0	0	0	0	0	0	0	0	
13	0	0	0	0	0	0	0	0	0	0	1	0	0	0	0	
14	0	0	0	0	0	0	0	0	0	0	0	0	0	0	1	
15	0	0	0	0	0	0	0	0	0	0	0	0	0	0	0	

⇧ ⇧   ⇧ ⇧   ⇧   ⇧ ⇧

werden gestrichen   werden gestrichen   werden gestrichen

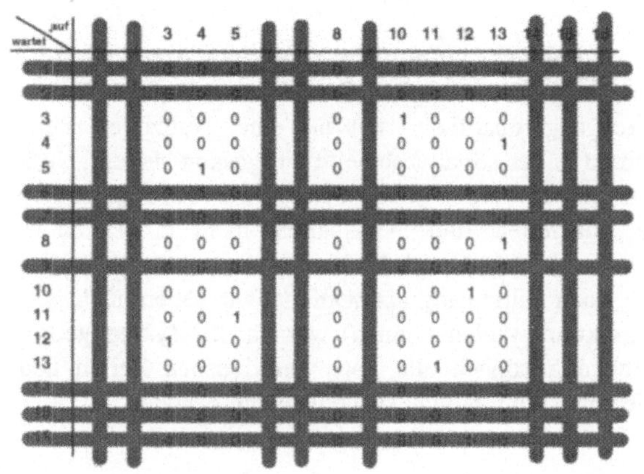

wartet \ auf	3	4	5	8	10	11	12	13
3	0	0	0	0	1	0	0	0
4	0	0	0	0	0	0	0	1
5	0	1	0	0	0	0	0	0
8	0	0	0	0	0	0	0	1
10	0	0	0	0	0	0	1	0
11	0	0	1	0	0	0	0	0
12	1	0	0	0	0	0	0	0
13	0	0	0	0	0	1	0	0

2. Durchgang

Zeilenschleife:
gestrichen : -

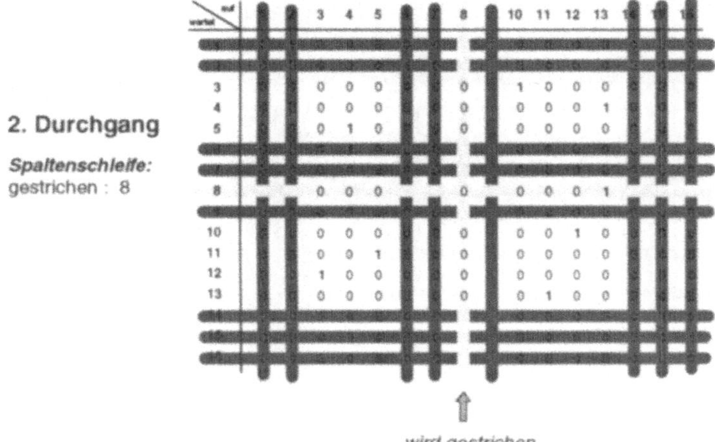
2. Durchgang

Spaltenschleife:
gestrichen : 8

wird gestrichen

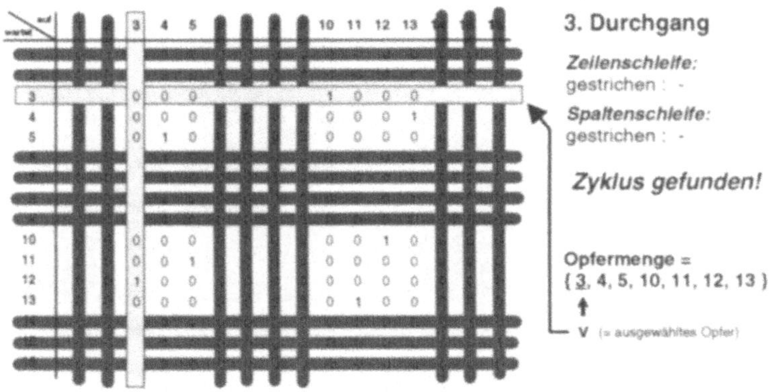
3. Durchgang

Zeilenschleife:
gestrichen : -

Spaltenschleife:
gestrichen : -

Zyklus gefunden!

Opfermenge =
{ 3, 4, 5, 10, 11, 12, 13 }

V (= ausgewähltes Opfer)

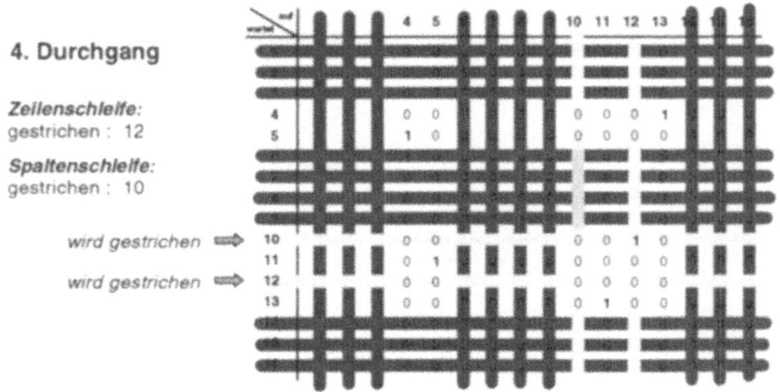
4. Durchgang

Zeilenschleife:
gestrichen : 12

Spaltenschleife:
gestrichen : 10

wird gestrichen

wird gestrichen

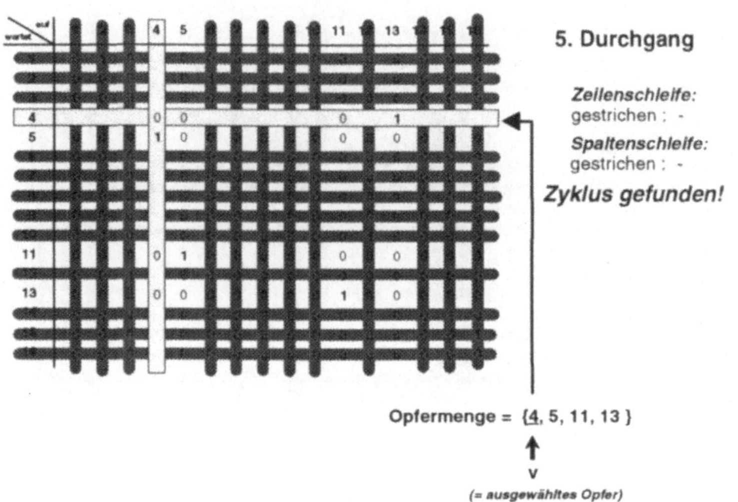

5. Durchgang

Zeilenschleife:
gestrichen : -

Spaltenschleife:
gestrichen : -

Zyklus gefunden!

Opfermenge = {4, 5, 11, 13 }

(= ausgewähltes Opfer)

6. Durchgang

Zeilenschleife:
gestrichen : 5, 11, 13

wird gestrichen ➡

wird gestrichen ➡

wird gestrichen ➡

Fertig!

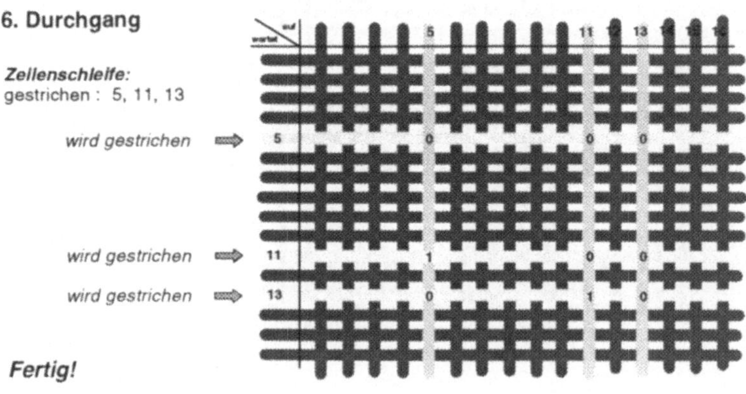

Anhang E: Deklaration von Triggern

Syntax für die Deklaration von Triggern[138]:

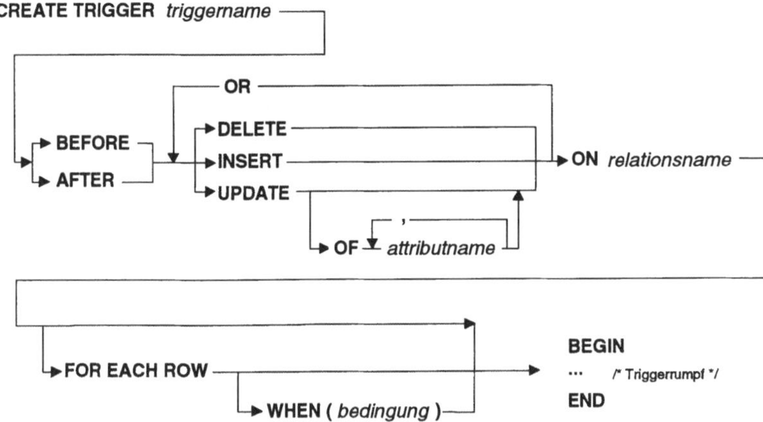

---

[138] In Anlehnung an Oracle7 /Orac92/ (vereinfacht).

Anhang F: Prozeßerzeugung und -überlagerung in UNIX

Das folgende Beispiel in C zeigt, wie in UNIX ein Prozeß erzeugt und überlagert wird. Die *fork*-Anweisung erzeugt eine komplette *Kopie* des laufenden Prozesses (incl. aller Variableninhalte, Filedeskriptoren usw.), gibt die Prozeßnummer des erzeugten Prozesses zurück und fährt dann in beiden Instanzen parallel mit der Ausführung der nächsten Anweisung nach *fork* fort. Im Falle unseres Beispiels also mit der Ausführung der switch-Anweisung (entspricht einer CASE-Anweisung in anderen Programmiersprachen).

Vater- und Kindprozeß unterscheiden sich nach der Aufspaltung nur durch die von *fork* zurückgelieferte Prozeßnummer, die in unserem Beispiel der Variablen *pid* zugewiesen wird. Im Vaterprozeß enthält diese Variable anschließend die Prozeßnummer des Kindprozesses, im Kindprozeß hingegen ist der Wert dieser Variablen Null. Hierdurch (und nur hierdurch) kann im jeweiligen Prozeß erkannt werden, ob es sich um den Vater- oder um den Kindprozeß handelt.

In unserem Beispiel wird dies dadurch ausgenützt, daß in der switch-Anweisung entsprechend dem *pid*-Wert verzweigt wird:

case = -1 fängt den Fall ab, daß *fork* fehlschlägt und als Returncode -1 zurückliefert.

case = 0 trifft im Erfolgsfall auf den Kindprozeß zu. In diesem Fall führt der Kindprozeß jedoch nicht den Code des Vaterprozesses aus, sondern *überlagert* diesen (natürlich nur in seinem eigenen Adreßraum) durch ein anderes Programm, das er mittels **execl(...)** einlagert und zur Ausführung bringt. – In unserem Beispiel lagern wir das *ls-Kommando* von Unix ein und bringen es zur Ausführung.

Wenn die Überlagerung erfolgreich war, dann steht nun der Code der ls-Anweisung im Speicher und wird ausgeführt. Anderfalls wird die Programmausführung mit der nächsten Anweisung im bisherigen Code (also der Kopie des Vaterprogramms) fortgesetzt. In diesem Fall wird mittels *printf-Anweisung* ausgegeben, daß der *execl*-Aufruf fehlgeschlagen ist.

default (also case > 0) trifft im Erfolgsfall auf den Vaterprozeß zu. In unserem Beispiel wird lediglich die Prozeßnummer des Kindprozesses ausgegeben. In der Regel wird hier natürlich der eigentliche Programmcode des Vaterprogramms folgen.

Beispiel:

```
main()
  {
    int pid;
    switch( pid = fork() )
      {
        case -1:   printf("fork failed\n");
                   exit(1);
        case 0 :   printf("child: process id = %d\n", getpid() );[139]
                   execl("/bin/ls", "ls", "-la", (char*)0);   /* Überlagerung*/
                   printf("exec failed\n");
                   exit(1)
        default:   printf("parent: process id of child = %d\n", pid)
                   exit(0);
      }
  }
```

Anmerkung:

Soll in beiden Prozessen derselbe Anwendungscode ausgeführt werden (also nur eine neue Instanz erzeugt werden), so wird man den Code natürlich nicht überlagern, sondern diesen auch für den Kindprozeß verwenden. Da der Kindprozeß jedoch auch alle Verweise auf geöffnete Ressourcen (z.B. Dateien) vom Vaterprozeß erbt, wird man hier in der Regel im Kindprozeß zunächst einige Änderungen vornehmen, um Zugriffskonflikte mit dem Vaterprozeß zu vermeiden oder um lokale Bereiche ggf. neu zu initialisieren, bevor man mit der Ausführung des eigentlichen Programmcodes fortfährt.

---

[139] mit getpid() kann ein Prozeß seine eigene Prozeßnummer erfragen.

Anhang G: Stream-Verbindung

Prinzipieller Ablauf:

Client	Server

1. Server-Socket erzeugen:
   sock = **socket(PF_INET, SOCK_STREAM, 0)**

2. Socket mit Port verbinden:
   serv_addr.sin_addr = < leer >;
   serv_addr.sin_port = server_port;
   serv_addr.sin_family = PF_INET;
   serv_addr.sin_addr.s_addr =
       htonl(**INADDR_ANY**);
   bind(sock, &serv_addr, len_serv_addr);

3. Festlegen max. Anzahl von Verbindungen
   (= Länge der Warteschlange):
   listen(sock, MAX_CONNECTION);

4. Übergang in Wartezustand:
   new_sock =
       accept(sock, &clnt_addr, len_clnt_addr);

5. Client-Socket erzeugen:
   sock = **socket(PF_INET, SOCK_STREAM, 0)**;

6. (Virtuelle) Verbindung zum Server aufbauen:
   serv_addr.sin_addr = server_host_addr;
   serv_addr.sin_port = server_port;
   serv_addr.sin_family = PF_INET;
   connect(sock, &serv_addr, len_serv_addr);

7. Datenaustausch (voll duplex):
   send(sock, clnt_data1, len_data1, 0);

   len = **recv(new_sock, clnt_data1, BUFSIZE)**;
   send(new_sock, serv_data1, len_serv_data1, 0);

   len = **recv(sock, serv_data1, BUFSIZE)**;

   .
   .
   .

8. Verbindung abbauen:
   close(sock);

   close(new_sock);

Erläuterungen:

Zu 2: Der Server initialisiert den Socket-Descriptor mit einer leeren Host-Adresse und stellt den „Eingangsfilter" auf INADDR_ANY. Das heißt er ist bereit, von allen Clients Nachrichten zu empfangen. Außerdem spezifiziert er die „Steckdosen-Nummer" (Port) seines Sockets. Mittels der Ports lassen sich die verschiedenen Server eines Rechners unterscheiden. Die Adresse eines Servers setzt sich also aus der Host-Adresse des Rechners, auf dem er läuft, und dessen „Steckdosen-Nummer" zusammen.

Zu 4: Der Aufruf *new_sock = accept(sock, clnt_addr, len_clnt_addr)* versetzt den Server in einen Wartezustand. Er wartet nun auf Clients, welche die in *clnt_addr* spezifizierten Anforderungen (Protokoll-Familie, Adresse) erfüllen.

Zu 6: Der Client spezifiziert genau den Server (Netzadresse) + Server-Port, mit dem kommuniziert werden soll.[140] *Connect* stellt die Verbindung zum Server her, falls möglich bzw. zulässig. (Der Server verbleibt hierdurch immer noch im Wartezustand.)

Zu 7: Der Server wird durch den Eingang der Nachricht „aufgeweckt" und erhält die Nachricht am Socket *new_sock*. Der Socket-Deskriptor von *new_sock* wurde mit den Absender-Adreßdaten des Clients initialisiert. Damit ist die „Leitung" nun „geschaltet". Die weitere Kommunikation zwischen diesem Client und diesem Server wird nun über *new_sock* abgewickelt. Der „alte" Socket *sock* kann damit zum Aufbau weiterer (paralleler) Verbindungen wiederverwendet werden.

---

[140] Die genaue Host-Adresse des Servers erhält man in der Regel durch eine entsprechende Bibliotheksfunktion, wie z. B. gethostbyname().

Anhang H: Datagram-Verbindung

Prinzipieller Ablauf:

| **Client** | **Server** |

1. Server-Socket erzeugen:
   sock = **socket(PF_INET, SOCK_DGRAM, 0)**

2. Socket mit Port verbinden:
   serv_addr.sin_addr = < leer >;
   serv_addr.sin_port = server_port;
   serv_addr.sin_family = PF_INET;
   serv_addr.sin_addr.s_addr =
       htonl(**INADDR_ANY**);
   bind(sock, &serv_addr, len_serv_addr);

3. Client-Socket erzeugen:
   sock = **socket(PF_INET, SOCK_DGRAM, 0)**;

4. Daten senden (mit Empfängerangabe):
   serv_addr.sin_addr = server_host_addr;
   serv_addr.sin_port = server_port;
   serv_addr.sin_family = PF_INET;
   sendto(sock, clnt_data1, len_clnt_data1, NO_FLAGS,
           &serv_addr, len_serv_addr);

                       len = **recvfrom(sock, clnt_data1, BUFSIZE,**
                                       NO_FLAGS, &clnt_addr,
                                       len_clnt_addr);
                       sendto(sock, serv_data1, len_serv_data1,
                               NO_FLAGS, &clnt_addr,
                               len_clnt_addr);

   len = **recvfrom(sock, serv_data1, BUFSIZE, NO_FLAGS,**
                   &serv_addr, len_serv_addr);

   .
   .
   .

5. Socket freigeben:
   close(sock);

                       close(sock);

Erläuterungen siehe Anhang G.

Index

B

Backup 272
Basis-
 - Partitionen 140, 167
 - Relationen 140
Basistechnologie 291 ff.
batch processing 3
BCNF 49
Before-Image-Einträge 271
Beziehungskonflikte 102
Blockierung 208, 216
Boyce-Codd-Normalform 49

C

Cache-Kohärenzproblem 14
Call Level Interface 309
card(R) 168, 170, 171, 172, 173, 174
cascading rollback 244
Check-in / Check-out 319 ff.
Checkpoint 273 ff.
CLI 309
Client/Server 22, 279 ff.
 - Anwendungen 22, 279 ff., 313 ff.
 - Applikation 281
 - Applikationsfunktion 281 ff.
 - Architekturaspekte 281 ff.
 - Basistechnologien 291 ff.
 - Client-Stub 292
 - Client/Server-Modell 280 ff.
 - Dateiserver 282
 - Datenbankzugriff, entfernter 282 ff., 307 ff.
 - Datenverwaltungsfunktionen 282
 - komplexe Objekte, Zugriff auf 317
 - Objektbearbeitung, kooperative 317 ff.
 - Präsentation, verteilte 282 ff.
 - Präsentationsfunktionen 281
 - Server-Stub 293
 - Transaktionen, lange 319 ff.
Client-Stub 292
Cluster-Katalog 124
CODASYL 108, 116 ff.
Commit 18, 192, 205 ff., 272
Commit-Record 271
common facilities 305
Common Object Request Broker Architecture 303 ff.

compensations 18
complex objects 22, 317
concurrency control, optimistic 218 ff., 243
crash recovery 271 ff.
CORBA 303 ff.
C/S *siehe* Client/Server
CSMA/CD 28 ff., 33

D

Database Gateway 17, 123, 284, 307
Datalog 110
Data-Patches-Verfahren 242, 266 ff.
Datagram-Verbindung 300, 405
Dateiserver 282
Dateisystem, verteiltes 20 ff.
Datenbankoperationen, kommutative 249
Datenbankserver 22
Datenbanksysteme
 - fehlertolerante 11
 - föderierte, verteilte 15 ff., 212
 - heterogene, prä-integrierte 94 ff.
 - heterogene, verteilte 3, 116 ff.
 - homogene, prä-integrierte 88 ff.
 - homogene, verteilte 10 ff., 108 ff.
Datenbankzugriff, entfernter 282 ff., 307 ff.
Datenkapselung 279
Datenmodellunabhängigkeit 6, 86
Datenunabhängigkeit 83, 86
Datenverwaltungsfunktion 282
Dauerhaftigkeit 185
DCE-Sicherheitskomponente 301 ff.
Deadlock 14, 216, 218
 - falscher 232
 - Phantom- 232
Deadlocksuche 221 ff., 393 ff.
 - DDD-Algorithmus 225
 - dezentral 224 ff.
 - zentralisiert 223, 393 ff.
Delete 155
dependency, functional 44 ff.
Dezentralisierung 4, 5, 11
Dienste auf Netzen 25
Differenz 39, 129, 172 ff.
dirty read 244, 245
Distributed Ingres 3
Distributed Relational Database Architecture 310
Distributed Transaction Processing

Z

Zeitschranken 221
Zeitstempel 243, 255
zeitstempelbasierte Synchronisationsverfahren 244
Zeitstempelschema, globales 220
Zentralrechner 2
Zerlegung
  - abhängigkeitsbewahrende 53 ff., 75
  - entlang einer FD 52 ff.
  - verlustfreie 51, 75
  - von Relationen 49 ff.

Zugangsprotokoll 27
Zugriffe, ändernde 105 ff., 121, 150 ff., 190 ff., 242, 243
Zugriffskontroll-Listen 303
Zurücksetzbarkeit, isolierte 185
Zurücksetzen, kaskadierendes 244
Zwei-Phasen-Commit-Protokoll 18, 187, 192, 193, 200, 205 ff., 272
  - Presumed-Abort 210 ff.
  - Presumed-Commit 210 ff.
Zwei-Phasen-Sperrprotokoll 215 ff., 243
Zwischenergebnisgröße 167 ff.

Springer-Verlag und Umwelt

Als internationaler wissenschaftlicher Verlag sind wir uns unserer besonderen Verpflichtung der Umwelt gegenüber bewußt und beziehen umweltorientierte Grundsätze in Unternehmensentscheidungen mit ein.

Von unseren Geschäftspartnern (Druckereien, Papierfabriken, Verpackungsherstellern usw.) verlangen wir, daß sie sowohl beim Herstellungsprozeß selbst als auch beim Einsatz der zur Verwendung kommenden Materialien ökologische Gesichtspunkte berücksichtigen.

Das für dieses Buch verwendete Papier ist aus chlorfrei bzw. chlorarm hergestelltem Zellstoff gefertigt und im pH-Wert neutral.